## 《生物数学丛书》编委会

**主　　编：** 陈兰荪

**编　　委：** （以姓氏笔画为序）

李镇清　张忠占　陆征一

周义仓　徐　瑞　唐守正

靳　祯　滕志东

**执行编辑：** 陈玉琢

生物数学丛书 22

# 基因表达调控系统的定量分析

周天寿 著

科学出版社
北京

## 内 容 简 介

基因表达调控系统是一类特殊的生物分子调控网络(即一类生化反应网络)，是分子系统生物学的主要研究对象. 本书从熟知的生物学中心法则出发，深入浅出地、系统而全面地介绍了这类分子网络的建模与分析方法，聚焦于基因表达动力学的定量分析以及有关生物现象的解释与预测. 本书从理论的观点揭示出基因表达调控系统动力学的本质机制，为深入研究生物分子调控网络和揭示细胞内部过程奠定了理论基础并提供了方法论基础.

本书可供从事数学与生命科学或医学交叉学科的研究人员(特别是研究生)阅读和参考.

**图书在版编目(CIP)数据**

基因表达调控系统的定量分析/周天寿著. —北京：科学出版社, 2019.3
(生物数学丛书；22)
ISBN 978-7-03-060817-8

Ⅰ. ①基… Ⅱ. ①周… Ⅲ. ①基因表达调控-定量分析 Ⅳ. ①Q786

中国版本图书馆 CIP 数据核字(2019) 第 045520 号

责任编辑: 王丽平 / 责任校对: 彭珍珍
责任印制: 吴兆东 / 封面设计: 陈 敬

科学出版社出版
北京东黄城根北街 16 号
邮政编码: 100717
http://www.sciencep.com
北京凌奇印刷有限责任公司印刷
科学出版社发行 各地新华书店经销
*
2019 年 3 月第 一 版 开本: 720 × 1000 B5
2019 年 11 月第二次印刷 印张: 18 3/4
字数: 378 000
POD定价： 148.00元
(如有印装质量问题，我社负责调换)

# 《生物数学丛书》序

传统的概念: 数学、物理、化学、生物学, 人们都认定是独立的学科, 然而在 20 世纪后半叶开始, 这些学科间的相互渗透、许多边缘性学科的产生, 各学科之间的分界已渐渐变得模糊了, 学科的交叉更有利于各学科的发展, 正是在这个时候数学与计算机科学逐渐地形成生物现象建模, 模式识别, 特别是在分析人类基因组项目等这类拥有大量数据的研究中, 数学与计算机科学成为必不可少的工具. 到今天, 生命科学领域中的每一项重要进展, 几乎都离不开严密的数学方法和计算机的利用, 数学对生命科学的渗透使生物系统的刻画越来越精细, 生物系统的数学建模正在演变成生物实验中必不可少的组成部分.

生物数学是生命科学与数学之间的边缘学科, 早在 1974 年就被联合国教科文组织的学科分类目录中作为与 “生物化学” “生物物理” 等并列的一级学科.“生物数学” 是应用数学理论与计算机技术研究生命科学中数量性质、空间结构形式, 分析复杂的生物系统的内在特性, 揭示在大量生物实验数据中所隐含的生物信息. 在众多的生命科学领域, 从 “系统生态学”“种群生物学”“分子生物学” 到 “人类基因组与蛋白质组即系统生物学” 的研究中, 生物数学正在发挥巨大的作用, 2004 年*Science* 杂志在线出了一期特辑, 刊登了题为 “科学下一个浪潮 —— 生物数学” 的特辑, 其中英国皇家学会院士 Lan Stewart 教授预测, 21 世纪最令人兴奋、最有进展的科学领域之一必将是 “生物数学”.

回顾 “生物数学” 我们知道已有近百年的历史: 从 1798 年 Malthus 人口增长模型, 1908 年遗传学的 Hardy-Weinberg“平衡原理”, 1925 年 Voltera 捕食模型, 1927 年 Kermack-Mckendrick 传染病模型到今天令人注目的 “生物信息论”, “生物数学” 经历了百年迅速的发展, 特别是 20 世纪后半叶, 从那时期连续出版的杂志和书籍就足以反映出这个兴旺景象; 1973 年左右, 国际上许多著名的生物数学杂志相继创刊, 其中包括 Math Biosci, J. Math Biol 和 Bull Math Biol; 1974 年左右, 由 Springer-Verlag 出版社开始出版两套生物数学丛书: *Lecture Notes in Biomathermatics* (二十多年共出书 100 部) 和*Biomathematics* (共出书 20 册); 新加坡世界科学出版社正在出版*Book Series in Mathematical Biology and Medicine* 丛书.

“丛书” 的出版, 既反映了当时 “生物数学” 发展的兴旺, 又促进了 “生物数学” 的发展, 加强了同行间的交流, 加强了数学家与生物学家的交流, 加强了生物数学学科内部不同分支间的交流, 方便了对年轻工作者的培养.

从 20 世纪 80 年代初开始, 国内对 “生物数学” 发生兴趣的人越来越多, 他 (她) 们有来自数学、生物学、医学、农学等多方面的科研工作者和高校教师, 并且从这时开始, 关于 “生物数学” 的硕士生、博士生不断培养出来, 从事这方面研究、学习的人数之多已居世界之首. 为了加强交流, 为了提高我国生物数学的研究水平, 我们十分需要有计划、有目的地出版一套 “生物数学丛书”, 其内容应该包括专著、教材、科普以及译丛, 例如: ① 生物数学、生物统计教材; ② 数学在生物学中的应用方法; ③ 生物建模; ④ 生物数学的研究生教材; ⑤ 生态学中数学模型的研究与使用等.

中国数学会生物数学学会与科学出版社经过很长时间的商讨, 促成了 “生物数学丛书” 的问世, 同时也希望得到各界的支持, 出好这套丛书, 为发展 “生物数学” 研究, 为培养人才作出贡献.

陈兰荪

2008 年 2 月

# 前　言

传统的生物学研究采用的是一套还原主义的手段, 通过研究单个或少数几个基因/蛋白质来获取关于生命是如何运作的一些零碎信息. 虽然这一手段在过去 100 多年中推动生命科学取得了长足进展, 但它的局限性也变得越来越突出. 因为生命是成千上万个基因一起工作并最终在整体上表现出来的一种现象, 强行地将其还原成独立的单个基因或单条通路来研究难免会造成类似盲人摸象的后果. 为应对这一挑战, 分子水平的系统生物学在近十年逐渐得到重视.

分子系统生物学是研究生物系统中所有组分 (包括基因、mRNA、蛋白质、小分子等) 的构成, 以及在特定条件下这些组分之间相互关系的科学. 不同于以往的实验生物学 (仅关心个别的基因或蛋白质), 分子系统生物学要研究的是所有的基因、所有的蛋白质、所有组分间的所有相互关系. 也不同于还原主义, 分子系统生物学最终追求的是从整体的角度来理解和把握生命这一复杂系统. 分子系统生物学的研究目标是: 对于某一生物系统, 建立理想模型, 使其理论预测能够反映出生物系统的真实性.

随着基因组测序、基因芯片等技术的突破, 以及生物工程技术的发展, 分子水平上的系统生物学研究逐渐变得可行. 然而, 由于实验条件、生物技术和理论发展等方面的局限或滞后, 目前分子系统生物学还只停留在研究某些小规模的生物网络上, 特别是还不能将各方面的信息 (如全基因组学信息、转录组学信息、蛋白质组学信息等) 进行有效整合. 此外, 作为一个新兴的研究领域, 分子系统生物学还没有建立起一套公认的研究方法, 不同的科学家带着不同的问题应用不同的方法进入这一领域. 但一般来说, 目前的研究主要关注不同层次的分子网络 (如基因调控网、蛋白质相互作用网、信号转导网、代谢控制网等, 这些都属于生化反应网络), 特别是基因调控网. 事实上, 基因调控网是系统生物学的研究核心.

为了帮助读者理解基因调控网, 这里给出某些解释. 从图论的观点, 基因调控网是一个有向网络, 其中节点代表基因, 有向边代表一个基因对另一个基因的作用或调控 (主要有两种方式: 促进与抑制). 要理解基因调控网, 就必须理解基因表达. 基因表达是指细胞在生命过程中, 把储存在 DNA 序列中的遗传信息经过转录和翻译, 转化成具有生物活性的蛋白质分子. 生物体内的各种功能蛋白质和酶都是由相应的结构基因编码的. 具有相同遗传信息的同一个体细胞之间所利用的基因并不完全相同, 有的基因活性是维持细胞基本代谢所必需的, 而有的基因活性则表现在细胞分化过程中, 这些正是细胞分化、生物发育的基础. 基因组中表达的基因大致分为两类: 一类是维持细胞基本生命活动所必需的基因, 称为管家 (或持家) 基因, 如各种组蛋白基因; 另一类是指导合成组织特异性蛋白的基因, 对分化有重要影响, 称为奢侈基因或组织特异性基因, 如表皮的角蛋白基因、肌肉细胞的肌动蛋白基因和肌球蛋白基因 (有时这两种蛋白基因归结为持家基因)、红细胞的血红蛋白基因等. 这类基因与各类细胞的特异性有直接关系, 是在各种组织中进行不同选择性表达的基因.

基因表达过程是一个复杂的生化反应过程, 涉及转录、翻译、调控、活性与非活性状态之间的转移、染色质重塑、聚合酶的补充、蛋白质的修饰、甲基化等. 本质上, 基因表达是动态的、噪声的. 这种分子噪声对细胞功能是重要的, 是导致细胞与细胞之间差异性 (即细胞异质性) 的重要来源. 在单细胞或单分子实验方法允许对各个活性细胞内基因表达的实时涨落 (或波动) 观察的同时, 人们也有相当大的兴趣从理论的角度理解基因表达过程中的不同机制是如何影响细胞群体在 mRNA 和蛋白质水平上的差异性的. 事实上, 利用基因表达的随机模型定量化表达噪声的不同源是理解基本的细胞过程以及理解细胞群体水平上差异性的重要一步.

鉴于基因表达的重要性, 本书以基于生物学中心法则的基因模型为例, 从理论的观点, 较为系统地介绍了基因表达模型的数学建模与理论分析的方法, 特别是得到了某些漂亮的分析结果. 全书共 7 章, 第 1 章简要介绍了本书需要用到的基础知识 (部分是生物学方面的, 部分是数学方面的), 主要包括中心法则的含义、基于生化主方程的建模方法、生化反应网络分析的二项矩方法、分子噪声的起源, 以及导出基因产物概率分布时用到的超几何函数和量子力学等方面的数学知识, 这些基础知识为全书的建模与分析打下了基础. 第 2 章从最简单的生灭过程开始谈基因表达调控系统的建模与分析方法, 介绍时力求深入浅出、通俗易懂. 本章的目的是使读者对基因表达调控系统的建模与分析有初步了解. 第 3 章简要介绍了基因表达噪声的定量化方法, 特别是给出了这种噪声的分解公式, 这些公式对于理解基因调控网络中噪声信号的传播是非常重要的. 第 4 章介绍了如何导出以普通两状态基因模型为基础的基因表达调控系统中的常用概率分布, 这些分布为理解基因表达的随机性奠定了基础, 介绍时考虑了多种可能的情况, 如自调控、爆发式表达、外部信号调控、非协作绑定等. 第 5 章主要介绍了多状态基因系统的建模与分析方法, 给出了基因状态的平均驻留时间的计算公式, 导出了基因产物 (主要是 mRNA) 的概率分布等; 此外, 还介绍了考虑新生 RNA 运动学的基因模型的建模与分析方法. 第 6 章介绍了考虑与基因表达密切相关的若干重要生物过程 (如选择性剪接、RNA 核驻留、相互作用的 DNA 环路等) 的系统建模与分析方法, 特别是分析了这些过程对基因表达影响的定量和定性影响或效果. 第 7 章以几个代表性的生物模型为例, 简要介绍了基因表达过程中能量消耗问题的分析方法, 为帮助理解遗传信息流提供了新的视角.

本书的编写得到了我的博士毕业生张家军副教授以及王乾亮、黄丽芳、刘拓奇、刘培江、王浩华等博士生的协助, 在此一并表示感谢. 特别要感谢的是刘培江博士, 他不仅帮助我处理了书中的全部图形, 还提出了许多修改意见.

周天寿

2017 年 11 月 21 日

# 目　录

# 第 1 章　基础知识简介

生物系统是复杂的. 理论上表示一个生物系统一般采用下列几种方法: ① 数据 (常采用表格形式), 其特点是精确但不直观; ② 网络 (由节点和边组成), 其特点是直观但不精确 (被简化了); ③ 化学反应式 (或生化反应网络), 其特点是精确但复杂; ④ 数学方程, 其特点是直观和定量化. 本书将交替地采用③和④表示方法, 主要针对生化反应系统建立合理的数学模型, 兼顾了精确性、直观性和定量化等特点.

基于实验数据, 一个生物系统可以映射为某个生化反应网络. 这些生化反应网络通常分为基因调控网、蛋白质相互作用网、代谢控制网和信号转导网, 其中, 基因调控网是核心. 系统生物学就是要研究各种分子网络, 通过剖析这些网络并综合这些网络信息为系统信息, 以达到把握整个系统运行规律的目的. 系统生物学的终极研究目标是: 为生物系统建立一个合理的数学模型, 使其能够反映该系统的真实性.

*基因*(又称为遗传因子) 是具有遗传效应的 DNA 片段 (部分病毒如烟草花叶病毒、HIV(人类免疫缺陷病毒) 的遗传物质是 RNA). 人类有两万多个基因, 每个细胞具有遗传的全能性, 即包含所有的遗传基因, 但对特定的细胞, 某些基因可能表达, 其他基因可能不表达. 正是由于*基因表达*的特异性, 才形成特定的人体组织或器官.

基因支持着生命的基本构造和性能. 20 世纪 50 年代以后, 随着分子遗传学的发展, 尤其是沃森和克里克 (F. Crick) 提出 DNA 双螺旋结构以后, 人们进一步认识到基因的本质, 即基因是具有遗传效应的 DNA 片段. 研究表明, 每条染色体只含有 1 或 2 个 DNA 分子, 每个 DNA 分子上可有多个基因, 每个基因含有成百上千个脱氧核苷酸. 自从 RNA 病毒发现之后, 基因不仅存在于 DNA 上, 还存在于 RNA 上. 由于不同基因的脱氧核糖核苷酸的排列顺序 (碱基序列) 不同, 不同的基因含有不同的遗传信息. 基因按其功能可分为两类: 看家基因 (house-keeping gene) 和组织特异性基因 (tissue-specific gene). 看家基因是维持细胞最低限度功能所不可缺少的基因, 如编码组蛋白基因、编码核糖体蛋白基因、线粒体蛋白基因、糖酵解酶基因等. 这类基因在所有类型的细胞中都进行表达 (因为这些基因的产物对于维持细胞的基本结构和代谢功能是必不可少的). 组织特异性基因是指不同的细胞类型中的基因进行差异性表达或在不同的组织中基因表现出明显的表达差异性, 其产物赋予各种类型细胞特异的形态结构与特异的生理功能. 揭示基因表达机制既是理解基因调控网的基础, 也是理解基本的细胞内部过程的基础, 同时对理解各种疾病的发生和发展过程具有重要意义.

尽管基因表达过程非常复杂, 但刻画遗传信息流的基本原理仍是生物学上的中心法则. 因此, 本章内容安排如下: 第一, 介绍与中心法则有关的基本知识, 包括中心法则的基本含义, 以及转录过程、翻译过程、选择性剪接、染色质重塑、甲基化等的含义; 第二, 介绍生化主方程的两种形式, 并介绍求解主方程的通用方法; 第三, 介绍二项矩方法, 包括二项矩方程的截取条件、用二项矩重构概率分布的公式等; 第四, 介绍基于主方程的分子噪声源及其定量化指标, 并引入朗之万 (Langevin) 方程 (它是主方程的一种近似, 但与 Fokker-Planck 方程等价); 第五, 介绍分析求解主方程时需要用到的超几何函数方面的知识; 第六, 介绍量子力学中的某些符号及其运算. 这些基础知识对于基因表达调控网络的数学建模、理论分析、数值模拟等都是必不可少的.

需要指出的是, 关于基因表达调控系统 (甚至是一般的生物网络系统) 的建模与分析, 主要有两种研究思路: 一是基于实验数据 (属于数据驱动的研究); 二是基于生物学机理或实验事实如生物学的中心法则等 (属于问题驱动的研究). 本书主要是基于后者, 但建模与分析时偶尔也会结合实验数据. 其主要目的是从数理的观点揭示基因表达调控系统的运行机制.

## 1.1　中 心 法 则

早期的**中心法则**有两个版本. 第一个版本是于 1958 年由克里克提出的遗传信息传递的规律, 包括由 DNA 到 DNA 的复制、由 DNA 到 RNA 的转录和由 RNA 到蛋白质的翻译等过程. 20 世纪 70 年代逆转录酶的发现, 表明还有由 RNA 逆转录成 DNA 的机制, 是对中心法则的补充和丰富. 第二个版本实际是一个修正版本, 也是由克里克于 1958 年提出的遗传信息传递法则, 即遗传信息从 DNA 传递至 RNA, 再传递至多肽. DNA 和 RNA 之间的遗传信息传递是双向的, 而遗传信息只是单向地从核酸传递给蛋白质, 参考示意图 1.1.

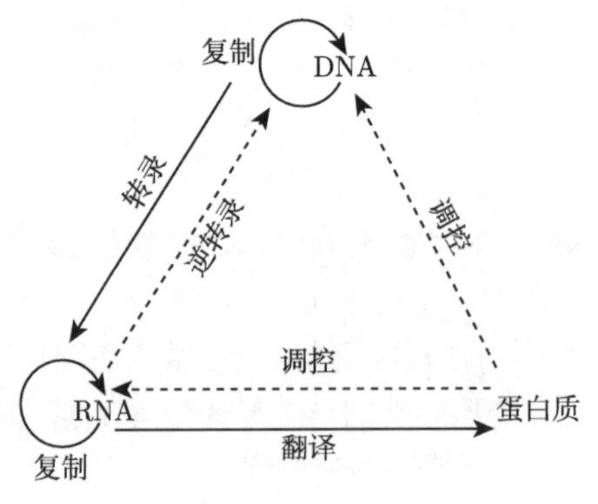


图 1.1　描述生物学上中心法则的示意图

现在较普遍采用的版本: 中心法则是指遗传信息从 DNA 传递给 RNA, 再从 RNA 传递给蛋白质, 即完成遗传信息的转录和翻译过程; 也可以从 DNA 传递给 DNA, 即完成 DNA 的复制过程; DNA 与 RNA 之间的遗传信息传递是双向的 (从 RNA 到 DNA 的传递称为逆转录), 而遗传信息只是单向地从核酸流向蛋白质. 所有具有细胞结构的生物中的基因表达都遵循这种法则. 在某些病毒中的 RNA 自我复制 (如烟草花叶病毒等) 和在某些病毒中能以 RNA 为模板逆转录成 DNA 的过程 (某些致癌病毒) 是对中心法则的补充.

随着基因表达调控系统的深入研究, 人们已揭示出基于中心法则所描述的调控方式的各种复杂分子机制. 例如, 真核细胞的 DNA 是由 RNA *聚合酶*在*转录因子*的辅助下转录成信使 mRNA, 然后, 通过 mRNA 的 5′ 端进行封堵 (capping) 修饰, 剪接加工去除内含子, 在 3′ 端添加多聚腺苷酸 (polyA) 尾巴之后, 使不成熟的 mRNA 变成成熟的 mRNA, 并由相关的输送蛋白质将其送到细胞核外 (参考图 1.2(a)). 在细胞质中, mRNA 会与下游的翻译起始因子相结合, 当翻译过程被激活之后, 核糖体将顺着 mRNA 移动. 同时, 不同的 tRNA 会携带相应的氨基酸结合到核糖体中与 mRNA 上的密码子相互匹配, 而 tRNA 所携带的氨基酸则会有顺序地合成为肽链. 最后, 合成的多肽链会在细胞质中进行折叠成为一定的构象, 并被其他蛋白质所修饰, 最终成为有功能的成熟蛋白质. 所有这些过程都是生化反应, 所有有关的反应式构成一个网络 (叫作*生化反应网络*). 由于考虑问题的角度不同或侧重点不同, 有关的生化反应网络可以是相对简单的, 也可以是非常复杂的. 数学建模时不可能考虑与基因表达有关的所有因素或过程, 而应该抓住主要因素或过程, 忽视相对次要的因素或过程, 只有这样才能获得有意义的结果, 才能够更好地解释实验现象.

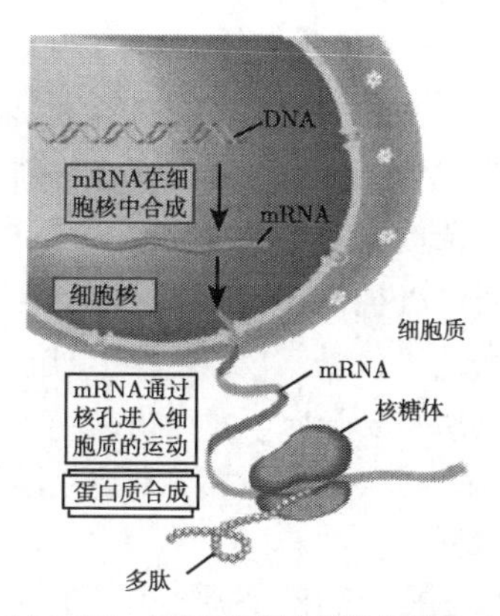


(a) DNA、RNA和蛋白质是细胞内的三大分子

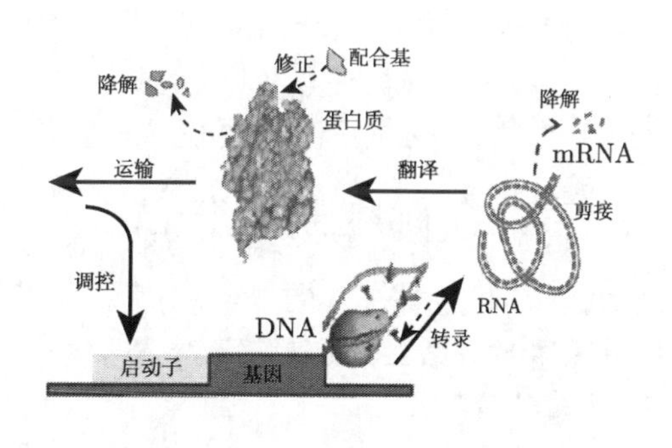


(b) 基因表达涉及剪接、转录、翻译、降解、运输、调控等众多过程，这些过程均是生化反应过程

图 1.2 基因表达过程示意图

基因表达过程的复杂性主要表现在以下几点:

(1) 基因表达水平或表达谱是动态的, 而不是静态的;

(2) 基因表达涉及众多生化反应过程, 例如转录 (从 DNA 到不成熟的 mRNA)、剪接 (从不成熟的 mRNA 到成熟的 mRNA)、翻译 (从 mRNA 到蛋白质)、降解 (mRNA 或蛋白质的消亡)、运输 (如蛋白质从细胞核运输到细胞质、从细胞质运输到细胞外等)、染色质重塑、DNA 甲基化、调控 (转录因子对基因表达的影响);

(3) 所涉及的生化反应过程如转录、翻译、降解、运输、调控等 (即图 1.2(b) 中的箭头) 一般不是单步的, 而可以是多步的;

(4) 基因表达涉及许多生物因素, 如分子噪声 (主要是由于有反应物种的低拷贝数)、时间延迟 (由于信息传送的滞后)、非线性性 (如反馈调控、多聚体的合成) 等.

考虑基因表达的这些复杂性对于建立合理的生物数学模型是至关重要的.

为了帮助读者更好地了解基因表达过程, 以下给出某些相关名词的解释 (其中, A 代表腺嘌呤, G 代表鸟嘌呤, T 代表胸腺嘧啶, C 代表胞嘧啶, U 代表尿嘧啶. 碱基对是指一对相互匹配且被氢键连接起来的碱基 (即 A-T, G-C, A-U 相互作用)).

1) 转录过程

在 RNA 聚合酶的催化下, 以 DNA 为模板合成 mRNA 的过程称为*转录*(transcription). 在双链 DNA 中, 作为转录模板的链称为模板链 (template strand) 或反义链 (antisense strand); 而不作为转录模板的链称为编码链 (coding strand) 或有义链 (sense strand), 编码链与模板链互补, 它与转录产物的差异仅在于 DNA 中的 T 变为 RNA 中的 U. 在含多个基因的 DNA 双链中, 每个基因的模板链并不总是在同一条链上, 亦既可作为某些基因模板的一条链, 同时也可以是另外一些基因的编码链. 转录过程包括三步: 启动、延伸和终止.

(1) *启动*. RNA 聚合酶正确识别 DNA 模板上的*启动子*并形成由酶、DNA 和核苷三磷酸构成的三元起始复合物, 转录即自此开始. DNA 模板上的启动区域常含有 TATAATG 序列, 称为普里布诺 (Pribnow) 盒或 P 盒. 复合物中的核苷三磷酸一般为 GTP, 少数为 ATP, 因而原始转录产物的 $5'$ 端通常为鸟苷三磷酸 (pppG) 或腺苷三磷酸 (pppA). 真核 DNA 上的转录启动区域也有类似于原核 DNA 的启动区结构, 在 30bp(即在酶和 DNA 结合点的上游 30 核苷酸处, 常以 30 表示, bp 为碱基对的简写) 附近也含有 TATA 结构, 称为霍格内斯 (Hogness) 盒或 TATA 盒. 第一个核苷三磷酸与第二个核苷三磷酸缩合生成 $3'$-$5'$ 磷酸二酯键后, 则启动阶段结束, 而进入延伸阶段.

(2) *延伸*. σ 亚基脱离酶分子留下的核心酶与 DNA 的结合会变松, 因而较容易继续往前移动. 核心酶没有模板的专一性, 能转录模板上的任何序列, 包括在转录后加工时待切除的居间序列. 脱离核心酶的 σ 亚基还可与另外的核心酶结合, 参与另一转录过程. 随着转录的不断延伸, DNA 双链顺次地被打开, 并接受新来的碱基对, 合成新的磷酸二酯键后, 核心酶向前移动, 已使用过的模板恢复成原来的双链结构. 一般地, 合成的 RNA 链对 DNA 模板具有高度的忠实性. RNA 合成的速度为: 在原核细胞内为每秒 25~50 个核苷酸, 而在真核细胞内为每秒 45~100 个核苷酸.

(3) *终止*. 转录的终止包括停止延伸及释放 RNA 聚合酶和合成的 RNA. 在原核生物基因或操作子的末端通常有一段终止序列即终止子, RNA 合成就在这里终止. 原核细胞转录终止需要一种终止因子 $\rho$ (四个亚基构成的蛋白质) 的帮助. 真核生物的 DNA 上也可能有转录终止信号: 已知真核 DNA 转录单元的 3′ 端均富含 AT 的序列 (如 AATAA(A) 或 ATTAA(A) 等), 在相隔 0~30bp 之后又出现 TTTT 序列 (通常是 3~5 个 T), 这些结构可能与转录终止或者与 3′ 端添加多聚 A 的顺序有关.

转录后要进行加工, 转录后的加工包括:

(1) *剪接*(splicing). 一个基因的外显子和内含子都转录在一条原始转录物 RNA 分子中, 称为前体 mRNA(pre-mRNA), 又称为异质的核内 RNA(heterogeneous nuclear RNA, hnRNA). 因此, 前体 mRNA 分子既有外显子序列又有内含子序列, 另外还包含编码区前面及后面的非翻译序列. 这些内含子序列必须除去而把外显子序列连接起来, 才能产生成熟的和具有功能的 mRNA 分子, 这个过程称为 RNA 剪接 (RNA splicing). 剪接发生在外显子的 3′ 端的 GT 和内含子 3′ 端与下一个外显子交界的 AG 处.

(2) *加帽*(capping). 几乎所有的真核 mRNA 端都具有 “帽子” 结构. 虽然真核生物的 mRNA 的转录以嘌呤核苷酸三磷酸 (pppAG 或 pppG) 领头, 但在 5′ 端的一个核苷酸总是 7-甲基鸟核苷三磷酸 (m7GpppAGpNp). mRNA 5′ 端的这种结构称为帽子. 不同真核生物的 mRNA 具有不同的帽子. mRNA 的帽结构功能包括: 能被核糖体小亚基识别, 促使 mRNA 和核糖体的结合; m7Gppp 结构能有效地封闭 RNA 5′ 端, 以保护 mRNA 免疫 5′ 核酸外切酶的降解, 增强 mRNA 的稳定性.

(3) *加尾*(tailing). 大多数真核生物的 mRNA 3′ 端都有由 100~200 个 A 组成的 Poly(A) 尾巴. Poly(A) 尾不是由 DNA 编码的, 而是转录后的前体 mRNA 以 ATP 为前体, 由 RNA 末端腺苷酸转移酶, 即 Poly(A) 聚合酶催化聚合到 3′ 端. 加尾并非加在转录终止的 3′ 端, 而是加在转录产物的 3′ 端, 由一个特异性酶识别切点上游方向 13~20 碱基的加尾识别信号 AAUAAA 以及切点下游的保守序列 GUGUGUG, 把切点下游的一段切除, 然后再由 Poly(A) 聚合酶催化, 加上 Poly(A) 尾巴. 如果这一识别信号发生突变, 则切除作用和多聚腺苷酸化作用均显著降低. mRNA Poly(A) 尾的功能是: 有助于 mRNA 从核到细胞质转运; 避免在细胞中受到核酶降解, 增强 mRNA 的稳定性.

2) 翻译过程

以 mRNA 作为模板, tRNA 作为运载工具, 在有关酶、辅助因子和能量的作用下将活化的氨基酸在核糖体 (亦称核蛋白体) 上装配为蛋白质多肽链的过程, 称为*翻译*(translation), 这一过程大致可分为 3 个阶段.

(1) *钛链的起始*. 在许多起始因子的作用下, 首先是核糖体的小亚基和 mRNA 上的起始密码子结合, 然后酰甲硫氨酸 tRNA (tRNA fMet) 结合上去, 构成起始复合物. 通过 tRNA 的反密码子 UAC, 识别 mRNA 上的起始密码子 AUG, 并相互配对, 随后核糖体大亚基结合到小亚基上去, 形成稳定的复合体, 从而完成了起始的作用.

(2) *肽链的延长*. 核糖体上有两个结合点 P 位和 A 位, 可以同时结合两个氨酰 tRNA. 当核糖体沿着 mRNA 从 5′ 端向 3′ 端移动时, 便依次读出密码子. 首先是 tRNA fMet 结合在 P 位, 随后第二个氨酰 tRNA 进入 A 位. 此时, 在肽基转移酶的催化下, P 位和 A 位上的 2 个氨基酸之间形成肽键. 第一个 tRNA 失去了所携带的氨基酸而从 P 位脱落, P 位空载. A 位上的氨酰 tRNA 在移位酶和 GTP 的作用下, 移到 P 位, A 位则空载. 核糖体沿 mRNA 5′ 端向 3′ 端移动一个密码子的距离. 第三个氨酰 tRNA 进入 A 位, 与 P 位上氨基酸再形成肽键, 并接受 P 位上的肽链, P 位上 tRNA 释放, A 位上肽链又移到 P 位, 如此反复进行, 肽链不断延长, 直到 mRNA 的终止密码出现后, 没有一个氨酰 tRNA 可与它结合, 此时肽链延长终止.

(3) *肽链的终止*. 终止信号是 mRNA 上的终止密码子 (UAA、UAG 或 UGA). 当核糖体沿着 mRNA 移动时, 多肽链不断延长, 到 A 位上出现终止信号后, 就不再有任何氨酰 tRNA 接上去, 多肽链的合成就进入终止阶段. 在释放因子的作用下, 肽酰 tRNA 的酯键分开, 于是完整的多肽链和核糖体的大亚基便释放出来, 然后小亚基也脱离 mRNA.

(4) *后翻译加工*(posttranslational processing). 从核糖体上释放出来的多肽需要进一步加工修饰才能形成具有生物活性的蛋白质. 翻译后的肽链加工包括肽链切断, 某些氨基酸的羟基化、磷酸化、乙酰化、糖基化等. 真核生物在新生肽链翻译后将甲硫氨酸裂解掉. 有一类基因的翻译产物前体含有多种氨基酸顺序, 可以剪接为不同的蛋白质或肽, 称为多聚蛋白质 (polyprotein). 例如, 胰岛素 (insulin) 是首先合成 86 个氨基酸的初级翻译产物, 称为胰岛素原 (proinsulin), 胰岛素原包括 A, B, C 三段, 然后经过加工, 切去其中无活性的 C 肽段, 并在 A 肽和 B 肽之间形成二硫键, 这样才得到由 51 个氨基酸组成的有活性的胰岛素.

同一基因在不同组织中生成不同的*基因产物*来源于不同组织的类似蛋白, 可以由同一基因编码产生, 这种现象首先是由于基因中的增强子等具有组织特异性, 它能与不同组织中的组织特异因子结合, 故在不同组织中同一基因会产生不同的转录物与转录后加工作用. 此外, 真核生物基因可有一个 Poly(A) 位点, 因此能在不同的细胞中产生具有不同 3′ 端的前体 mRNA, 从而会有不同的剪接方式. 由于大多数真核生物基因的转录物是先加 Poly(A) 尾巴, 然后再行剪接, 不同组织、细胞中会有不同的因子干预多聚腺苷酸化作用, 最后影响剪接模式.

3) 选择性剪接 (alternative splicing)

选择性剪接也叫可变剪接, 是指从一个 mRNA 前体中通过不同的剪接方式 (选择不同的剪接位点组合) 产生不同的 mRNA 剪接异构体的过程, 而最终的蛋白产物会表现出不同或者是相互拮抗的功能和结构特性, 或者, 在相同的细胞中表达水平的不同导致不同的表型. 真核基因中内含子的存在是可变剪接的分子基础. 若可变剪接产生的 mRNA 差异仅在 5′ 和 3′ 非翻译区, 则产生的蛋白相同, 差异区对翻译起调控作用. 可变剪接产生的 mRNA 编码框不同:

(1) 可在同一细胞中产生多种蛋白质;

(2) 在不同细胞中有不同的剪接方式, 表现出组织特异性;

(3) 在不同发育时期或不同条件下采取不同的剪接方式, 表达不同的蛋白质.

剪接过程如下: 去除初级产物上的内含子, 把外显子连接为成熟的 RNA, 称为剪接. 一般情况下, 由 U1 snRNA 以碱基互补的方式识别 mRNA 前体 5′ 剪接点, 由结合在 3′ 剪接点上游富含嘧啶区的 U2AF 识别 3′ 剪接点并引导 U2 snRNP 与分支点相结合, 形成剪接前体, 并进一步与 U4、U5、U6 snRNP 三聚体相结合, 形成 60S 的剪接体, 此时内含子弯曲成套索状, 上、下游的外显子相互靠近, 结构调整, 释放 U1、U4 和 U5, U2 和 U6 形成催化中心, 发生转酯反应, 进行 RNA 前体分子的剪接.

4) 染色质重塑 (chromatin remodeling)

DNA 复制、转录、修复、重组在染色质水平上发生, 这些过程中, 染色质重塑可导致核小体位置和结构的变化, 引起染色质变化. ATP 依赖的染色质重塑因子可重新定位核小体, 改变核小体的结构, 共价修饰组蛋白. 重塑包括多种变化, 一般指染色质特定区域对核酶稳定性的变化. 人们发现体内染色质结构重塑存在于基因启动子中, 转录因子 (transcription factor, TF) 以及染色质重塑因子与启动子上特定位点结合, 引起特定核小体位置的改变 (滑动), 或核小体三维结构的改变, 或二者兼有, 它们都能改变染色质对核酶的敏感性. 关于重塑因子调节基因表达机制的假设有两种.

**机制 1** 一个转录因子独立地与核小体 DNA 结合 (DNA 可以是核小体或核小体之间的部分), 然后, 这个转录因子再结合一个重塑因子, 既导致附近核小体结构发生稳定性的变化, 又导致其他转录因子的结合, 这是一个串联反应的过程;

**机制 2** 由重塑因子首先独立地与核小体结合, 不改变其结构, 但使其松动并发生滑动, 这将导致转录因子的结合, 从而使新形成的无核小体的区域稳定. 在染色质重组过程中, 核小体滑动可能是一种重要机制, 它不改变核小体结构, 但改变核小体与 DNA 的结合位置. 实验证明, 这种滑动能被核小体上游的"十字形"结构阻断. 然而, "滑动"机制并不能解释所有实验现象. 人们推测, 在重组过程中, 还有其他机制如核小体可能与 DNA 分离, 然后核小体经过重排, 结构变化后, 与 DNA 重新组装, 产生新的结构形式, 整个过程是可逆的, 受其他因子的调节, 某些因子可决定反应去向.

5) 甲基化 (methylation)

甲基化是指从活性甲基化合物 (如 S-腺苷基甲硫氨酸) 上将甲基催化转移到其他化合物的过程. 甲基化可形成各种甲基化合物, 或是对某些蛋白质或核酸等进行化学修饰形成甲基化产物. 甲基化是蛋白质和核酸的一种重要修饰, 调节基因的活性 (关和开), 与癌症、衰老、老年痴呆等许多疾病密切相关, 是表观遗传学的重要研究内容之一. 最常见的甲基化修饰有 DNA 甲基化和组蛋白甲基化. DNA 甲基化能关闭某些基因的活性, 去甲基化则能诱导基因的重新活化和表达. DNA 甲基化能引起染色质结构、DNA 构象、DNA 稳定性及 DNA 与蛋白质相互作用方式的改变, 从而控制基因表达. 研究证实, CpG 二核苷酸中胞嘧啶的甲基化导致了人体 1/3 以上由碱基转换而引起的遗传病. DNA 甲基化主要形成 5-甲基胞嘧啶 (5-mC) 和少量的 $N_6$-甲基腺嘌呤 ($N_6$-mA) 及 7-甲基鸟嘌呤 (7-mG). 在真核生物中, 5-甲基胞嘧啶主要出现在 CpG 序列、CpXpG、CCA/TGG 和 GATC 中. 组蛋白甲基化是指发生在 H3 和 H4 组蛋白 N 端 Arg 或 Lys 残基上的甲基化, 由组蛋白甲基转移酶介导催化. 组蛋白甲基化的功能主要体现在异染色质形成、基因印记、X 染色体失活和转录调控方面. 除了存在组蛋白甲基转移酶以外, 人们还发现了去甲基化酶. 以前人们认为组蛋白的甲基化作用是稳定而不可逆的, 这种去甲基化酶的发现使组蛋白甲基化过程更具动态性.

为了帮助读者记忆, 这里简要描述基因表达过程如下: 首先, DNA 上的基因前面有其相应的启动子, 这是 RNA 聚合酶的识别和结合位点, 在 RNA 聚合酶的作用下, 以 DNA 分子的一条链为模版, 四种游离的核糖核苷酸为原料, 遵循碱基互补配对原则, 进行转录, 地点是细胞核, 转录的结果就是产生一条 mRNA 链; 然后, mRNA 通过核孔进入细胞质, 与核糖体结合, 开始翻译过程, mRNA 上的三个相邻碱基为一个密码子, 与一个带有对应氨基酸的 tRNA, 通过碱基互补配对结合, 然后 tRNA 离开, 那个氨基酸通过脱水缩合的方式与下一个 tRNA 上的氨基酸结合, 最终形成肽链, 一条或多条肽链经过一定的盘曲折叠形成具有一定空间结构的蛋白质.

最后指出: 关于基因表达调控系统的研究, 主要感兴趣的问题包括:

(1) 如何定量化基因表达噪声;

(2) 如何定量化与基因表达有关的细化生化过程或不同噪声源对基因表达水平

的影响;

(3) 如何阐明基因表达决定细胞命运的机制;

(4) 如何解释基因表达噪声造成细胞与细胞之间的差异性 (即细胞异质性);

(5) 基因表达调控系统是如何解码外部信号的;

(6) 基因表达过程中是如何消耗自由能的.

本书将对这些问题给出部分解答, 并将对基因表达调控系统的建模与分析提供方法论.

## 1.2 生化主方程

首先, 简要介绍*化学反应式*. 一个封闭的反应容器可包含不同类型的反应物种 (记为 $X,Y,Z$ 等或 $A,B,C$ 等). 这些反应物种之间存在相互作用, 且这种相互作用是随机碰撞. 这种相互作用既可导致不同类型反应物种数目的变化, 亦可导致一种反应物种转化成另一种反应物种. 为了描述这种过程, 可引进化学反应式, 如 $X+Y\xrightarrow{k}Z$, 其中 $k$ 代表反应比率常数 (即单位时间内转移的分子数目或浓度), 它由实验测得或推出. 这一反应式的含义是: 一份 $X$ 反应物种与一份 $Y$ 反应物种以反应速率 $k$ 转化成一份 $Z$ 反应物种, 注意到: $X$ 类型、$Y$ 类型和 $Z$ 类型的反应物种的分子数目在反应容器中都可能是很多的. 类似地, 反应式 $2X\xrightarrow{k}Y+Z$ 的含义是: 两份 $X$ 反应物种以速率 $k$ 产生或生成一份 $Y$ 反应物种以及一份 $Z$ 反应物种. $X\underset{k_2}{\overset{k_1}{\rightleftharpoons}}Y$ 称为可逆反应, 表示 $X$ 和 $Y$ 反应物种之间可以相互转化. $X\xrightarrow{d}\varnothing$ 表示 $X$ 反应物种以速率 $d$ 降解. 多物种的反应式可类似地理解.

其次, 介绍*生化反应网络*, 参考图 1.3, 其中, 一阶反应式对应于连接反应物种与其产物的箭头线, 如 $X_6\longrightarrow X_1+X_5$ 等 (这里反应速率未标明); 二阶反应式起始于连接两个反应物种的边且指向反应产物的箭头线, 如 $X_5+X_6\longrightarrow X_9$ 等; 不同的反应通路对应于不同的数字, 如反应式 $X_1+X_4\longrightarrow X_5$ 对应于数字 1, 反应式 $X_1+X_4\longrightarrow X_3+X_7$ 对应于数字 2 等; 图中既未标明零阶反应式 (如 $\varnothing\longrightarrow X_1$ 等, 这里和全书中, $\varnothing$ 代表没有或无) 也未标明反应物种的降解反应式 (如 $X_2\longrightarrow\varnothing$ 等); 等等. 图 1.3 表示的生化反应网络不同于图论中所表示的网络 (它由节点和边构成).

然后, 每个基因表达系统都是由一套生化反应式 (包括反应速率) 组成, 但由于基因表达涉及基因启动子的开 (即 on) 与关 (即 off) 以及开状态和关状态之间的转移, 且往往认为 DNA 的数目充分多 (如认为 DNA 的数目为一个大的恒定常数), 因此在表示基因表达过程时常采用简化形式, 或直接采用生化反应式来表示. 基本的生化反应式包括:

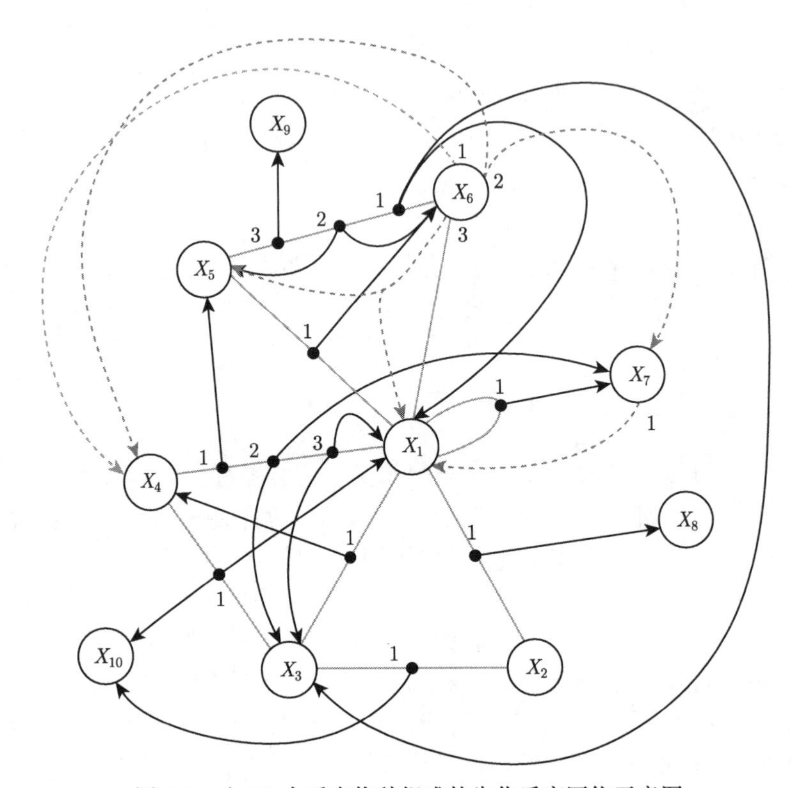


图 1.3　由 10 个反应物种组成的生化反应网络示意图

(1) 启动子状态之间的转移: $D_{\text{off}} \underset{\beta}{\overset{\alpha}{\rightleftharpoons}} D_{\text{on}}$, 其中 $D_{\text{off}}$ 和 $D_{\text{on}}$ 代表基因处于关与开状态时 DNA 的数目, $\alpha$ 和 $\beta$ 是状态转移速率, 其含义是单位时间内转移 DNA(而不是基因产物) 的数目;

(2) 转录因子与 DNA 位点的结合: $D + \text{TF} \underset{k_2}{\overset{k_1}{\rightleftharpoons}} D_{\text{TF}}$, 其中 TF 代表转录因子, $D$ 代表自由启动子 (更确切地, 代表自由 DNA 的数目), $D_{\text{TF}}$ 代表被占居的启动子 (被占居的 DNA 数目), 注意到保守性条件: $D + D_{\text{TF}} =$ 常数;

(3) 选择性剪接: pre-RNA $\xrightarrow{p_i k}$ $\text{mRNA}_i (i = 1, 2)$, 其中 pre-RNA 代表前体 RNA, mRNA 代表信使 RNA, $p_i$ 代表选择性概率, $k$ 代表从细胞核到细胞质的总传输率;

(4) 从 DNA 到 mRNA 的转录: $D \xrightarrow{\mu} D + \text{mRNA}$, 其中 $\mu$ 代表转录率;

(5) 从 mRNA 到蛋白质的翻译: $\text{mRNA} \xrightarrow{\rho} \text{mRNA} + P$, 其中 $\rho$ 代表翻译率;

(6) mRNA 或蛋白质的降解: $X \xrightarrow{\delta} \varnothing$, 其中 $\delta$ 代表降解率.

假定所有的生化事件都是马尔可夫过程 (简称马氏过程) 的 (即系统的当前状态与其历史无关, 本书总是做这种假定), 那么刻画生化系统状态动态变化最常用的模型是化学主方程 (本书称它为*生化主方程*(biochemical master equation)). 本节将介绍生化主方程, 即介绍描述一套生化反应中物种分子数目变化的概率密度函数

(probability density function) 的微分方程. 生化主方程有两种形式: 离散的主方程和连续的主方程.

### 1.2.1 常用形式的主方程

考虑由 $N$ 个反应物种 $\{X_1, X_2, \cdots, X_N\}$ 所组成的生化反应网络, 其状态变量记为 $\boldsymbol{n} = (n_1, n_2, \cdots, n_N)^{\mathrm{T}}$(本书用黑体代表向量或矩阵), 这里 $n_i$ 表示物种 $X_i$ 的分子数目. 构成该网络的 $M$ 个反应由倾向函数 $a_j(\boldsymbol{n})$(其中 $1 \leqslant j \leqslant M$) 和化学计量矩阵 $\boldsymbol{s} = [s_{ij}]$ 来描述, 这里 $s_{ij}$ 表示物种 $X_j$ 在参加第 $i$ 个反应时其分子数目的变化. 记 $\boldsymbol{s}^j = (s_{j1}, \cdots, s_{jN})^{\mathrm{T}}$(列向量), 用 $P(\boldsymbol{n}; t)$ 表示物种 $X_i$ 在时刻 $t$ 有 $n_i$ 个分子的概率, 并假定系统状态的变化是一个马氏过程. 那么, 相应的**生化主方程**为[1,2]

$$\frac{\partial P(\boldsymbol{n}; t)}{\partial t} = \sum_{j=1}^{M} \left[ a_j\left(\boldsymbol{n} - \boldsymbol{s}^j\right) P\left(\boldsymbol{n} - \boldsymbol{s}^j; t\right) - a_j(\boldsymbol{n}) P(\boldsymbol{n}; t) \right] \tag{1.1}$$

这是离散形式的主方程, 是最常用的主方程形式. 假如用 $x_i = n_i/\Omega$ 代表第 $i$ 个反应物种分子的浓度 ($\Omega$ 代表系统的大小或体积), 那么相应的方程 (1.1) 称为连续形式的主方程. 注意到下列重要关系: $P(\boldsymbol{x}; t) = P(\boldsymbol{n}/\Omega; t) = P(\boldsymbol{n}; t)$. 在两种情形, 假如记静态概率密度函数为 $P(\boldsymbol{x})$, 则

$$\sum_{j=1}^{M} \left[ a_j\left(\boldsymbol{x} - \boldsymbol{s}^j\right) P\left(\boldsymbol{x} - \boldsymbol{s}^j\right) - a_j(\boldsymbol{x}) P(\boldsymbol{x}) \right] = 0$$

这实际是一个迭代系统, 求解它并不容易, 而求解方程 (1.1) 就更困难了.

假如所有反应物种分子的最大数目已知, 那么主方程 (1.1) 能够看成一个庞大的常微分方程 (ordinary differential equation, ODE) 系统 (实际是常微分方程组). 例如, 在一个物种情形, 假如它的最大数目为 10, 那么方程 (1.1) 相当于一个 11 维的 ODE 系统 (因为 $x$ 的取值范围为 0~10, 包括 0 和 10); 在两个物种情形, 假如每个物种分子的最大数目为 10, 那么方程 (1.1) 相当于一个 $11 \times 11$ 维的 ODE 系统. 可想而知, 在更多反应物种情形, 相应的 ODE 系统是多么庞大.

给定一套生化反应, 写出其离散的主方程的关键是确定反应倾向函数和化学计量矩阵. 这里给出一种写主方程的一般方法. 考虑一个封闭的体积 $\Omega$, 它包含均匀混合的若干化学物种 $X_j$, $1 \leqslant j \leqslant N$. 让 $n_j$ 表示物种 $X_j$ 的分子数. 一个代表性的生化反应式是由一套化学计量系数 $\{s_j, r_j\}$ 决定, 其一般形式为

$$\sum_{j=1}^{N} s_j X_j \underset{k_-}{\overset{k_+}{\rightleftharpoons}} \sum_{j=1}^{N} r_j X_j$$

其中 $s_j \geqslant 0$, $r_j \geqslant 0$ 都是整数. 在化学运动学格式中, 常习惯以密度或浓度的形式表示物种, 即 $c_j = n_j/\Omega$. 此时, 对于正向反应, 其转移率服从所谓的 Van't

Hoff 规则, 即 $k_+\sum_{i=1}^{N}c_i^{s_i}$, 它表示单位体积单位时间内的分子碰撞概率. 这样, 由 $\{n_j\}\to\{n_j+r_j-s_j\}$ 特征化的反应式, 可知第 $j$ 个反应物种的正向反应比率方程为

$$\frac{\mathrm{d}c_j}{\mathrm{d}t}=k_+(r_j-s_j)\prod_{j=1}^{N}(c_j)^{s_j}$$

类似地, 可写出其反向反应的比率方程. 现在, 容易写出对应于上述反应式的主方程. 让 $P(\boldsymbol{n};t)$ 表示联合概率. 注意到: 在 $k_+\sum_{i=1}^{N}c_i^{s_i}$ 中, 对于涉及物种 $X_j$ 的 $s_j$ 个分子的碰撞, 其碰撞的概率正比于因子

$$n_j(n_j-1)(n_j-2)\cdots(n_j-s_j+1)=\frac{n_j!}{(n_j-s_j)!}\equiv((n_j))^{s_j}.$$

此时, 相应于整个反应式的主方程为[3]

$$\begin{aligned}\frac{\partial P(\boldsymbol{n};t)}{\partial t}=&k_+\Omega\left(\prod_{i=1}^{N}E_i^{s_i-r_i}-I\right)\prod_{j=1}^{N}\left\{\frac{((n_j))^{s_j}}{\Omega^{s_j}}\right\}P\\&+k_-\Omega\left(\prod_{i=1}^{N}E_i^{r_i-s_i}-I\right)\prod_{j=1}^{N}\left\{\frac{((n_j))^{r_j}}{\Omega^{r_j}}\right\}P\end{aligned}\tag{1.2}$$

其中, $I$ 代表恒同算子, $E$ 及其逆 $E^-$ 都是普通的**平移算子**(也叫作**位移算子**或**步长算子**), 其操作规则是 $E^kf(n)=f(n+k)$, $E^{-k}f(n)=f(n-k)$. 方程 (1.2) 对于依据生化反应写出相应的主方程是极为有用的, 它将在本书中反复应用. 对于由多个反应式所组成的系统, 首先根据公式 (1.2), 分别写出每个反应式对应的主方程, 然后把这些方程相加便给出整个反应系统的主方程.

**例 1.1**　对于生化反应

$$A\xrightarrow{k_1}X,\quad 2X\xrightarrow{k_2}B$$

其相应的主方程为

$$\frac{\mathrm{d}p_n}{\mathrm{d}t}=k_1\varphi_A\Omega\left(E^{-1}-I\right)p_n+(k_2/\Omega)\left(E^2-I\right)[n(n-1)p_n]$$

其中 $\varphi_A$ 表示 $A$ 的浓度 (假定为常数), $p_n=p_n(t)=P(n;t)$ 代表反应物种 $X$ 在 $t$ 时刻具有 $n$ 个分子数的概率.

**例 1.2**　考虑酶反应系统

$$E + E^* \underset{k_{-1}}{\overset{k_1}{\rightleftharpoons}} 2E^*$$
$$E^* \underset{k_{-2}}{\overset{k_2}{\rightleftharpoons}} E$$

它满足保守性条件: $[E] + [E^*] = E_{\mathrm{T}}$(总浓度, 假定为常数). 用 $n$ 表示 $E^*$ 的分子数目, $N_{\mathrm{T}}$ 表示酶的总数目 (假定它为常数). 那么, 相应的主方程为

$$\begin{aligned}\frac{\partial P(n;t)}{\partial t} =& -\left[k_1 n\left(N_{\mathrm{T}}-n\right)+k_{-1} n(n-1)+k_2 n+k_{-2}\left(N_{\mathrm{T}}-n\right)\right] P(n;t) \\ &+\left[k_1(n-1)\left(N_{\mathrm{T}}-n+1\right)+k_{-2}\left(N_{\mathrm{T}}-n+1\right)\right] P(n-1;t) \\ &+\left[k_{-1} n(n+1)+k_2(n+1)\right] P(n+1;t)\end{aligned}$$

其中, $n$ 可以取区间 $[0, N_{\mathrm{T}}]$ 中的任何整数, 因此主方程是一个线性常微分方程组.

**注 1.1** 对例 1.1 和例 1.2 中的反应比率常数, 可有不同的理解.

与概率密度函数密切相关的是**生成函数**或**母函数** (generating function). 对于概率密度函数 $P(n;t)$, 记其生成函数为 $G(z;t)$, 则

$$G(z;t) = \sum_{n=0}^{\infty} P(n;t) z^n \tag{1.3}$$

反过来, 由生成函数可给出概率密度函数, 即

$$P(n;t) = \left.\frac{1}{n!}\partial_z^n G(z;t)\right|_{z=0} \tag{1.4}$$

对于联合概率密度, 也可类似地引进生成函数, 例如, 对于联合概率密度 $P(m,n;t)$, 相应的生成函数为

$$G(z',z;t) = \sum_{n=0}^{\infty} P(m,n;t) z'^m z^n \tag{1.5}$$

且反过来有关系式

$$P(m,n;t) = \left.\frac{1}{m!n!}\frac{\partial^{m+1}}{\partial z'^m \partial z^n} G(z',z;t)\right|_{z'=0,z=0} \tag{1.6}$$

**注 1.2** 边缘分布的计算公式为

$$P(m;t) = \sum_{n\geqslant 0} P(m,n;t), \quad P(n;t) = \sum_{m\geqslant 0} P(m,n;t).$$

此外, 通过概率密度与生成函数之间的关系, 能够把由主方程描述的概率密度函数的常微分方程变成生成函数的偏微分方程. 这里举一个例子来说明之. 考虑物种 $X$, 模拟它为一个生灭 (birth-death) 过程. 让 $n$ 表示物质 $X$ 的分子数目, $P(n;t)$

表示 $X$ 在 $t$ 时刻有 $n$ 个分子的概率密度. 假定 $X$ 的生成率为 $\mu$, 降解率为 $\delta$. 那么, 相应的生化主方程可表示为

$$\frac{\partial P(n;t)}{\partial t}=(E-I)\left[\delta nP(n;t)-\mu P(n-1;t)\right] \tag{1.7}$$

而对应的生成函数的偏微分方程为

$$\frac{\partial G(z;t)}{\partial t}=-(z-1)(\delta\partial_z-\mu)G(z;t) \tag{1.8}$$

其中, $\partial_z$ 表示关于 $z$ 的导数. 方程 (1.7) 和 (1.8) 的静态方程均是可求解的, 例如, 能够直接从 (1.7) 求得其静态解 (记为 $P(n)$), 且

$$P(n)=\frac{(\mu/\delta)^n}{n!}\mathrm{e}^{-\mu/\delta} \tag{1.9}$$

这说明随机变量 $X$ 服从**泊松分布**(Poisson distribution). 换句话说, **生灭过程**的物种分子数目总是服从泊松分布. 另一种方法是: 先求解方程 (1.8) 并给出生成函数 (静态), 然后利用概率密度函数与生成函数之间的关系, 也可求得概率密度函数的分析表达, 而且两种方法所获得的结果是一致的 (作为习题, 请读者验证之).

### 1.2.2 Chapman-Kolmogorov 方程

主方程的更一般形式是 Chapman-Kolmogorov 方程 (CKE)(仍需要假定生化事件是马氏过程, 但连续的随机变量可以出现跳跃, 即带跳的随机变量)[4], 其一般形式为

$$\begin{aligned}\frac{\partial P(\boldsymbol{x};t)}{\partial t}=&-\sum_i\frac{\partial}{\partial x_i}\left[A_i(\boldsymbol{x},t)P(\boldsymbol{x};t)\right]+\frac{1}{2}\sum_{i,j}\frac{\partial^2}{\partial x_i\partial x_j}\left[B_{ij}(\boldsymbol{x},t)P(\boldsymbol{x};t)\right]\\&+\int_S\left[W(\boldsymbol{x}|\boldsymbol{z},t)P(\boldsymbol{z};t)-W(\boldsymbol{z}|\boldsymbol{x},t)P(\boldsymbol{x};t)\right]\mathrm{d}\boldsymbol{z}\end{aligned} \tag{1.10}$$

其中, 由 $A_i(\boldsymbol{x},t), 1\leqslant i\leqslant N$ 组成的向量 $A(\boldsymbol{x},t)$ 代表漂移, 由 $B_{ij}(\boldsymbol{x},t)$ 组成的矩阵代表扩散, 它们的含义为: 给定 $\boldsymbol{X}(t)=\boldsymbol{x}$, 连续过程的状态增加向量 $\boldsymbol{X}(t+\Delta t)-\boldsymbol{X}(t)$ 以 $A(\boldsymbol{x},t)$ 为平均, 以 $B(\boldsymbol{x},t)$ 为协方差矩阵方差. $W(\boldsymbol{x}|\boldsymbol{z},t)$ 叫作对应于跳跃 $(\boldsymbol{z}\longrightarrow\boldsymbol{x})$ 的**转移概率**. 下列是几种特殊情形的数学模型:

(1) 若 $B_{ij}(\boldsymbol{x},t)=W(\boldsymbol{x}|\boldsymbol{z},t)=W(\boldsymbol{z}|\boldsymbol{x},t)=0$, 则 CKE 变为确定性的刘维尔 (Liouville) 方程;

(2) 若 $A_i(\boldsymbol{x},t)=B_{ij}(\boldsymbol{x},t)=0$, 则 CKE 变成描述带跳且具有不连续道路的主方程;

(3) 若 $W(\boldsymbol{x}|\boldsymbol{z},t)=W(\boldsymbol{z}|\boldsymbol{x},t)=0$, 则 CKE 变成普通的 Fokker-Planck 方程.

因此, CKE 是连续情形下主方程的一般形式. 当根据给定反应系统写这种类型的方程时, 关键是要理解问题的背景, 并确定 $A(\boldsymbol{x},t)$, $B(\boldsymbol{x},t)$ 和 $W(\boldsymbol{x}|\,\boldsymbol{z},t)$ 的表示. 一般地, 求解这种类型的方程比较困难, 没有很好的方法.

为了理解 CKE, 这里给出一个例子. 考虑状态转移过程:

$$I_1 \xrightarrow{\lambda_1} I_2 \underset{\lambda_2'}{\overset{\lambda_2}{\rightleftharpoons}} I_3 \xrightarrow{\lambda_3} I_1$$

(它构成一个环路), 其中 $I_i$ 应理解为状态 (如基因的活性或非活性状态), $\lambda_i(i=1,2,3)$ 和 $\lambda_2'$ 是转移率. 让 $P_i(x,t)$ 表示反应物种如 mRNA、蛋白质或代谢物等 (记为 $X$, 假定其降解率为 $\delta$) 在 $I_i$ 状态处于 $t$ 时刻具有浓度 $x$ 的概率密度 (或分布), 这里 $i=1,2,3$, 那么相应的 CKE 为

$$\frac{\partial P_1(x;t)}{\partial t}+\frac{\partial\left[-\delta xP_1(x;t)\right]}{\partial x}=-\lambda_1P_1(x;t)+\lambda_3P_3(x;t)$$
$$\frac{\partial P_2(x;t)}{\partial t}+\frac{\partial\left[-\delta xP_2(x;t)\right]}{\partial x}=\lambda_1P_1(x;t)+\lambda_2'P_3(x;t)-\lambda_2P_2(x;t)$$
$$\frac{\partial P_3(x;t)}{\partial t}+\frac{\partial\left[-\delta xP_3(x;t)\right]}{\partial x}=\lambda_2P_2(x;t)-(\lambda_3+\lambda_2')\,P_3(x;t)$$

**注 1.3** 对于某个感兴趣的生物问题, 关键是确定其生化反应式. 一旦确定, 那么相应的数学模型就可用上述主方程来建立.

### 1.2.3 求解主方程的通用方法

对于离散主方程 (1.1), 引入生成函数

$$G(\boldsymbol{z};t)=\sum_{\boldsymbol{n}=(n_1,\cdots,n_N)}P(\boldsymbol{n};t)\,\boldsymbol{z}^{\boldsymbol{n}},\quad \text{其中 } \boldsymbol{z}^{\boldsymbol{n}}\equiv z_1^{n_1}z_2^{n_2}\cdots z_N^{n_N} \tag{1.11}$$

则得线性微分方程

$$\frac{\partial}{\partial t}G(\boldsymbol{z};t)=L_z\left[G(\boldsymbol{z};t)\right] \tag{1.12}$$

其中 $L_z$ 是某一 Hilbert 空间 $H$ 上的线性算子, 且 $L_z$ 由方程 (1.1) 的右端函数决定. 由线性算子理论知道: 对于线性算子 $L_z$, 存在一组特征值 $\{\lambda_j\}$ 和一组相应的特征向量 $\{\varphi_j(z)\}$, 使得

$$L_z\left[\varphi_j(z)\right]=\lambda_j\varphi_j(z) \tag{1.13}$$

其中, $\{\varphi_j(z)\}$ 关于 $H$ 空间的内积是相互正交的 (即一组正交基). 利用这种正交基, 函数 $G(z;t)$ 在 $H$ 空间中可表示成

$$G(z;t)=\sum_j G_j(t)\,\varphi_j(z) \tag{1.14}$$

其中, $\varphi_j(z)$ 亦叫作函数 $G(z;t)$ 的特征函数. 同时利用 $\{\varphi_j(z)\}$ 的正交性, 有

$$\frac{\mathrm{d}}{\mathrm{d}t}G_j(t)=\lambda_jG_j(t) \tag{1.15}$$

由于 $\{\lambda_j\}$ 并不依赖于变量 $t$, 因此函数列 $\{G_j(t)\}$ 容易被确定且形式表示为 $G_j(t) = A_j e^{\lambda_j t}$. 一旦 $\{G_j(t)\}$ 被确定, 那么生成函数 $G(z;t)$ 就完全确定. 这就是求解生成函数的一般方法. 在这种方法中, 关键是两步: ① 如何由主方程确定算子 $L_z$; ② 如何计算出算子 $L_z$ 的特征值 $\{\lambda_j\}$ 和特征向量 $\{\varphi_j(z)\}$. 我们指出: 假如采用量子力学符号来表示上述数学操作[5], 那么所有的运算过程将变得更为简洁 (看 1.6 节).

这里, 通过一个例子来显示出如何求得上述生成函数的过程. 模拟某个反应物种 $X$(其分子数目记为 $n$) 为生灭过程, 相应的生化反应为: $n-1 \xleftarrow{r} n \xrightarrow{\tilde{g}} n+1$, 而对应的离散主方程为

$$\frac{\partial P(n;t)}{\partial t} = -\left(E^{-}-1\right)\left[(n+1)E-g\right]P(n;t)$$

其中, 参数和时间已经被规范化了, 即 $t/r \longrightarrow t$, $\tilde{g}/r \longrightarrow g$. 若对概率密度 $P(n;t)$, 引入生成函数 $G(z;t) = \sum_{n=0}^{\infty} P(n;t) z^n$, 则可得

$$\frac{\partial G(z;t)}{\partial t} = -(z-1)(\partial_z - g)G(z;t)$$

为了求解此方程, 引入算子 $L_z = (z-1)(\partial_z - g)$, 则上述方程可改写为 $\partial G/\partial t = -L_z G$. 设线性算子的特征值和特征向量分别为 $\lambda_j$ 和 $\varphi_j(z)$, 并把函数 $G(z;t)$ 表示为 $G(z;t) = \sum_j G_j(t)\varphi_j(z)$. 由微分方程 $\mathrm{d}G_j(t)/\mathrm{d}t = -\lambda_j G_j(t)$(其中 $j \in \{0,1,2,\cdots\}$), 可求得 $G_j(t) = A_j e^{-\lambda_j t}$.

另一方面, 根据算子 $L_z$ 的形式, 可知: $L_z\varphi_j(z) = (z-1)(\partial_z - g)\varphi_j(z) \equiv \lambda_j\varphi_j(z)$, 求得其解为 $\varphi_j(z) = (z-1)^{\lambda_j} e^{g(z-1)}$. 由于序列函数 $\left\{(z-1)^{\lambda_j} e^{g(z-1)}\right\}_{j=0}^{\infty}$ 构成相应 Hilbert 空间的一组基 (因为算子 $L_z$ 是可逆的), 而已知 $\left\{(z-1)^{j} e^{g(z-1)}\right\}_{j=0}^{\infty}$ 为此 Hilbert 空间的一组基, 因此

$$\lambda_j = j \in \{0,1,2,\cdots\}, \quad \varphi_j(z) = (z-1)^j e^{g(z-1)}$$

这样, 求得

$$G(z;t) = \sum_j A_j e^{-jt}(z-1)^j e^{g(z-1)}$$

让 $t \to +\infty$, 则求得静态生成函数 $G(z) = c_0 e^{g(z-1)}$, 再由规范化条件 $G(1) = 1$ 得 $c_0 = 1$. 最后, 利用概率密度函数与生成函数之间的关系: $P(n;t) = \frac{1}{n!}\partial_z^n G(z;t)\big|_{z=0}$, 即求得概率密度函数为 $P(n) = \frac{g^n}{n!}e^{-g} = \frac{(\tilde{g}/r)^n}{n!}e^{-(\tilde{g}/r)}$, 这与 (1.9) 完全一致, 即随机变量 $X$ 服从泊松分布, 其特征参数为 $\tilde{g}/r$.

### 1.2.4 Gillespie 算法简介

对于生化主方程, 一般很难找到其分析解, 而常常是采用数值方法求解. 最常用的数值方法是著名的 Gillespie 算法. 关于这种算法, 下面作简单介绍, 更多的细节, 读者可见参考文献 [1] 和 [2].

假定在时刻 $t$ 系统处于微观状态 $(n_1, n_2, \cdots, n_N)$. Gillespie 算法需要细化下列两个问题: 一是哪些反应将会发生; 二是下一个反应将在什么时候发生. 由于反应的随机性, 这两个问题只能指望在概率意义下才有答案. 为此, 引入函数

$$P(\tau, \mu)\,\mathrm{d}\tau = \text{时刻 } t \text{ 给定状态 } (n_1, n_2, \cdots, n_N), \text{ 在区间 } (t+\tau, t+\tau+\mathrm{d}\tau) \\ \text{和体积 } V \text{ 内, 下一个反应将是 } R_\mu \text{ 的概率}$$

$P(\tau, \mu)$ 称为反应概率密度函数, 它实际是连续变量 $\tau (0 \leqslant \tau < \infty)$ 和离散变量 $\mu$ 的联合概率密度函数 $(1 \leqslant \mu \leqslant M)$.

对每个反应 $R_\mu$, 定义函数 $h_\mu$(称为反应倾向函数) 为

$$h_\mu = \text{在状态 } (n_1, n_2, \cdots, n_N) \text{ 处, 不同 } R_\mu \text{ 反应物分子组合的数目}$$

其中, $\mu = 1, 2, \cdots, M$, 例如, 假如 $R_\mu$ 为形式: $S_1 + S_2 \longrightarrow$ 任何, 那么 $h_\mu = n_1 n_2$; 假如 $R_\mu$ 有形式 $2S_1 \longrightarrow$ 任何, 那么 $h_\mu = \dfrac{1}{2!} n_1 (n_1 - 1)$; 一般地, $h_\mu$ 是变量 $n_1, n_2, \cdots, n_N$ 的某一组合函数. 不难看出, $a_\mu \mathrm{d}t = h_\mu c_\mu \mathrm{d}t =$ 给定系统在时刻 $t$ 处于状态 $(n_1, n_2, \cdots, n_N)$, 一个 $R_\mu$ 反应将在时间间隔 $(t, t+\mathrm{d}t)$ 和体积 $V$ 内发生的概率, $\mu = 1, 2, \cdots, M$.

注意到 $P(\tau, \mu)\,\mathrm{d}\tau$ 可以看成以下两项的乘积

$$P(\tau, \mu)\,\mathrm{d}\tau = P_0(\tau) \cdot a_\mu \mathrm{d}\tau \tag{1.16}$$

其中, $P_0(\tau)$ 表示在时刻 $t$ 给定状态 $n_1, n_2, \cdots, n_N$, 在时间区间 $(t, t+\tau)$ 内没有反应发生的概率; $a_\mu \mathrm{d}\tau$ 表示一个 $R_\mu$ 反应将在 $(t+\tau, t+\tau+\mathrm{d}\tau)$ 内发生的概率. 为了找出 $P_0(\tau)$ 的表达, 假如注意到 $1 - \sum\limits_\nu a_\nu \mathrm{d}\tau'$ 表示在时间 $\mathrm{d}\tau'$ 内没有反应发生的概率, 那么

$$P_0(\tau' + \mathrm{d}\tau') = P_0(\tau') \cdot \left(1 - \sum_{\nu=1}^{M} a_\nu \mathrm{d}\tau'\right) \tag{1.17}$$

从 (1.17) 容易求得

$$P_0(\tau) = \exp\left(-\sum_{\nu=1}^{M} a_\nu \tau\right) \tag{1.18}$$

进一步, 从 (1.61)~(1.18), 可知

$$P(\tau,\mu)=\begin{cases} a_\mu \exp(-a_0\tau), & 0\leqslant \tau<\infty, \mu=1,\cdots,M \\ 0, & \text{其他} \end{cases} \tag{1.19}$$

其中, $a_\mu=h_\mu c_\mu$, $\mu=1,2,\cdots,M$, $a_0=\sum_{\nu=1}^{M}a_\nu=\sum_{\nu=1}^{M}h_\nu c_\nu$.

基于上面的分析, 为了模拟基于主方程 (1.1) 的化学反应系统的时间演化, 关键的步骤是采用某种方法来细化下个反应式何时发生以及哪个反应式将会发生. 从数学的观点, 相应的问题可表述成: 如何产生 (1.19) 中概率密度函数 $P(\tau,\mu)$ 中的一双随机数 $(\tau,\mu)$. 这容易实现, 事实上, 让 $r_1$ 和 $r_2$ 是单位区间内通过均匀分布产生的两个随机数, 取

$$\tau=\frac{1}{a_0}\ln\left(\frac{1}{r_1}\right) \tag{1.20}$$

又取整数 $\mu$, 使它满足

$$\sum_{\nu=1}^{\mu-1}a_\nu<r_2a_0\leqslant\sum_{\nu=1}^{\mu}a_\nu \tag{1.21}$$

粗略地, 通过 (1.20) 获得的随机数 $\tau$ 实际是根据概率密度函数 $P_1(\tau)=a_0\exp(-a_0\tau)$ 来产生的, 而通过 (1.21) 获得的随机数 $\mu$ 实际是根据概率密度函数 $P_2(\mu)=a_\mu/a_0$ 来产生的, 而且 $P_1(\tau)\cdot P_2(\mu)=P(\tau,\mu)$.

最后, 给出 Gillespie 算法的主要步骤:

(1) 初始化: 输入 $M$ 个反应常数 $c_1,c_2,\cdots,c_M$ 和 $N$ 个初始分子数目 $n_1$, $n_2,\cdots,n_N$; 设时间变量 $t$ 和反应计数变量 $k$ 均为零; 初始化单位区间均匀分布随机数发生器; 设反应时间的总长度为 $T$;

(2) 根据当前的分子数目, 计算并储存 $M$ 个量: $a_1=h_1c_1$, $a_2=h_2c_2,\cdots$, $a_M=h_Mc_M$, 其中 $h_\nu$ 是反应倾向函数且为 $n_1,n_2,\cdots,n_N$ 的函数; 此外, 计算并储存 $a_0$(它是 $M$ 个 $a_\nu$ 的和); 利用单位区间均匀分布随机数发生器产生两个随机数 $r_1$ 和 $r_2$, 并根据 (1.20) 和 (1.21) 分别确定 $\tau$ 和 $\mu$;

(3) 利用 (2) 中获得的 $\tau$ 和 $\mu$, 把 $t$ 增加为 $t+\tau$, 并调整分子总体水平, 以便体现一个 $R_\mu$ 反应的发生, 例如, 假如 $R_\mu$ 是 $S_1+S_2\longrightarrow 2S_1$ 形式的反应式, 那么让 $n_1$ 增加 1, 而让 $n_2$ 减少 1. 此外, 设 $k\to k+1$, 让 $t$ 增加时间步长. 若 $t>T$, 则计算停止; 否则的话, 转到第二步.

**注 1.4**　Gillespie 算法对于模拟小规模的翻译系统是十分有效的, 但对大规模的系统计算非常耗时; Gillespie 算法只能用于随机轨线的模拟, 不能给出联合概率分布.

## 1.3 二项矩方法简介

尽管主方程能够捕捉生化系统或网络的随机信息, 但一般很难求得分析解, 而且数值计算特别耗时. 因此, 发展主方程的理论分析方法与数值求解方法便成为一个有意义的话题. 事实上, 主方程的数值分析是计算系统生物学的重要研究内容.

假定某个生化系统的联合概率密度为 $P(\boldsymbol{n};t)$(这里 $\boldsymbol{n}$ 代表系统的状态变量向量), 它满足形如 (1.1) 的主方程, 那么根据此方程及概率论中矩的定义知: $|\boldsymbol{k}|=\sum_{i=1}^{N}k_i$ 阶原点矩根据下列公式来计算

$$\langle \boldsymbol{n}^k\rangle=\int \boldsymbol{n}^k P(\boldsymbol{n};t)\,\mathrm{d}\boldsymbol{n} \tag{1.22}$$

其中, $\boldsymbol{n}^k=n_1^{k_1}\cdots n_N^{k_N}$. 类似地, 可定义中心矩. 这些矩能够看成是生化系统随机信息的累积, 但由于它们一般不是收敛的, 即当矩的阶 $k=|\boldsymbol{k}|=\sum_{i=1}^{N}k_i$ 趋于无穷时, 原点矩和中心矩并不收敛 (参考图 1.4, 其中所用的模型为简单的生灭过程: $\varnothing\xrightarrow{g}X, 2X\xrightarrow{d}\varnothing$), 因此不能用于**概率密度函数**的重构. 然而, **二项矩**能够克服普通矩的这些缺陷, 它具有许多优点, 例如, 当二项矩的阶趋于无穷时, 二项矩收敛到零 (参考图 1.4), 而且二项矩能够用于概率密度函数的重构等.

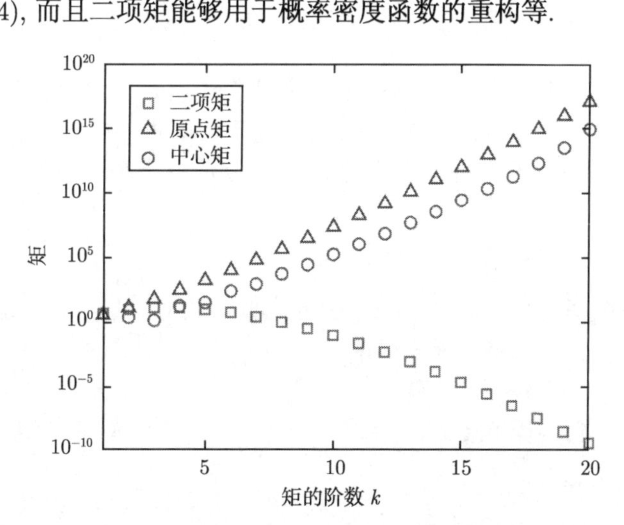


图 1.4 原点矩、中心矩和二项矩的收敛性

### 1.3.1 离散主方程及生成函数的微分方程

为了导出二项矩方程[6], 先给出主方程的另一种表示形式. 考虑一般的反应

系统, 它包含 $N$ 个物种 (记为 $X_i$)、$M$ 个反应式. 让 $\boldsymbol{r} \longrightarrow \boldsymbol{s}$ 代表发生在这一系统中的一个反应式 $\sum_{i=1}^{N} r_i X_i \longrightarrow \sum_{i=1}^{N} s_i X_i$, 其中化学计量系数是 $r_i$ 和 $s_i$ 都是非负整数. 因为反应常数依赖于反应共形 $\boldsymbol{r}$ 和结果共形 $\boldsymbol{s}$, 因此记为 $c_r^s$. 让向量 $\boldsymbol{n} = (n_1, \cdots, n_N)$ 代表整个系统的微观状态, 其中, $n_i$ 代表反应物种 $X_i$ 的拷贝数. 让 $\boldsymbol{v} = (v_1, v_2, \cdots, v_N)$ 是一个由非负整数组成的向量, 它能够表示成基向量 $\boldsymbol{e}_1, \boldsymbol{e}_2, \cdots, \boldsymbol{e}_N$ 的线性组合, 其中 $\boldsymbol{e}_k = (0, \cdots, v_k = 1, \cdots, 0)$. 基于此, 可知反应式 $\boldsymbol{r} \longrightarrow \boldsymbol{s}$ 能够表示为某些基本反应式 $r_k \boldsymbol{e}_k \longrightarrow s_k \boldsymbol{e}_k$ 的线性组合, 即有表示: $(\boldsymbol{r} \longrightarrow \boldsymbol{s}) = \sum_{k=1}^{N} (r_k \boldsymbol{e}_k \longrightarrow s_k \boldsymbol{e}_k)$. 让 $\Gamma_{\boldsymbol{v}}$ 表示物种 $X_i$ 具有 $v_i$ 拷贝数分子的组合, 那么所有可能的组合数为

$$\Pi(\boldsymbol{n}, \boldsymbol{v}) \equiv \begin{pmatrix} \boldsymbol{n} \\ \boldsymbol{v} \end{pmatrix}, \quad \text{其中} \begin{pmatrix} \boldsymbol{n} \\ \boldsymbol{v} \end{pmatrix} = \prod_{i=1}^{N} \begin{pmatrix} n_i \\ v_i \end{pmatrix}, \begin{pmatrix} n_i \\ v_i \end{pmatrix} \text{是普通的二项式系数}$$

为方便, 引进位移算子 $\Phi^{\boldsymbol{\alpha}} f(\boldsymbol{n}) = f(\boldsymbol{n} + \alpha)$, 其中 $f$ 是向量 $\boldsymbol{n}$ 的函数, $\alpha$ 是一个由非负整数组成的向量. 这样, 反应式 $\boldsymbol{r} \longrightarrow \boldsymbol{s}$ 能够表示为 $\boldsymbol{n} \longrightarrow \Phi^r \Phi^{-s} \boldsymbol{n}$.

有了上面的准备之后, 那么主方程 (1.1) 可改写成下面的形式:

$$\frac{\partial P(\boldsymbol{n}; t)}{\partial t} = \sum_{\boldsymbol{r} \rightarrow \boldsymbol{s}} (\boldsymbol{r}! c_r^s) \left[\Phi^{-s} \Phi^r - I\right] \Pi(\boldsymbol{n}, \boldsymbol{r}) P(\boldsymbol{n}; t) \tag{1.23}$$

其中 $I$ 是单位算子. 在方程 (1.23) 中, 必须对系统中所有可能的反应式 $\boldsymbol{r} \longrightarrow \boldsymbol{s}$ 求和. 假如系统处在 $\boldsymbol{n} + \boldsymbol{r} - \boldsymbol{s}$ 状态, 那么相应的反应式对 $P(\boldsymbol{n}; t)$ 有一个正的贡献; 假如系统处于 $\boldsymbol{n}$ 状态, 那么相应的反应式对 $P(\boldsymbol{n}; t)$ 有一个负的贡献. 这些蕴含着操作规则

$$\Phi^{-s} \Phi^r \Pi(\boldsymbol{n}, \boldsymbol{r}) = \Pi(\boldsymbol{n} + \boldsymbol{r} - \boldsymbol{s}, \boldsymbol{r})$$

下一步, 对概率密度函数 $P(\boldsymbol{n}; t)$, 引入生成函数 $G(\boldsymbol{z}; t)$, 并导出关于 $G(\boldsymbol{z}; t)$ 的偏微分方程. 设 $G(\boldsymbol{z}; t) = \sum_{\boldsymbol{n}} \boldsymbol{z}^n P(\boldsymbol{n}; t)$, 其中 $\boldsymbol{z} = (z_1, \cdots, z_N)$, 并定义 $\boldsymbol{z}^n \equiv z_1^{n_1} \cdots z_N^{n_N}$. 那么, 由方程 (1.23) 得

$$\frac{\partial G(\boldsymbol{z}; t)}{\partial t} = \sum_{r \rightarrow s} c_r^s \sum_{n} \boldsymbol{z}^n \left(\Phi^{-s} \Phi^r - I\right) \Pi(\boldsymbol{n}, r) P(\boldsymbol{n}; t)$$

改变求和中各项的阶, 并交换位移算子的符号, 可得

$$\frac{\partial G(\boldsymbol{z}; t)}{\partial t} = \sum_{r \rightarrow s} (\boldsymbol{r}! c_r^s) \sum_{\boldsymbol{n}} \Pi(\boldsymbol{n}, \boldsymbol{r}) P(\boldsymbol{n}; t) \left(\Phi^{-s} \Phi^r - I\right) z^n \tag{1.24}$$

注意到 $\Phi^{-s}\Phi^{r}z^{n}=z^{n+r-s}$, 及

$$\frac{1}{\boldsymbol{r}!}\frac{\partial^{r}G(\boldsymbol{z};t)}{\partial z^{r}}\equiv\frac{1}{\boldsymbol{r}!}\frac{\partial^{r_1+\cdots+r_N}G(\boldsymbol{z};t)}{\partial z_1^{r_1}\cdots\partial z_N^{r_N}}=\sum_{n\geqslant r}\Pi(\boldsymbol{n},r)\,z^{n-r}P(\boldsymbol{n};t)$$

那么, 方程 (1.24) 可改写为

$$\frac{\partial G(\boldsymbol{z};t)}{\partial t}=\sum_{r\to s}c_r^s\left(z^s-z^r\right)\frac{\partial^{r}G(\boldsymbol{z};t)}{\partial z^{r}}\tag{1.25}$$

由于

$$G(\boldsymbol{z};t)=\sum_{n}z^{n}P(\boldsymbol{n};t),P(\boldsymbol{n};t)=\frac{1}{\boldsymbol{n}!}G_z^{(n)}(\boldsymbol{0};t)\tag{1.26}$$

其中, $\boldsymbol{0}\equiv(0,0,\cdots,0)$, 因此线性微分方程 (1.25) 是主方程 (1.23) 的一个等价版本.

### 1.3.2　二项矩、概率分布和生成函数之间的关系

注意到: 假如在点 $\boldsymbol{z}=\boldsymbol{1}\equiv(1,\cdots,1)$ 处, 泰勒 (Taylor) 展开生成函数 $G(\boldsymbol{z};t)$, 即假设展开式 $G(\boldsymbol{z};t)=\sum_{k}\frac{1}{\boldsymbol{k}!}G_z^{(k)}(\boldsymbol{1};t)(\boldsymbol{z}-\boldsymbol{1})^{k}$, 那么系数

$$a_k(t)=\sum_{n}\Pi(\boldsymbol{n},\boldsymbol{k})P(\boldsymbol{n};t)=\frac{1}{\boldsymbol{k}!}G_z^{(k)}(\boldsymbol{1};t)\tag{1.27}$$

称为**普通二项矩**. 假如在点 $z_0\equiv(z_{10},\cdots,z_{N0})$ 处, 泰勒展开函数 $G(\boldsymbol{z};t)$, 即假设展开式 $G(\boldsymbol{z};t)=\sum_{k}\frac{1}{\boldsymbol{k}!}G_z^{(k)}(z_0;t)(\boldsymbol{z}-z_0)^{k}$, 那么系数

$$b_k(t)=\sum_{\boldsymbol{n}\geqslant\boldsymbol{k}}z_0^{\boldsymbol{n}-\boldsymbol{k}}\Pi(\boldsymbol{n},\boldsymbol{k})P(\boldsymbol{n};t)=\frac{1}{\boldsymbol{k}!}G_z^{(k)}(z_0;t)\tag{1.28}$$

称为**广义二项矩**. 为了对二项矩实行截取, 需要附加条件: 当 $|\boldsymbol{k}|=\sum_{i=1}^{N}k_i\to\infty$ ($k=|\boldsymbol{k}|$ 称为二项矩的阶) 时, $a_k(t)\to 0$ 或 $b_k(t)\to 0$. 在实际应用中, 至于采用哪种二项矩依赖于具体问题. 显然, 普通二项矩是广义二项矩的特殊情形. 此外, 不难显示出: 普通二项矩与广义二项矩之间的关系为

$$b_k(t)=\sum_{\boldsymbol{n}\geqslant\boldsymbol{k}}(z_0-\boldsymbol{1})^{\boldsymbol{n}-\boldsymbol{k}}\,\Pi(\boldsymbol{n},\boldsymbol{k})\,a_n(t),\quad a_N(t)=\sum_{\boldsymbol{k}\geqslant\boldsymbol{N}}(1-z_0)^{\boldsymbol{k}-\boldsymbol{N}}\,\Pi(\boldsymbol{k},\boldsymbol{N})\,b_{\boldsymbol{k}}(t)\tag{1.29}$$

生成函数 $G(\boldsymbol{z};t)$ 能够由二项矩 $b_k(t)$ 唯一决定, 反过来亦一样, 即有关系

$$G(\boldsymbol{z};t)=\sum_{k}b_k(\boldsymbol{z}-z_0)^{k},\quad b_k(t)=\frac{1}{\boldsymbol{k}!}\left.\frac{\partial^{k}G(\boldsymbol{z};t)}{\partial z^{k}}\right|_{\boldsymbol{z}=z_0}\tag{1.30}$$

类似地, 概率密度函数 $P(\boldsymbol{n};t)$ 也能够由二项矩 $b_k(t)$ 唯一地决定, 反过来也一样, 即有关系

$$P(\boldsymbol{n};t)=\sum_{\boldsymbol{k}\geqslant\boldsymbol{n}}(-z_0)^{\boldsymbol{k}-\boldsymbol{n}}\Pi(\boldsymbol{k},\boldsymbol{n})\,b_k(t),\quad b_k(t)=\sum_{\boldsymbol{n}\geqslant\boldsymbol{k}}z_0^{\boldsymbol{n}-\boldsymbol{k}}\Pi(\boldsymbol{n},\boldsymbol{k})\,P(\boldsymbol{n};t)\tag{1.31}$$

### 1.3.3　二项矩方程及其截取

现在, 导出二项矩方程. 对于方程 (1.25), 两边关于 $\boldsymbol{z}$ 在点 $\boldsymbol{z}=z_0$ 处求 $\boldsymbol{k}$ 阶导数得

$$\frac{\mathrm{d}b_k(t)}{\mathrm{d}t}=\sum_{r\to s}(\boldsymbol{r}!c_r^s)\left[\sum_{i=0}^{k}\frac{1}{\boldsymbol{i}!}\frac{\partial^i}{\partial z^i}(z^s-z^r)\bigg|_{\boldsymbol{z}=z_0}\begin{pmatrix}\boldsymbol{r}+\boldsymbol{k}-\boldsymbol{i}\\ \boldsymbol{r}\end{pmatrix}b_{r+k-i}(t)\right]\tag{1.32}$$

其中 $\boldsymbol{k}=(k_1,k_2,\cdots,k_N)$. 为了获得函数 $z^s-z^r$ 的 $\boldsymbol{i}$ 阶导数的显式表示, 作如下规定: 若整数向量 $\boldsymbol{i}=(i_1,i_2,\cdots,i_N)$ 中只要有一个分量小于零, 则规定 $z_0^i=0$. 这样, 方程 (1.32) 能够改写为

$$\frac{\mathrm{d}b_k(t)}{\mathrm{d}t}=\sum_{r\to s}(\boldsymbol{r}!c_r^s)\left[\sum_{i=0}^{k}\left(\begin{pmatrix}\boldsymbol{s}\\ \boldsymbol{i}\end{pmatrix}z_0^{s-i}-\begin{pmatrix}\boldsymbol{r}\\ \boldsymbol{i}\end{pmatrix}z_0^{r-i}\right)\begin{pmatrix}\boldsymbol{r}+\boldsymbol{k}-\boldsymbol{i}\\ \boldsymbol{r}\end{pmatrix}b_{r+k-i}(t)\right]\tag{1.33}$$

方程 (1.33) 是一线性微分方程组, 理论上能够分析求解. 然而, 低阶矩一般依赖于高阶矩, 事实上, 经过对下标的重新排列, 方程 (1.33) 可改写为

$$\frac{\mathrm{d}\boldsymbol{b}_j}{\mathrm{d}t}=\boldsymbol{b}_0+\boldsymbol{A}_j(z_0)\,\boldsymbol{b}_j+\boldsymbol{B}(z_0)\,\boldsymbol{b}_{\text{高阶}},\quad \boldsymbol{b}_j=(b_1,b_2,\cdots,b_j)^{\mathrm{T}}\tag{1.34}$$

其中, $\boldsymbol{b}_0$ 是一个已知的 $j$ 维向量 (来自于反应的守恒性等), $\boldsymbol{A}_j(z_0)$ 和 $\boldsymbol{B}(z_0)$ 是系数矩阵. 为了使得 (1.34) 成为一个有限封闭系统, 必须实行截取, 即忽略 (1.34) 中的 $\boldsymbol{B}(z_0)b_{\text{高阶}}$. 这种忽略的一个充分条件是: 系数矩阵 $\boldsymbol{A}_j(z_0)$ 的所有特征值小于或等于零[5].

因为当 $|\boldsymbol{k}|\to\infty$ 时有 $b_k\to 0$, 因此存在一个大的正整数 $M$, 使得当 $|\boldsymbol{k}|>M$ 时, 有 $b_k\approx 0$. 注意到: 阶为 $|\boldsymbol{k}|$ 的不同二项矩的数目为 $\begin{pmatrix}|\boldsymbol{k}|+N-1\\ |\boldsymbol{k}|\end{pmatrix}$, 这样截取到 $M$ 阶的二项矩的数目为 $\mathrm{NB}=\prod\limits_{|k|=1}^{M}\begin{pmatrix}|\boldsymbol{k}|+N-1\\ |\boldsymbol{k}|\end{pmatrix}$, 表明矩方程的个数以物种数目 $N$ 的多项式的方式增长. 然而, 对于主方程, 由于事实 $\lim\limits_{|n|\to\infty}P(\boldsymbol{n};t)=0$, 因此, 假如当 $n_k>C_k$ 时有 $P(\boldsymbol{n};t)\approx 0$, 那么主方程截取后的方程数目为 $\mathrm{NM}=\prod\limits_{k=1}^{N}(1+C_k)$, 它关于物种数目 $N$ 是指数增长的, 这种性质严重地限制了主方程的

应用范围. 从这种简单的分析, 可看出二项矩格式比主方程具有更多优势.

为了帮助读者理解二项矩及其方程, 这里考虑一个简单的例子. 考虑一般的生灭过程 $\varnothing \xrightarrow{T_0} sX, rX \xrightarrow{T_r} \varnothing$, 并假定 $s < r$. 那么, 相应的主方程为

$$\frac{\partial P(m;t)}{\partial t} = T_0\left(\Phi^{-s} - I\right)P(m;t) + T_r\left(\Phi^r - I\right)\left[\frac{m!}{(m-r)!}P(m;t)\right]$$

对 $P(m;t)$ 引入生成函数 $G(z;t) = \sum\limits_{m=0}^{\infty} z^m P(m;t) \equiv \sum\limits_{k=0}^{\infty} a_k(t)(z-1)^k$, 其中 $a_k(t)$ 代表普通的二项矩. 根据 (1.25), 有

$$\begin{aligned}\frac{\partial G}{\partial t} &= T_0\left(z^s - 1\right)G(z) + \frac{T_r}{r!}\left(1 - z^r\right)\frac{\partial^r G}{\partial z^r} \\ &= T_0\sum_{i=1}^{s}\begin{pmatrix} s \\ i \end{pmatrix}(z-1)^i G(z) - \frac{T_r}{r!}\sum_{j=1}^{r}\begin{pmatrix} r \\ j \end{pmatrix}(z-1)^j\frac{\partial^r G}{\partial z^r}\end{aligned}$$

注意到 $a_k(t) = \frac{1}{k!}G_z^{(k)}(1;t)$, 因此有

$$a_0(t) \equiv 1 \quad \text{(由于概率的保守性)}$$

$$\begin{aligned}\frac{\mathrm{d}a_1(t)}{\mathrm{d}t} &= T_0\begin{pmatrix} s \\ 1 \end{pmatrix}a_0(t) - T_r\begin{pmatrix} r \\ 1 \end{pmatrix}a_r(t) \\ \frac{\mathrm{d}a_2(t)}{\mathrm{d}t} &= T_0\left[\begin{pmatrix} s \\ 1 \end{pmatrix}a_1(t) + \begin{pmatrix} s \\ 2 \end{pmatrix}a_0(t)\right] - T_r\left[\begin{pmatrix} r \\ 1 \end{pmatrix}a_{r+1}(t) + \begin{pmatrix} r \\ 2 \end{pmatrix}a_r(t)\right] \\ &\vdots \\ \frac{\mathrm{d}a_r(t)}{\mathrm{d}t} &= T_0\sum_{i=1}^{s}\begin{pmatrix} s \\ i \end{pmatrix}a_{s-i}(t) - T_r\sum_{j=1}^{r}\begin{pmatrix} r \\ j \end{pmatrix}a_{2r-j} \\ \frac{\mathrm{d}a_k(t)}{\mathrm{d}t} &= T_0\sum_{i=1}^{s}\begin{pmatrix} s \\ i \end{pmatrix}a_{s-i}(t) - T_r\sum_{j=1}^{r}\begin{pmatrix} r \\ j \end{pmatrix}a_{k+r-j}\end{aligned}$$

其中, $k > r$.

假如截取到 $r$ 阶, 即当 $i \geqslant r+1$ 时, 有 $a_i = 0$, 那么可获得下列封闭系统

$$\frac{\mathrm{d}}{\mathrm{d}t}\begin{pmatrix} a_1 \\ a_2 \\ a_3 \\ \vdots \\ a_{s+1} \\ \vdots \\ a_r \end{pmatrix} = \begin{pmatrix} 0 & 0 & \cdots & 0 & \cdots & -rT_r \\ T_0\begin{pmatrix} s \\ 1 \end{pmatrix} & 0 & \cdots & 0 & \cdots & -T_r\begin{pmatrix} r \\ 2 \end{pmatrix} \\ T_0\begin{pmatrix} s \\ 2 \end{pmatrix} & T_0\begin{pmatrix} s \\ 1 \end{pmatrix} & \cdots & 0 & \cdots & -T_r\begin{pmatrix} r \\ 3 \end{pmatrix} \\ \vdots & \vdots & & \vdots & & \vdots \\ T_0\begin{pmatrix} s \\ s-1 \end{pmatrix} & T_0\begin{pmatrix} s \\ s-2 \end{pmatrix} & \cdots & T_0\begin{pmatrix} s \\ 1 \end{pmatrix} & \cdots & -T_r\begin{pmatrix} r \\ s+1 \end{pmatrix} \\ \vdots & \vdots & & \vdots & & \vdots \\ T_0\begin{pmatrix} s \\ s-1 \end{pmatrix} & T_0\begin{pmatrix} s \\ s-2 \end{pmatrix} & \cdots & T_0\begin{pmatrix} s \\ 1 \end{pmatrix} & \cdots & -T_r\begin{pmatrix} r \\ r \end{pmatrix} \end{pmatrix}$$

$$\cdot\begin{pmatrix} a_1 \\ a_2 \\ a_3 \\ \vdots \\ a_{s+1} \\ \vdots \\ a_r \end{pmatrix} + \begin{pmatrix} sT_0 \\ T_0\begin{pmatrix} s \\ 2 \end{pmatrix} \\ T_0\begin{pmatrix} s \\ 3 \end{pmatrix} \\ \vdots \\ T_0\begin{pmatrix} s \\ s \end{pmatrix} \\ \vdots \\ T_0\begin{pmatrix} s \\ s \end{pmatrix} \end{pmatrix}$$

类似地, 可讨论其他截取情形时的封闭微分方程.

### 1.3.4 用二项矩计算统计指标

考虑一维情形 (多维情形类似). 假定一维随机变量 $X$ 在 $t$ 时刻的各阶二项矩 $b_k(t)$ 是已知的. 若用 $\mu_k(t)$ 代表一维随机变量 $X$ 在 $t$ 时刻的 $k$ 阶中心矩, 即定义: $\mu_k(t) = \left\langle (X - \langle X\rangle)^k \right\rangle$, 那么不难显示出

$$\mu_k(t) = (-b_1(t))^k + \sum_{i=0}^{k-1}\sum_{j=1}^{k-i} R(k,i,j)(j!)(b_1(t))^i b_j(t)$$

其中, $R(k,i,j) = (-1)^i \begin{pmatrix} k \\ i \end{pmatrix} S(k-i,j)$, $S(n,k)$ 是第二类斯特林 (Stirling) 数.

这样, 随机变量 $X$ 的平均为

$$\langle X \rangle = \mu_1(t) = b_1(t)$$

方差为

$$\sigma^2(t) = \mu_2(t) = 2b_2(t) + b_1(t) - b_1^2(t)$$

**噪声强度** (定义为标准差与平均之比) 为

$$\eta^2(t) = \frac{\mu_2(t)}{\mu_1^2(t)} = \frac{2b_2(t) + b_1(t) - b_1^2(t)}{b_1^2(t)}$$

Fano **因子** (定义为方差与平均之比) 为

$$\mathrm{Fano}(t) = \frac{\mu_2(t)}{\mu_1(t)} = \frac{2b_2(t) + b_1(t) - b_1^2(t)}{b_1(t)}$$

随机变量 $X$ 的概率分布的**偏度** (skewness)(刻画分布的倾斜情况) 为

$$s(t) = \frac{\mu_3(t)}{\mu_2^{3/2}(t)}$$

而其**峰度**(kurtosis)(刻画分布的尖峰情况) 为

$$\kappa(t) = \frac{\mu_4(t)}{\mu_2^2(t)}$$

上述计算公式是有用的, 在本书中将多次用到, 希望读者能记住这些公式.

## 1.4 分子噪声源

通常, 噪声可区分为内部噪声和外部噪声. 这种分类是相对而言的, 例如一个基因的内部噪声可以认为是另一个基因的外部噪声源; 一种成分的外部噪声可以认为是目标系统的内部噪声源. 对于生化反应系统, 由分子间的碰撞所产生的噪声或由反应物种分子的离散性质所导致的噪声称为**分子噪声**. 基因调控网中的分子噪声起源是一个复杂问题, 涉及细化的生物过程 (如转录、反应、调控、基因活性与非活性状态间的转移、DNA 甲基化、核小体修饰等), 且依赖于所考虑的问题. 两种常见类型的噪声为: 一是高斯 (Gauss) 白色噪声, 二是高斯有色噪声.

对于基因表达系统, 噪声源可分为: 启动子噪声、转录噪声、翻译噪声. 揭示基因表达的噪声源对于理解基本的细胞内部过程以及细胞差异性都是非常重要的. 事实上, 揭示基因调控系统的分子噪声源是系统生物学的一项重要研究任务. 以下, 介绍分子噪声的一般知识.

首先, 从主方程出发说明高斯白色噪声的起源. 假如一个系统 (如基因调控网) 的生化反应已知, 并假定其过程是马氏的, 那么由离散主方程可导出分子噪声. 事实上, 对于生化主方程 (1.1), 假如参加生化反应的物种分子的跳跃数目相对于物种分子数目而言很小, 即假如 $s_{ij}$ 很小 (一般为 1 或 2), 那么由泰勒展开可获得 Fokker-Planck *方程*

$$\frac{\partial P(\boldsymbol{x}(t);t)}{\partial t} \approx \sum_{k=1}^{M}\left[-\sum_{i=1}^{N} s_{ki}\frac{\partial}{\partial x_i}+\sum_{i,j=1}^{N}\frac{s_{ki}s_{kj}}{2}\frac{\partial^2}{\partial x_i \partial x_j}\right]a_k(\boldsymbol{x}(t))\,P(\boldsymbol{x}(t);t) \tag{1.35}$$

引入

$$K_i(\boldsymbol{x})=\sum_{k=1}^{M} s_{ki}a_k(\boldsymbol{x}), \quad K_{ij}(\boldsymbol{x})=\sum_{k=1}^{M} s_{ki}s_{kj}a_k(\boldsymbol{x}) \tag{1.36}$$

并利用 Fokker-Planck 方程与朗之万方程之间的关系, 即空间平均等于时间平均[6], 则获得下列*朗之万方程*

$$\frac{\mathrm{d}x_i}{\mathrm{d}t}=K_i(\boldsymbol{x})+\xi_i(t) \tag{1.37}$$

其中 $\xi_i$ 是高斯白色噪声 (注: 若泰勒展开到更高阶, 则相应的噪声并不是高斯噪声), 满足

$$\langle \xi_i(t)\rangle=0, \quad \langle \xi_i(\boldsymbol{x}(t))\xi_j(\boldsymbol{x}(t'))\rangle=K_{ij}(\boldsymbol{x}(t))\delta(t-t') \tag{1.38}$$

注意到: 假如不考虑噪声, 则方程 (1.37) 变成确定性方程 (或比率方程):

$$\frac{\mathrm{d}\langle x_i\rangle}{\mathrm{d}t}=\sum_{j=1}^{M} s_{ji}\langle a_j(\boldsymbol{x})\rangle \tag{1.39}$$

设方程 (1.39) 的右端等于零, 则得静态方程

$$\sum_{k=1}^{M}\boldsymbol{s}^k a_k(\boldsymbol{x})=0$$

记相应的解为 $\boldsymbol{x}_s$. 假如体积充分大, 那么这种静态解通常是平均 $\langle \boldsymbol{x}\rangle$ 的一个好近似. 通过在静态处作线性化, 可简化方程 (1.37). 事实上, 让 $\boldsymbol{y}=\boldsymbol{x}-\boldsymbol{x}_s$, 可获得一套随机微分方程, 它代表古典的线性噪声逼近

$$\frac{\mathrm{d}y_i}{\mathrm{d}t}=\sum_{j=1}^{N}F_{ij}y_j+\xi_i, \quad 0<i\leqslant N \tag{1.40}$$

其中,

$$F_{ij}=\sum_{k=1}^{M}s_{ki}\frac{\partial a_k(\boldsymbol{x}_s)}{\partial x_j} \tag{1.40a}$$

且 $\gamma_{ij}=\sum_{k=1}^{M} s_{ki}s_{kj}a_k(\boldsymbol{x}_s)$. 反过来, 方程 (1.40) 所对应的 Fokker-Planck 方程为

$$\frac{\partial P(\boldsymbol{y};t)}{\partial t}=-\sum_{k,l=1}^{N} F_{kl}(\boldsymbol{x}_s)\frac{\partial(y_k P(\boldsymbol{y};t))}{\partial y_k}+\sum_{k,l=1}^{N}\frac{\gamma_{kl}(\boldsymbol{x}_s)}{2}\frac{\partial^2 P(\boldsymbol{y};t)}{\partial y_k \partial y_l} \tag{1.41}$$

(1.41) 的两边乘以 $y_i$, 经积分得

$$\frac{\mathrm{d}\langle y_i\rangle}{\mathrm{d}t}=\sum_{j=1}^{N} F_{ij}(\boldsymbol{x}_s)\langle y_j\rangle,\quad 0<i\leqslant N$$

(1.41) 的两边乘以 $y_iy_j$, 经积分得

$$\frac{\mathrm{d}\langle y_iy_j\rangle}{\mathrm{d}t}=\sum_{k=1}^{N} F_{ik}(\boldsymbol{x}_s)\langle y_ky_j\rangle+\sum_{k=1}^{N} F_{jk}(\boldsymbol{x}_s)\langle y_iy_k\rangle+\gamma_{ij}$$

写成矩阵形式为

$$\frac{\mathrm{d}\boldsymbol{C}}{\mathrm{d}t}=\boldsymbol{FC}+\boldsymbol{CF}^{\mathrm{T}}+\Xi \tag{1.42}$$

此即为**李雅普诺夫**(Lyapunov)**矩阵方程**, 其中 $\Xi=(\gamma_{ij})$ 是特征化噪声的**关联矩阵**, 它是对称矩阵, 并不依赖于变量 $\boldsymbol{y}$; 变量 $x_i$ 的波动由另一个关联矩阵 $\boldsymbol{C}$ 给出, 其中矩阵元素为 $C_{ij}=\langle y_iy_j\rangle=\langle x_ix_j\rangle-\langle x_i\rangle\langle x_j\rangle$. (1.42) 的静态解满足矩阵方程

$$\boldsymbol{FC}+\boldsymbol{CF}^{\mathrm{T}}+\Xi=\boldsymbol{0} \tag{1.43}$$

由此可获得变量 $X_i$ 波动的静态关联矩阵 $\boldsymbol{C}$. 进一步, 假如引进规范化的静态协方差 $\eta_{ij}=\dfrac{C_{ij}}{\langle x_i\rangle\langle x_j\rangle}$, 那么由 (1.43) 可得

$$\boldsymbol{M}\eta+\eta\boldsymbol{M}^{\mathrm{T}}+\boldsymbol{D}=\boldsymbol{0} \tag{1.44}$$

其中, $M_{ij}=F_{ij}\langle x_j\rangle/\langle x_i\rangle$, $D_{ij}=\gamma_{ij}/(\langle x_i\rangle\langle x_j\rangle)$. 在 (1.44) 的 $\boldsymbol{M}$ 和 $\boldsymbol{D}$ 中, $\boldsymbol{x}_k(1\leqslant k\leqslant N)$ 应理解为静态 $\boldsymbol{x}_s$ 的分量, 而 $\eta$ 是未知的. 因此, 从 (1.44) 可求出 $\eta$. 注意 $\eta$ 的主对角元素是主要兴趣, 这是因为它们代表各个成分 $x_k$ 的噪声强度 (定义为标准差除以平均).

现在, 应用上面的计算公式到一个具体例子. 考虑下列生化系统

$$X+X\underset{k_{-1}}{\overset{k_1}{\rightleftharpoons}}X_2,\ D+X_2\underset{k_{-2}}{\overset{k_2}{\rightleftharpoons}}D_1$$
$$D+P\xrightarrow{k_t}D+P+X,\quad D_1+P\xrightarrow{\alpha k_t}D_1+P+X,\quad X\xrightarrow{k_x}\varnothing$$

满足保守性条件, 即 $d_T=[D]+[D_1]$(方括号表示浓度, 下同) 为常量, 并假定 $P$ 的浓度 $(p_0)$ 为常量. 为方便, 记 $x_1=[X]$, $x_2=[X_2]$, $x_3=[D]$, $x_4=[D_1]=d_T-x_3$, 它们在第 $j$ 个反应的改变量分别记为 $s_{kj}(j=1,2,\cdots,7$, 因为系统共有 7 个反应式). 为了写出系统的确定性方程和朗之万方程, 可分别列出相应的生化反应式和转移率, 参考表 1.1.

**表 1.1　反应状态及转移率**

| 反应式序号 ($k$) | $x_1$<br>$s_{1k}$ | $x_2$<br>$s_{2k}$ | $x_3$<br>$s_{3k}$ | $x_4$<br>$s_{4k}$ | $a_k(\boldsymbol{x})$ |
|---|---|---|---|---|---|
| 1 | $-2$ | 1 | 0 | 0 | $k_1x_1^2$ |
| 2 | 2 | $-1$ | 0 | 0 | $k_{-1}x_2$ |
| 3 | 0 | $-1$ | $-1$ | 1 | $k_2x_2x_3$ |
| 4 | 0 | 1 | 1 | $-1$ | $k_{-2}x_4$ |
| 5 | 1 | 0 | 0 | 0 | $k_tp_0x_3$ |
| 6 | 1 | 0 | 0 | 0 | $\alpha k_tp_0x_4$ |
| 7 | $-1$ | 0 | 0 | 0 | $k_xx_1$ |

根据 (1.40), 对应于生化系统的朗之万方程为

$$\begin{aligned}
\frac{\mathrm{d}x_1}{\mathrm{d}t}&=-2k_1x_1^2+2k_{-1}x_2+k_tp_0x_3+\alpha k_tp_0\left(d_T-x_3\right)-k_xx_1+\xi_1\left(t\right)\\
\frac{\mathrm{d}x_2}{\mathrm{d}t}&=k_1x_1^2-k_{-1}x_2-k_2x_2x_3+k_{-2}\left(d_T-x_3\right)+\xi_2\left(t\right)\\
\frac{\mathrm{d}x_3}{\mathrm{d}t}&=-k_2x_2x_3+k_{-2}\left(d_T-x_3\right)+\xi_3\left(t\right)
\end{aligned}$$

其中, $\xi_i\left(t\right)$ 是高斯白色噪声, 满足 $\langle\xi_i\left(t\right)\rangle=0$,

$$\begin{aligned}
&\langle\xi_1\left(t\right)\xi_1\left(t\right)\rangle=4k_1x_1^2+4k_{-1}x_2+k_tp_0x_3+\alpha k_tp_0\left(d_T-x_3\right)+k_xx_1\\
&\langle\xi_1\left(t\right)\xi_2\left(t\right)\rangle=-2k_1x_1^2-2k_{-1}x_2,\\
&\langle\xi_1\left(t\right)\xi_3\left(t\right)\rangle=0,\\
&\langle\xi_2\left(t\right)\xi_3\left(t\right)\rangle=k_2x_2x_3+k_{-2}\left(d_T-x_3\right)\\
&\langle\xi_2\left(t\right)\xi_2\left(t\right)\rangle=k_1x_1^2+k_{-1}x_2+k_2x_2x_3+k_{-2}\left(d_T-x_3\right)\\
&\langle\xi_3\left(t\right)\xi_3\left(t\right)\rangle=-k_2x_2x_3+k_{-2}\left(d_T-x_3\right)
\end{aligned}$$

其次, 说明高斯有色噪声的源. 考虑某个给定的生化反应系统, 假定它由 $N$ 个物种 $\{X_1,X_2,\cdots,X_N\}$ 组成, 其状态变量记为 $\boldsymbol{x}=(x_1,x_2,\cdots,x_N)^{\mathrm{T}}$, 其中 $x_i$ 表示物种 $X_i$ 的分子数目. 构成该网络的 $M$ 个反应由倾向函数 $a_j(\boldsymbol{x})$, 其中 $1\leqslant j\leqslant M$, 以及化学计量矩阵 $\boldsymbol{s}=[s_{ij}]$ 来描述, 其中 $s_{ij}$ 表示物种 $X_j$ 参加第 $i$ 个反应的分子数目的变化. 对于小的 $\tau>0$, 让 $K_j\left(\boldsymbol{x},\tau\right)$ 表示在时间区间 $[t,t+\tau]$ 内 $R_j$ 反应发生的数目. 因为这些反应中的每一个使 $X_i$ 的数目增加 $s_{ji}$, 因此 $X_i$ 物种分子在时

刻 $t+\tau$ 的数目为

$$x_i(t+\tau) = x_i(t) + \sum_{j=1}^{M} K_j(\boldsymbol{x},\tau)\, s_{ji}, \quad i=1,2,\cdots,N \tag{1.45}$$

其中, $K_j(\boldsymbol{x},\tau)$ 是一个随机变量, 一般很难确定它服从何种分布. 然而, 假如 $\tau$ 适当小, 以至于在 $[t,t+\tau]$ 内反应倾向函数不会改变, 即

$$a_j(\boldsymbol{x}(t')) \approx a_j(\boldsymbol{x}(t)), \quad \forall t' \in [t,t+\tau],\ \forall j \in \{1,2,\cdots,M\}$$

在这种假定下, 再基于以下事实: 对于给定的 $\boldsymbol{x}$, $a_j(\boldsymbol{x})\mathrm{d}t$ 等于反应 $R_j$ 将在 $\Omega$(为系统的体积) 内某处和在无穷小的时间间隔 $(t,t+\mathrm{d}t)$ 内发生的概率, 以及根据泊松随机变量的含义 (即给定一个事件在时间间隔 $\mathrm{d}t$ 内发生的概率为 $a\mathrm{d}t$, 那么在时间间隔 $\mathrm{d}t$ 内发生该事件的数目即为泊松随机变量的值), 那么 $K_j(\boldsymbol{x},\tau)$ 是统计独立的泊松随机变量. 改记 $K_j(\boldsymbol{x},\tau)$ 为 $P_j(a(\boldsymbol{x})\tau)$, 其中 $P_j(a(\boldsymbol{x})\tau)$ 表示以 $a(\boldsymbol{x})\tau$ 为平均的泊松随机变量. 这样,

$$x_i(t+\tau) = x_i(t) + \sum_{j=1}^{M} P_j(a(\boldsymbol{x})\tau)\, s_{ji} \quad (i=1,2,\cdots,N) \tag{1.46}$$

更多的细节, 读者可见参考文献 [7].

下面, 介绍刻画噪声的几个常用指标. 在已知某一物种分子的 (静态) 概率密度 $P(x)$ 的情况下, 根据定义, 我们能够求出 $x$ 的平均 $m=\langle x\rangle$. 比如, 在一维连续情形, 有平均

$$\langle x\rangle \equiv \int_0^{\infty} xP(x)\,\mathrm{d}x$$

和方差

$$\sigma^2 \equiv \left\langle (x-m)^2 \right\rangle = \int_0^{\infty} x^2 P(x)\,\mathrm{d}x - \left(\int_0^{\infty} xP(x)\,\mathrm{d}x\right)^2$$

的计算公式, 而噪声强度 (记为 $\eta$) 被定义为标准差除以平均, 因此

$$\eta^2 \equiv \frac{\sigma^2}{m^2} = \frac{\displaystyle\int_0^{\infty} x^2 P(x)\,\mathrm{d}x - \left(\int_0^{\infty} xP(x)\,\mathrm{d}x\right)^2}{\left(\displaystyle\int_0^{\infty} xP(x)\,\mathrm{d}x\right)^2} \tag{1.47}$$

Fano 因子 (记为 $\rho$) 被定义为方差除以平均, 因此

$$\rho \equiv \frac{\sigma^2}{\langle m\rangle} = \frac{\displaystyle\int_0^{\infty} x^2 P(x)\,\mathrm{d}x - \left(\int_0^{\infty} xP(x)\,\mathrm{d}x\right)^2}{\displaystyle\int_0^{\infty} xP(x)\,\mathrm{d}x} \tag{1.48}$$

一般地，概率密度或分布很难找到. 假如只有实验数据可利用，那么如何计算噪声强度呢？这里给出某些有用的经验公式. 让 $P(t)$ 表示 $t$ 时刻蛋白质的浓度，那么蛋白质噪声 (记为 $\eta(t)$) 由公式

$$\eta^2(t) = \frac{\langle P(t)^2\rangle - \langle P(t)\rangle^2}{\langle P(t)\rangle^2} \tag{1.49}$$

给出，这里角括号表示在时刻 $t$ 对 $P(t)$ 的概率密度的平均. 为了调查某一基因相对于某一细胞群体的噪声，引进内部变量和外部变量 (它们都可以是多维的)，分别记为 $\boldsymbol{I}$ 和 $\boldsymbol{E}$，它们的每个成分代表噪声的不同源. 注意到: 在一个细胞内每个基因的表达水平可通过实验测得，记它为 $P_k$(这里指标 $k$ 代表细胞编号). 对 $N$ 个相同的细胞，通过对相应 $P_k$ 的平均，可找到蛋白的累积量(cumulant). 这一平均过程在数学上等同于求 $m$ 阶矩:

$$\frac{1}{N}\sum_{k=1}^{N} P_k^m \approx \int \mathrm{d}\boldsymbol{E} \int \mathrm{d}\boldsymbol{I} P^m(\boldsymbol{E},\boldsymbol{I})\, p(\boldsymbol{E}\boldsymbol{I})$$

其中，$p(\boldsymbol{E}\boldsymbol{I})$ 代表内部和外部变量的概率密度函数，$P(\boldsymbol{E},\boldsymbol{I})$ 表示对变量 $\boldsymbol{E}$ 和 $\boldsymbol{I}$ 的测量水平. $m=1$ 和 $m=2$ 分别对应平均和方差. 利用概率的乘积法则，上式变成

$$\frac{1}{N}\sum_{k=1}^{N} P_k^m \approx \int \mathrm{d}\boldsymbol{E} p(\boldsymbol{E}) \int \mathrm{d}\boldsymbol{I} P^m(\boldsymbol{E},\boldsymbol{I}) p(\boldsymbol{I}|\boldsymbol{E})$$

第二个积分表示对内部变量的平均 (若外部变量被固定). 此外，引进

$$\langle P^m(\boldsymbol{E})\rangle = \int \mathrm{d}\boldsymbol{I} P^m(\boldsymbol{E},\boldsymbol{I}) p(\boldsymbol{I}|\boldsymbol{E})$$

再对外部变量进行平均，有

$$\frac{1}{N}\sum_{k=1}^{N} P_k^m = \overline{\langle P^m\rangle}$$

因此，整个被测量的噪声可经验地表示为

$$\eta_{\mathrm{tot}}^2 = \frac{1/N\sum_k P_k^2 - \left(\dfrac{1}{N}\sum_k P_k\right)^2}{\left(\dfrac{1}{N}\sum_k P_k\right)^2}$$

它等同于

$$\eta_{\mathrm{tot}}^2 = \frac{\overline{\langle P^2\rangle} - \left(\overline{\langle P\rangle}\right)^2}{\left(\overline{\langle P\rangle}\right)^2}$$

进一步, 它可表示成

$$\eta_{\text{tot}}^2=\frac{\overline{\langle P^2\rangle-\langle P\rangle^2}}{\left(\overline{\langle P\rangle}\right)^2}+\frac{\overline{\langle P\rangle^2}-\left(\overline{\langle P\rangle}\right)^2}{\left(\overline{\langle P\rangle}\right)^2}\equiv\eta_{\text{int}}^2+\eta_{\text{ext}}^2 \tag{1.50}$$

换句话说, 实验测量的噪声的平方是内部贡献和外部贡献的直接和.

## 1.5 超几何函数简介

将看到: 由于 mRNA 和蛋白质分子数目的概率密度函数一般用超几何函数来表示[8], 因此, 这里简要介绍超几何函数的有关知识, 以便使读者更好地理解本书后文中的内容.

定义伽马函数为

$$\Gamma(s)=\int_0^{\infty}t^{s-1}\mathrm{e}^{-t}\mathrm{d}t \tag{1.51}$$

它有性质: $\Gamma(s+1)=s\Gamma(s)$. 引入 Pochhammer 符号, 其定义为

$$(\alpha)_n=\Gamma(n+\alpha)/\Gamma(\alpha).$$

Pochhammer 符号具有下列性质:

(1) $(\alpha)_n=\alpha(\alpha+1)\cdots(\alpha+n-1)$;

(2) $n(\alpha)_n=[(\alpha+1)_n-(\alpha)_n]$;

(3) $\dfrac{n}{(\alpha)_n}=\dfrac{\alpha-1}{(\alpha-1)_n}-\dfrac{\alpha-1}{(\alpha)_n}$;

(4) $(\alpha)_{n+1}=(\alpha+n)(\alpha)_n=\alpha(\alpha+1)_n$;

(5) $(\alpha)_n=(-1)^n\dfrac{\Gamma(1-\alpha)}{\Gamma(1-n-\alpha)}$.

考虑 $n$ 元函数的展开式: $F(x_1,x_2,\cdots,x_n)=\sum\limits_{k\in\mathbb{N}^n}A_k\boldsymbol{x}^k$. 则函数 $F(x_1,x_2,\cdots,x_n)$ 是超几何函数当且仅当比率函数 $R_j(\boldsymbol{k})=A_{\boldsymbol{k}+\boldsymbol{e}_j}/A_{\boldsymbol{k}}$ 关于 $k$ 是有理多项式, 其中 $\boldsymbol{e}_j$ 是一个单位向量. 为了帮助读者理解, 这里举两个特殊情形的例子. 考虑 $n=1$ 的情形, 若 $R(k)=R_1(k)$ 是不依赖于 $k$ 的常数, 则易知 $F(x)=A_0\sum\limits_{k=0}^{\infty}c^kx^k=\dfrac{A_0}{1-cx}$, 它是一个几何级数; 若 $R(k)=1/(k+1)$, 则不难获得 $F(x)=A_0\sum\limits_{k=0}^{\infty}\dfrac{x^k}{k!}=A_0\mathrm{e}^x$, 它是一个指数函数的级数. 更一般地, 考虑单变量函数 $F(x)$. 若比率可表示成 $R(n)=c\dfrac{(n+\alpha_1)(n+\alpha_2)\cdots(n+\alpha_p)}{(n+\beta_1)(n+\beta_2)\cdots(n+\beta_q)}$, 则可求得 $A(n)=A_0c^n\dfrac{(\alpha_1)_n(\alpha_2)_n\cdots(\alpha_p)_n}{(\beta_1)_n(\beta_2)_n\cdots(\beta_q)_n}$.

此时,

$$\begin{aligned}F(x) &= A_0 \sum_{n=0}^{\infty} \frac{(\alpha_1)_n (\alpha_2)_n \cdots (\alpha_p)_n}{(\beta_1)_n (\beta_2)_n \cdots (\beta_q)_n} (cx)^n \\ &\equiv A_{0n} F_n (\alpha_1, \cdots, \alpha_n; \beta_1, \cdots, \beta_n; cx) \\ &= A_{0n} F_n \left( \begin{matrix} \alpha_1, \cdots, \alpha_n \\ \beta_1, \cdots, \beta_n \end{matrix} \middle| ; cx \right)\end{aligned} \tag{1.52}$$

此级数在 $|x| \leqslant 1/c$ 内收敛.

高斯超几何函数被定义为

$${}_2F_1(\alpha, \beta; \gamma; x) = \sum_{n=0}^{\infty} \frac{(\alpha)_n (\beta)_n}{(\gamma)_n} \frac{x^n}{n!} \tag{1.53}$$

它在 $|x| < 1$ 内收敛. 不难验证: 此函数满足下列微分方程

$$(\vartheta_x + \alpha)(\vartheta_x + \beta) G = (\vartheta_x + \gamma) \partial_x G \tag{1.53a}$$

其中, $\vartheta_x = x\partial_x$. 单变量超几何函数的一般形式为

$${}_pF_q(\alpha_1, \cdots, \alpha_p; \beta_1, \cdots, \beta_q; x) = \sum_{n=0}^{\infty} \frac{(\alpha_1)_n (\alpha_2)_n \cdots (\alpha_p)_n}{(\beta_1)_n (\beta_2)_n \cdots (\beta_q)_n} \frac{x^n}{n!} \tag{1.54}$$

它满足微分方程

$$(\vartheta_x + \alpha_1)(\vartheta_x + \alpha_2) \cdots (\vartheta_x + \alpha_p) G = (\vartheta_x + \beta_1)(\vartheta_x + \beta_2) \cdots (\vartheta_x + \beta_q) \partial_x G \tag{1.54a}$$

而且, 可以直接验证

$$\begin{aligned}&\frac{\mathrm{d}^n}{\mathrm{d}x^n} {}_pF_q(\alpha_1, \cdots, \alpha_p; \beta_1, \cdots, \beta_q; x) \\ &= \frac{(\alpha_1)_n (\alpha_2)_n \cdots (\alpha_p)_n}{(\beta_1)_n (\beta_2)_n \cdots (\beta_q)_n} {}_pF_q(\alpha_1 + n, \cdots, \alpha_p + n; \beta_1 + n, \cdots, \beta_q + n; x)\end{aligned} \tag{1.54b}$$

考虑二元超几何函数 $F(x_1, x_2) = \sum\limits_{m,n \geqslant 0} A(m,n) x_1^m x_2^n$. 假如 $R_1(m,n) = \dfrac{P_1(m,n)}{Q_1(m+1,n)}$, $R_2(m,n) = \dfrac{P_2(m,n)}{Q_2(m,n+1)}$, 其中 $P_i$, $Q_i$ 都是次数不超过 2 的多项式, 则

$$[Q_i(\vartheta_1, \vartheta_2) - x_i P_i(\vartheta_1, \vartheta_2)] G = 0, \quad \vartheta_i = x_i \partial_{x_i}$$

其中, $i = 1, 2$. 为将来使用方便, 这里引进三个常用的二元超几何函数:

第一类 Appell 函数: ${}_3F_1(\alpha,\beta,\beta';\gamma;x_1,x_2)=\sum\limits_{m,n=0}^{\infty}\frac{(\alpha)_{m+n}(\beta)_m(\beta')_n}{(\gamma)_{m+n}m!n!}x_1^m x_2^n$;

第二类 Appell 函数: ${}_3F_2(\alpha,\beta,\beta';\gamma,\gamma';x_1,x_2)=\sum\limits_{m,n=0}^{\infty}\frac{(\alpha)_{m+n}(\beta)_m(\beta')_n}{(\gamma)_m(\gamma')_n m!n!}x_1^m x_2^n$;

第三类 Appell 函数: ${}_2F_2(\alpha,\beta;\gamma,\gamma';x_1,x_2)=\sum\limits_{m,n=0}^{\infty}\frac{(\alpha)_{m+n}(\beta)_{m+n}}{(\gamma)_m(\gamma')_n m!n!}x_1^m x_2^n$.

对于 Appell 函数 ${}_3F_1$, 不难验证下列等式成立:

$$x_1(\vartheta_1+\vartheta_2+\alpha)(\vartheta_1+\beta)\,{}_3F_1=\vartheta_1(\vartheta_1+\vartheta_2+\gamma-1)\,{}_3F_1$$

$$x_2(\vartheta_1+\vartheta_2+\alpha)(\vartheta_2+\beta')\,{}_3F_1=\vartheta_2(\vartheta_1+\vartheta_2+\gamma-1)\,{}_3F_1$$

## 1.6 量子力学符号简介

本节将用升降算子来表示主方程, 这种表示能获得其解的漂亮形式表示, 并允许简单的代数运算 (如计算蛋白质数目、特征函数等), 避免重复计算有关积分. 这种表示也为求解多维调控网络模型奠定了基础, 具有广阔的应用前景.

第一, 简单地介绍与量子力学有关的记号[9]. 记号 $|\varphi\rangle$ 和 $\langle\psi|$(两者统称为 Dirac 记号) 均称为*态矢*, 描述量子 (即微观世界中的粒子) 的状态 (向量); 而记号 $\langle\psi|\,\varphi\rangle$ 代表两个态矢 $|\varphi\rangle$ 和 $\langle\psi|$ 的内积 (称为*态矢内积*, 是一个数). 为便于理解, 用 Dirac 记号来表示三维欧几里得空间中的向量. 三维欧几里得空间中的向量通常用记号 $v$ 来表示, 但也可用 Dirac 记号 $|v\rangle$ 来表示. 设空间中的三个基向量为 $\{\boldsymbol{e}_x,\boldsymbol{e}_y,\boldsymbol{e}_z\}$ 或 $\{\boldsymbol{e}_1,\boldsymbol{e}_2,\boldsymbol{e}_3\}$, 则空间中的任意向量 $v$ 或 $|v\rangle$ 可表示为

$$v=|v\rangle=v_x\,|e_x\rangle+v_y\,|e_y\rangle+v_z\,|e_z\rangle=\begin{pmatrix}v_x\\v_y\\v_z\end{pmatrix}\quad 或$$

$$v=|v\rangle=v_1\,|e_1\rangle+v_2\,|e_2\rangle+v_3\,|e_3\rangle=\begin{pmatrix}v_1\\v_2\\v_3\end{pmatrix}$$

后者可简单地表示为 $|v\rangle=v_1\,|1\rangle+v_2\,|2\rangle+v_3\,|3\rangle$. 由于内积 $\langle u|\,v\rangle=u_1^*v_1+u_2^*v_2+u_3^*v_3$, 其中 $*$ 表示复数的共轭, 因此定义态矢的共轭为: $\langle v|^\dagger\equiv|v\rangle$. 由此可知 $|v\rangle^\dagger=\langle v|$. 作用在态矢上的线性算子: 是指输入是态矢, 输出也是态矢. 例如, 假如 $\boldsymbol{A}$ 是线性算子, $|\varphi\rangle$ 是态矢, 那么 $\boldsymbol{A}\,|\varphi\rangle$ 也是态矢; 若 $|\varphi\rangle$ 是 $N$-Hilbert 空间中的列向量, $\boldsymbol{A}$ 是一个 $N$ 阶方阵, 那么 $\boldsymbol{A}\,|\varphi\rangle$ 也是此空间中的列向量, 其运算按通常的矩阵与

向量乘积的运算规则进行. $\langle\varphi|$ 一般为行向量, 因此, 类似地可定义 $\langle\varphi|\boldsymbol{A}$, 它也是一个态矢, 且满足规则: $(\langle\varphi|\boldsymbol{A})|\psi\rangle=\langle\varphi|(\boldsymbol{A}|\psi\rangle)$; 进一步, 假如两个态矢相同, 则简记 $(\langle\varphi|\boldsymbol{A})|\varphi\rangle$ 为 $\langle\varphi|\boldsymbol{A}|\varphi\rangle$, 此时, 它给出态矢的期望值或平均. 态矢外积(是一个矩阵或算子): 若 $\langle\varphi|$ 和 $|\psi\rangle$ 是两个态矢, 那么它们的外积被定义为秩为 1 的算子, 记为 $|\varphi\rangle\langle\psi|$, 它映射态矢 $|\rho\rangle$ 到态矢 $|\varphi\rangle\langle\psi|\rho\rangle$. 例如, 考虑有限维的向量空间, 则外积定义为

$$|\varphi\rangle\langle\psi|=\begin{pmatrix}\varphi_1\\ \vdots\\ \varphi_N\end{pmatrix}\begin{pmatrix}\psi_1^* & \cdots & \psi_N^*\end{pmatrix}=\begin{pmatrix}\varphi_1\psi_1^* & \cdots & \varphi_1\psi_N^*\\ \vdots & \ddots & \vdots\\ \varphi_N\psi_1^* & \cdots & \varphi_N\psi_N^*\end{pmatrix}$$

量子力学符号的复杂性在于: 对于不同的空间, 基向量是不同的, 导致内积也不同.

第二, 给出量子力学符号的某些性质.

(1) **线性性**

$$\begin{aligned}&\langle\varphi|(c_1|\psi_1\rangle+c_2|\psi_2\rangle)=c_1\langle\varphi|\psi_1\rangle+c_2\langle\varphi|\psi_2\rangle,\\&(c_1\langle\psi_1|+c_2\langle\psi_2|)|\varphi\rangle=c_1\langle\psi_1|\varphi\rangle+c_2\langle\psi_2|\varphi\rangle\end{aligned}$$

(2) **关联性**

$$\langle\psi|(\boldsymbol{A}|\varphi\rangle)=(\langle\psi|\boldsymbol{A})|\varphi\rangle\equiv\langle\psi|\boldsymbol{A}|\varphi\rangle,\quad(\boldsymbol{A}|\varphi\rangle)\langle\psi|=\boldsymbol{A}(|\varphi\rangle\langle\psi|)\equiv\boldsymbol{A}|\varphi\rangle\langle\psi|$$

(3) **Hermit 共轭**

$$\begin{aligned}&|\varphi\rangle^\dagger=\langle\varphi|,\quad\langle\varphi|^\dagger=\langle\varphi|,\quad\left(x^\dagger\right)^\dagger=x\quad(x\ \text{可为态矢 (ket)}),\\&(c_1|\psi_1\rangle+c_2|\psi_2\rangle)^\dagger=c_1^*\langle\psi_1|+c_2^*\langle\psi_2|,\quad\langle\varphi|\psi\rangle^*=\langle\psi|\varphi\rangle\quad(\text{内积}),\\&\langle\varphi|\boldsymbol{A}|\psi\rangle^*=\langle\psi|\boldsymbol{A}^\dagger|\varphi\rangle,\quad\langle\varphi|\boldsymbol{A}^\dagger B^\dagger|\psi\rangle^*=\langle\psi|B\boldsymbol{A}|\varphi\rangle\quad(\text{矩阵}),\\&(c_1|\varphi_1\rangle\langle\psi_1|+c_2|\varphi_2\rangle\langle\psi_2|)^\dagger=c_1^*|\psi_1\rangle\langle\varphi_1|+c_2^*|\psi_2\rangle\langle\varphi_2|\quad(\text{外积})\end{aligned}$$

第三, 为了用态矢来生成函数, 注意到生成函数具有形式 $G(x)=\sum_{n=0}^{\infty}P_nx^n$ 或具有更一般的形式 $G(x,t)=\sum_{n=0}^{\infty}P_n(t)x^n$. 令 $x=\mathrm{e}^{\mathrm{i}k}$ (其中 $\mathrm{i}=\sqrt{-1}$), 则生成函数能够表示为傅里叶级数的形式

$$G(k)=\sum_{n=0}^{\infty}P_n\mathrm{e}^{\mathrm{i}nk}\tag{1.55}$$

即生成函数即为具有 $n$ 个蛋白质的概率分布的傅里叶变换. 定义

$$\langle k|G\rangle \equiv G(k), \quad \langle k|n\rangle \equiv \mathrm{e}^{\mathrm{i}nk} \quad (\text{它是态矢 } |n\rangle \text{ 在 } k\text{-空间中的表示})$$

则方程 (1.55) 可改写为

$$\langle k|G\rangle = \sum_{n=0}^{\infty} P_n \langle k|n\rangle \tag{1.56}$$

由此, 定义函数态矢

$$|G(t)\rangle = \sum_{n=0}^{\infty} P_n(t)\,|n\rangle \tag{1.57}$$

进一步, 若定义

$$\langle x|G(t)\rangle \equiv G(x,t), \quad \langle x|n\rangle \equiv x^n \tag{1.58}$$

(方程 (1.58) 中的第二个等式代表态矢 $|n\rangle$ 在 $x$-空间中的表示), 则能够恢复生成函数的原有表示, 即 $G(x,t) = \sum\limits_{n=0}^{\infty} P_n(t)\,x^n$. 依照复函数共轭的定义, 由 $\langle k|n\rangle = \mathrm{e}^{\mathrm{i}nk}$ 有

$$\langle n|k\rangle \equiv \langle k|n\rangle^* = \mathrm{e}^{-\mathrm{i}nk} \tag{1.59}$$

又依据函数空间中内积的定义

$$\langle f|h\rangle = \int_0^{2\pi} \frac{\langle f|k\rangle\langle k|h\rangle}{2\pi}\mathrm{d}k \tag{1.60}$$

则可显示出态矢集 $\{|n\rangle\}$ 是正交的. 事实上, 由 $x = \mathrm{e}^{\mathrm{i}k}$ 知 $\mathrm{d}x = \mathrm{i}x\mathrm{d}k$, 则沿 $k$ 实线从 0 到 $2\pi$ 的积分变成在 $x$ 复平面上沿单位圆的围道积分, 即

$$\langle n|n'\rangle = \int_0^{2\pi} \frac{1}{2\pi\mathrm{i}}\mathrm{e}^{-\mathrm{i}nk}\mathrm{e}^{\mathrm{i}n'k}\mathrm{d}k = \oint \frac{\mathrm{d}z}{2\pi\mathrm{i}x}x^{-n}x^{n'} = \oint \frac{\mathrm{d}x}{2\pi\mathrm{i}x^{n+1}}x^{n'} = \delta_{nn'} \tag{1.61}$$

它蕴含着共轭态矢的作用形式, 即

$$\langle n|x\rangle = \frac{1}{x^{n+1}}$$

反过来, 定义 (1.60) 可扩充到更一般情形, 即

$$\langle f|h\rangle = \int_0^{2\pi} \frac{\langle f|x\rangle\langle x|h\rangle}{2\pi}\mathrm{d}x$$

而且, 由 (1.58) 可给出时间依赖的概率分布的表示

$$\langle n|G(t)\rangle = P_n(t) \tag{1.62}$$

此即为由生产函数到概率密度函数的逆变换.

现在, 考虑生灭过程 $\varnothing \underset{r}{\overset{\tilde{g}}{\rightleftharpoons}} X$, 其生化主方程为

$$\frac{\mathrm{d}P_n}{\mathrm{d}t} = -gP_n - nP_n + gP_{n-1} + (n+1)\,P_{n+1}$$

其中 $g = \tilde{g}/r$, 两边乘以态矢 $|n\rangle$, 并关于 $n$ 求和得

$$\partial_t \sum_n P_n\,|n\rangle = -g\sum_n P_n\,|n\rangle - \sum_n nP_n\,|n\rangle + g\sum_n P_{n-1}\,|n\rangle + \sum_n (n+1)\,P_{n+1}\,|n\rangle$$

根据定义: $|G\rangle = \sum\limits_n P_n\,|n\rangle$, 因此上述方程可改写为

$$\partial_t\,|G\rangle = -g\,|G\rangle - \sum_n nP_n\,|n\rangle + g\sum_{n'} P_n\,|n'+1\rangle + \sum_{n''} n''P_{n''}\,|n''-1\rangle \tag{1.63}$$

若引入两个算子 (作用在态矢上的算子, 亦称为升降算子)

$$\hat{a}^+\,|n\rangle \equiv |n+1\rangle = 1\cdot(|n+1\rangle)\,,\quad \hat{a}^-\,|n\rangle \equiv n\,|n-1\rangle = n\cdot(|n-1\rangle)$$

则方程 (1.63) 可进一步改写为

$$\begin{aligned}\partial_t\,|G\rangle &= -g\,|G\rangle - \sum_n p_n\hat{a}^+\hat{a}^-\,|n\rangle + g\sum_{n'} p_{n'}\hat{a}^+\,|n'\rangle + \sum_{n''} p_{n''}\hat{a}^-\,|n''\rangle \\ &= -g\,|G\rangle - \hat{a}^+\hat{a}^-\,|G\rangle + g\hat{a}^+\,|G\rangle + \hat{a}^-\,|G\rangle \\ &= -\left(\hat{a}^+ - 1\right)\left(\hat{a}^- - g\right)|G\rangle\end{aligned}$$

即

$$\partial_t\,|G\rangle = -\hat{L}\,|G\rangle \tag{1.64}$$

其中, 算子 $\hat{L}$ 被定义为

$$\hat{L} \equiv \left(\hat{a}^+ - 1\right)\left(\hat{a}^- - g\right) \tag{1.64a}$$

上述主方程, 微分方程 $\partial G/\partial t = -(z-1)(\partial_z - g)\,G$ 和算子方程 (1.64) 表明主方程、生成函数、算子之间的对应关系为

$$E^- \longleftrightarrow x \longleftrightarrow \hat{a}^+,\quad (n+1)\,E^+ \longleftrightarrow \partial_x \longleftrightarrow \hat{a}^-$$

现在, 导出算子 $\hat{a}^+$ 和 $\hat{a}^-$ 作用在左边 (确切地说, 作用在态矢 $|n\rangle$ 的共轭态矢 $\langle n|$ 上) 的行为以及引入交换关系. 注意到

$$\langle n'|\,\hat{a}^+\,|n\rangle = \langle n'|\,n+1\rangle = \delta_{n',n+1} = \delta_{n'-1,n} = \langle n'-1|\,n\rangle$$

$$\begin{aligned}\langle n'|\,\hat{a}^-\,|n\rangle &= \langle n'|\,n\,|n-1\rangle = n\delta_{n',n-1} = (n'+1)\,\delta_{n',n-1}\\ &= (n'+1)\,\delta_{n'+1,n} = (n'+1)\,\langle n'+1|\,n\rangle\end{aligned}$$

这蕴含着

$$\langle n'|\,\hat{a}^+ = \langle n'-1|\,,\quad \langle n'|\,\hat{a}^- = (n'+1)\,\langle n'+1|$$

若定义算子 $\hat{a}^+$ 和算子 $\hat{a}^-$ 之间的交换关系为: $[\hat{a}^-,\hat{a}^+]\equiv\hat{a}^-\hat{a}^+-\hat{a}^+\hat{a}^-$, 那么它作用在态矢 $|n\rangle$ 的行为是

$$\left[\hat{a}^-,\hat{a}^+\right]|n\rangle = \hat{a}^-\hat{a}^+\,|n\rangle - \hat{a}^+\hat{a}^-\,|n\rangle = \hat{a}^-\,|n+1\rangle - \hat{a}^+n\,|n-1\rangle = (n+1)\,|n\rangle - n\,|n\rangle = |n\rangle$$

这蕴含着

$$\left[\hat{a}^-,\hat{a}^+\right] = 1$$

此外, 通过计算可知: $\hat{a}^+\hat{a}^-\,|n\rangle = n\,|n\rangle$, 蕴含着乘积算子 $\hat{a}^+\hat{a}^-$ 的行为像是整数算子. 此外, 引入另外两个算子

$$\hat{b}^+\equiv\hat{a}^+-1,\quad \hat{b}^-\equiv\hat{a}^-+g$$

通过尺度化, 可验证交换关系

$$\left[\hat{b}^-,\hat{b}^+\right] = 1 \tag{1.65}$$

由于方程 (1.64) 是线性的, 因此可用算子 $\hat{L}$ 的特征函数 $|\lambda_j\rangle$ 来表示函数 $|G\rangle$, 这里 $\lambda_j$ 是 $\hat{L}$ 的特征值, 即

$$\hat{L}\,|\lambda_j\rangle = \lambda_j\,|\lambda_j\rangle \tag{1.66}$$

能够显示出: 交换关系 (1.65) 和静态解 $\langle x|\,G\rangle = \mathrm{e}^{g(x-1)}$(即 $\hat{L}\,|G\rangle = 0$ 的解) 完全决定算子 $\hat{L}$ 的特征值和特征函数. 事实上, 首先注意到下列两个关系式

$$\begin{aligned}\left[\hat{b}^+,\hat{L}\right] &= \left[\hat{b}^+,\hat{b}^+\hat{b}^-\right] = \hat{b}^+\left[\hat{b}^+,\hat{b}^-\right] + \left[\hat{b}^+,\hat{b}^+\right]\hat{b}^- = -\hat{b}^+\\ \left[\hat{b}^-,\hat{L}\right] &= \left[\hat{b}^-,\hat{b}^+\hat{b}^-\right] = \hat{b}^+\left[\hat{b}^-,\hat{b}^-\right] + \left[\hat{b}^-,\hat{b}^+\right]\hat{b}^- = \hat{b}^-\end{aligned}$$

其中, 已经用到了关系式 (1.65) 及事实: 对任意的 $f,g,h$, 有 $[f,gh] = g\,[f,h]+[f,g]\,h$, $[f,f]=0$. 其次考虑某个特征值 $\lambda$ 及算子 $\hat{L}\hat{b}^+$ 作用在特征状态 $|\lambda\rangle$ 上的行为. 下列计算

$$\hat{L}\hat{b}^+\,|\lambda\rangle = \hat{b}^+\hat{L}\,|\lambda\rangle - \left[\hat{b}^+,\hat{L}\right]|\lambda\rangle = \hat{b}^+\lambda\,|\lambda\rangle + \hat{b}^+\,|\lambda\rangle = (\lambda+1)\,\hat{b}^+\,|\lambda\rangle$$

即为

$$\hat{L}\big(\hat{b}^+\,|\lambda\rangle\big) = (\lambda+1)\,\big(\hat{b}^+\,|\lambda\rangle\big)$$

揭示出两个结果: ① 具有特征值 $\lambda$ 的状态的存在性蕴含着具有特征值 $\lambda+1$ 的状态的存在性; ② 具有特征值 $\lambda+1$ 的状态正比于 $\hat{b}^+\,|\lambda\rangle$. 由此推出, 第一个结果意

味着特征值被间隔为 1; 进一步, 具有 0 特征值的状态 (即 $\hat{L}|G\rangle = 0$ 的静态解) 的存在性蕴含着 $\lambda_j = j$. 结合第一个结果, 第二个结果能够被表示为

$$\hat{b}^+ |j\rangle = |j+1\rangle \tag{1.67}$$

其中, 已经设比例常数为 1(相当于规范化了). 方程 (1.67) 展示出 $\hat{b}^+$ 对特征态矢 $|j\rangle$ 是一个**提升算子**. 类似地, 作用在特征态矢 $|j\rangle$ 上的算子 $\hat{L}\hat{b}^-$ 的行为是正比例于 $|j-1\rangle$, 而与方程 (1.66) 的一致性要求比例常数是 $j$, 即

$$\hat{b}^- |j\rangle = j\,|j-1\rangle$$

这表明作用在 $|j\rangle$ 上的 $\hat{b}^-$ 是一个**下降算子**. 算子 $\hat{b}^+$ 和 $\hat{b}^-$ 起着提升和下降态矢 $|j\rangle$ 的作用, 正像 $\hat{a}^+$ 和 $\hat{a}^-$ 提升和降低态矢 $|n\rangle$ 一样. 这样, 我们知道

$$\langle j|\,\hat{b}^+ = \langle j-1|\,, \quad \langle j|\,\hat{b}^- = (j+1)\,\langle j+1| \tag{1.68}$$

这将对特征值的谱附加了某些条件, 这是因为条件 $\hat{b}^+|0\rangle = 0$, 因此特征值只能为

$$j \in \{0, 1, 2, 3, \cdots\}$$

方程 (1.68) 描述出一个态矢是如何由 $j = 0$ 来获得

$$|j\rangle = \left(\hat{b}^+\right)^j |0\rangle \tag{1.69}$$

回忆起 $\hat{b}^+ = \hat{a}^+ - 1$ 及 $|0\rangle$ 是静态解, 因此方程 (1.69) 能够用来导出在 $x$ 空间中特征函数的表达, 即 $\langle x|\,j\rangle$ 的表达. 若投影态矢 $\langle x|$ 到态矢 $|j\rangle$, 并注意到 $\hat{a}^+$ 对应于 $x$ 和 $\langle x|\,0\rangle = \mathrm{e}^{g(x-1)}$, 则可获得

$$\langle x|\,j\rangle = (x-1)^j\,\mathrm{e}^{g(x-1)} \tag{1.70}$$

现在, 可以给出共轭状态 $\langle j|\,x\rangle$ 的表达了, 以便态矢 $|j\rangle$ 在内积意义下是正交的, 即满足

$$\delta_{jj'} = \langle j|\,j'\rangle = \oint \frac{\mathrm{d}x}{2\pi\mathrm{i}}\,\langle j|\,x\rangle\,\langle x|\,j'\rangle = \oint \frac{\mathrm{d}x}{2\pi\mathrm{i}}\,\langle j|\,x\rangle\,(x-1)^{j'}\,\mathrm{e}^{g(x-1)} = \oint \frac{\mathrm{d}y}{2\pi\mathrm{i}} y^{j'} f_j(y) \tag{1.71}$$

其中 $y = x-1$, $f_j(x-1) \equiv \mathrm{e}^{g(x-1)}\,\langle j|\,x\rangle$. 由于方程 (1.71) 等价于方程 (1.61), 由此知道 $f_j(y) = 1/y^{j+1}$. 这样, 获得共轭状态的表示

$$\langle j|\,x\rangle = \frac{\mathrm{e}^{-g(x-1)}}{(x-1)^{j+1}} \tag{1.72}$$

至此，已经显示出算子 $\hat{L}\hat{b}^{+}\hat{b}^{-}$ 具有非负特征值 $j$ 及由 (1.70) 和 (1.72) 描述的特征函数 (在 $x$ 空间中).

利用上面的结果, 并根据 Heaviside 函数 $\theta(0)=1$, 发现柯西 (Cauchy) 定理可表示成

$$\oint \frac{\mathrm{d}x}{2\pi\mathrm{i}} \frac{f(x)}{(x-a)^{n+1}} = \frac{1}{n!}\partial_x^n [f(x)]_{x=a}\,\theta(n)$$

它在计算投影算子方面是非常有用的. 例如, 利用它可立刻证实正交条件

$$\langle n|n'\rangle = \oint \frac{\mathrm{d}z}{2\pi\mathrm{i}x^{n+1}}x^{n'} = \frac{1}{n!}\partial_x^n\left[x^{n'}\right]_{x=0}\theta(n) = \delta_{nn'}$$

特别是, 它能够用来给出蛋白质数目态矢 $|n\rangle$ 与生灭特征态矢 $|j\rangle$ 之间投影的分析表示. 事实上,

$$\langle n|j\rangle = \oint \frac{\mathrm{d}x}{2\pi\mathrm{i}}\langle n|x\rangle\langle x|j\rangle = \oint \frac{\mathrm{d}x}{2\pi\mathrm{i}}\frac{\mathrm{e}^{g(x-1)}(x-1)^j}{x^{n+1}} = \frac{1}{n!}\partial_x^n\left[\mathrm{e}^{g(x-1)}(x-1)^j\right]_{x=0}$$

利用求导法则, 知道

$$\begin{aligned}
\langle n|j\rangle &= \frac{1}{n!}\partial_x^n\left[\mathrm{e}^{g(x-1)}(x-1)^j\right]_{x=0}\\
&= \frac{1}{n!}\sum_{l=0}^{n}\frac{n!}{l!(n-l)!}\partial_x^{n-l}\left[\mathrm{e}^{g(x-1)}\right]_{x=0}\partial_x^l\left[(x-1)^j\right]_{x=0}\\
&= \sum_{l=0}^{n}\frac{1}{l!(n-l)!}\left[g^{n-l}\mathrm{e}^{-g}\right]\left[\frac{j!}{(j-l)!}(-1)^{j-l}\theta(j-l)\right] = (-1)^j\mathrm{e}^{-g}g^n j!\,\xi_{n,j}
\end{aligned}$$

其中,

$$\xi_{n,j} = \sum_{l=0}^{\min(n,j)}\frac{1}{l!(n-l)!(j-l)!(-g)^l}$$

完全类似地, 可推得

$$\langle j|n\rangle = n!(-g)^j\,\xi_{n,j}$$

特别是, 对于 $j=0$, 则上面的表达分别变成下列初始条件 $\langle n|0\rangle = \mathrm{e}^{-g}\dfrac{g^n}{n!}$ 和 $\langle 0|n\rangle = 1$.

升降算子还具有某些性质. 例如, 对于提升算子, 有更新规则

$$\langle n|\,j+1\rangle = \langle n|\,\hat{b}^{+}|j\rangle = \langle n|\left(\hat{a}^{+}-1\right)|j\rangle = (n-1)\,|j\rangle - \langle n|\,j\rangle \tag{1.73}$$

利用条件 $\langle n|\,0\rangle = \mathrm{e}^{-g}g^n/n!$, 方程 (1.73) 能够被初始化, 这样关于 $j$ 可迭代地计算. 方程 (1.73) 表明: 在 $n$ 空间中, 第 $j+1$ 模式仅是第 $j$ 模式的离散导数. 对于下降算子, 也有更新规则

$$(n+1)\langle n+1|\,j\rangle = \langle n|\,\hat{a}^{-}|j\rangle = \langle n|\left(\hat{b}^{-}+g\right)|j\rangle = j\langle n|\,j-1\rangle + g\langle n|\,j\rangle$$

利用条件 $\langle 0|\, j\rangle = (-1)^j\, \mathrm{e}^{-g}$, 此方程也能够被初始化, 这样关于 $n$ 可迭代地计算. 此外, 还可导出下列迭代关系

$$\langle j|\, n+1\rangle = \langle j-1|\, n\rangle + \langle j|\, n\rangle\,, \quad (j+1)\,\langle j+1|\, n\rangle = n\,\langle j|\, n-1\rangle - g\,\langle j|\, n\rangle$$

它们能够分别用初始条件 $\langle j|\, 0\rangle = (-g)^j/j!$ 和 $\langle 0|\, n\rangle = 1$ 来初始化, 并分别关于 $n$ 和 $j$ 迭代地计算. 关于乘积算子 $\hat{b}^{+}\hat{b}^{-}$ 也有某些类似的性质.

## 参 考 文 献


[1] Gillespie D T. Exact stochastic simulation of coupled chemical reactions. Journal of Physical Chemistry, 1977, 81(25): 2340-2361.

[2] 周天寿. 生物系统的随机动力学. 北京: 科学出版社, 2009.

[3] van Kapmen N G. Stochastic Process in Physics and Chemistry. North-Holland: Springer Press, 1992.

[4] Ullah M, Wolkenhauer O. Family tree of Markov models in systems biology. IET Systems Biology, 2007, 1(4): 247-254.

[5] Sakurai J. Modern Quantum Mechanics. India: Pearson Education Press, 1985.

[6] Zhang J J, Nie Q, Zhou T S. A moment-convergence method for stochastic analysis of biochemical reaction networks. Journal of Chemical Physics, 2016, 144 (19): 018620.

[7] Tian T H, Burrage K. Stochastic models for regulatory of the genetic toggle switch. Proceedings of the National Academy of Sciences, 2006, 103: 8372-8377.

[8] Slate E J. Confluent Hypergeometric Functions. Cambridge: Cambridge University Press, 1960.

[9] Zinn-Justin J. Quantum Field Theory and Critical Phenomena. Oxford: Oxford University Press, 2002.

# 第 2 章　从生灭过程到简单基因调控网

本章从简单到复杂、深入浅出地介绍第 1 章中的一般理论与方法在若干基因表达调控系统中的应用. 首先, 介绍生灭过程的分析方法与分析结果; 其次, 介绍基因自调控网的分析方法与分析结果; 再次, 介绍转录爆发与翻译爆发过程的分析方法与分析结果; 最后, 介绍两个基因相互调控模型的分析方法与分析结果. 这些基因例子的建模与分析可帮助读者处理一般基因表达调控网络的建模与分析问题. 本章对于初次进入数学与生命科学交叉学科学习与研究的人来说是重要的, 应该是全书的学习重点, 希望读者好好理解与琢磨, 尽可能地举一反三.

## 2.1　生 灭 过 程

本节分析一个物种的简单生灭过程, 且不考虑调控. 首先引进由化学运动学给出的确定性描述, 然后引进由主方程给出的随机性描述. 通过简单情形的讨论, 显示出确定性方程是可作为平均动力学导出. 在计算方差之后, 再引进概率生成函数的格式, 它对于求解主方程是有用的且能够用升降算子 (看第 1 章的定义) 来描述. 最后, 显示出这种描述如何关联于 Fokker-Plank 方程: 一种类比于主方程的描述但考虑的是连续状态变量 (即考虑反应物种的数目或浓度). 有关分析及结果对于理解基因表达的基本过程是有帮助的.

### 2.1.1　运动学比率方程

在最简单情形, 蛋白质物种 $X$ 的拷贝数 $(n)$ 是随时间变化而变化的: 取决于蛋白质的合成 (比率常数为 $\tilde{g}$) 和蛋白质的降解 (比率常数为 $r$)

$$\varnothing \underset{r}{\overset{\tilde{g}}{\rightleftharpoons}} X \tag{2.1}$$

这种反应综合了转录、翻译、蛋白质修正等复杂分子机制到单比率常数, 且省略了蛋白质产生和降解的各种分子细节. 为简单起见, 假定细胞分裂导致的稀疏或活性降解等有关比率也为常数.

当 $n$ 充分大时, 平均数目 $\langle n\rangle$ 的动力学能够由连续的、确定性的方程来近似, 这意味着: 在体积 $V$ 内, 浓度 $c\equiv\dfrac{\langle n\rangle}{V}$ 的*运动学比率方程*为

$$\frac{\mathrm{d}c}{\mathrm{d}t}=\frac{\tilde{g}}{V}-rc \tag{2.2}$$

这一方程的显式解为

$$c(t)=\frac{\tilde{g}}{rV}+\mathrm{e}^{-rt}\left[c(0)-\frac{\tilde{g}}{rV}\right] \tag{2.3}$$

其中, $c(0)$ 代表在初始时刻 $t=0$ 蛋白质的浓度. 在静态, 蛋白质的平均数目简单是合成率与降解率的比率, 即 $\langle n\rangle=cV=\dfrac{\tilde{g}}{r}$(这从表达式 (2.3) 容易看出).

### 2.1.2 生化主方程及其分析求解

描述化学反应系统中反应物种的有限拷贝数的概率变化率是化学主方程. 为清楚起见, 让 $\boldsymbol{n}=(n_1,\cdots,n_N)$ 表示反应系统中 $N$ 个物种分子 (即反应子) 的状态 (即拷贝数向量), $P_n$ 表示这些物种分子的联合分布. 从化学运动学的观点, 宏观描述可以通过考虑这些反应物种的平均浓度的动力学来恢复, 即向量

$$\frac{\langle\boldsymbol{n}\rangle}{V}=\left(\frac{\langle n_1\rangle}{V},\frac{\langle n_2\rangle}{V},\cdots,\frac{\langle n_N\rangle}{V}\right)=(c_1,c_2,\cdots,c_N)$$

从统计学的观点, 这种描述必然忽视了许多信息, 包括平均值的波动信息等.

已经知道: 生化主方程的一般形式可表示为

$$\frac{\mathrm{d}}{\mathrm{d}t}P_{\boldsymbol{n}}=\sum_{n'}\left[w_{\boldsymbol{n},\boldsymbol{n}'}(t)P_{\boldsymbol{n}'}-w_{\boldsymbol{n}',\boldsymbol{n}}(t)P_{\boldsymbol{n}}\right] \tag{2.4}$$

其中, 导数是关于时间 $t$ 的, $w_{\boldsymbol{n},\boldsymbol{n}'}(t)$ 是从状态 $\boldsymbol{n}'\neq\boldsymbol{n}$ 到状态 $\boldsymbol{n}$ 的**转移率**(即单位时间内转移的分子数目). 这里指出: 为方便, 本章将用符号 $P_{\boldsymbol{n}}(t)$ 来代替第 1 章中的符号 $P(n;t)$. 在单反应物种情形, 需要细化随机变量 $\boldsymbol{n}$ 的运动学. 为清楚起见, 限制讨论于简单的生灭过程, 此时转移率 $w_{\boldsymbol{n},\boldsymbol{n}'}$ 仅有两个非零的贡献, 即

$$w_{(n+1),n}(t)=\tilde{g},\quad w_{(n-1),n}(t)=rn \tag{2.5}$$

其他的 $w_{\boldsymbol{n},\boldsymbol{n}'}$ 都等于零. 利用这一限制, 方程 (2.4) 减低到下列形式

$$\frac{\mathrm{d}}{\mathrm{d}t}P_n=-\tilde{g}P_n-rnP_n+\tilde{g}P_{n-1}+r(n+1)P_{n+1} \tag{2.6}$$

定性地, 右边的四项分别代表有 $n$ 个蛋白质的概率是如何随时间变化而减少的 (假如最初有 $n$ 个蛋白质, 其中一个或是产生 (第一项) 或是降解 (第二项)), 以及是如何随时间而增加的 (假如最初有 $n-1$ 个蛋白质, 其中一个是产生 (第三项), 或假如最初有 $n+1$ 个蛋白质, 其中一个被降解 (第四项)).

基于方程 (2.6), 容易获得平均蛋白质数目 $\langle n\rangle=\sum\limits_{n=0}^{\infty}nP_n$ 的动力学方程

$$\frac{\mathrm{d}\langle n\rangle}{\mathrm{d}t}=\tilde{g}-r\langle n\rangle \tag{2.7}$$

事实上, 用 $n$ 乘以方程 (2.6) 的两边得

$$\partial_t (nP_n) = -\tilde{g}nP_n - rn^2P_n + \tilde{g}nP_{n-1} + rn(n+1)P_{n+1}$$

其中 $\partial_t P_n$ 代表 $P_n$ 关于 $t$ 的导数, 即 $\partial_t P_n = \mathrm{d}P_n/\mathrm{d}t$, 两边关于 $n$ 从 0 到 $\infty$ 求和并根据平均的定义 $\langle n \rangle = \sum_{n=0}^{\infty} nP_n$ 得

$$\partial_t \langle n \rangle = -\tilde{g}\langle n \rangle - r\sum_{n=0}^{\infty} n^2P_n + \tilde{g}\sum_{n=0}^{\infty} nP_{n-1} + r\sum_{n=0}^{\infty} n(n+1)P_{n+1}$$

注意到

$$\sum_{n=0}^{\infty} nP_{n-1} = \sum_{n=-1}^{\infty} (n+1)P_n = \langle n \rangle + \sum_{n=0}^{\infty} P_n \quad (\text{其中, 定义}P_{-1}=0)$$

$$\sum_{n=0}^{\infty} P_n = 1 \quad (\text{概率的保守性条件})$$

$$\sum_{n=0}^{\infty} n(n+1)P_{n+1} = \sum_{n=1}^{\infty} n(n-1)P_n = \sum_{n=0}^{\infty} n^2P_n - \sum_{n=0}^{\infty} nP_n$$

通过这些运算, 容易获得方程 (2.7), 它表明: 平均蛋白质数目的动力学方程再现了运动学的比率方程 (2.2).

从现在起, 用参数 $r$ 尺度化时间 $t$, 即 $rt \to t$, 并定义 $g = \dfrac{\tilde{g}}{r}$, 则确定性方程 (2.7) 可改写为

$$\frac{\mathrm{d}\langle n \rangle}{\mathrm{d}t} = g - \langle n \rangle$$

而主方程 (2.6) 变成

$$\frac{\mathrm{d}}{\mathrm{d}t}P_n = -gP_n - nP_n + gP_{n-1} + (n+1)P_{n+1} \tag{2.8}$$

**A. 静态解**

利用第 1 章中引进的位移算子 $E^+$(或 $E$) 及其逆算子 $E^-$, 可改写上述主方程. 具体来说, 算子 $E^+$ 和 $E^-$ 分别代表增加和减少一个蛋白质的运算, 即对任意函数 $f_n$, 有

$$E^+f_n = f_{n+1}, \quad E^-f_n = f_{n-1}$$

这样, 方程 (2.8) 可改写为

$$\frac{\mathrm{d}}{\mathrm{d}t}P_n = \left(E^+ - 1\right)(nP_n - gP_{n-1}) \tag{2.9}$$

值得指出的是: 主方程的算子表示 (2.9) 比主方程的通常表示 (2.8) 具有更多优势, 例如直接求方程 (2.8) 的静态解似乎比较困难, 但直接求方程 (2.9) 的静态解就比较容易了. 更多的优势将在调控情形时介绍. 若考虑方程 (2.9) 的静态方程 $0=(E^{+}-1)(nP_n-gP_{n-1})$, 则得迭代方程

$$P_n=\frac{g}{n}P_{n-1}$$

其中, $n=1,2,\cdots$. 由此求得静态解

$$P_n=\frac{g^n}{n!}P_0$$

其中, $P_0$ 由规范化条件: $\sum\limits_{n=0}^{\infty}P_n=1$ 决定, 即得 $P_0=\mathrm{e}^{-g}$. 这样, 知道具有 $n$ 个蛋白质的静态概率是以 $g$ 为特征参数的泊松分布

$$P_n=\frac{g^n}{n!}\mathrm{e}^{-g} \tag{2.10}$$

其中, 特征参数 $g$ 是蛋白质的合成率与降解率之比.

注意到: 泊松分布的方差 $\sigma^2=\langle n^2\rangle-\langle n\rangle^2$ 等于平均 $\langle n\rangle$. 事实上,

$$\langle n\rangle=\sum_{n=0}^{\infty}nP_n=\mathrm{e}^{-g}\sum_{n=1}^{\infty}\frac{g^n}{(n-1)!}=g\mathrm{e}^{-g}\mathrm{e}^{g}=g$$

$$\langle n(n-1)\rangle=\sum_{n=1}^{\infty}n(n-1)P_n=\mathrm{e}^{-g}\sum_{n=2}^{\infty}\frac{g^n}{(n-2)!}=g^2\mathrm{e}^{-g}\mathrm{e}^{g}=g^2$$

由此可知方差为

$$\langle n^2\rangle-\langle n\rangle^2=\langle n(n-1)\rangle+\langle n\rangle-\langle n\rangle^2=g^2+g-g^2=g$$

这样, 噪声强度 (定义为标准差与平均之比) 为

$$\eta=\frac{\sqrt{\left\langle(n-\langle n\rangle)^2\right\rangle}}{\langle n\rangle}=\frac{\sqrt{\langle n^2\rangle-\langle n\rangle^2}}{\langle n\rangle}=\frac{1}{\sqrt{\langle n\rangle}} \tag{2.11}$$

它表明: 波动的相对效果随蛋白质数目的增加而减少. 进一步, 可显示出: 在大数目蛋白质的极限, 静态分布接近于平均和方差都等于 $g$ 的高斯分布. 事实上, 对于大的 $n$, 有斯特林近似公式

$$\ln(n!)\approx n\ln(n)-n+\ln\left(\sqrt{2\pi n}\right)$$

由表达式 (2.10) 可得

$$\ln(P(n)) \approx -g + n\ln(g) - n\ln(n) + n - \ln\left(\sqrt{2\pi n}\right)$$

关于 $n$ 求导得

$$\partial_n \ln(P(n)) = \ln\left(\frac{g}{n}\right) + O\left(\frac{1}{n}\right)$$

它在最大值点 $n = g$ 处消失. 这样, 假如在 $n = g$ 处, 泰勒展开函数 $\ln P(n)$ 到二阶项, 则得近似

$$\begin{aligned}\ln(P(n)) &\approx P(g) + \frac{1}{2}(n-g)^2 \partial_n^2 [\ln(P(n))]_{n=g} \\ &= -\ln\left(\sqrt{2\pi g}\right) - \frac{(n-g)^2}{2g}\end{aligned}$$

由此获得高斯分布

$$P(n) = \frac{1}{\sqrt{2\pi g}} e^{-(n-g)^2/(2g)} \tag{2.12}$$

容易验证: 它的平均和方差均等于 $g$.

除了方程 (2.9) 外, 利用算子性质 $E^-E^+ = 1$, 方程 (2.8) 还可以改写成其他等价形式, 例如, 下列两种等价形式:

$$\frac{d}{dt}P_n = (E^+ - 1)(n - gE^-)P_n$$

$$\frac{d}{dt}P_n = -(E^- - 1)[(n+1)E^+ - g]P_n$$

但这两种表示在求静态解方面, 没有 (2.9) 表示所具有的明显优势.

**B. 生成函数表示**

基于概率分布函数 $P_n(t)$, 引进生成函数

$$G(z;t) = \sum_{n=0}^{\infty} P_n(t) z^n$$

反过来, 通过生成函数 $G(z,t)$ 的逆变换, 能够恢复概率分布

$$P_n(t) = \frac{1}{n!} \left.\frac{\partial^n G(z;t)}{\partial z^n}\right|_{z=0}$$

特别是, 基于生成函数 $G(z,t)$, 能够计算出蛋白质数目 $n$ 的各阶原点矩 (亦可计算

出各阶中心矩)

$$\langle n\rangle=\sum_n nP_n=\left.\frac{\partial G(z;t)}{\partial z}\right|_{z=1}$$

$$\langle n^2\rangle=\sum_n n^2P_n=\left.\frac{\partial^2 G(z;t)}{\partial z^2}\right|_{z=1}+\left.\frac{\partial G(z;t)}{\partial z}\right|_{z=1}$$

$$\langle n^3\rangle=\sum_n n^3P_n=\left.\frac{\partial^3 G(z;t)}{\partial z^3}\right|_{z=1}+3\left.\frac{\partial^2 G(z;t)}{\partial z^2}\right|_{z=1}+\left.\frac{\partial G(z;t)}{\partial z}\right|_{z=1}$$

$$\langle n^4\rangle=\sum_n n^4P_n=\left.\frac{\partial^4 G(z;t)}{\partial z^4}\right|_{z=1}+6\left.\frac{\partial^3 G(z;t)}{\partial z^3}\right|_{z=1}+7\left.\frac{\partial^2 G(z;t)}{\partial z^2}\right|_{z=1}+\left.\frac{\partial G(z;t)}{\partial z}\right|_{z=1}$$

等等.

为求解主方程而引进的生成函数具有优点：它能够将无穷维的普通常微分方程系统 (2.8) 转化成一个变量的偏微分方程. 为看清这一点, 用 $z^n$ 乘以方程 (2.8) 的两边并关于 $n$ 求和得

$$\frac{\partial}{\partial t}G=-(z-1)(\partial_z-g)G \tag{2.13}$$

其中 $\partial_z$ 代表函数关于 $z$ 的求导, 方程 (2.13) 是关于生成函数的微分方程的算子表示, 它与主方程的表示 (2.8) 是相对应的. 比较方程 (2.13) 和方程 (2.8) 的第二个等价形式, 立刻看到算子 $E^-$ 和算子 $(n+1)E^+$ 在 $z$ 空间的表示, 它们分别是 $z$ 和 $\partial_z$.

在静态 (即 $\partial_t G=0$) 处, 由方程 (2.13) 知 $(\partial_z-g)G\equiv 0$, 由此可求得解

$$G(z)=G(0)\,\mathrm{e}^{gz} \tag{2.14}$$

注意到

$$G(0)\,\mathrm{e}^{g}=G(1)=\sum_n 1^nP_n=1$$

因此, 表达式 (2.14) 可改写为 $G(z)=\mathrm{e}^{g(z-1)}$. 这样, 根据概率分布与生成函数之间的关系, 即获得静态概率分布

$$P_n=\frac{1}{n!}\frac{\partial^n}{\partial z^n}\left[\mathrm{e}^{g(z-1)}\right]\Big|_{z=0}=\mathrm{e}^{-g}\frac{g^n}{n!} \tag{2.15}$$

它是一个以 $g$ 为特征参数的泊松分布, 这与前面获得的结果一致.

为了给出时间依赖的概率分布, 可采用**特征线法**. 沿着特征线, 偏微分方程变成常微分方程, 因此容易求解. 事实上, 设 $s$ 参数化特征线: $G(z,t)=G(z(s),t(s))\equiv$

$G(s)$, 并注意到方程 (2.13) 可以改写为

$$\frac{\partial G}{\partial t}+(z-1)\frac{\partial G}{\partial z}=(z-1)\,gG \tag{2.16}$$

利用求导的链式法则, 有

$$\frac{\mathrm{d}G}{\mathrm{d}s}=\frac{\partial G}{\partial t}\frac{\mathrm{d}t}{\mathrm{d}s}+\frac{\partial G}{\partial z}\frac{\mathrm{d}z}{\mathrm{d}s} \tag{2.17}$$

方程 (2.16) 和 (2.17) 的一致性要求

$$\begin{aligned}&\frac{\mathrm{d}t}{\mathrm{d}s}=1\\&\frac{\mathrm{d}z}{\mathrm{d}s}=z-1\\&\frac{\mathrm{d}G}{\mathrm{d}s}=(z-1)\,gG\end{aligned} \tag{2.18}$$

不失一般性, 设初始时刻为 $t_0=0$, 并令 $x=z-1$, 则由 (2.18) 的第一个方程得 $s=t$; 由 (2.18) 的第二个方程得 $x=x_0\mathrm{e}^t$, 其中 $x_0$ 代表初始值; 由 (2.18) 的第三个方程得

$$G=F(x_0)\exp\left(gx_0\mathrm{e}^t\right)$$

其中 $F(x_0)=G_0\mathrm{e}^{-gx_0}$. 若展开函数 $F(x_0)$ 为 $F(x_0)=\sum\limits_{j=0}^{\infty}A_jx_0^j$ 的形式, 则上述方程可以改写成

$$G=\sum_{j=0}^{\infty}A_jx_0^j\exp\left(gx_0\mathrm{e}^t\right) \tag{2.19}$$

注意到 $x_0=x\mathrm{e}^{-t}=(z-1)\,\mathrm{e}^{-t}$, 把它代入方程 (2.19) 得

$$G(z;t)=\mathrm{e}^{g(z-1)}\sum_{j=0}^{\infty}A_j\,(z-1)^j\,\mathrm{e}^{-jt} \tag{2.20}$$

其中, 系数 $A_j$ 能够由初始分布 $P_n(0)$ 确定. 特别是, 当 $t\to\infty$ 时, 方程 (2.20) 中只剩下 $j=0$ 的项, 因此恢复了前面的结果 (即恢复了静态概率分布).

方程 (2.13) 是线性方程, 因此也能够应用算子理论给出生成函数 $G(z;t)$ 的表达. 事实上, 方程 (2.13) 可以改写为 $\partial_tG=-L_zG$, 其中线性算子 $L$ 为

$$L_z=(z-1)\,(\partial_z-g)$$

用标准正交特征函数 $\varphi_j(z)$(需要定义 $z$ 空间的内积) 来展开生成函数 $G(z;t)$, 相应级数的系数是时间依赖的函数, 即

$$G(z;t)=\sum_j G_j(t)\,\varphi_j(z) \tag{2.21}$$

其中, $\varphi_j(z)$ 是算子 $L_z$ 对应于特征值 $\lambda_j$ 的特征函数, 即

$$L_z[\varphi_j(z)] = \lambda_j \varphi_j(z)$$

把它代入方程 $\partial_t G = -L_z G$ 并利用正交性得 $\partial_t G_j = -\lambda_j G_j$, 可获得下列形式解

$$G_j(t) = A_j \mathrm{e}^{-\lambda_j t} \tag{2.22}$$

其中 $A_j$ 是某些常数. 进一步, 把 (2.22) 代入 (2.21) 得生成函数的形式表示

$$G(z;t) = \sum_j A_j \varphi_j(z) \mathrm{e}^{-\lambda_j t} \tag{2.23}$$

通过直接验证, 可发现

$$\varphi_j(z) = (z-1)^j \mathrm{e}^{g(z-1)}, \quad \lambda_j = j \in \{0, 1, 2, \cdots\}$$

满足方程 (2.23). 合起来, 我们知道

$$G(z;t) = \mathrm{e}^{g(z-1)} \sum_j A_j (z-1)^j \mathrm{e}^{-jt} \tag{2.24}$$

这与用特征线法获得的结果一致.

### 2.1.3　两种近似

对主方程, 除比率方程近似外, 这里介绍另外两种近似法: Fokker-Planck 方程近似和朗之万方程近似.

#### 2.1.3.1　Fokker-Planck 近似

对于大数目的蛋白质, 若泰勒展开主方程到二阶, 则可得 Fokker-Planck(FP) 方程. 假定蛋白质以比率 $g_n$ 产生, 以比率 $r_n$ 降解, 则主方程为

$$\frac{\mathrm{d}}{\mathrm{d}t} P_n = -(g_n + r_n) P_n + g_{n-1} P_{n-1} + r_{n+1} P_{n+1} \tag{2.25}$$

这种方程可以认为是考虑了调控, 它是前面简单生灭过程模型的推广, 即令 $g_n = g$, $r_n = n$.

**情形 1　大数目的蛋白质** $(n \gg 1)$

$n$ 很大, 因此可看作连续变量. 以下用小括号表示连续变量, 下标代表离散变量. 设函数 $f(n) \in \{g(n)p(n), r(n)p(n)\}$, 则有

$$f(n \pm 1) \approx f(n) \pm \partial_n f(n) + \frac{1}{2} \partial_n^2 f(n)$$

把这种近似代入 (2.25) 得

$$\partial_t p(n) = -\partial_n [v(n) p(n)] + \frac{1}{2} \partial_n^2 [D(n) p(n)] \tag{2.26}$$

其中, 项 $\upsilon(n)=g(n)-r(n)$ 代表有效**漂移速度**, 用于恢复确定性方程的动力学项; 而 $D(n)=g(n)+r(n)$ 代表有效**扩散系数**, 用于设置蛋白质数目波动的尺度大小. 方程 (2.26) 即为 Fokker-Planck 方程, 其中第一项起着有效力的作用, 而第二项起着有效偏离的作用, 即值越大, 单轨迹偏离 (即蛋白质数目随时间变化) 平均的远足就越大. 注意到 Fokker-Planck 方程可改写为更简洁形式:

$$\partial_t P(n)=-\partial_n j \tag{2.27}$$

其中 $j(n)\equiv \upsilon(n)p(n)-\frac{1}{2}\partial_n[D(n)p(n)]$ 代表概率流 (the current of probability). 在静态处 (即 $\partial_t p=0$), 概率流为常数. 当 $n\to\infty$ 时, 有 $p(n)\to 0$ 和 $\partial_n p(n)\to 0$(其收敛速度典型地比 $\upsilon(n)$ 或 $D(n)$ 的发散速度要快). 因此, 在静态处, 对任意 $n$, 我们知道概率流为零 (即 $\upsilon(n)p(n)-\frac{1}{2}\partial_n[D(n)p(n)]=0$). 这样, 求得静态概率分布为

$$p(n)=\frac{N}{D(n)}\exp\left[2\int_0^n\frac{\upsilon(n')}{D(n')}\mathrm{d}n'\right] \tag{2.28}$$

其中, $N$ 为一规范化常数, 以便保证 $\int_0^\infty p(n)\,\mathrm{d}n=1$.

对于简单的生灭过程, 则 $\upsilon(n)=g-n$, $D(n)=g+n$, 此时, 静态概率分布为

$$p(n)=\frac{N}{g}\left(1+\frac{n}{g}\right)^{4g-1}\mathrm{e}^{-2n} \tag{2.29}$$

表达式 (2.29) 与表达式 (2.12) 当 $n$ 充分大时具有相同的渐近性质, 即蛋白质数目服从高斯分布, 且平均和方差均为 $g$.

**情形 2 小噪声**

假定蛋白质的噪声很小, 此时可应用线性噪声逼近 (小噪声逼近). 细化地, 假定蛋白质数目 $(n)$ 在平均 $\langle n\rangle=\sum_n np_n$ 附近的波动 $(\eta)$ 很小, 即 $n=\langle n\rangle+\eta$. 因为 $\mathrm{d}n/\mathrm{d}\eta=1$, 因此 $p(n)=p(\eta)$, 且主方程变成

$$\partial_t P(\eta)=-\partial_n[\upsilon(\langle n\rangle+\eta)p(\langle n\rangle+\eta)]+\frac{1}{2}\partial_n^2[D(\langle n\rangle+\eta)p(\langle n\rangle+\eta)] \tag{2.30}$$

注意到: $\upsilon(\langle n\rangle)=g(\langle n\rangle)-r(\langle n\rangle)=0$(由相应确定性方程可看出). 现在, 利用展开

$$\begin{aligned}\upsilon(\langle n\rangle+\eta)&=\upsilon(\langle n\rangle)+\eta\upsilon'(\langle n\rangle)+\cdots\approx\eta\upsilon'(\langle n\rangle)\\ D(\langle n\rangle+\eta)&=D(\langle n\rangle)+\eta D'(\langle n\rangle)+\cdots\approx D(\langle n\rangle)\end{aligned}$$

那么, 方程 (2.30) 变成

$$\partial_t P(\eta)=-\upsilon'(\langle n\rangle)\partial_n[\eta p(\eta)]+\frac{1}{2}D(\langle n\rangle)\partial_n^2[p(\eta)] \tag{2.31}$$

由此可求得方程 (2.31) 的静态解为

$$p(\eta)=\frac{N}{D(\langle n\rangle)}\exp\left[\frac{2v'(\langle n\rangle)}{D(\langle n\rangle)}\int_0^{\eta}\eta'\mathrm{d}\eta'\right]=\frac{1}{\sqrt{2\pi\sigma^2}}\mathrm{e}^{-\eta^2/(2\sigma^2)} \tag{2.32}$$

其中方差 $\sigma^2=-\dfrac{D(\langle n\rangle)}{2v'(\langle n\rangle)}$(对于稳定的不动点, $v'(\langle n\rangle)$ 是负的). 表达式 (2.32) 表明: 静态蛋白质数目服从中心为 $\langle n\rangle$、方差为 $\sigma^2$(由平均产生率和平均降解率决定) 的高斯分布. 这里指出: ① 表达式 (2.32) 也能够由表达式 (2.28) 在最大值 $n=\langle n\rangle$ 处的泰勒展开导出; ② 对于简单的生灭过程, 即 $\langle n\rangle=g, v(n)=g-n, D(n)=g+n$, 此时我们有 $\sigma^2=g$, 蕴含着由表达式 (2.32) 能导出结果 (2.12).

最后指出: 线性噪声逼近比上面大数目蛋白质逼近要求更为苛刻. 事实上, 上面大数目蛋白质逼近并没有假定分布的形式, 而线性噪声逼近需要假定分布是单峰的 (分子数目的分布以尖的形式集中在平均附近). 平均 $\langle n\rangle$ 和方差 $\sigma^2$ 能够通过找确定性方程的静态解获得, 然而确定性方程可能有多个静态解. 尽管可以在每个静态处作高斯展开, 但线性噪声逼近并不能描述这些高斯展开式是如何通过一个多模式分布的加权来给出. 此时, 只能利用大数目蛋白质逼近和原来的主方程来给出相对精确结果, 而此时线性噪声逼近失败.

#### 2.1.3.2 朗之万近似

朗之万近似具有优势: 不需要寻找概率分布, 仅需要考虑浓度的关联函数, 就能知道大数目物种分子的变化过程. 首先, 给出平均 $\langle n\rangle=\sum\limits_n np_n$ 的动力学方程, 即比率方程, 然后, 考虑浓度的时间变化时 $n$ 空间中的一条轨迹. 由 $n(t)$ 描述的生灭过程的每个实现, 并多次平均这种实现, 可获得平均 $\langle n(t)\rangle$(看上面的比率方程). 假如浓度变化的时间尺度比特定反应的特征时间尺度要大, 那么在每个时间间隔内有许多生灭过程发生, 在平均值附近的 $n(t)$ 的每个实现服从高斯分布

$$P[\eta]\sim\exp\left[-\int\left(\int\frac{\eta^2(n,t)}{4D(n,t)}\mathrm{d}t\right)\mathrm{d}n\right] \tag{2.33}$$

通过对蛋白质平均数目引入某个附加噪声项 $\eta(t)$, 由此可引起平均值的波动, 导致蛋白质浓度变化的朗之万方程为

$$\frac{\mathrm{d}n}{\mathrm{d}t}=v(n)+\eta(t)=g-n+\eta(t) \tag{2.34}$$

其中, 要求附加噪声满足条件:

$$\langle\eta(t)\rangle\equiv 0,\quad \langle\eta(t')\eta(t)\rangle=\delta(t-t')D(n)=(g+n)\delta(t-t'),$$

$D(n)$ 是 Fokker-Planck 方程中的扩散系数.

现在显示出: **朗之万近似与 Fokker-Planck 近似是等价的**. 事实上, 一条观察轨迹是具有高斯噪声性质的随机过程 (看上面的方程 (2.33)) 的一个实现 $r_\eta(t)$, 即

$$p_n(t)=\int D\eta\delta(n-r_\eta(t))P[\eta]\mathrm{d}\eta\triangleq\langle\delta(n-r_\eta(t))\rangle \tag{2.35}$$

若考虑概率分布的时间演化: $p_n(t+\Delta t)-p_n(t)=\langle\delta(n-r_\eta(t+\Delta t))-\delta\big(n-r_\eta(t)\big)\big\rangle$, 在轨迹上展开: $r_\eta(t+\Delta t)=r_\eta(t)+\Delta r(t)$, 并泰勒展开 $\delta$ 函数的差: $\delta(n-r_\eta(t+\Delta t))-\delta(n-r_\eta(t))$, 则得

$$\begin{aligned}p_n(t+\Delta t)-p_n(t)&=\left\langle(-\Delta r(t))\delta'(n-r_\eta(t))+\frac{1}{2}(-\Delta r(t))^2\delta''(n-r_\eta(t))\right\rangle\\&=-\partial_n\langle\Delta r(t)\delta(n-r_\eta(t))\rangle+\frac{1}{2}\partial_n^2\left\langle(\Delta r(t))^2\delta(n-r_\eta(t))\right\rangle\end{aligned}$$

若用朗之万方程来计算轨迹中的增量: $\Delta r(t)=v[r(t)]\Delta t+\eta(t)$, 则可获得

$$\begin{aligned}&\langle\Delta r(t)\delta(n-r_\eta(t))\rangle\\=&\langle v[r(t)]\Delta t\delta(n-r_\eta(t))\rangle+\langle\eta(t)\delta(n-r_\eta(t))\rangle\\=&v[r(t)]\Delta t\langle\delta(n-r_\eta(t))\rangle+\langle\eta(t)\delta(n-r_\eta(t))\rangle=v(n)\Delta tp_n(t)\end{aligned}$$

和

$$\begin{aligned}&\left\langle(\Delta r(t))^2\delta(n-r_\eta(t))\right\rangle\\=&(\Delta t)^2\left\langle(v[r(t)])^2\delta(n-r_\eta(t))\right\rangle+2\Delta t\langle v[r(t)]\eta(t)\delta(n-r_\eta(t))\rangle\\&+\left\langle\eta^2(t)\delta(n-r_\eta(t))\right\rangle\\=&(\Delta t)^2v^2(n)p_n(t)+\left\langle\eta^2(t)\right\rangle p_n(t)\end{aligned}$$

其中, 已经用到事实: $\langle\eta(t)\delta(n-r_\eta(t))\rangle=0$. 记 $D(n)=\dfrac{2}{\Delta t}\left\langle\eta^2(t)\right\rangle$, 则

$$\frac{p_n(t+\Delta t)-p_n(t)}{\Delta t}=-\partial_n[v(n)p_n(t)]+\partial_n^2\left[\Delta tv^2(n)p_n(t)+\frac{1}{2}D(n)p_n(t)\right]$$

当 $\Delta t\to 0$ 时, 可获得下列 Fokker-Planck 方程

$$\partial_tP_n(t)=-\partial_n[v(n)p_n(t)]+\frac{1}{2}\partial_n^2[D(\langle n\rangle)p_n(t)] \tag{2.36}$$

下一步, 考虑系统中有多种类型的蛋白质. 定义时间依赖的**关联函数**

$$C_{ij}(t)=\langle\delta N_i(t)\delta N_j(t)\rangle \tag{2.37}$$

其中的平均是关于时间的, $\delta N_i(t)=N_i(t)-\langle N_i(t)\rangle$ 是每种类型蛋白质的变差. 在一维情形, $\delta n^2$ 即为方差 $\sigma^2$. 注意到: 在静态, 时间平均等于集合平均. 对于简单的生灭过程, 可计算时间依赖的关联, 它满足

$$\frac{\mathrm{d}C(t)}{\mathrm{d}t}=-C(t)$$

在静态, $\delta n^2=\left\langle(n-\langle n\rangle)^2\right\rangle=\left\langle n^2\right\rangle-\langle n\rangle^2=g$, 由此求得

$$C\left(t\right)=g\mathrm{e}^{-t}$$

定义傅里叶 (Fourier) 空间中的关联函数为

$$C_{ij}\left(\omega\right)=\int_0^{\infty}\mathrm{e}^{-\mathrm{i}\omega t}C_{ij}\left(t\right)\mathrm{d}t \tag{2.38}$$

常常直接从朗之万方程的傅里叶变换容易计算关联函数的傅里叶变换, 然后作傅里叶逆变换. 对于简单的生灭过程, 在平均值附近用 $n\left(t\right)=\langle n\rangle+\delta n\left(t\right)$ 线性化朗之万方程, 并考虑傅里叶空间中的结果方程, 则得

$$-\mathrm{i}\omega\delta\tilde{n}\left(\omega\right)=-\delta\tilde{n}\left(\omega\right)+\tilde{\eta}\left(\omega\right)$$

其中,

$$\begin{aligned}
&\delta\tilde{n}\left(\omega\right)=\int_0^{\infty}\mathrm{e}^{-\mathrm{i}\omega t}\delta n\left(t\right)\mathrm{d}t,\\
&\tilde{\eta}\left(\omega\right)=\int_0^{\infty}\mathrm{e}^{-\mathrm{i}\omega t}\tilde{\eta}\left(t\right)\mathrm{d}t,\\
&\left\langle\tilde{\eta}\left(\omega\right)\tilde{\eta}\left(\omega'\right)\right\rangle=2\pi\delta\left(\omega-\omega'\right)\left(g+\langle n\rangle\right).
\end{aligned}$$

定义自关联函数为

$$\left\langle\delta\tilde{n}^*\left(\omega\right)\delta\tilde{n}\left(\omega'\right)\right\rangle=2\pi\delta\left(\omega-\omega'\right)\frac{g+\langle n\rangle}{\omega^2+1}=2\pi\delta\left(\omega-\omega'\right)\frac{2g}{\omega^2+1} \tag{2.39}$$

其中 $*$ 表示共轭, 逆变换能够恢复时间依赖的关联函数

$$C\left(t\right)=\int_0^{\infty}\mathrm{e}^{\mathrm{i}\omega t}\left\langle\delta\tilde{n}^*\left(\omega\right)\delta\tilde{n}\left(\omega\right)\right\rangle\mathrm{d}\omega=\int_0^{\infty}\mathrm{e}^{\mathrm{i}\omega t}2\pi\frac{2g}{\omega^2+1}\mathrm{d}\omega=g\mathrm{e}^{-t}$$

在傅里叶空间中自关联函数的实部即为功率谱

$$N\left(\omega\right)=\left\langle\delta\tilde{n}^*\left(\omega\right)\delta\tilde{n}\left(\omega\right)\right\rangle=\int_0^{\infty}\mathrm{e}^{-\mathrm{i}\omega t}C_{ii}\left(t\right)\mathrm{d}t=\frac{4\pi g}{\omega^2+1}$$

#### 2.1.3.3 三种近似方法的比较

根据上面的讨论, 已有三种近似: 比率方程、Fokker-Planck 方程、朗之万方程. 这里, 对三种近似方法进行比较. 为理解起见, 考虑生灭过程. 比率方程的静态解与静态概率分布的平均是一致的 (在精确描述和近似描述两种情形均成立), 即 $\bar{n}=g$. 在大数目蛋白质的极限, 高斯分布很好地近似泊松分布; Fokker-Planck (因此朗之万) 近似是一个好的描述. 为了调查 Fokker-Planck 近似在小数目或中等数

目蛋白质的有效性, 图 2.1 比较了在蛋白质数目的某个范围内直接由主方程获得的概率分布 (即泊松分布, 表达式 (2.15)) 和由 Fokker-Planck 近似获得的结果 (表达式 (2.29)). 利用 Kullback-Leibler **发散性**来定量化两种分布之间的非一致性:

$$D_{\mathrm{KL}} = \sum_n p_n \ln\left(\frac{p_n}{\tilde{p}_n}\right) \tag{2.40}$$

其中, $p_n$ 对应于主方程, 而 $\tilde{p}_n$ 对应于 Fokker-Planck 近似. 由于 Kullback-Leibler 发散性并不是对称的, 因此对于真实分布 ($p_n$) 与其近似分布 ($\tilde{p}_n$) 的比较是有效的. 当平均蛋白质数目 $\langle n\rangle = \bar{n} = g$ 增加时, 近似迭代的精确性增加, Kullback-Leibler 发散量 $D_{\mathrm{KL}}$ 减少. 图 2.1 绘制了精确分布和近似分布在小、中和大数目蛋白质情形时的采样, 其中, 两个分布之间的 Kullback-Leibler 发散量作为平均蛋白质数目的函数, $\star$ 对应于 $g = 0.1$(小), $\circ$ 对应于 $g = 0.9$(中), $\times$ 对应于 $g = 20$(大). 内图中, 实线代表由主方程获得的分布; 点画线代表由 Fokker-Planck 方程获得的分布. 正如所期待的, 在小数目蛋白质情形, Fokker-Planck 分布偏离泊松分布, 而在大数目蛋白质情形, 两者基本一致.

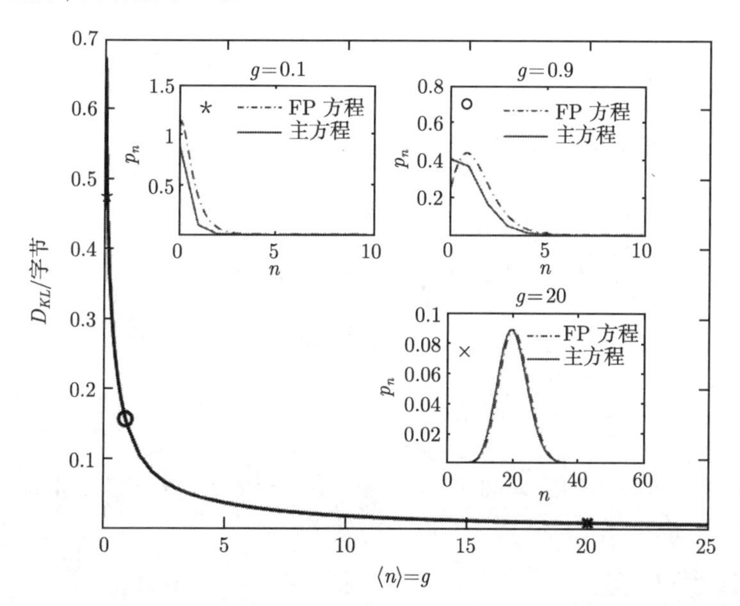


图 2.1 由主方程获得的分布与由 Fokker-Planck 方程获得的近似分布之间的比较

## 2.2 基因自调控

本节扩充上面讨论的简单基因模型到基因自调控模型. 为此, 假定蛋白质产生率是蛋白质拷贝数的任意函数.

### 2.2.1　确定性模型

记蛋白质分子数目的平均为 $\bar{n}$(或 $\langle n\rangle$), 让蛋白质的产生率是 $\bar{n}$ 的函数 $g(\bar{n})$. 则平均数目方程为

$$\frac{\mathrm{d}\bar{n}}{\mathrm{d}t}=g(\bar{n})-\bar{n} \tag{2.41}$$

自调控函数 (假设为 Hill 类型)$g(\bar{n})$ 的形式依赖于调控的分子细节, 其一般形式为

$$g(n)=\frac{g_{-}K^{h}+g_{+}n^{h}}{K^{h}+n^{h}} \tag{2.41a}$$

其中, 两个产生率 $g_-$ 和 $g_+$ 分别对应于蛋白质与 DNA 的结合和非结合的状态, 切换到结合态的切换率依赖于蛋白质分子数目. 为了导出这种调控函数, 需假设结合率与非结合率比蛋白质的降解率 (它设置蛋白质数目的时间尺度) 要大, 以便达到平衡, 且平衡常数为 $K$. 参数 $h$ 描述蛋白质结合的协作性. 当 $g_+>g_-$ 时, $h>0$ 对应于促进; $h<0$ 对应于压制; $h=0$ 对应于简单的生灭过程. 对于 $|h|\geqslant 2$, 在某些系统参数的某些范围内, 系统有两个稳定态 (需借助数值方法给出, 其分析解一般很难找到).

### 2.2.2　随机性模型

对应于上面确定性方程的主方程为

$$\partial_t p_n=-(g_n+n)\,p_n+g_{n-1}p_{n-1}+(n+1)\,p_{n+1} \tag{2.42}$$

其中 $g_n$ 是 $n$ 的非线性函数. 静态解为 (因为 (2.42) 可改写为

$$\begin{aligned}&\partial_t P_n=(E^{+}-1)\,(nP_n-g_nP_{n-1}))\\&p_n=\frac{p_0}{n!}\prod_{n'=0}^{n}g_{n'}\end{aligned} \tag{2.42a}$$

它是上面简单生灭过程的结果的推广, 其中 $p_0$ 是一个规范化常数. 除调控函数的特别情形外, 一般不能找到封闭形式的分析分布.

### 2.2.3　双稳性与噪声

自调控能影响静态分布的统计. 在细化 $g(\bar{n})$ 的形式之前, 利用线性噪声逼近, 可获得在大数目蛋白质极限情形的一般统计结果. 表达式 $\sigma^2=-\dfrac{D(n)}{2v'(n)}$ 描述在静态 $\bar{n}$ 附近的波动的方差, 其中对自调控来计算 $\dfrac{\sigma^2}{\bar{n}}$, 以便逼近泊松分布 (对应于 $\dfrac{\sigma^2}{\bar{n}}=1$).

对于自调控, 扩散项变成 $D(\bar{n}) = g(\bar{n}) + \bar{n} = 2\bar{n}$(因为在静态处, 有 $0 = g(\bar{n}) - \bar{n}$); 而对漂移项, 在静态处有 $v'(\bar{n}) = g'(\bar{n}) - 1$. 这样,

$$\frac{\sigma^2}{\bar{n}} = \frac{1}{1 - g'(\bar{n})} \tag{2.43}$$

这种表达表明: **自促进**(对应于正的导数, 即 $g'(\bar{n}) > 0$) 导致**超泊松分布**$\left(\text{即} \frac{\sigma^2}{\bar{n}} > 1\right)$; **自压制** (对应于 $g'(\bar{n}) < 0$) 导致**次泊松分布**$\left(\text{即} \frac{\sigma^2}{\bar{n}} < 1\right)$; 没有调控 (对应于$g'(\bar{n}) = 0$), 导致普通的泊松分布 $\left(\text{对应于} \frac{\sigma^2}{\bar{n}} = 1\right)$. 参考图 2.2, 其中 $h < 0$ 表示基因**自压制**; $h > 0$ 表示基因自促进; $h = 0$ 表示简单的生灭过程 $\left(\text{对应于} \frac{\delta n^2}{\langle n \rangle} = 1\right)$. 图中的点对应于 $h$ 的整数值 ($\star$ 对应于 $h = -1$; $\circ$ 对应于 $h = 0$; $\times$ 对应于 $h = 1$); 线对应于 $h$ 的连续值. 内图中黑色的线表示由主方程获得的概率分布; 灰色的线表示具有相同平均的泊松分布. 参数设为 $g_- = 2$, $g_+ = 20$, $K = 4$.

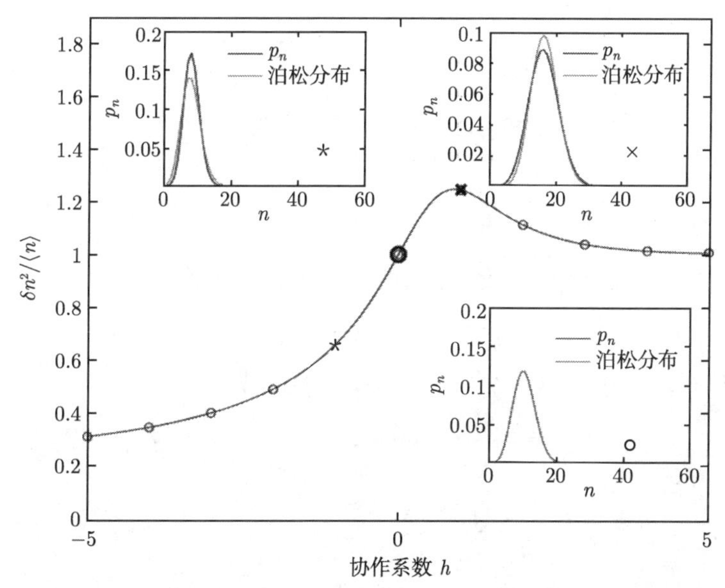


图 2.2 方差 $\delta n^2$ 与平均 $\langle n \rangle$ 之比 $\delta n^2/\langle n \rangle$ 作为协作系数 $h$ 的函数

当 $g'(\bar{n}) = 1$ 时, $\frac{\sigma^2}{\bar{n}}$ 发散, 这对应于自激活基因的分叉点, 此时静态方程有两种可能的解. 而且, 方差与平均之比 $\frac{\sigma^2}{\bar{n}}$ 不能很好地刻画出分布的信息 (因为分布是双峰的). 相对地, 自压制基因由于不是双稳的, 因此量 $\frac{\sigma^2}{\bar{n}}$ 总是对噪声的一个好

描述. 图 2.3 显示出参数 $g_-$ 如何调系统的双稳性: 当确定性的方程跨过分叉点时, 精确的分布变成双峰, 其中, 调控由 Hill 函数来模拟, 且 $h=4$, $g_-=10$, $K=6$. 大图显示出: 静态解作为基本生成率 $g_-$ 的函数, 其中单稳区域对应于小的 $g_-$ 值或大的 $g_-$ 值, 双稳区域对应于中等的 $g_-$ 值. 下排图显示出: 在单稳区域内, 概率分布与泊松分布 (灰色的线) 的比较, 其中黑色的线对应于大图中的 5 个星号点.

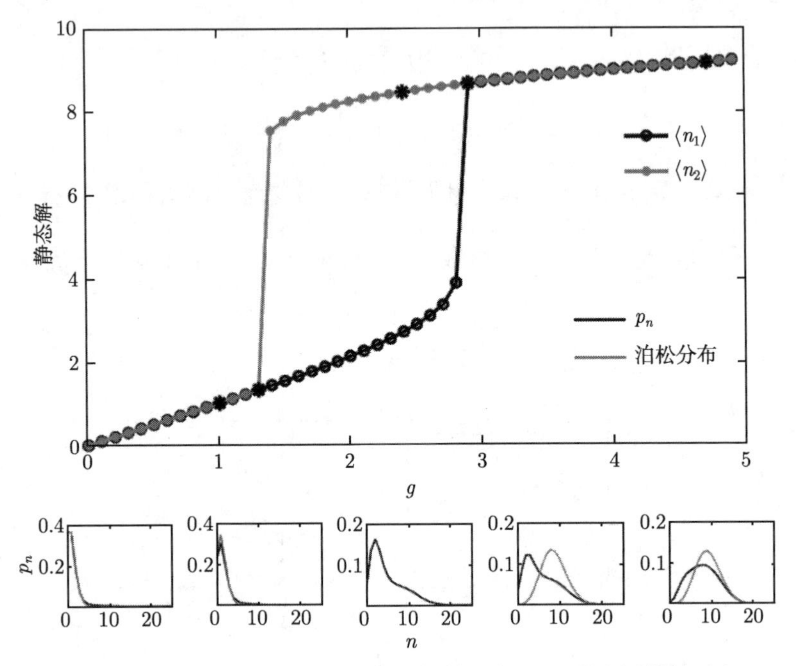


图 2.3　静态概率分布的变化, 大图的横轴对应 $g$, 下面小图横轴对应 $n$

下面, 通过计算线性化的朗之万方程的功率谱, 我们来导出公式 (2.43). 对线性化的朗之万方程 $(\mathrm{d}\delta n/\mathrm{d}t = g(\bar{n})\,\delta n - \delta n + \eta(t))$ 进行傅里叶变换, 则得

$$-\mathrm{i}\omega\delta\tilde{n}(\omega) = g'(\bar{n})\,\delta\tilde{n}(\omega) - \delta\tilde{n}(\omega) + \tilde{\eta}(\omega)$$

由此可计算出功率谱

$$\mathrm{PS} = \frac{2\bar{n}}{\omega^2 + [1 - g'(\bar{n})]^2}$$

静态自关联函数为

$$\delta n^2 = \frac{\bar{n}}{|1 - g'(\bar{n})|}$$

以及 Fano 因子 (方差除以平均) 为

$$\frac{\delta n^2}{\bar{n}} = \frac{1}{|1 - g'(\bar{n})|}$$

## 2.3 爆发式表达

前面的研究假定转录和翻译调控的过程由一个确定性调控函数来描述. 最近的实验观察基因调控的某些新特征, 它不能由确定性调控函数来捕捉, 即蛋白质常常以一种爆发的方式产生[1−3]. 爆发可能来自于具有不同蛋白质产生率的基因多个状态之间的转移, 例如, 当一个转录因子绑定或非绑定时转移会发生, 或在高等的真核细胞中, 当由染色质重塑[2] 引入不同的产生状态时转移会发生. 爆发也能够在翻译阶段产生, 即单个 mRNA 抄本在短时间内产生蛋白质的多个拷贝. 这里, 首先介绍第一种爆发 (即所谓的转录爆发) 的几种模型以及第二种爆发 (即所谓的翻译爆发) 的几种模型. 然后, 讨论爆发和自调控相结合的模型. 关于转录爆发和翻译爆发, 读者可见参考文献 [3] 和 [4].

### 2.3.1 数学模型与分析求解

考虑某个基因具有 $Z$ 个不同状态, 在每个状态 $z$, 蛋白质产生由简单的生灭过程来描述 (假定产生率为 $g_z$). 在状态之间的转移由转移矩阵 $\Omega_{z,z'}$ 描述, 且满足下列条件 (由于概率的保守性)

$$\sum_{z=1}^{Z}\Omega_{z,z'}=0 \tag{2.44}$$

首先考虑转移率是常数情形, 然后考虑转移率是蛋白质数目的函数情形.

系统由 $Z$-状态概率向量 (其成分记为 $\boldsymbol{p}_n^z$) 来描述, 即有耦合的生化主方程

$$\frac{\mathrm{d}}{\mathrm{d}t}\boldsymbol{p}_n^z=-g_z\boldsymbol{p}_n^z-n\boldsymbol{p}_n^z+g_z\boldsymbol{p}_{n-1}^z+(n+1)\,\boldsymbol{p}_{n+1}^z+\sum_{z'}\Omega_{z,z'}\boldsymbol{p}_n^{z'} \tag{2.45}$$

等式右边前四项描述生灭过程, 最后一项描述启动子状态之间的转移. 在状态 $z$ 处的概率由向量 $\pi_z=\sum_n \boldsymbol{p}_n^z$ 给出. 这样, 在方程 (2.45) 中关于 $n$ 求和得限制

$$\sum_{z'}\Omega_{z,z'}\pi_{z'}=0 \tag{2.45a}$$

概率的规范化条件需要

$$\sum_{z}\pi_z=1 \tag{2.45b}$$

**A. 两状态情形: 分析分布**

假定基因仅有两个状态, 即 $Z=2$, 激活状态 $z=+$; 失活状态 $z=-$. 写

$$\text{概率向量 } \boldsymbol{p}_n^z=\begin{pmatrix} p_n^+ \\ p_n^- \end{pmatrix},\quad \text{转移矩阵 } \Omega_{z,z'}=\begin{pmatrix} -\omega_- & \omega_+ \\ \omega_- & -\omega_+ \end{pmatrix}$$

其中 $\omega_+$ 和 $\omega_-$ 分别表示转移到激活状态的概率和转移到失活状态的概率. 对于 $p_n^{\pm}$, 引入生成函数: $G_{\pm}(x) = \sum\limits_n x^n p_n^{\pm}$, 并对方程 (2.45) 两边首先乘以 $x^n$ 然后关于 $n$ 求和, 导致下列静态方程

$$0 = -y(\partial_y - g_{\pm}) G_{\pm} \pm \omega_+ G_- \mp \omega_- G_+ \tag{2.46}$$

其中 $y = x - 1$. 若作变换 $G_{\pm}(y) = \mathrm{e}^{yg_{\pm}} H_{\pm}(y)$, 则

$$\begin{aligned} 0 &= -y\mathrm{e}^{y\Delta}\partial_y H_+ + \omega_+ H_- - \omega_- \mathrm{e}^{y\Delta} H_+ \\ 0 &= -y\mathrm{e}^{-y\Delta}\partial_y H_- + \omega_- H_+ - \omega_+ \mathrm{e}^{-y\Delta} H_- \end{aligned} \tag{2.47}$$

其中 $\Delta = g_+ - g_-$. 由方程 (2.47) 可导出下列二阶常微分方程

$$0 = u\partial_u^2 H_{\pm} + (\beta - u)\partial_u H_{\pm} - \alpha H_{\pm} \tag{2.48}$$

其中 $u = \mp y\Delta, \alpha = \omega_{\mp}, \beta = \omega_+ + \omega_- + 1$. 方程 (2.48) 是关于汇合型超几何函数的标准方程, 它的两个解中仅有一个当 $n \to \infty$ 时 $p_n \to 0$, 即 $H_{\pm}(x) = N_{\pm 1}F_1(\alpha;\beta;u)$, 其中

$${}_1F_1(\alpha;\beta;u) = \sum_{k=0}^{\infty} \frac{\Gamma(k+\alpha)}{\Gamma(\alpha)} \frac{\Gamma(\beta)}{\Gamma(k+\beta)} \frac{u^k}{k!} \tag{2.49}$$

是第一类汇合型超几何函数, $N_{\pm}$ 是规范化常数, 且 $N_{\pm} = G_{\pm}(1) = \sum\limits_n p_n^{\pm} = \pi^{\pm} = \dfrac{\omega_{\pm}}{\omega_+ + \omega_-}$. 这样,

$$G_{\pm}(x) = \frac{\omega_{\pm}}{\omega_+ + \omega_-} \mathrm{e}^{g_{\pm}(x-1)} {}_1F_1(\omega_{\mp}; \omega_+ + \omega_- + 1; \mp(g_+ - g_-)(x-1)) \tag{2.50}$$

在 $g_- = 0$ 的极限, 有 $G(x) = {}_1F_1(\omega_+; \omega_+ + \omega_-; g_+(x-1))$, 相应的概率分布为

$$p_n = \frac{g_+^n}{n!} \frac{\Gamma(n+\omega_+)}{\Gamma(\omega_+)} \frac{\Gamma(\omega_+ + \omega_-)}{\Gamma(n+\omega_+ + \omega_-)} {}_1F_1(n+\omega_+; n+\omega_+ + \omega_-; -g_+) \tag{2.51}$$

这和以前获得的结果[5,6] 相同.

**B. 一般情形: 幂级数法**

对每个状态 $z$ 的概率分布 $p_n^z$, 引入生成函数 $G_z(x) = \sum\limits_n x^n p_n^z$, 则主方程转化成下列偏微分方程

$$\partial_y G_z = -y(\partial_y - g_z) G_z + \sum_{z'} \Omega_{z,z'} G_{z'} \tag{2.52}$$

其中 $y=x-1$. 考虑静态解, 并泰勒展开每个生成函数 $G_z=\sum_{n=0}^{\infty}a_n^z y^n$, 则得代数方程组

$$g_z a_{n-1}^z = n a_n^z - \sum_{z'} \Omega_{z,z'} a_n^{z'} \tag{2.52a}$$

其中 $n=1,2,\cdots$. 记总概率生成函数为 $G=\sum_{z=1}^{Z}G_z$, 并设 $G=\sum_{n=0}^{\infty}b_n y^n$(注意到: 根据第 1 章, 系数 $b_n$ 即为二项矩), 则

$$b_n = a_n^1 + a_n^2 + \cdots + a_n^Z = \boldsymbol{u}\boldsymbol{a}_n$$

其中, $\boldsymbol{u}=(1,1,\cdots,1)$ 是 $Z$ 维行向量, $\boldsymbol{a}_n=\left(a_n^1,a_n^2,\cdots,a_n^Z\right)^{\mathrm{T}}$ 是 $Z$ 维列向量. 特别是

$$b_0 = a_0^1 + a_0^2 + \cdots + a_0^Z = \boldsymbol{u}\boldsymbol{a}_0 = 1 \tag{2.53}$$

此外, 在 (2.52a) 中关于 $z$ 求和, 并利用保守性条件 (2.44), 可得

$$b_n = \frac{1}{n}\left(a_{n-1}^1 + a_{n-1}^2 + \cdots + a_{n-1}^Z\right) = \boldsymbol{u}\boldsymbol{a}_{n-1} \tag{2.54}$$

记 $Z$ 阶方阵 $\boldsymbol{\Omega}=(\Omega_{z,z'})$, 则由 (2.52) 可知

$$\boldsymbol{\Omega}\boldsymbol{a}_0 = \boldsymbol{0} \tag{2.55}$$

方程 (2.53) 和 (2.55) 的结合唯一地决定 $\boldsymbol{a}_0$. 又记 $Z$ 阶对角矩阵 $\boldsymbol{\Lambda}=\mathrm{diag}\left(g_1,\cdots,g_Z\right)$, $Z$ 阶单位矩阵 $\boldsymbol{I}=\mathrm{diag}\left(1,1,\cdots,1\right)$, 则方程组 (2.52a) 可改写为

$$\left(n\boldsymbol{I}-\boldsymbol{\Omega}\right)\boldsymbol{a}_n = \boldsymbol{\Lambda}\boldsymbol{a}_{n-1} \tag{2.56}$$

其中 $n=1,2,\cdots$. 注意到 $-\boldsymbol{\Omega}$ 是一个 M-矩阵 (即每列元素之和为零), 因此存在可逆矩阵 $\boldsymbol{Q}$ 使得

$$\boldsymbol{Q}^{-1}\left(-\boldsymbol{\Omega}\right)\boldsymbol{Q} = \mathrm{diag}\left(0,\alpha_1,\cdots,\alpha_{Z-1}\right)$$

其中 $\alpha_1,\cdots,\alpha_{Z-1}$ 被假设为非负常数 (对于负实部的复根情形, 下面的分析仍然有效). 这样, 由方程 (2.56) 可得

$$\boldsymbol{Q}^{-1}\left(n\boldsymbol{I}-\boldsymbol{\Omega}\right)\boldsymbol{Q}\left(\boldsymbol{Q}^{-1}\boldsymbol{a}_n\right) = \mathrm{diag}\left(n,n+\alpha_1,\cdots,n+\alpha_{Z-1}\right)\left(\boldsymbol{Q}^{-1}\boldsymbol{a}_n\right) = \left(\boldsymbol{Q}^{-1}\boldsymbol{\Lambda}\boldsymbol{a}_{n-1}\right)$$

或改写为

$$\boldsymbol{a}_n = \boldsymbol{Q}\mathrm{diag}\left(\frac{1}{n},\frac{1}{n+\alpha_1},\cdots,\frac{1}{n+\alpha_{Z-1}}\right)\boldsymbol{Q}^{-1}\boldsymbol{\Lambda}\boldsymbol{a}_{n-1} \tag{2.57}$$

原理上, 由 (2.57) 可决定所有的 $\boldsymbol{a}_n$, 但并没有漂亮的分析表达. 然而, 有趣的是: 若 $\boldsymbol{\Lambda} = \mathbf{g}\boldsymbol{I}$, 则可直接从 (2.54) 得出

$$b_n = \frac{g}{n} b_{n-1} = \frac{g^n}{n!} \tag{2.58}$$

蕴含着蛋白质数目服从特征参数为 $g$ 的泊松分布, 与基因状态之间的转移图案和转移率无关.

**C. 一般情形: 谱分解方法**

对每个状态 $z$, 定义生成函数为 $|G_z\rangle = \sum_n p_n^z |n\rangle$, 则主方程可改写为

$$\left|\frac{\partial}{\partial t} G_z\right\rangle = -\hat{b}^+ \hat{b}_z^- |G_z\rangle + \sum_{z'} \Omega_{z,z'} |G_{z'}\rangle \tag{2.59}$$

其中 $\hat{b}_z^- = \hat{a}^- - g_z$. 现在, 以生灭过程的 $z$-依赖的特征函数 $|j_z\rangle$ 来展开生成函数为

$$|G_z\rangle = \sum_z G_j^z |j_z\rangle \tag{2.60}$$

其中, 特征值满足关系

$$\hat{b}^+ \hat{b}_z^- |j_z\rangle = j |j_z\rangle \tag{2.61}$$

因此, 可获得展开系数的微分方程

$$\frac{\partial}{\partial t} G_j^z = -j G_j^z + \sum_{z'} \Omega_{z,z'} \sum_{j'} G_{j'}^{z'} \langle j_z | j'_{z'}\rangle \tag{2.62}$$

其中转移矩阵 $\Omega_{z,z'}$ 耦合独立的生灭过程, 而结合内积的性质, 不难导出

$$\langle j_z | j'_{z'}\rangle = \frac{(-\Delta_{z,z'})^{j-j'}}{(j-j')!} \theta(j-j')$$

其中, $\Delta_{z,z'} = g_z - g_{z'}$, $\theta(j)$ 是 Heavisde 函数且 $\theta(0) = 1$. 利用特征函数的 $x$ 空间表示, 即

$$\langle x | j_z\rangle = (x-1)^j \mathrm{e}^{g_z(x-1)}, \quad \langle j_z | x\rangle = \frac{\mathrm{e}^{-g_z(x-1)}}{(x-1)^{j+1}} \tag{2.63}$$

Heavisde 函数的性质使得方程 (2.62) 是下三角型的, 例如, 在静态, 有

$$j G_j^z - \sum_{z'} \Omega_{z,z'} G_j^{z'} = \sum_{z' \neq z} \Omega_{z,z'} \sum_{j' < j} G_{j'}^{z'} \frac{(-\Delta_{z,z'})^{j-j'}}{(j-j')!}$$

由此, 可观察到: 第 $j$ 个成分仅是 $j' < j$ 成分的函数. 下三角结构的特性允许我们能够迭代地计算 $G_j^z$, 这样谱分解方法是数值有效的. 下三角结构是由于生灭算子的特征经旋转运算后的结果, 这种结构并不出现在原来的主方程中. 当然, 也可用其他特征基来进行谱分解, 获得类似的方程, 读者可见参考文献 [7] 和 [8].

### 2.3.2 转录爆发

这里, 考虑结合转录爆发和自调控的基因模型. 假定基因有两个状态: 激活态 (调控蛋白绑定或结合状态), 相应的概率为 $p_n^+$; 失活态 (调控蛋白未绑定或未结合状态), 相应的概率为 $p_n^-$; 假定基因以比例于蛋白质数目的转移率切换到激活态, 即转移矩阵为

$$\mathbf{\Omega} = \begin{pmatrix} -\omega_- & \omega_+ n \\ \omega_- & -\omega_+ n \end{pmatrix} \tag{2.64}$$

类似于前面的分析, 可得静态生成函数的微分方程

$$0 = -(x-1)(\partial_x - g_\pm) G_\pm \pm \omega_+ x G_- \mp \omega_- G_+$$

进一步可得下列二阶微分方程

$$0 = \partial_x^2 G_- + C_1(x) \partial_x G_- + C_0(x) G_- \tag{2.65}$$

其中,

$$\begin{aligned} C_1(x) &= \frac{g_- + g_+ + \omega_- + \omega_+ + 1 - x[g_+(1+\omega_+) + g_-]}{(1+\omega_+)x - 1} \\ C_0(x) &= \frac{g_- g_+ x - g_-(g_+ + \omega_- + 1)}{(1+\omega_+)x - 1} \end{aligned} \tag{2.65a}$$

可求得方程 (2.65) 的一个分析解为

$$G_-(x) = N_- \mathrm{e}^{g_+(x-1)} {}_1F_1(\alpha; \beta; u) \tag{2.66}$$

其中,

$$\alpha = 1 + \frac{\omega_-}{1+\omega_+}\left(1 + \frac{\omega_+ g_-}{g_- - (1+\omega_+) g_+}\right), \quad \beta = 1 + \frac{\omega_-}{1+\omega_+} + \frac{\omega_+ g_-}{(1+\omega_+)^2}$$

$$u = -\frac{[g_+(1+\omega_+) - g_-][(1+\omega_+)x - 1]}{(1+\omega_+)^2}, \quad N_- \text{是规范化常数}$$

完全类似地, 可导出 $G_+(x)$ 的分析表达式. 因此, 对于这种简单调控情形, 主方程是可解的.

假如转移矩阵为

$$\mathbf{\Omega} = \begin{pmatrix} -\omega_- & \omega_+ n^h \\ \omega_- & -\omega_+ n^h \end{pmatrix}$$

即在失活状态, 产生率为 $g_-$; 在激活状态, 产生率 $\omega_+ n^h$ 依赖于蛋白质数目. 此时, 相应的静态概率函数的主方程为

$$0 = -L^\pm p_n^\pm \pm \omega_+ n^h p_n^- \mp \omega_- p_n^+ \tag{2.67}$$

其中, 算子 $L^{\pm}=\left(E^{+}-1\right)\left((n+1)E^{-}-g_{\pm}\right)$ 刻画简单的生灭过程 (规范化的常数生成率 $g_{\pm}$). 一般地, 找方程 (2.67) 的精确解 (即原主方程的静态解) 是困难的, 但是假如定义主方程的各阶矩为

$$\pi^{\pm}=\sum_{n}p_{n}^{\pm},\quad \pi^{\pm}\mu_{l}^{\pm}=\sum_{n}p_{n}^{\pm}n^{l},\quad l\geqslant 1 \tag{2.68}$$

其中 $\pi^{+}+\pi^{-}=1$, 那么由于生灭过程的项关于 $n$ 求和等于零, 因此由 (2.67) 可得

$$0=\omega_{+}\sum_{n}n^{h}p_{n}^{-}-\omega_{-}\sum_{n}p_{n}^{+}=\omega_{+}\pi^{-}\mu_{h}^{-}-\omega_{-}\pi^{+} \tag{2.69}$$

进一步可得

$$\pi^{+}=\frac{\mu_{h}^{-}}{\mu_{h}^{-}+\omega_{-}/\omega_{+}}$$

下面, 采用两种近似来求 $\mu_{h}^{-}$. 第一种近似是解耦高阶矩

$$\mu_{h+1}^{-}\approx\mu_{h}^{-}\mu_{1}^{-},\quad h\geqslant 1$$

这蕴含着

$$\mu_{h+1}^{-}\approx\left(\mu_{1}^{-}\right)^{h}$$

这种近似允许我们简化在激活态处的平均方程, 即在方程 (2.67) 中关于 $n$ 求和得

$$\begin{aligned}0&=\pi^{+}g_{+}-\sum_{n}np_{n}^{+}+\omega_{+}\sum_{n}n^{h+1}p_{n}^{-}-\omega_{-}\sum_{n}np_{n}^{+}\\&=\pi^{+}g_{+}-\pi^{+}\mu_{1}^{+}+\omega_{+}\pi^{-}\mu_{h+1}^{-}-\omega_{-}\pi^{+}\mu_{1}^{+}\\&\approx\pi^{+}g_{+}-\pi^{+}\mu_{1}^{+}+\omega_{+}\pi^{-}\mu_{h}^{-}\mu_{1}^{-}-\omega_{-}\pi^{+}\mu_{1}^{+}\\&=\pi^{+}g_{+}-\pi^{+}\mu_{1}^{+}+\omega_{-}\pi^{+}\left(\mu_{1}^{-}-\mu_{1}^{+}\right)\end{aligned} \tag{2.70}$$

最后一个等式用到了 (2.69). 由 (2.70) 可得: $\mu_{1}^{+}=\dfrac{g_{+}+\omega_{-}\mu_{1}^{-}}{1+\omega_{-}}$. 第二种近似是假定状态之间的转移率是快的, 即 $\omega_{+}\sim\omega_{-}\gg 1$. 这种近似允许我们忽视方程 (2.70) 中最后一个方程的第一、二项, 导致 $\mu_{1}^{-}\approx\mu_{1}^{+}$. 这样, 对于方程 (2.68) 中的第二个等式 $(l=1)$ 关于 $\pm$ 求和得

$$\pi^{+}\mu_{1}^{+}+\pi^{-}\mu_{1}^{-}\approx\left(\pi^{+}+\pi^{-}\right)\mu_{1}^{-}=\mu_{1}^{-}=\sum_{n}np_{n}=\bar{n}$$

表明 $\mu_{1}^{-}$ 近似于分布的平均. 因此, 在激活态处的概率为

$$\pi^{+}=\frac{\bar{n}^{h}}{\bar{n}^{h}+K}$$

其中 $K=\dfrac{\omega_-}{\omega_+}$ 是平衡常数. 注意到: 有效产生率是每个状态产生率乘以概率之和, 即

$$g\left(\bar{n}\right)=g_-\pi^-+g_+\pi^+=g_-\left(1-\frac{\bar{n}^h}{\bar{n}^h+K}\right)+g_+\frac{\bar{n}^h}{\bar{n}^h+K}=\frac{g_-K+g_+\bar{n}^h}{\bar{n}^h+K}$$

此即为 Hill 函数.

### 2.3.3 翻译爆发

翻译爆发是指: 单个的 mRNA 抄本在短时间内可以产生多个蛋白质. 此时, 模型包括了一个蛋白质产生率, 且每个产生事件导致多个蛋白质的即刻产生. 这种近似并没有显式地考虑 mRNA, 而是仅模拟翻译步骤为蛋白质的有效爆发.

假定爆发大小为 $N$, 那么生灭过程的主方程为

$$\frac{\mathrm{d}}{\mathrm{d}t}p_n=-gp_n-np_n+gp_{n-N}+\left(n+1\right)p_{n+1} \tag{2.71}$$

下面来求解此方程. 对概率函数 $p_n$, 引入生成函数 $G\left(z\right)=\sum_{n=0}^{N}z^np_n$, 并考虑静态解, 则方程 (2.71) 转化成

$$0=-gG\left(z\right)-\left(z-1\right)\frac{\mathrm{d}G}{\mathrm{d}z}+gz^NG\left(z\right)$$

由此容易求得方差与平均之比

$$\frac{\sigma^2}{\bar{n}}=\frac{N+1}{2}$$

它表明: 相对于简单的生灭过程 $\left(\text{对应于 }\dfrac{\sigma^2}{\bar{n}}=1\right)$, 翻译爆发增加噪声.

方程 (2.71) 也能够用谱分解法来求解. 事实上, 方程 (2.71) 能够改写成

$$\left|\frac{\partial}{\partial t}G\right\rangle=\left[-g-\hat{a}^+\hat{a}^-+g\left(\hat{a}^+\right)^N+\hat{a}^-\right]\left|G\right\rangle=\left(-\hat{b}^+\hat{b}^-+\Gamma\right)\left|G\right\rangle \tag{2.72}$$

其中 $\hat{b}^+=\hat{a}^+-1$, $\hat{b}^-=\hat{a}^--g$, $\Gamma=\left(\hat{a}^+\right)^N-\hat{a}^+$. 相应地, 简单生灭过程的特征函数 $\left|j\right\rangle$ 能够通过谱分解来表示生成函数, 即

$$\left|G\right\rangle=\sum_j G_j\left|j\right\rangle$$

其中, $\hat{b}^+\hat{b}^-\left|j\right\rangle=j\left|j\right\rangle$. 由此, 方程 (2.72) 可改写为

$$\frac{\partial}{\partial t}G_j=-jG_j+\sum_{j'}\left\langle j\right|\Gamma\left|j'\right\rangle G_{j'} \tag{2.73}$$

进一步, 通过计算

$$\langle j|\Gamma|j'\rangle = \langle j|\left[\left(\hat{b}^{+}+1\right)^{N}-\left(\hat{b}^{+}+1\right)\right]|j'\rangle = \langle j|\left[\sum_{l=0}^{N}\binom{N}{l}\left(\hat{b}^{+}\right)^{l}-\left(\hat{b}^{+}+1\right)\right]|j'\rangle$$

$$= \langle j|\left[(N-1)\,\hat{b}^{+}+\sum_{l=2}^{N}\binom{N}{l}\left(\hat{b}^{+}\right)^{l}\right]|j'\rangle = (N-1)\,\delta_{j,j'+1}+\sum_{l=2}^{N}\binom{N}{l}\delta_{j,j'+l}$$

方程 (2.73) 可改写为

$$\frac{\partial}{\partial t}G_j = -jG_j + (N-1)\,G_{j-1} + \sum_{l=2}^{N}\binom{N}{l}G_{j-l} \tag{2.74}$$

这一方程是下三角型的, 因此容易求解. 特别是, 当 $N=1$ 时, 方程 (2.74) 能够恢复简单的生灭过程的方程. 反过来, 概率分布为

$$p_n = \sum_j G_j \langle n|\, j\rangle$$

在朗之万方程的框架下, 我们能够模拟翻译爆发为

$$\frac{\mathrm{d}n}{\mathrm{d}t} = Ng - n + \eta(t)$$

其中 $\eta(t)$ 为高斯白色噪声, 满足关联 $\langle \eta(t)\,\eta(t')\rangle = \delta(t-t')\,(Ng+n)$. 这样, 功率谱具有形式

$$\mathrm{PS} = \frac{N+1}{\omega^2+1}$$

总之, 翻译爆发模型是可解的, 且翻译爆发增强基因表达噪声.

# 2.4　双基因调控网

## 2.4.1　数学模型

这里, 仅考虑两个基因调控的情形. 假定第一个基因除以函数 $g_n$ 调控自己的表达外, 也以函数 $q_n$ 调控第二个基因的表达. 记第一个基因的蛋白质数目为 $n$, 记第二个基因的蛋白质数目为 $m$. 那么, 主方程为

$$\begin{aligned}\frac{\mathrm{d}}{\mathrm{d}t}p_{n,m} =& -g_n p_{n,m} - np_{n,m} + g_{n-1}p_{n-1,m} + (n+1)\,p_{n+1,m}\\ &+ \rho\left[-q_n p_{n,m} - mp_{n,m} + q_n p_{n,m-1} + (m+1)\,p_{n,m+1}\right]\end{aligned} \tag{2.75}$$

这里时间已经被第一个基因的降解率尺度化了, $\rho$ 是第一个基因产物的降解率与第二个基因产物的降解率之比.

基于主方程 (2.75), 两个基因的确定性 (比率) 方程为

$$\frac{\mathrm{d}\bar{n}}{\mathrm{d}t} = g(\bar{n}) - \bar{n}$$

$$\frac{\mathrm{d}\bar{m}}{\mathrm{d}t} = q(\bar{n}) - \bar{m}$$

其中, $\sum_n g_n p_n \approx g(\bar{n})$, $\sum_n q_n p_n \approx q(\bar{n})$, 这是因为有 $n = \bar{n} + \eta$ 及两个泰勒展开式: $g(n) = g(\bar{n}) + \eta g'(\bar{n}) + \cdots$, $q(n) = q(\bar{n}) + \eta q'(\bar{n}) + \cdots$.

### 2.4.2 谱方法求解

这里, 介绍求解主方程的*谱方法*. 对概率分布 $p_{n,m}$, 引入生成函数 $|G\rangle = \sum_{n,m} p_{n,m} |n,m\rangle$, 则主方程 (2.75) 可变形为

$$\left|\frac{\partial G}{\partial t}\right\rangle = -\hat{L}|G\rangle$$

其中, 算子 $\hat{L}$ 为

$$\hat{L} = \hat{b}_n^+ \hat{b}_n^-(n) + \rho \hat{b}_m^+ \hat{b}_m^-(n)$$

而

$$\hat{b}_n^+ = \hat{a}_n^+ - 1, \quad \hat{b}_m^+ = \hat{a}_m^+ - 1$$
$$\hat{b}_n^-(n) = \hat{a}_n^- - \hat{g}(n), \quad \hat{b}_m^- = \hat{a}_m^- - \hat{q}(n)$$

这些算子和前面的算子之间的差别仅在于前者是 $n$-依赖的 (由于调控函数). 这蕴含着: 我们能够分解整个算子为 $\hat{L} = \hat{L}_0 + \hat{L}_1(n)$, 其中

$$\hat{L}_0 = \hat{b}_n^+ \hat{b}_n^- + \rho \hat{b}_m^+ \hat{b}_m^-$$

是恒定部分, 且 $\hat{b}_n^- = \hat{a}_n^- - \bar{g}$, $\hat{b}_m^- = \hat{a}_m^- - \bar{q}$, 而 $\hat{L}_1(n)$ 是 $n$-依赖部分, 且

$$\hat{L}_1(n) = \hat{b}_n^+ \hat{\Gamma}(n) + \rho \hat{b}_m^+ \hat{\Delta}(n)$$

其中 $\hat{\Gamma}(n) = \bar{g} - \hat{g}(n)$, $\hat{\Delta}(n) = \bar{q} - \hat{q}(n)$. 算子 $\hat{L}_0$ 描述两个独立的生灭过程 (产生率分别为常数 $\bar{g}$ 和 $\bar{q}$), 而算子 $\hat{L}_1$ 捕捉调控过程是如何不同于恒定比率过程的. 常数 $\bar{g}$ 和 $\bar{q}$ 的行为像是测量仪表: 它们可任意选取, 但最后的结果并不依赖于 $\bar{g}$ 和 $\bar{q}$ 的选取.

至此, 已经给出了常数比率的生灭过程的特征函数 $|j,k\rangle$. 这样, 生成函数原理上可表示成

$$|G\rangle = \sum_{j,k} G_{j,k} |j,k\rangle$$

这导致原来的主方程进一步变形为

$$\frac{\partial}{\partial t}G_{j,k}=-\left(j+\rho k\right)G_{j,k}-\sum_{j'}\Gamma_{j-1,j'}G_{j',k}-\rho\sum_{j'}\Delta_{jj'}G_{j',k-1} \tag{2.76}$$

其中

$$\Gamma_{jj'}=\langle j|\,\hat{\Gamma}\left(n\right)|j'\rangle=\sum_{n}\langle j|\,n\rangle\left(\bar{g}-g_n\right)\langle n|\,j'\rangle \tag{2.76a}$$

$$\Delta_{jj'}=\langle j|\,\hat{\Delta}\left(n\right)|j'\rangle=\sum_{n}\langle j|\,n\rangle\left(\bar{q}-q_n\right)\langle n|\,j'\rangle \tag{2.76b}$$

方程 (2.76) 具有性质: 关于第二个基因的特征值 $k$ 是次对角的. 这一特征来自于事实: 调控函数仅依赖于第一个蛋白质数目 $n$(不依赖于 $m$). 次对角的性质允许我们迭代地计算 $G_{jk}$, 且是数值有效的. 初始条件为

$$G_{j,0}=\langle j,k=0|\,G\rangle=\sum_{n,m}p_{n,m}\langle j|\,n\rangle\langle 0|\,m\rangle=\sum_{n}p_n\langle j|\,n\rangle$$

它的计算需要用到第一个基因的边缘概率分布 $p_n$(参考公式 (2.51)). 反过来, 可计算出联合概率分布

$$p_{n,m}=\sum_{j,k}G_{j,k}\langle n|\,j\rangle\langle m|\,k\rangle$$

为了展示出谱方法的有效性, 我们绘制了图 2.4. 对于特别选取的调控函数, 此图展示出静态联合概率分布, 图 2.4(a): 没有调控; 图 2.4(b): 自调控.

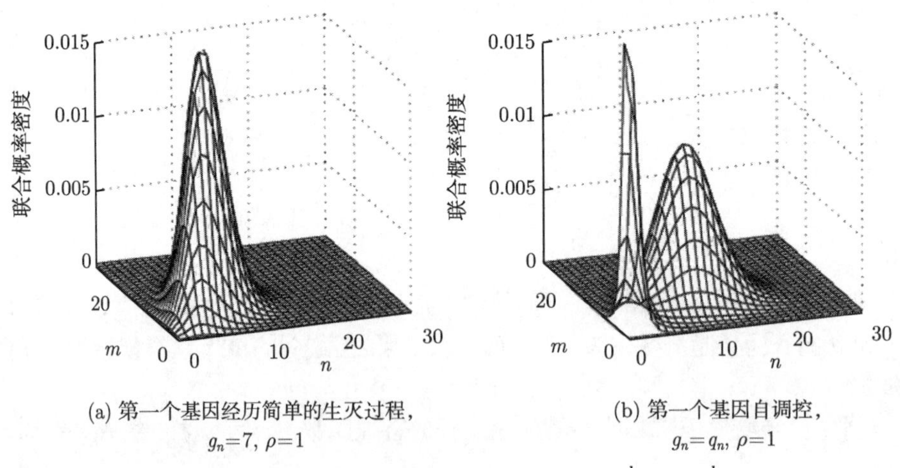


(a) 第一个基因经历简单的生灭过程, $g_n$=7, $\rho$=1

(b) 第一个基因自调控, $g_n=q_n$, $\rho$=1

图 2.4 两个基因的谱方法展示, 其中调控函数为 $q_n=\dfrac{q_-K^k+q_+n^k}{K^k+n^k}$, 参数为 $q_-=1$, $q_+=12$, $K=4$, $h=4$

进一步, 用图 2.5 来展示出由谱方法获得的边缘分布与由直接迭代方程 (2.75) 获得的解和由 Gillespie 算法获得的结果, 可看出三者是一致的. 图中的 (a) 对应于第一个基因; (b) 对应于第二个基因.

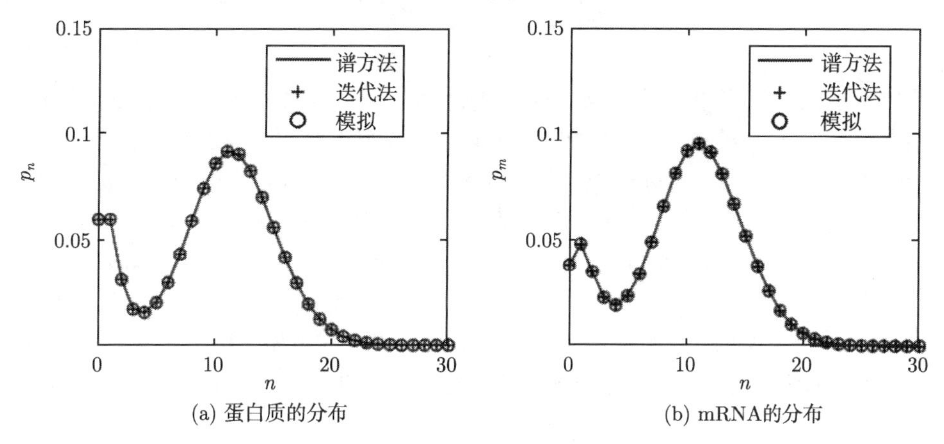


(a) 蛋白质的分布　　(b) mRNA的分布

图 2.5　边缘分布的特征

## 参考文献

[1] Raj A, Peskin C S, Tranchina D, et al. Stochastic mRNA synthesis in mammalian cells. PLoS Biology, 2006, 4: e309.

[2] Raj A, van Oudenaarden A. Nature, nurture, or chance: Stochastic gene expression and its consequences. Cell, 2008, 135: 216.

[3] Golding I, Paulsson J, Zawilski S M, et al. Real-time kinetics of gene activity in individual bacteria. Cell, 2005, 123: 1025.

[4] Mehta P, Mukhopadhyay R, Wingreen N S. Exponential sensitivity of noise-driven switching in genetic networks. Physical Biology, 2008, 5: 026005.

[5] Walczak A M, Sasai M, Wolynes P. Self-consistent proteomic field theory of stochastic gene switches. Biophysical Journal, 2005, 88: 828.

[6] Iyer-Biswas S, Hayot F, Jayaprakash C. Stochasticity of gene products from transcriptional pulsing. Physical Review E, 2009, 79: 31911.

[7] Walczak A M, Mugler A, Wiggins C H. A stochastic spectral analysis of transcriptional regulatory cascades. Proceedings of the National Academy of Sciences USA, 2009, 106: 6529-6534.

[8] Mugler A, Walczak A M, Wiggins C H. Spectral solutions to stochastic models of gene expression with bursts and regulation. Physical Review E, 2009, 80: 041921.

# 第 3 章　基因表达噪声及其分解

由于基因表达本质上是单分子事件, 因此基因产物 (包括 mRNA 和蛋白质) 的丰度不可避免地出现涨落 (或噪声), 或者说基因表达噪声是固有的. 这种噪声具有生物学功能, 如基因表达噪声被认为是细胞与细胞之间差异性 (即所谓的*细胞异质性*) 的一种产生源而细胞异质性对于细胞生存在复杂的环境中是至关重要的 (如可增加存活概率); 基因表达噪声甚至可以决定细胞命运, 等等. 在单细胞和单分子生物实验方法允许人们直接观察各个细胞内基因表达水平的实时随机涨落的同时, 人们也有相当的兴趣理论地探索基因表达的不同分子机制是如何影响 mRNA 或蛋白质水平的. 事实上, 利用基因表达的理论模型来定量化不同噪声源对基因表达水平的贡献是理解基本的细胞内部过程和细胞异质性的重要一步.

正如第 1 章所指出的: 基因表达涉及转录、翻译、降解、启动子状态之间的转移、选择性剪接、染色质重塑、聚合酶的补充、蛋白质的修饰、甲基化等过程. 这些过程均是生化的, 以及参加反应的物种分子低的拷贝数, 因此每个过程都可导致 mRNA 和蛋白质的随机产生. 几个问题自然产生, 例如, 如何分别定量化这些生化过程所引起的噪声 (即成分噪声)? 这些成分噪声如何贡献于表达噪声 (或两者之间有何关系)? 本章将基于生化主方程并主要应用二项矩方法, 导出常见基因模型中 mRNA 或蛋白质噪声的某些统计量, 如方差、噪声强度、Fano 因子的计算公式, 特别是给出基因表达噪声 (即总噪声) 的分解公式.

## 3.1　噪声的通用计算公式

众所周知, 任何生物分子系统都是由一套相互耦合的生化反应式组成的网络, 而反应必然会导致反应物种数目或浓度的涨落 (即噪声). 反应物种噪声的定量化是生物学家非常关注的问题, 而常用的定量化指标包括噪声强度 (定义为标准差系数. 在本书中, 为方便起见, 噪声强度定义为方差除以平均的平方) 和 Fano 因子 (定义为方差除以平均). Fano 因子的大小可以刻画随机变量的类型[1], 例如, 若 Fano 因子小于 1, 则相应的随机变量服从次泊松分布; 若 Fano 因子等于 1, 则相应的随机变量服从泊松分布; 若 Fano 因子大于 1, 则相应的随机变量服从超泊松分布.

本节给出一般化生化反应网络中反应物种噪声的一般计算公式, 下几节将考虑若干代表性的生物例子 (都是基因表达系统), 并导出基因产物噪声的具体计算公式, 包括显式地给出噪声分解式.

假设一个生化反应系统在 $t$ 时刻的联合概率分布函数 $P(n_1, n_2, \cdots, n_N; t)$ 是已知的, 其中, $n_i$ 代表反应物种 $X_i$ 在 $t$ 时刻的分子数目 (类似地, 可考虑连续变量情形), 那么可以计算此反应物种的各阶矩, 如一阶原点矩 (代表期望或平均) 和二阶中心矩 (代表方差) 等, 进一步可计算此反应物种的噪声强度和 Fano 因子等统计量. 另一方面, 对于联合概率分布函数 $P(n_1, n_2, \cdots, n_N; t)$, 有相应的生成函数:

$$G(z_1, \cdots, z_N; t) = \sum_{n_i \geqslant 0, 1 \leqslant i \leqslant N} P(n_1, \cdots, n_N; t) z_1^{n_1} \cdots z_N^{n_N} \tag{3.1}$$

根据定义, 容易看出反应物种 $X_i$ 的平均和方差分别为[2]

$$\langle X_i \rangle = \left. \frac{\partial G(z_1, \cdots, z_N; t)}{\partial z_i} \right|_{z_1 = \cdots = z_N = 1} = \partial_{z_i} G(1, \cdots, 1; t) \tag{3.1a}$$

$$\sigma_{X_i}^2 = \partial_{z_i}^2 G(1, \cdots, 1; t) + \partial_{z_i} G(1, \cdots, 1; t) - [\partial_{z_i} G(1, \cdots, 1; t)]^2 \tag{3.1b}$$

其中, $\partial_{z_i}^k G(z_1, \cdots, z_N; t)$ 表示函数 $G(z_1, \cdots, z_N; t)$ 关于变量 $z_i$ 的 $k$ 阶偏导数. 这样, 反应物种 $X_i$ 的噪声强度和 Fano 因子的计算公式分别为

$$\eta_{X_i}^2 = \frac{\sigma_{X_i}^2}{\langle X_i \rangle^2} = \frac{\partial_{z_i}^2 G(1, \cdots, 1; t) + \partial_{z_i} G(1, \cdots, 1; t) - [\partial_{z_i} G(1, \cdots, 1; t)]^2}{[\partial_{z_i} G(1, \cdots, 1; t)]^2} \tag{3.2a}$$

$$\text{Fano} = \frac{\sigma_{X_i}^2}{\langle X_i \rangle} = \frac{\partial_{z_i}^2 G(1, \cdots, 1; t) + \partial_{z_i} G(1, \cdots, 1; t) - [\partial_{z_i} G(1, \cdots, 1; t)]^2}{\partial_{z_i} G(1, \cdots, 1; t)} \tag{3.2b}$$

特别是, 对于单个反应物种组成的生化反应网络系统, 设其概率分布为 $P(m)$, 那么 $m$ 的平均为

$$\langle m \rangle = \partial_z G(1) \tag{3.3a}$$

而方差为

$$\sigma_m^2 = \partial_z^2 G(1) + \partial_z G(1) - [\partial_z G(1)]^2 \tag{3.3b}$$

这样, 噪声强度的计算公式为

$$\eta_m^2 = \frac{1}{\partial_z G(1)} + \frac{\partial_z^2 G(1)}{[\partial_z G(1)]^2} - 1 \tag{3.4a}$$

Fano 因子的计算公式为

$$\text{Fano} = \frac{\partial_z^2 G(1)}{\partial_z G(1)} + 1 - \partial_z G(1) \tag{3.4b}$$

为了应用第 2 章中引进的二项矩来给出生化网络中反应物种的噪声计算公式, 需要对生成函数 $G(z_1, \cdots, z_N; t)$ 在 $z_1 = \cdots = z_N = 1$ 所在的点进行泰勒展开. 假设

$$G(z_1, \cdots, z_N; t) = \sum_{i_k \geqslant 0, 1 \leqslant k \leqslant N} b_{i_1, \cdots, i_N}(t) (z_1 - 1)^{i_1} \cdots (z_N - 1)^{i_N}$$

那么, 根据定义, 容易看出系数 $b_{i_1,\cdots,i_N}(t)$ 即代表二项矩, 而且有

$$\begin{aligned} b_{i_1,\cdots,i_N}(t) &= \left.\frac{\partial^{i_1+\cdots+i_N} G(z_1,\cdots,z_N;t)}{i_1!\cdots i_N!\partial z_1^{i_1}\cdots\partial z_N^{i_N}}\right|_{z_1=\cdots=z_N=1} \\ &= \frac{1}{i_1!\cdots i_N!}\partial_{z_1\cdots z_N}^{i_1+\cdots+i_N} G(1,\cdots,1;t) \end{aligned} \tag{3.5}$$

特别是,

$$b_{0,\cdots,1,\cdots,0} = \partial_{z_i} G(1,\cdots,1;t) \tag{3.5a}$$

$$2b_{0,\cdots,2,\cdots,0} = \partial_{z_i}^2 G(1,\cdots,1;t) \tag{3.5b}$$

其中的 $b_{0,\cdots,1,\cdots,0}$ 表示反应物种 $X_i$ 的一阶二项矩而 $b_{0,\cdots,2,\cdots,0}$ 为 $X_i$ 的二阶二项矩. 这样, 反应物种 $X_i$ 的平均和方差的计算公式分别变成

$$\langle X_i\rangle = b_{0,\cdots,1,\cdots,0} \tag{3.6a}$$

$$\sigma_{X_i}^2 = 2b_{0,\cdots,2,\cdots,0} + b_{0,\cdots,1,\cdots,0} - (b_{0,\cdots,1,\cdots,0})^2 \tag{3.6b}$$

噪声强度和 Fano 因子的计算公式分别变成

$$\eta_{X_i}^2 = \frac{1}{b_{0,\cdots,1,\cdots,0}} + \frac{2b_{0,\cdots,2,\cdots,0}}{(b_{0,\cdots,1,\cdots,0})^2} - 1 \tag{3.7}$$

$$\text{Fano} = 1 + \frac{2b_{0,\cdots,2,\cdots,0}}{b_{0,\cdots,1,\cdots,0}} - b_{0,\cdots,1,\cdots,0} \tag{3.8}$$

为方便理解, 考虑单基因的表达系统. 假设仅考虑两个反应物种 (即 mRNA 和蛋白质), 那么可设联合概率分布为 $P(m,n;t)$, 其中 $m$ 代表 mRNA, $n$ 代表蛋白质. 相应的生成函数记为 $G(z_1,z_2;t)$, 那么 mRNA 和蛋白质的平均为

$$\langle m\rangle = b_{1,0},\quad \langle n\rangle = b_{0,1} \tag{3.9}$$

它们的噪声强度为

$$\eta_m^2 = \frac{\sigma_m^2}{\langle m\rangle^2} = \frac{2b_{2,0} + b_{1,0} - b_{1,0}^2}{b_{1,0}^2} \tag{3.10}$$

$$\eta_n^2 = \frac{\sigma_n^2}{\langle n\rangle^2} = \frac{2b_{0,2} + b_{0,1} - b_{0,1}^2}{b_{0,1}^2} \tag{3.11}$$

这些公式与上面的公式是相对应的 (实际是另一种表示).

## 3.2 简化的两状态基因模型中的噪声及其分解

基因常常以爆发式方式表达[3−7], 特别是在真核细胞中. 为了模拟和解释这种现象, 发现两状态基因模型是恰当的描述. 由于 mRNA 的降解比蛋白质的降解要快很多 (事实上, 前者以秒为单位, 而后者以分钟为单位), 因此转录和翻译可以整合为单步过程, 或者仅需要考虑转录水平上的基因表达过程. 那么, 在每种情形, 可归结为简化的两状态基因模型, 参考示意图 3.1.

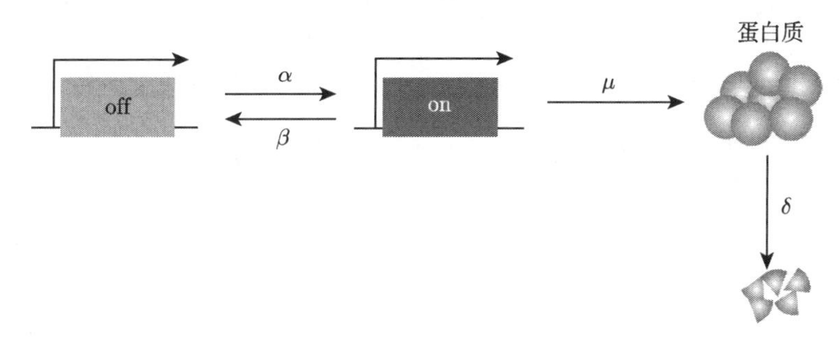


图 3.1 简化的两状态基因表达模型示意图

为清楚起见, 首先列出这种简化基因模型的生化反应式

$$I \underset{\beta}{\overset{\alpha}{\rightleftharpoons}} A \quad \text{(描述启动子状态之间的切换)} \tag{3.12a}$$

$$A \xrightarrow{\mu} A + X \quad \text{(描述转录)} \tag{3.12b}$$

$$X \xrightarrow{\delta} \varnothing \quad \text{(描述基因产物的降解)} \tag{3.12c}$$

其中, $I$ 表示基因失活态 (或关), $A$ 表示基因激活态 (或开); $X$ 代表 mRNA 或蛋白质; $\alpha$ 和 $\beta$ 分别代表从关状态到开状态和从开状态到关状态的转移率; $\mu$ 代表反应物种 $X$ 的合成率 (可理解为转录率); $\delta$ 代表反应物种 $X$ 的降解率. 以下仅考虑这些反应比率是常数的情形, 尽管调控子 (特别是转录因子) 可以调控这些比率, 导致它们是可变的, 而且这种调控在实际情况很常见.

然后写出相应的主方程. 为此, 让 $m$ 表示物种 $X$ 的分子数, $P_1$ 代表基因在非活性状态于 $t$ 时刻有 $m$ 个分子数目的概率, $P_2$ 代表基因在活性状态于 $t$ 时刻有 $m$ 个分子数目的概率. 那么, 主方程可以表示为

$$\frac{\partial \boldsymbol{P}(m;t)}{\partial t} = \boldsymbol{A}\boldsymbol{P}(m;t) + \boldsymbol{\Phi}\left(\boldsymbol{E}^{-1} - \boldsymbol{I}\right)[\boldsymbol{P}(m;t)] + \boldsymbol{D}(\boldsymbol{E} - \boldsymbol{I})[m\boldsymbol{P}(m;t)] \tag{3.13}$$

其中, $\boldsymbol{P} = (P_1, P_2)^{\mathrm{T}}$ 是一个二维列向量, $m = 0, 1, 2, \cdots$, 矩阵分别具有形式

$$\boldsymbol{A} = \begin{pmatrix} -\alpha & \beta \\ \alpha & -\beta \end{pmatrix}, \quad \boldsymbol{\Phi} = \begin{pmatrix} 0 & 0 \\ 0 & \mu \end{pmatrix}, \quad \boldsymbol{D} = \delta \begin{pmatrix} 1 & 0 \\ 0 & 1 \end{pmatrix} \tag{3.13a}$$

$\boldsymbol{I}$ 是单位算子, $\boldsymbol{E}$ 和 $\boldsymbol{E}^{-1}$ 都是步长算子, 其操作规则是: 对任意的函数 $f$ 和任意的整数 $n$, $\boldsymbol{E}[f(n)]=f(n+1)$ 和 $\boldsymbol{E}^{-1}[f(n)]=f(n-1)$ 成立.

根据第 1 章中二项矩的定义, 由主方程 (3.13) 并不困难地导出下列二项矩方程

$$\frac{\mathrm{d}\boldsymbol{b}_m}{\mathrm{d}t}=\boldsymbol{A}\boldsymbol{b}_m+\boldsymbol{\Phi}\boldsymbol{b}_{m-1}-m\boldsymbol{D}\boldsymbol{b}_m \tag{3.14}$$

其中, $\boldsymbol{b}_m=\left(b_m^{(1)},b_m^{(2)}\right)^{\mathrm{T}}$ 是一个列向量, $m=0,1,2,\cdots$, 但定义 $\boldsymbol{b}_{-1}=\boldsymbol{0}$. 事实上, 注意到下列运算就不难导出方程 (3.14):

$$\begin{aligned}
&\sum_{i\geqslant m}\binom{i}{m}[\boldsymbol{P}(i-1;t)-\boldsymbol{P}(i;t)]\\
=&\sum_{i\geqslant m-1}\binom{i+1}{m}\boldsymbol{P}(i;t)-\sum_{i\geqslant m}\binom{i}{m}\boldsymbol{P}(i;t)\\
=&\sum_{i\geqslant m-1}\left[\binom{i}{m}+\binom{i}{m-1}\right]\boldsymbol{P}(i;t)-\sum_{i\geqslant m}\binom{i}{m}\boldsymbol{P}(i;t)\\
=&\sum_{i\geqslant m-1}\binom{i}{m-1}\boldsymbol{P}(i;t)=\boldsymbol{b}_{m-1}(t)
\end{aligned}$$

及

$$\begin{aligned}
&\sum_{i\geqslant m}\binom{i}{m}[(i+1)\boldsymbol{P}(i+1;t)-i\boldsymbol{P}(i;t)]\\
=&\sum_{i\geqslant m+1}i\binom{i-1}{m}\boldsymbol{P}(i;t)-\sum_{i\geqslant m}i\binom{i}{m}\boldsymbol{P}(i;t)\\
=&\sum_{i\geqslant m+1}i\left[\binom{i-1}{m}-\binom{i}{m}\right]\boldsymbol{P}(i;t)\\
=&-m\sum_{i\geqslant m+1}\binom{i}{m}\boldsymbol{P}(i;t)=-m\boldsymbol{b}_m(t)
\end{aligned}$$

从生物学的观点, 长时间行为最能反映生物系统的本质状态. 因此, 静态分布和静态统计指标 (如噪声、Fano 因子等) 最令人感兴趣. 在静态处, 二项矩方程 (3.14) 变成下列迭代关系

$$(m\boldsymbol{D}-\boldsymbol{A})\boldsymbol{b}_m=\Phi\boldsymbol{b}_{m-1} \tag{3.15}$$

展开后得

$$b_m^{(1)}=\frac{\beta}{m\delta+\alpha}b_m^{(2)} \tag{3.15a}$$

$$b_m^{(2)} = \frac{\mu (m\delta + \alpha)}{m\delta (m\delta + \alpha + \beta)} b_{m-1}^{(2)} \tag{3.15b}$$

由 (3.15b) 求解得

$$b_m^{(2)} = \frac{\tilde{\mu}^m (1 + \tilde{\alpha})_m}{m! \left(1 + \tilde{\alpha} + \tilde{\beta}\right)_m} b_0^{(2)} \tag{3.16}$$

其中, $\tilde{\alpha} = \dfrac{\alpha}{\delta}$, $\tilde{\beta} = \dfrac{\beta}{\delta}$, $\tilde{\mu} = \dfrac{\mu}{\delta}$, 定义 $(c)_m = c(c+1)\cdots(c+m-1) = \dfrac{\Gamma(m+c)}{\Gamma(c)}$, $\Gamma(\cdot)$ 是普通的伽马函数. 注意到 (3.15) 对 $m=0$ 仍然成立以及注意到概率的保守性条件, 因此得代数方程组

$$\boldsymbol{A}\boldsymbol{b}_m = \boldsymbol{0}, \quad \boldsymbol{u}\boldsymbol{b}_m = 1 \tag{3.17}$$

其中, $\boldsymbol{u} = (1,1)$ 是一个二维行向量. 求解 (3.17) 得

$$b_0^{(1)} = \frac{\beta}{\alpha + \beta}, \quad b_0^{(2)} = \frac{\alpha}{\alpha + \beta} \tag{3.18}$$

这样, 由 (3.16) 和 (3.18) 以及二项矩的定义, 获得反应物种 $X$ 的一阶二项矩和二阶二项矩分别为

$$\langle X \rangle = b_1 = b_1^{(1)} + b_1^{(2)} = \frac{\tilde{\mu}\tilde{\alpha}}{\tilde{\alpha} + \tilde{\beta}} = \frac{\mu\alpha}{\delta(\alpha + \beta)} \tag{3.19a}$$

$$b_2 = b_2^{(1)} + b_2^{(2)} = \frac{\tilde{\mu}^2 \tilde{\alpha} (1 + \tilde{\alpha})}{2\left(\tilde{\alpha} + \tilde{\beta}\right)\left(1 + \tilde{\alpha} + \tilde{\beta}\right)} = \frac{\mu^2 \alpha (\delta + \alpha)}{2\delta^2 (\alpha + \beta)(\delta + \alpha + \beta)} \tag{3.19b}$$

根据噪声强度计算公式 (3.7) 和 Fano 因子的计算公式 (3.8), 可分别获得反应物种 $X$ 的噪声分解公式

$$\eta_X^2 = \eta_{内部} + \eta_{启动子} \tag{3.20}$$

其中,

$$\eta_{内部} = \frac{1}{\langle X \rangle} = \frac{\delta(\alpha + \beta)}{\mu\alpha} \tag{3.20a}$$

$$\eta_{启动子} = \frac{\delta\beta}{\alpha(\delta + \alpha + \beta)} \tag{3.20b}$$

以及 Fano 因子的显式计算公式

$$\text{Fano} = 1 + \frac{2b_2}{b_1} - b_1 = 1 + \frac{\mu\beta}{(\alpha + \beta)(\delta + \alpha + \beta)} \tag{3.21}$$

(3.20) 表明反应物种 $X$ 的噪声由两部分构成: 一部分是由 $X$ 的生灭过程而导致的所谓内部噪声 [由 (3.20a) 定量化], 另一部分是由启动子状态之间的切换而导致的

所谓启动子噪声 [由 (3.20b) 定量化]. 通过下面几节的内容, 我们将看到: 噪声的这种分解具有一般性. (3.21) 表明反应物种 $X$ 的 Fano 因子总是大于 1, 蕴含着随机变量 $X$ 总是服从超泊松分布.

从生物实验的观点, mRNA 或蛋白质的均值以及基因的平均开时间 (定义为基因驻留在激活状态的平均时间, 记为 $\langle\tau_{\mathrm{on}}\rangle$) 和平均关时间 (定义为基因驻留在失活状态的平均时间, 记为 $\langle\tau_{\mathrm{off}}\rangle$) 都是可直接由实验结果给出的. 那么, 根据模型假设 (即假设基因从开到关和从关到开状态的转移率都是常数, 蕴含着基因在开状态和关状态的驻留时间服从指数分布), 有

$$\langle\tau_{\mathrm{on}}\rangle=\frac{1}{\beta},\quad \langle\tau_{\mathrm{off}}\rangle=\frac{1}{\alpha} \tag{3.22}$$

这样, 反应物种 $X$ 的平均可表示为

$$\langle X\rangle=\frac{\mu\langle\tau_{\mathrm{on}}\rangle}{\delta\left(\langle\tau_{\mathrm{on}}\rangle+\langle\tau_{\mathrm{off}}\rangle\right)} \tag{3.22a}$$

$X$ 的噪声公式 (3.20) 可改写为

$$\eta_X^2=\frac{1}{\langle X\rangle}+\frac{\delta\langle\tau_{\mathrm{off}}\rangle^2}{\delta\langle\tau_{\mathrm{on}}\rangle\langle\tau_{\mathrm{off}}\rangle+\langle\tau_{\mathrm{on}}\rangle+\langle\tau_{\mathrm{off}}\rangle} \tag{3.22b}$$

而 Fano 因子的计算公式 (3.21) 可改写为

$$\mathrm{Fano}=1+\frac{\delta\langle\tau_{\mathrm{on}}\rangle\langle\tau_{\mathrm{off}}\rangle^2}{\delta\langle\tau_{\mathrm{on}}\rangle\langle\tau_{\mathrm{off}}\rangle+\langle\tau_{\mathrm{on}}\rangle+\langle\tau_{\mathrm{off}}\rangle}\langle X\rangle \tag{3.23}$$

## 3.3　完整两状态基因模型中的噪声及其分解

完整的两状态基因模型是指基因模型既考虑转录又考虑翻译, 参考图 3.2.

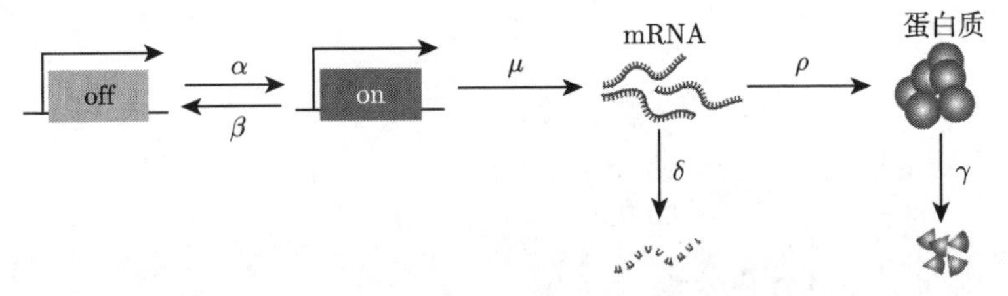


图 3.2　完整的两状态基因表达模型示意图

相对于上述简化的两状态基因模型, 完整的两状态基因模型包括下列反应式

$$I\underset{\beta}{\overset{\alpha}{\rightleftharpoons}}A\quad\text{(描述启动子状态之间的转移)} \tag{3.24a}$$

$$A\xrightarrow{\mu}A+M\quad\text{(描述转录)} \tag{3.24b}$$

$$M \xrightarrow{\rho} M + P \quad (\text{描述翻译}) \tag{3.24c}$$

$$M \xrightarrow{\delta} \varnothing, \quad P \xrightarrow{\gamma} \varnothing \quad (\text{描述降解}) \tag{3.24d}$$

反应式 (3.24a) 描述启动子状态之间的切换; 反应式 (3.24b) 描述基因的转录; 反应式 (3.24c) 描述 mRNA 翻译成蛋白质; 反应式 (3.24d) 描述 mRNA 和蛋白质的降解.

让 $m$ 表示 mRNA 的分子数, $n$ 表示蛋白质的分子数; $P_1$ 代表基因在非活性状态于 $t$ 时刻 mRNA 和蛋白质的联合概率分布, $P_2$ 代表基因在活性状态于 $t$ 时刻 mRNA 和蛋白质的联合概率分布. 那么, 相应于反应系统 (3.24) 的主方程可以表示为

$$\begin{aligned}\frac{\partial}{\partial t}\boldsymbol{P}(m,n;t) =& \boldsymbol{A}\boldsymbol{P}(m,n;t) + \boldsymbol{\Phi}\left(\boldsymbol{E}_m^{-1} - \boldsymbol{I}\right)[\boldsymbol{P}(m,n;t)] + m\boldsymbol{\Psi}\left(\boldsymbol{E}_n^{-1} - \boldsymbol{I}\right)[\boldsymbol{P}(m,n;t)] \\ &+ \boldsymbol{D}_1(\boldsymbol{E}_m - \boldsymbol{I})[m\boldsymbol{P}(m,n;t)] + \boldsymbol{D}_2(\boldsymbol{E}_n - \boldsymbol{I})[n\boldsymbol{P}(m,n;t)]\end{aligned} \tag{3.25}$$

其中, $\boldsymbol{P} = (P_1, P_2)^{\mathrm{T}}$ 是一个列向量, $m, n = 0, 1, 2, \cdots$, 有关矩阵具有形式

$$\begin{aligned}&\boldsymbol{A} = \begin{pmatrix} -\alpha & \beta \\ \alpha & -\beta \end{pmatrix}, \quad \boldsymbol{\Phi} = \begin{pmatrix} 0 & 0 \\ 0 & \mu \end{pmatrix}, \quad \boldsymbol{\Psi} = \rho\begin{pmatrix} 1 & 0 \\ 0 & 1 \end{pmatrix}, \\ &\boldsymbol{D}_1 = \delta\begin{pmatrix} 1 & 0 \\ 0 & 1 \end{pmatrix}, \quad \boldsymbol{D}_2 = \gamma\begin{pmatrix} 1 & 0 \\ 0 & 1 \end{pmatrix}\end{aligned} \tag{3.25a}$$

由主方程 (3.25) 可导出下列二项矩方程

$$\frac{\mathrm{d}}{\mathrm{d}t}\boldsymbol{b}_{m,n} = (\boldsymbol{A} - m\boldsymbol{D}_1 - n\boldsymbol{D}_2)\boldsymbol{b}_{m,n} + \boldsymbol{\Phi}\boldsymbol{b}_{m-1,n} + (m+1)\boldsymbol{\Psi}\boldsymbol{b}_{m+1,n-1} + m\boldsymbol{\Psi}\boldsymbol{b}_{m,n-1} \tag{3.26}$$

其中, $\boldsymbol{b}_{m,n} = \left(b_{m,n}^{(1)}, b_{m,n}^{(2)}\right)^{\mathrm{T}}$ 是一个列向量, $m = 0, 1, 2, \cdots$, 但定义 $\boldsymbol{b}_{-1,n} = \boldsymbol{0}$ 和 $\boldsymbol{b}_{m,-1} = \boldsymbol{0}$. 这主要是因为有下列运算:

$$\begin{aligned}&\sum_{i \geqslant m, j \geqslant n} i\binom{i}{m}\binom{j}{n}[\boldsymbol{P}(i,j-1;t) - \boldsymbol{P}(i,j;t)] \\ =& \sum_{i \geqslant m, j \geqslant n-1} i\binom{i}{m}\binom{j+1}{n}\boldsymbol{P}(i,j;t) - \sum_{i \geqslant m, j \geqslant n} i\binom{i}{m}\binom{j}{n}\boldsymbol{P}(i,j;t) \\ =& \sum_{i \geqslant m, j \geqslant n-1} i\binom{i}{m}\left[\binom{j}{n} + \binom{j}{n-1}\right]\boldsymbol{P}(i,j;t) \\ &- \sum_{i \geqslant m, j \geqslant n} i\binom{i}{m}\binom{j}{n}\boldsymbol{P}(i,j;t)\end{aligned}$$

$$= \sum_{i \geqslant m, j \geqslant n-1} i \begin{pmatrix} i \\ m \end{pmatrix} \begin{pmatrix} j \\ n-1 \end{pmatrix} \boldsymbol{P}(i, j; t)$$

$$= \sum_{i \geqslant m, j \geqslant n-1} \left[ (m+1) \begin{pmatrix} i \\ m+1 \end{pmatrix} + m \begin{pmatrix} i \\ m \end{pmatrix} \right] \begin{pmatrix} j \\ n-1 \end{pmatrix} \boldsymbol{P}(i, j; t)$$

在静态处, 上述二项矩方程 (3.26) 变成下列迭代关系

$$(m\boldsymbol{D}_1 + n\boldsymbol{D}_2 - \boldsymbol{A})\, \boldsymbol{b}_{m,n} = \boldsymbol{\Phi} \boldsymbol{b}_{m-1,n} + (m+1)\, \boldsymbol{\Psi} \boldsymbol{b}_{m+1,n-1} + m \boldsymbol{\Psi} \boldsymbol{b}_{m,n-1} \tag{3.27}$$

由此可得

$$b_{m,n}^{(1)} = \frac{\tilde{\beta}}{m+a_n} b_{m,n}^{(2)} + \frac{\tilde{\rho}\,(m+1)}{m+a_n} b_{m+1,n-1}^{(1)} + \frac{\tilde{\rho} m}{m+a_n} b_{m,n-1}^{(1)} \tag{3.27a}$$

$$b_{m,n}^{(2)} = \frac{\tilde{\mu}\,(m+a_n)}{(m+c_n)\,(m+d_n)} b_{m-1,n}^{(2)} + \frac{\tilde{\rho}\,(m+1)\,(m+a_n)}{(m+c_n)\,(m+d_n)} b_{m+1,n-1}^{(2)} + \frac{\tilde{\rho} m\,(m+a_n)}{(m+c_n)\,(m+d_n)} b_{m,n-1}^{(2)} \tag{3.27b}$$

其中,

$$c_n = \frac{n\gamma}{\delta}, \quad a_n = c_n + \tilde{\alpha}, \quad d_n = c_n + \tilde{\alpha} + \tilde{\beta}, \quad \tilde{\alpha} = \frac{\alpha}{\delta}, \quad \tilde{\beta} = \frac{\beta}{\delta}, \quad \tilde{\mu} = \frac{\mu}{\delta}, \quad \tilde{\rho} = \frac{\rho}{\delta} \tag{3.27c}$$

若在 (3.27) 中令 $m = 1$ 和 $n = 0$, 则可求得

$$b_{1,0}^{(1)} = \frac{\mu\beta}{\delta\,(\delta+\alpha+\beta)} b_{0,0}^{(2)}, \quad b_{1,0}^{(2)} = \frac{\mu\,(\delta+\alpha)}{\delta\,(\delta+\alpha+\beta)} b_{0,0}^{(2)} \tag{3.28}$$

若注意到 (3.18), 则 mRNA 的一阶二项矩为

$$\langle m \rangle = b_{1,0} = b_{1,0}^{(1)} + b_{1,0}^{(2)} = \frac{\mu\alpha}{\delta\,(\alpha+\beta)} \tag{3.29}$$

若在 (3.27) 中令 $m = 2$ 和 $n = 0$, 则可求得

$$b_{2,0}^{(1)} = \frac{\mu^2}{2\delta^2} \frac{\beta\,(\delta+\alpha)}{(\delta+\alpha+\beta)\,(2\delta+\alpha+\beta)} b_{0,0}^{(2)}$$

$$b_{2,0}^{(2)} = \frac{\mu^2}{2\delta^2} \frac{(\delta+\alpha)\,(2\delta+\alpha)}{(\delta+\alpha+\beta)\,(2\delta+\alpha+\beta)} b_{0,0}^{(2)}$$

若注意到 (3.18), 则 mRNA 的二阶二项矩为

$$b_{2,0} = b_{2,0}^{(1)} + b_{2,0}^{(2)} = \frac{\mu^2}{2\delta^2} \frac{\alpha\,(\delta+\alpha)}{(\alpha+\beta)\,(\delta+\alpha+\beta)} \tag{3.30}$$

根据计算公式 (3.7), mRNA 的噪声强度为

$$\eta_m^2 = \frac{1}{\langle m \rangle} - 1 + \frac{2b_{2,0}}{b_{1,0}^2} = \frac{1}{\langle m \rangle} + \frac{\delta\beta}{\alpha(\delta+\alpha+\beta)} \tag{3.31}$$

它与前面获得的结果 (3.22) 完全相同, 而且上游的 mRNA 噪声与下游的 $\rho$ 和 $\gamma$ 无关 (即与翻译过程无关).

类似地, 若在 (3.27) 中令 $m=0$ 和 $n=1$, 则可得

$$b_{0,1}^{(1)} = \frac{\tilde{\beta}}{a_0} b_{0,1}^{(2)} + \frac{\tilde{\rho}}{a_0} b_{1,0}^{(1)}, \quad b_{0,1}^{(2)} = \frac{\tilde{\rho} a_1}{c_1 d_1} b_{1,0}^{(2)}$$

若利用 (3.28) 并注意到 (3.18), 则得蛋白质的一阶二项矩为

$$\langle n \rangle = b_{0,1} = b_{0,1}^{(1)} + b_{0,1}^{(2)} = \frac{\mu}{\delta}\frac{\rho}{\gamma}\frac{\alpha}{\alpha+\beta} \tag{3.32}$$

若在 (3.27) 中令 $m=1$ 和 $n=1$, 则可得

$$b_{1,1}^{(1)} = \frac{\tilde{\beta}}{1+a_1} b_{1,1}^{(2)} + \frac{2\tilde{\rho}}{1+a_1} b_{2,0}^{(1)} + \frac{\tilde{\rho}}{1+a_1} b_{1,0}^{(1)}$$

$$b_{1,1}^{(2)} = \frac{\tilde{\mu}(1+a_1)}{(1+c_1)(1+d_1)} b_{0,1}^{(2)} + \frac{2\tilde{\rho}(1+a_1)}{(1+c_1)(1+d_1)} b_{2,0}^{(2)} + \frac{\tilde{\rho}(1+a_1)}{(1+c_1)(1+d_1)} b_{1,0}^{(2)}$$

其中, $b_{1,0}^{(2)}$, $b_{0,1}^{(2)}$ 和 $b_{2,0}^{(2)}$ 都是已知的. 由于 $b_{1,1} = b_{1,1}^{(1)} + b_{1,1}^{(2)}$, 这样求得 mRNA 和蛋白质的交叉二项矩为

$$\begin{aligned} b_{1,1} = & \frac{\mu^2\rho\alpha(\delta+\alpha)}{\delta(\delta+\gamma)(\alpha+\beta)(\delta+\alpha+\beta)}\left[\frac{(\gamma+\alpha)}{\gamma(\delta+\gamma+\alpha+\beta)} + \frac{(2\delta+\alpha)}{\delta(2\delta+\alpha+\beta)} + \frac{1}{\mu}\right] \\ & + \frac{\mu\rho\alpha\beta}{\delta(\alpha+\beta)(\delta+\gamma+\alpha)(\delta+\alpha+\beta)}\left[1 + \frac{\mu(\delta+\alpha)}{\delta(2\delta+\alpha+\beta)}\right] \end{aligned} \tag{3.33}$$

此即为 mRNA 和蛋白质之间的关联. 若在 (3.27) 中令 $m=0$ 和 $n=2$, 则可得

$$b_{0,2}^{(1)} = \frac{\tilde{\beta}}{a_2} b_{0,2}^{(2)} + \frac{\tilde{\rho}}{a_2} b_{1,1}^{(1)}, \quad b_{0,2}^{(2)} = \frac{\tilde{\rho} a_2}{c_2 d_2} b_{1,1}^{(2)}$$

注意到 $b_{0,2} = b_{0,2}^{(1)} + b_{0,2}^{(2)}$, 因此求得蛋白质的二阶二项矩为

$$b_{0,2} = \frac{\alpha\mu^2\rho^2}{2\gamma\delta(\alpha+\beta)(\delta+\gamma)(\delta+\alpha+\beta)}\left[\frac{\delta+\alpha}{\delta} + \frac{\delta+\alpha+\beta}{\mu} + \frac{\alpha\beta+(\delta+\alpha)(\gamma+\alpha)}{\gamma(\gamma+\alpha+\beta)}\right] \tag{3.34}$$

最后, 我们指出: 完整的两状态基因模型中 mRNA 噪声强度的计算公式与简化的两状态基因模型中 mRNA 噪声强度的计算公式相同 (Fano 因子情形亦一样), 都由 (3.19) 或 (3.29) 给出; 完整的两状态基因模型中蛋白质噪声强度的计算公式为

$$\eta_n^2 = \frac{1}{\langle n \rangle} + \frac{\delta\gamma(\alpha+\beta)}{\alpha(\delta+\gamma)(\delta+\alpha+\beta)}\left[\frac{\delta+\alpha+\beta}{\mu} + \frac{\beta}{\alpha+\beta}\left(1+\frac{\delta}{\gamma+\alpha+\beta}\right)\right] \tag{3.35}$$

分解公式 (3.35) 表明蛋白质的噪声由三部分组成: 第一部分是蛋白质本身的生灭过程导致的所谓内部噪声, 第二部分是启动子状态之间的切换所导致的噪声传输给蛋白质, 第三部分是基因转录过程而导致的噪声传输给蛋白质. 蛋白质的 Fano 因子的计算公式为

$$\text{Fano} = 1 + \frac{\mu\rho}{(\delta+\gamma)(\delta+\alpha+\beta)}\left[\frac{\delta+\alpha+\beta}{\mu} + \frac{\beta}{\alpha+\beta}\left(1+\frac{\delta}{\gamma+\alpha+\beta}\right)\right] > 1 \quad (3.36)$$

由此可知: 蛋白质总是服从超泊松分布, 独立于系统的参数. 对于固定的平均蛋白质, 假如 mRNA 的降解率 $\delta$ 相对于其他参数而言很大, 那么由 (3.35) 可知蛋白质的噪声强度近似为

$$\eta_n^2 \approx \frac{1}{\langle n\rangle} + \frac{\gamma(\alpha+\beta)(\mu+\gamma+\alpha+\beta)}{\mu\alpha(\gamma+\alpha+\beta)}$$

特别是, 假如 $\gamma$ 相对于其他参数而言很小或假设 $\gamma \approx 0$, 但保持固定的平均蛋白质数目, 则有

$$\eta_n^2 \approx \frac{1}{\langle n\rangle}$$

在第 4 章中, 我们将分析多状态基因模型中的表达噪声 (主要是分析转录噪声) 及其分解, 给出启动子噪声的估计式, 并讨论 mRNA 噪声的可调性.

## 3.4 基因调控模型中的噪声及其分解

### 3.4.1 基因自调控情形

为了清楚地总结出考虑反馈调控的两状态基因模型中噪声的分解原理, 这里考虑一个统一的基因模型, 即同时考虑自促进和自压制的两种调控, 参考图 3.3. 显然, 假如 $f=0$, 则对应于基因自压制模型; 假如 $g=0$, 则对应于基因自促进模型, 因此, 单反馈情形是双反馈情形的特例.

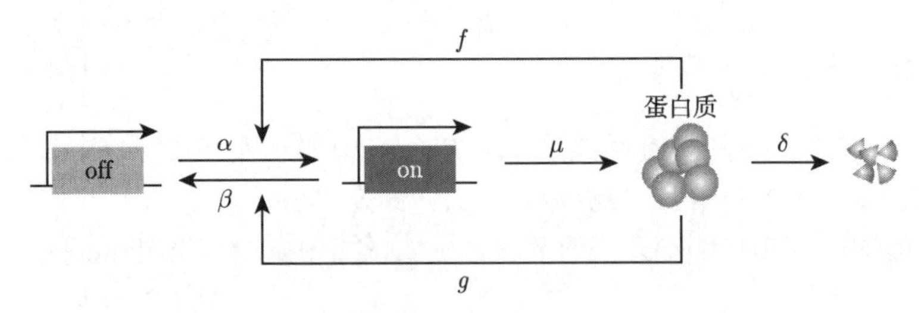


图 3.3 考虑双调控的两状态基因模型示意图

相应于图 3.3 的主方程为

$$
\begin{aligned}
\frac{\partial}{\partial t}P_1(n,t)= & -\alpha P_1(n,t)+\beta P_2(n,t)-fnP_1(n,t)+gnP_2(n,t)\\
& +\delta(E-I)[nP_1(n,t)]\\
\frac{\partial}{\partial t}P_2(n,t)= & \alpha P_1(n,t)-\beta P_2(n,t)+fnP_1(n,t)-gnP_2(n,t)+\mu(E-I)[P_2(n,t)]\\
& +\delta(E-I)[nP_2(n,t)]
\end{aligned}
\tag{3.37}
$$

为了求解方程 (3.37), 这里采用**泊松表示法**[8]. 根据此表示法, 可设

$$
P_k(n,t)=\int_0^{s_{\max}}\rho_k(s,t)\,\mathrm{e}^{-s}\frac{s^n}{n!}\mathrm{d}s,\quad k=1,2 \tag{3.38}
$$

其中, 函数 $\rho_k(s,t)$(称为核函数) 待定, $s_{\max}$ 是一个待定常数. 把 (3.38) 代入 (3.37) 则得下列偏微分方程组

$$
\partial_t\rho_1=-\alpha\rho_1+\beta\rho_2-f[s\rho_1-\partial_s(s\rho_1)]+g[s\rho_2-\partial_s(s\rho_2)]+\delta\partial_s(s\rho_1)
$$

$$
\partial_t\rho_2=\alpha\rho_1-\beta\rho_2+f[s\rho_1-\partial_s(s\rho_1)]-g[s\rho_2-\partial_s(s\rho_2)]+\delta\partial_s(s\rho_2)-\mu\partial_s\rho_2
$$

考虑静态解. 在静态处, (3.38) 变成

$$
P_i(n)=\int_0^{s_{\max}}\rho_i(s)\,\mathrm{e}^{-s}\frac{s^n}{n!}\mathrm{d}s,\quad i=0,1,n=0,1,2,\cdots
$$

而上述方程组变成下列常微分方程组:

$$
-\alpha\rho_1+\beta\rho_2-f\left[s\rho_1-\frac{\mathrm{d}}{\mathrm{d}s}(s\rho_1)\right]+g\left[s\rho_2-\frac{\mathrm{d}}{\mathrm{d}s}(s\rho_2)\right]+\delta\frac{\mathrm{d}}{\mathrm{d}s}(s\rho_1)=0
$$

$$
\alpha\rho_1-\beta\rho_2+f\left[s\rho_1-\frac{\mathrm{d}}{\mathrm{d}s}(s\rho_1)\right]-g\left[s\rho_2-\frac{\mathrm{d}}{\mathrm{d}s}(s\rho_2)\right]+\delta\frac{\mathrm{d}}{\mathrm{d}s}(s\rho_2)-\mu\frac{\mathrm{d}}{\mathrm{d}s}\rho_2=0
$$

两个方程对应相加并令 $\rho(s)=\rho_1(s)+\rho_2(s)$, 则得

$$
\rho_1(s)=\frac{\delta s}{\mu}\rho(s),\quad \rho_2(s)=\left(1-\frac{\delta s}{\mu}\right)\rho(s) \tag{3.39}
$$

把 (3.39) 的 $\rho_2(s)$ 代入到前面方程组中的第二个方程, 经化简后得下列一阶常微分方程

$$
\frac{\mathrm{d}\rho_1}{\rho_1}=\frac{-\alpha-\beta+\dfrac{f\mu}{\delta}+f+g+\delta-(f+g)s+\dfrac{\alpha\mu}{\delta s}}{\dfrac{f\mu}{\delta}+\mu-(f+g+\delta)s}\mathrm{d}s
$$

由此求得

$$
\rho_1(s)=C\mathrm{e}^{\frac{f+g}{f+g+\delta}s}s^{\frac{\alpha}{f+\delta}}\left(\frac{(f+\delta)\mu}{\delta(f+g+\delta)}-s\right)^{-1+\frac{\alpha+\beta}{f+g+\delta}+\frac{\mu g}{(f+g+\delta)^2}-\frac{\alpha}{f+\delta}}
$$

其中, $C$ 是一个常数. 这种表达蕴含着

$$0 \leqslant s \leqslant \frac{(f+\delta)\mu}{\delta(f+g+\delta)} = s_{\max}$$

这样, 结合 (3.39) 得

$$\rho(s) = C\frac{\mu}{\delta}\mathrm{e}^{\frac{f+g}{f+g+\delta}s}s^{-1+\frac{\alpha}{f+\delta}}\left(\frac{(f+\delta)\mu}{\delta(f+g+\delta)} - s\right)^{-1+\frac{\alpha+\beta}{f+g+\delta}+\frac{\mu g}{(f+g+\delta)^2}-\frac{\alpha}{f+\delta}}$$

注意到随机变量 $X$ 的概率分布为

$$P(n) = P_1(n) + P_2(n) = \int_0^{s_{\max}} \rho(s)\,\mathrm{e}^{-s}\frac{s^n}{n!}\mathrm{d}s$$

利用数学公式

$$\int_0^u x^{\alpha-1}(u-x)^{\beta-1}\mathrm{e}^{\gamma x}\mathrm{d}x = \frac{\Gamma(\alpha)\Gamma(\beta)}{\Gamma(\alpha+\beta)}u^{\alpha+\beta-1}{}_1F_1(\alpha,\alpha+\beta,\gamma u)$$

并根据保守性条件 $1 = \sum\limits_{n\geqslant 0} P(n) = \int_0^{s_{\max}} \rho(s)\,\mathrm{d}s$, 我们可求得规范化常数 $C$ 为

$$C = \frac{\delta}{\mu}\frac{1}{{}_1F_1\left(\dfrac{\alpha}{f+\delta}, \dfrac{\alpha+\beta}{f+g+\delta} + \dfrac{\mu g}{(f+g+\delta)^2} - \dfrac{\alpha}{f+\delta}; \dfrac{\mu(f+\delta)(f+g)}{\delta(f+g+\delta)^2}\right)}$$

注意到

$$\begin{aligned}\langle n\rangle &= \sum_{n\geqslant 0} nP(n) = \sum_{n\geqslant 1}\int_0^{s_{\max}} \rho(s)\,\mathrm{e}^{-s}\frac{s^n}{(n-1)!}\mathrm{d}s \\ &= \int_0^{s_{\max}} s\rho(s)\,\mathrm{e}^{-s}\sum_{n\geqslant 0}\frac{s^n}{n!}\mathrm{d}s = \int_0^{s_{\max}} s\rho(s)\,\mathrm{d}s\end{aligned}$$

这样, 获得随机变量 $X$ 的平均为

$$\langle n\rangle = \frac{\mu\alpha}{a(\alpha+\beta)+\mu g}\frac{a^2[\psi(2+\psi)-\varphi]}{a(a+\alpha+\beta+\mu)\psi - \mu\alpha}$$

其中,

$$a = f+g+\delta, \quad \varphi = \frac{\mu}{\delta} + \frac{\alpha}{f+\delta}, \quad \psi = \frac{\alpha+\beta}{a} + \frac{\mu g}{a^2}$$

又注意到

$$\langle n^2\rangle = \sum_{n\geqslant 0} n^2P(n) = \sum_{n\geqslant 1}\int_0^{s_{\max}} \rho(s)\,\mathrm{e}^{-s}\frac{ns^n}{(n-1)!}\mathrm{d}s$$

$$= \int_0^{s_{\max}} s\rho(s)\,\mathrm{e}^{-s}\sum_{n\geqslant 0}\frac{(n+1)\,s^n}{n!}\mathrm{d}s = \int_0^{s_{\max}} s\,(1+s)\,\rho(s)\,\mathrm{d}s$$

因此, 求得方差为

$$\sigma_n^2 = \langle n^2\rangle - \langle n\rangle^2 = \langle n\rangle\left(\frac{1+\varphi}{1+\psi}+1-\frac{\varphi}{\psi}\right) = \langle n\rangle\,\frac{\psi\,(2+\psi)-\varphi}{\psi\,(1+\psi)}$$

进一步, 噪声强度为

$$\eta_n^2 = \frac{\sigma_n^2}{\langle n\rangle^2} = \frac{1}{\langle n\rangle} + \frac{1}{\langle n\rangle}\frac{\psi-\varphi}{\psi\,(1+\psi)}$$

整理后得

$$\eta_n^2 = \frac{1}{\alpha}\frac{(f+g+\delta)\,[\beta\,(f+\delta)-g\alpha]+\mu g\,(f+\delta)}{(\alpha+\beta)\,(f+g+\delta)+(f+g+\delta)^2+\mu g} + \frac{(\alpha+\beta)\,(f+g+\delta)+\mu g}{\mu\alpha} \tag{3.40}$$

在没有反馈情形时, 我们已经知道噪声的分解公式为

$$\tilde{\eta}_n^2 = \frac{\delta\,(\alpha+\beta)}{\mu\alpha} + \frac{\delta\beta}{\alpha\,(\alpha+\beta+\delta)} \equiv \tilde{\eta}_{内部} + \tilde{\eta}_{启动子}$$

为了看出反馈对表达噪声的影响, 我们写

$$\eta_n^2 = \tilde{\eta}_n^2 + g_{纠正}$$

$$g_{纠正} = \frac{1}{\alpha}\frac{\beta\,(\delta+f)-\alpha g+\dfrac{\mu g\,(f+\delta)}{f+g+\delta}}{\alpha+\beta+f+g+\delta+\dfrac{\mu g}{f+g+\delta}} - \frac{\delta\beta}{\alpha\,(\alpha+\beta+\delta)} + \frac{(\alpha+\beta)\,(f+g)+\mu g}{\mu\alpha}$$

特别是, 假如只有正反馈, 即假设 $g=0$, 则纠正项变为

$$g_{纠正} = \frac{f\,(\alpha+\beta)}{\alpha\,(\alpha+\beta+\delta)\,(\alpha+\beta+f+\delta)} + \frac{f\,(\alpha+\beta)}{\mu\alpha}$$

它总是大零, 蕴含着正反馈扩大噪声; 假如只有负反馈, 即假设 $f=0$, 则纠正项变为

$$g_{纠正} = \frac{g\,(\mu+\alpha+\beta)}{\mu\alpha} - \frac{g}{\alpha}\frac{(g+\delta)\,[\alpha\,(\alpha+\beta+\delta)\ +\beta\delta]-\mu\delta\,(\alpha+\delta)}{(\alpha+\beta+\delta)\,[(g+\delta)\,(\alpha+\beta+g+\delta)+\mu g]}$$

其值在理论上可正可负, 依赖于参数值的选取, 这说明负反馈既可扩大噪声也可减低噪声.

### 3.4.2 一般调控情形

普通的两状态基因模型假设基因或是活性的, 或是非活性的, 且活性态与非活性态之间存在转移. 然而, 从活性态到非活性态的转移或反过来的转移并非是单步过程, 可以是多步过程. 这里, 我们聚焦于基因转录激发通路中的三个主要对象[9]: 基因; 该基因启动子中具有同源绑定位点且序列特异性的转录因子; 以及一个能够刺激该转录因子对启动子 DNA 特异性结合的诱导剂. 为了响应诱导剂 (如环境的变化或细胞的内部信号), 转录因子被刺激后结合到 DNA 的位点, 并反过来易于稳定化基因转录初始化的基本机器在下游 DNA 处的集聚. 激发的基因调控网络中存在大量的蛋白质以及它们之间的众多相互作用来协助上述三个对象之间的关系. 为了揭示转录机制的本质以及数学分析的方便, 有必要仅考虑基因转录过程中的几个关键因素. 以下, 我们将利用转录系统来代表上述三个对象并保持它们功能连接的中间代替物.

假设一个转录系统在下列三个状态之间转移: **基态** (ground state)、**激发态** (excited state)、**接合态** (engaged state), 参考图 3.4. 基态由转录因子对启动子缺乏特异性结合来特征化, 此时既没有转录初始化复合物附系于启动子, 也没有 RNA 聚合酶 II 延长编码区域. 基态的退出 (或激发态的进入) 被定义为一个稳定的中间复合物在形成之后以便转录通路从这种复合物到转录本的合成并可考虑为独立于自由转录因子的运动. 激发态的退出 (或接合态的进入) 被定义为最初的聚合酶 II 从转录初始化复合物在释放之后以便开始转录基因的时刻. 当最后的聚合酶 II 离开基因, 系统返回到基态, 形成一个回路. 在返回到基态之后, 系统或者停留在基态 (基因沉默) 或者转移到激发态. 这样, 这些功能状态的转移图以及相应的三个参数 (即三个状态转移率) 对应于一个随机旋转三角形, 参考图 3.4, 其中 $\alpha$ 叫作诱导剂的诱导强度, $\beta$ 叫作特异性转录因子的激发强度, $\gamma$ 叫作启动子的脆弱系数 (因为平均来说, 更大的 $\gamma$ 对应于结合态的更短寿命).

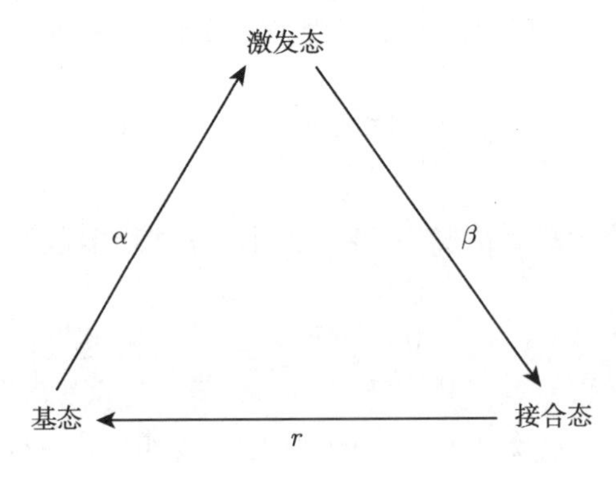


图 3.4 三个功能态之间的转移三角形示意图

我们将用随机旋转三角形耦合到生灭过程 (即 $E \xrightarrow{\nu_m} E + \mathrm{mRNA}$, $\mathrm{mRNA} \xrightarrow{\delta_m} \varnothing$, 其中 $E$ 代表接合态) 来模拟随机基因转录. 当系统处在接合态时, 我们将认为 mRNA 的随机产生为一个简单生灭过程. 在无穷小的时间区间 $(t, t+\Delta t)$ 内, 产生一个转录本的概率是 $\nu_m \Delta t$, 其中 $\nu_m$ 为转录率. 对于每个 $t$, 让 $X = X(t)$ 代表系统的离散随机状态. 假如系统处于基态, 则 $X = Q$(基态); 假如系统处于激发态, 则 $X = Y$(激发态); 假如系统处于接合态, 则 $X = E$(接合态). 假定开始时系统处于基态, 即 $X(0) = Q$. 假如系统在 $t$ 时刻精确地有 $i$ 个转录本, 则记为 $I(i)$. 显然, $I(i)$ 是一个随机变量. 定义 $m_{ix}(t)$ 为基因系统于 $t$ 时刻驻留在状态 $X$ 有 $i$ 个转录本的概率. 那么总和 $m_{ix}(t) = m_{iq}(t) + m_{iy}(t) + m_{ie}(t)$ 代表系统在 $t$ 时刻有 $i$ 个转录本的概率. 为了保证系统于 $t+\Delta t$ 时刻在结合态有 $i$ 个转录本, 下列事件之一必须发生:

(1) $(X(t), I(i)) = (Y, i)$, 系统在时间区间 $(t, t+\Delta t)$ 内切换到接合态, 此事件发生的概率为 $\beta m_{iy}(t)\Delta t$;

(2) $(X(t), I(i)) = (E, i)$, 没有转录本的产生和消灭, 系统状态的转移发生在时间区间 $(t, t+\Delta t)$ 内, 这一事件发生的概率是 $m_{i,e}(t)(1-\nu_m\Delta t)(1-i\delta_m\Delta t)\cdot(1-\gamma\Delta t)$, 其中 $\delta_m$ 代表转录本的降解率;

(3) $(X(t), I(i)) = (E, i+1)$, 一个转录本在时间区间 $(t, t+\Delta t)$ 内消除, 这一事件发生的概率为 $m_{i+1,e}(t)(i+1)\delta_m\Delta t$;

(4) $(X(t), I(i)) = (E, i-1)$, 一个转录本在时间区间 $(t, t+\Delta t)$ 内产生, 这一事件发生的概率为 $m_{i-1,e}(t)\nu_m\Delta t$.

求和这些项给出

$$\begin{aligned} m_{ie}(t+\Delta t) = & m_{ie}(t) + \beta m_{iy}(t)\Delta t - (\nu_m + i\delta_m + \gamma) m_{i,e}(t)\Delta t \\ & + (i+1)\delta_m m_{i+1,e}(t)\Delta t + \nu_m m_{i-1,e}(t)\Delta t + o(\Delta t) \end{aligned}$$

其中, $o(\Delta t)$ 代表高阶部分. 因此, 获得 $m_{ie}(t)$ 的微分方程

$$\frac{\mathrm{d}m_{ie}(t)}{\mathrm{d}t} = \beta m_{iy}(t) - (\nu_m + i\delta_m + \gamma) m_{ie}(t) + (i+1)\delta_m m_{i+1,e}(t) + \nu_m m_{i-1,e}(t) \tag{3.41a}$$

完全类似地, 可导出 $m_{iq}(t)$ 和 $m_{iy}(t)$ 的方程, 它们分别是

$$\frac{\mathrm{d}m_{iq}(t)}{\mathrm{d}t} = \gamma m_{ie}(t) - (i\delta_m + \alpha) m_{iq}(t) + (i+1)\delta_m m_{i+1,q}(t) \tag{3.41b}$$

$$\frac{\mathrm{d}m_{iy}(t)}{\mathrm{d}t} = \alpha m_{iq}(t) - (i\delta_m + \beta) m_{iy}(t) + (i+1)\delta_m m_{i+1,y}(t) \tag{3.41c}$$

这样, $m_i(t)$ 的微分方程为

$$\frac{\mathrm{d}m_i(t)}{\mathrm{d}t} = (i+1)\delta_m m_{i+1}(t) - i\delta_m m_i(t) - \nu_m m_{ie}(t) + \nu_m m_{i-1,e}(t) \tag{3.42}$$

记 $P_j(t) = P\{X(t) = j\}$, 其中, $j = Q, Y, E$. 那么, 有

(1) $P_j(t) = \sum_{i=0}^{\infty} m_{ij}(t)$, 其中, $j = Q, Y, E$

(2) 保守性条件: $P_q(t) + P_y(t) + P_e(t) = 1$, 对任意的 $t \geqslant 0$.

此外, $P_j(t)\,(j = Q, Y, E)$ 的微分方程为

$$\begin{aligned}\frac{\mathrm{d}P_q(t)}{\mathrm{d}t} &= -\alpha P_q(t) + \gamma P_e(t)\\ \frac{\mathrm{d}P_y(t)}{\mathrm{d}t} &= -\beta P_y(t) + \alpha P_q(t)\\ \frac{\mathrm{d}P_e(t)}{\mathrm{d}t} &= \beta P_y(t) - \gamma P_e(t)\end{aligned} \tag{3.43}$$

初始条件为: $P_q(0) = 1$, $P_y(0) = P_e(0) = 0$. 注意到: (3.43) 的系数矩阵为一个 M-矩阵, 因此有一个零特征值, 且满足保守性条件的唯一特征向量为: $\boldsymbol{P}_\infty = \frac{1}{\xi}(\beta\gamma, \alpha\gamma, \alpha\beta)^{\mathrm{T}}$, 其中 $\xi = \beta\gamma + \alpha\gamma + \alpha\beta$. 为方便, 我们记 $a = \frac{\alpha+\beta+\gamma}{2}$, $b = \sqrt{|a^2 - \xi|}$.

假如 $a^2 > \xi$, 则对应于两个非零 (实际是非负) 特征值的特征向量为

$$\boldsymbol{U}_s = \left(\frac{\gamma}{\alpha - \delta_s}, \frac{\gamma - \delta_s}{\beta}, 1\right)^{\mathrm{T}}, \quad \boldsymbol{U}_l = \left(\frac{\gamma}{\alpha - \delta_l}, \frac{\gamma - \delta_l}{\beta}, 1\right)^{\mathrm{T}}$$

其中, $\delta_s = a - b$, $\delta_l = a + b$. 因此, 方程 (3.43) 的通解为

$$\boldsymbol{P}(t) = (P_q(t), P_y(t), P_e(t))^{\mathrm{T}} = P_\infty + c_s \boldsymbol{U}_s \mathrm{e}^{-\delta_s t} + c_l \boldsymbol{U}_l \mathrm{e}^{-\delta_l t} \tag{3.44}$$

其中, $c_s = \frac{\alpha\beta\delta_l}{\xi(\delta_s - \delta_l)}$, $c_l = \frac{\alpha\beta\delta_s}{\xi(\delta_l - \delta_s)}$.

假如 $a^2 < \xi$, 则有一对共轭复特征值且为 $-a \pm b\mathrm{i}$; 特征向量为 $\boldsymbol{U} + \mathrm{i}\boldsymbol{V}$, 其中, $\boldsymbol{U} = (\alpha - a, \gamma - a, \beta)^{\mathrm{T}}$, $\boldsymbol{V} = (-\beta, \beta, 0)^{\mathrm{T}}$. 满足初始条件的解为

$$\boldsymbol{P}_\infty + (c_1\boldsymbol{U} + c_2\boldsymbol{V})\,\mathrm{e}^{-at}\cos(bt) + (c_2\boldsymbol{U} - c_1\boldsymbol{V})\,\mathrm{e}^{-at}\sin(bt)$$

其中, $c_1 = -\frac{\alpha}{\xi}$, $c_1 = -\frac{\alpha a}{\xi b}$.

假如 $a^2 = \xi$, 则相应的解对应于 $\beta \to 0$, $\delta_s - \delta_l \to 0$ 的情形. 总结起来, 有

$$P_e(t) = \begin{cases} \frac{\alpha\beta}{\xi}\left(1 + \frac{\delta_l}{\delta_s - \delta_l}\mathrm{e}^{-\delta_s t} + \frac{\delta_s}{\delta_l - \delta_s}\mathrm{e}^{-\delta_l t}\right), & a^2 > \xi \\ \frac{\alpha\beta}{\xi}\left(1 - \mathrm{e}^{-at} - \mathrm{e}^{-at}\right), & a^2 = \xi \\ \frac{\alpha\beta}{\xi}\left(1 - \mathrm{e}^{-at}\cos bt - \frac{a}{b}\mathrm{e}^{-at}\sin bt\right), & a^2 < \xi \end{cases} \tag{3.45}$$

我们称 $P_e(t)$ 为系统的**延长频率**. 容易获得静态延长频率为

$$P_{e\infty}=\lim_{t\to\infty}P_e(t)=\frac{\alpha\beta}{\xi}$$

下一步, 来计算平均转录水平及其噪声水平. 根据定义, 平均转录本的计算公式为: $m(t)=\sum_{i=0}^{\infty}im_i(t)$. 并不困难地显示出

$$m(t)=\frac{\alpha\beta\nu_m}{\delta_s\delta_l\delta_m}\left(1-\Gamma_{\delta_s\delta_m}^{\delta_s}\mathrm{e}^{-\delta_s t}-\Gamma_{\delta_s\delta_m}^{\delta_l}\mathrm{e}^{-\delta_l t}-\Gamma_{\delta_s\delta_l}^{\delta_m}\mathrm{e}^{-\delta_m t}\right)\tag{3.46}$$

其中, 我们定义 $\Gamma_{bc}^{a}=\dfrac{bc}{(a-b)(a-c)}$. 特别是, 转录本的静态平均为: $m_\infty=\lim_{t\to\infty}m(t)=P_{e\infty}\dfrac{\nu_m}{\delta_m}$. 转录本的噪声计算公式为

$$\eta^2(t)=\frac{\sigma^2(t)}{m^2(t)},\quad 其中,\quad \sigma^2(t)=\mu_{2m}(t)-m^2(t),\quad \mu_{2m}(t)=\sum_{i=0}^{\infty}i^2m_i(t)$$

而且,

$$\mu_{2m}(t)=\int_0^t\mathrm{e}^{-2\delta_m(t-s)}\left[\delta_m m(s)+\nu_m P_e(s)+2\nu_m\mu_e(s)\right]\mathrm{d}s$$

特别是, 转录本的静态噪声为

$$\eta_\infty^2=\frac{1}{m_\infty}+\frac{\delta_m\gamma}{\alpha\beta}\frac{\delta_m(\alpha+\beta)+\alpha^2+\alpha\beta+\beta^2}{\delta_m^2+(\alpha+\beta+\gamma)\delta_m+\xi}\tag{3.47}$$

再考虑几种特殊情形. 假如 $\delta_m\gg\max\{\alpha,\beta,\gamma,\delta_s,\delta_l\}$, 那么我们能够显示出

$$\eta_\infty^2\approx\frac{1}{m_\infty}+\frac{\delta_s\delta_l}{\alpha\beta}-1=\frac{1}{m_\infty}+\frac{\gamma(\alpha+\beta)}{\alpha\beta}=\frac{1}{m_\infty}+R$$

其中, $R=\gamma\left(\dfrac{1}{\alpha}+\dfrac{1}{\beta}\right)$ 叫作**转录抵抗** (transcription resistance), 此时, $P_{e\infty}=\dfrac{1}{1+R}$. 假如 $\gamma\ll 1$ 或 $\delta_m\ll 1$, 那么 $\eta_\infty^2\approx\dfrac{1}{m_\infty}$. 假如 $\alpha\to\infty$, 则有极限

$$\lim_{\alpha\to\infty}\eta_\infty^2=\frac{1}{m_\infty}+\frac{\delta_m\gamma}{\beta(\delta_m+\beta+\gamma)}$$

## 3.5　排队论意义下基因模型中的内部噪声

### 3.5.1　模型描述

排队论是关于一群顾客站队排列等待服务的数学理论[10], 其中, 每位顾客的到达是随机的, 且先到先服务, 顾客一旦排队则不能离队, 一次可以服务多个顾客等.

这种排队系统可由下列几个方面特征化: ① 支配顾客到达的随机过程; ② 每次到达的顾客数目服从的分布; ③ 支配顾客离开的随机过程; ④ 服务员的数目.

上述排队模型能很好地描述基因表达事件: 个体 mRNA 或蛋白质相当于排队模型中的顾客, mRNA 或蛋白质的爆发式产生对应于顾客的到达, 参考图 3.5. 正像顾客在接受服务后会立刻离开队列一样, mRNA 或蛋白质一旦降解则退出系统. 这样, mRNA 或蛋白质降解的等待时间分布可类比于排队论模型中为顾客服务的时间分布, 例如, 对于图 3.5 中的基因模型, mRNA 和蛋白质的降解时间分布是指数分布. 因为 mRNA 和蛋白质的降解是相互独立的, 因此排队论模型中相应服务员的数目是 1(这保证系统中一个顾客的出现并不影响系统中其他顾客的服务时间). 描述基因表达事件的排队论模型不同于前面研究的基因表达模型, 在前者中, 特征化主要事件是用概率分布, 而在后者中, 特征化主要事件是用反应比率常数.

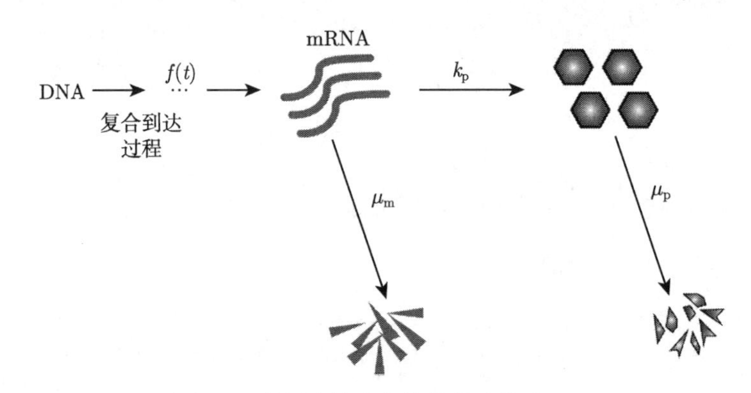


图 3.5　基因表达事件的排队论模型

$f(t)$ 是 DNA 转录成 mRNA 的等待时间分布, $\mu_m$ 和 $\mu_p$ 分别是 mRNA 和蛋白质的降解率, $k_p$ 是 mRNA 翻译成蛋白质的速率

下一步来分析图 3.5 所示的基因模型 (在排队论中, 它属于 $GI^X/M/\infty$ 模型, 其中, $G$ 代表到达过程的一般分布, $I^X$ 代表服从独立同分布随机变量 $X$ 批次的到达顾客, $M$ 代表顾客的马氏服务时间分布 (一般为指数分布), $\infty$ 代表任意多个服务员, 主要关注表达噪声 (包括 mRNA 的噪声和蛋白质的噪声) 的计算. 注意到 $\langle p_b\rangle = k_p/\mu_m$ 代表单个 mRNA 产生的平均蛋白质的爆发大小.

### 3.5.2　理论结果: 收敛性与重构公式

定义 $F(t)$ 和 $H(t)$ 分别为间隔时间和服务时间的概率分布函数 (注意到: 若它们均可微, 则相应的概率密度函数分别为 $f(t) = F'(t)$ 和 $h(t) = H'(t)$, 且 $\int_0^\infty f(t)\,\mathrm{d}t = 1$ 和 $\int_0^\infty h(t)\,\mathrm{d}t = 1$), 并假定平均顾客到达率 ($\lambda$) 和平均顾客服务率 ($\mu$) 都是有限的, 服务员无穷多 (足够多) 以便到达的顾客都能及时得到服务. 注

意到

$$\lambda^{-1}=\int_0^{\infty}[1-F(t)]\,\mathrm{d}t,\quad \mu^{-1}=\int_0^{\infty}[1-H(t)]\,\mathrm{d}t \tag{3.48}$$

进一步, 假设顾客是成批到达的. 若记每一批次的顾客数目为 $X$, 则它是一个随机变量, 服从分布

$$P\{X=r\}=a_r,\quad r=1,2,\cdots \tag{3.49}$$

此外, 若假定 $X$ 的平均和方差都是有限的, 则有一个生成函数 $A(z)$

$$A(z)=\sum_{r=0}^{\infty}a_r z^r \tag{3.50}$$

对于任意的正整数 $k$, $X$ 的 $k$ 阶矩为

$$A_k=\left[\frac{\mathrm{d}^k A(z)}{\mathrm{d}z_k}\right]_{z=1}=\sum_{r=k}^{\infty}r(r-1)\cdots(r-k+1)\,a_r \tag{3.51}$$

定义随机变量 $N(t)$(代表 $t$ 时刻顾客到达的数目) 的生成函数和二项矩函数分别为

$$G(z,t)=\sum_{k=0}^{\infty}P[N(t)=k]\,z^k \tag{3.51a}$$

$$b_r(t)=\sum_{k=r}^{\infty}\binom{k}{r}P[N(t)=k],\quad r=1,2,\cdots \tag{3.51b}$$

由概率的保守性, $b_0(t)\equiv 1$ 总是成立.

**定理 3.1** (二项矩的收敛性和动态重构公式) 对于每个正整数 $k$, 假定 $A_k\leqslant Q^k$(其中 $C$ 为常数), 那么各阶二项矩 $b_r(t)$ 都是有限的, 且

$$b_r(t)\leqslant\frac{a^r}{r!},\quad \text{其中 } a \text{ 是某个正常数} \tag{3.52}$$

特别地, $\lim\limits_{k\to\infty}[b_r(t)]^{1/r}=0$. 因此, 有重构公式

$$P_k(t)=\sum_{r=k}^{\infty}(-1)^{r-k}\binom{r}{k}b_r(t) \tag{3.53}$$

其中, $P_k(t)=P\{N(t)=k\}$.

**证** 记 $W=\mathrm{e}^Q$, $w_k=A_k/(Wk!)$. 那么, 对任意的正整数 $k$, 有 $w_k>0$ 和 $\sum\limits_{k=1}^{r}w_k<1$. 注意到

$$D_r(t)=W\sum_{k=1}^{r}w_k b_{r-k}(t)\,[1-H(t-\tau)]^k\leqslant W b_{r-1}(t)\,[1-H(t-\tau)]$$

及

$$\begin{aligned} b_r(t) &= \sum_{k=1}^{r} \frac{A_k}{k!} \int_0^t b_{r-k}(t-\tau)\left[1-H(t-\tau)\right]^k \mathrm{d}R(\tau) \\ &\leqslant W \int_0^t b_{r-1}(t-\tau)\left[1-H(t-\tau)\right] \mathrm{d}R(\tau) \\ &\leqslant W^r \underset{t_1+t_2+\cdots+t_n\leqslant t}{\int\cdots\int} \left[1-H(t_2-t_1)\right]\cdots\left[1-H(t-t_r)\right] \mathrm{d}R(t_1)\cdots \mathrm{d}R(t_r) \end{aligned}$$

此外, 注意到更新函数有性质: $R(t+h)-R(t)\leqslant 1+R(h)$, 其中 $h$ 是一个正常数. 这样, 利用上式, 则有

$$b_r(t) \leqslant W^r \left(\frac{1+R(h)}{h}\right)^r \frac{1}{r!} \left(\int_0^{t+h} \left[1-H(\tau)\right] \mathrm{d}\tau\right)^r \leqslant \frac{a^r}{r!} \to 0 \quad (\text{当 } r\to+\infty)$$

其中, $a \geqslant \dfrac{1+R(h)}{h}\dfrac{W}{\mu}$ 是某个不依赖于 $h$ 的正数. 斯特林公式给出

$$r! = \sqrt{2\pi r}\left(\frac{r}{\mathrm{e}}\right)^r \mathrm{e}^{\theta/(12r)}, \quad 0<\theta<1$$

这蕴含着 (3.52) 成立.

注意到生成函数能够改写为

$$G(z,t) = \sum_{k=0}^{\infty} P_k(t) z^k = \sum_{k=0}^{\infty}\sum_{r=0}^{k} \binom{k}{r} P_k(t)(z-1)^r$$

交换上述两个求和的顺序, 则有

$$G(z,t) = \sum_{r=0}^{\infty} b_r(t)(z-1)^r$$

由 Fubini 定理可得

$$G^{(k)}(z,t) = k!\sum_{r=k}^{\infty} \binom{r}{k} b_r(t)(z-1)^{r-k}, \quad k=0,1,2,\cdots$$

这样,

$$P_k(t) = \frac{1}{k!} G^{(k)}(z,t)\Big|_{z=0} = \sum_{r=k}^{\infty} \binom{r}{k} b_r(t)(-1)^{r-k}$$

此即为 (3.53).

**定理 3.2** (静态重构公式)　假如 $F(t)$ 不是网格分布, 那么极限分布 $P_k = \lim\limits_{t\to\infty} P_k(t)$ 存在, 它独立于初始分布, 且

$$P_k = \sum_{r=k}^{\infty} (-1)^{r-k} \binom{r}{k} b_r \tag{3.54}$$

其中, $b_r$ 为静态二项矩, 由下列迭代关系决定:

$$b_r(t)=\lambda\sum_{k=1}^{r}\frac{A_k}{k!}\int_0^{\infty}b_{r-k}(t)\left[1-H(t)\right]^k\mathrm{d}t,\quad r=1,2,\cdots \tag{3.55}$$

**证** (3.55) 能够用数学归纳法证明. 首先, 由关键更新定理知系统大小的静态平均为

$$b_1=\lim_{t\to\infty}b_1(t)=\lambda A_1\int_0^{\infty}\left[1-H(t)\right]\mathrm{d}t=\rho A_1$$

其中, $\rho=\lambda/\mu$. 其次, 假设对于 $k=1,2,\cdots,r-1$, $b_k=\lim\limits_{t\to\infty}b_k(t)$ 存在. 现在, 来证明 $b_r=\lim\limits_{t\to\infty}b_r(t)$ 也存在. 事实上, 由 $D_r(t)=\sum\limits_{k=1}^{r}\frac{A_k}{k!}b_{r-k}(t)\left[1-H(t-\tau)\right]^k$ 知 $D_r(t)$ 是黎曼可积的. 由关键更新定理知 $b_r=\lim\limits_{t\to\infty}b_r(t)$ 存在且是有限的. 这样, 证明了定理 3.2.

由生成函数的连续性, 知

$$\begin{aligned}G(z)&=\lim_{t\to\infty}G(z,t)=\lim_{t\to\infty}\sum_{r=0}^{\infty}b_r(t)(z-1)^r\\&=\sum_{r=0}^{\infty}\lim_{t\to\infty}b_r(t)(z-1)^r=1+\sum_{r=1}^{\infty}b_r(z-1)^r\end{aligned}$$

### 3.5.3 矩的计算与噪声的分析表示

让 $a^p(z)=\sum\limits_{n=0}^{\infty}z^np(n)$ 代表爆发方式中来自单个 mRNA 产生蛋白质的爆发分布 $p(n)$ 的矩生成函数, 而让 $A^p(z)=\sum\limits_{n=0}^{\infty}z^nP(n)$ 代表爆发方式中来自所有 mRNA 产生蛋白质的爆发分布 $P(n)$ 的矩生成函数. 假如记 $A^m(z)$ 为 mRNA 爆发分布的矩生成函数, 那么有下列关系[11]

$$A^p(z)=A^m\left[a^p(z)\right]$$

这表明: 单个爆发产生的蛋白质数目是一个复合随机变量: $m$ 个独立随机同分布变量的和, 每一个对应于单个 mRNA 产生的蛋白质数目; $m$ 本身是一个随机变量, 它表示以爆发方式产生 mRNA 的数目.

根据图 3.5, 我们知道 $\langle p_b\rangle=\dfrac{k_p}{\mu_m}$(代表蛋白质的平均爆发大小). 假设蛋白质数目服从几何分布

$$p(n)=\frac{\langle p_b\rangle^n}{\left(1+\langle p_b\rangle\right)^{n+1}}$$

那么相应的矩生成函数为

$$a^p(z)=\sum_{n=0}^{\infty}\frac{(z\langle p_b\rangle)^n}{(1+\langle p_b\rangle)^{n+1}}=\frac{1}{1+\langle p_b\rangle}\sum_{n=0}^{\infty}\left(\frac{z\langle p_b\rangle}{1+\langle p_b\rangle}\right)^n=\frac{1}{1+\langle p_b\rangle(1-z)}$$

假如条件于至少一个 mRNA 产生的几何分布, 那么相应蛋白质服从的条件几何分布 $\left(\text{即 } q(n)=\dfrac{\langle m_b\rangle^{n-1}}{(1+\langle m_b\rangle)^n}\right)$ 的矩生成函数为

$$A^m(z)=\sum_{n=1}^{\infty}z^n q(n)=\frac{z}{1+\langle m_b\rangle(1-z)}$$

这样, 对于由条件几何分布产生的蛋白质爆发大小服从的几何分布, 相应的矩生成函数为

$$A^p(z)=A^m\left[a^p(z)\right]=\frac{\dfrac{1}{1+\langle p_b\rangle(1-z)}}{1+\langle m_b\rangle\left(1-\dfrac{1}{1+\langle p_b\rangle(1-z)}\right)}=\frac{1}{1+(1+\langle m_b\rangle)\langle p_b\rangle(1-z)}$$

对于 $GI^X/M/\infty$ 模型, 记 $\lambda$ 和 $\mu$ 分别代表顾客的平均到达率和平均服务率. 若记到达服务的顾客数目为 $N$(它实际代表到达顾客的批次, 是一个随机变量, 记为 $X$), 则

$$\left\langle\prod_{i=1}^{k}(X-i+1)\right\rangle=\partial_z^k G(1)$$

其中, $G(z)$ 是矩生成函数. 对函数 $G(z)$ 进行泰勒展开:

$$G(z)=1+\sum_{n=1}^{\infty}b_n(z-1)^n$$

其中, $b_n=\lambda\sum_{k=1}^{n}\frac{a_k}{k!}b_{n-k}^*(k\mu)$($b_n$ 即为二项矩), $a_k=\left.\mathrm{d}^kA(z)\middle/\mathrm{d}z^k\right|_{z=1}$ (其中 $A(z)$ 代表到达顾客数目 (即蛋白质数目) 的生成函数) 及二项矩 $b_n(t)$ 的拉普拉斯变换 $b_n^*(s)$ 有如下类推关系:

$$b_n^*(s)=\frac{f_L(s)}{1-f_L(s)}\sum_{k=1}^{n}\frac{a_k}{k!}b_{n-k}^*(s+k\mu) \tag{3.56}$$

其中, $f_L(s)$ 是顾客到达时间分布 $f(t)$ 的拉普拉斯变换. 注意到 $b_0^*(s)=\dfrac{1}{s}$, 因此可分别计算得

$$b_1^*(s)=\frac{f_L(s)}{1-f_L(s)}b_0^*(s+\mu)=\frac{a_1}{s+\mu}\frac{f_L(s)}{1-f_L(s)}$$

$$
\begin{aligned}
b_2^*(s) &= \frac{f_L(s)}{1-f_L(s)}\left[a_1 b_1^*(s+\mu)+\frac{a_2}{2}b_0^*(s+2\mu)\right] \\
&= \frac{f_L(s)}{1-f_L(s)}\left[\frac{a_1^2}{s+\mu}\frac{f_L(s)}{1-f_L(s)}+\frac{a_2}{2(s+2\mu)}\right] \\
b_3^*(s) &= \frac{f_L(s)}{1-f_L(s)}\left[a_1 b_2^*(s+\mu)+\frac{a_2}{2}b_1^*(s+2\mu)+\frac{a_3}{6}b_0^*(s+3\mu)\right]
\end{aligned}
$$

由此获得前三个二项矩分别为

$$
\begin{aligned}
b_1 &= \lambda a_1 b_0^*(\mu) = \frac{\lambda}{\mu}a_1 \\
b_2 &= \lambda\left[a_1 b_1^*(\mu)+\frac{a_2}{2}b_0^*(2\mu)\right] = \frac{\lambda}{2\mu}\left[\frac{a_1^2 f_L(\mu)}{1-f_L(\mu)}+\frac{a_2}{2}\right] \\
b_3 &= \lambda\left[b_1 b_2^*(\mu)+\frac{a_2}{2}b_1^*(2\mu)+\frac{a_3}{6}b_0^*(3\mu)\right] \\
&= \frac{\lambda}{2\mu}\left[a_1^3\left(\frac{f_L(\mu)}{1-f_L(\mu)}\right)^2+\frac{a_1 a_2}{3}\frac{f_L(\mu)}{1-f_L(\mu)}+\frac{a_1 a_2}{3}\frac{f_L(2\mu)}{1-f_L(2\mu)}+\frac{a_3}{9}\right]
\end{aligned}
$$

注意到 $X$ 的平均和噪声强度的计算公式为

$$
\langle X\rangle = \langle N\rangle = G^{(1)}(1) = b_1, \quad \eta_X^2 = \frac{2b_2+b_1-b_1^2}{b_1^2}
$$

即

$$
\langle X\rangle = b_1 = \frac{\lambda}{\mu}a_1 \tag{3.57a}
$$

和

$$
\begin{aligned}
\eta_X^2 &= \frac{2b_2+b_1-b_1^2}{b_1^2} = \frac{\mu}{\lambda}\frac{f_L(\mu)}{1-f_L(\mu)}+\frac{\mu}{2\lambda}\frac{a_2}{a_1^2}+\frac{\mu}{\lambda}\frac{1}{a_1}-1 \\
&= \frac{1}{\langle X\rangle}\left[a_1\frac{f_L(\mu)}{1-f_L(\mu)}+\frac{a_2}{2a_1}+1-\langle X\rangle\right]
\end{aligned} \tag{3.57b}
$$

若引进**衰老因子**(gestation factor)[12]

$$
K_{\mathrm{g}}(\mu) = 1+2\left[\frac{f_L(\mu)}{1-f_L(\mu)}-\frac{\lambda}{\mu}\right] \tag{3.58}
$$

则上述噪声强度可改写为

$$
\eta_X^2 = \frac{1}{\langle N\rangle}\left[1+a_1\left(\frac{K_g(\mu)-1}{2}+\frac{\lambda}{\mu}\right)+\frac{a_2}{2A_1}-\langle N\rangle\right] \tag{3.59}
$$

类似地, 可求得

$$
\frac{\gamma\sigma^3}{\langle N\rangle} = 1+2a_1^2\left[\frac{\lambda}{2\mu}K_1(\mu)+K_2(\mu,a_1)\right]+a_2 K_3(\mu,A_1)+\frac{a_3}{2a_1} \tag{3.60}
$$

其中, 参数 $\gamma$ 代表分布的偏度 (skewness),

$$K_1(x) = K_g(2x) - K_g(x) \tag{3.61a}$$

$$K_2(x,y) = \frac{K_g(x)-1}{4}\left[\frac{3}{y} + K_g(2x) - 1\right] \tag{3.61b}$$

$$K_3(x,y) = \frac{3}{2y} + \frac{K_g(x)+K_g(2x)}{2} - 1 \tag{3.61c}$$

### 3.5.4 一个特殊情形分析

考虑一个特例, 即仅考虑蛋白质爆发大小服从几何分布 (而不考虑 mRNA 的产生). 此时, 由上面的分析知道: 蛋白质爆发大小的矩生成函数为

$$A(z) = \frac{1}{1+\langle p_b\rangle(1-z)},$$

由此求得 $a_1 = \mathrm{d}A(z)/\mathrm{d}z|_{z=1} = \langle p_b\rangle$, $a_2 = \mathrm{d}^2A(z)/\mathrm{d}z^2\big|_{z=1} = 2\langle p_b\rangle^2$. 这样, 蛋白质的噪声强度为

$$\eta_X^2 = \frac{1}{\langle N\rangle} + \frac{\lambda}{\mu} - 1 + \frac{a_2}{2a_1^2} = \frac{1}{\langle p_b\rangle} + \frac{\lambda}{\mu} \tag{3.62}$$

另一方面, 为了检验上面用排队论获得结果的正确性, 根据上面的假设, 可建立下列主方程

$$\partial_t P_n = \mu\sum_{p=0}^{n} g(p)P_{n-p} + \lambda(n+1)P_{n+1} - \lambda nP_n - \mu P_n$$

其中, $g(n) = \dfrac{b^n}{(1+b)^{n+1}}$. 若引进概率生成函数 $G(z) = \sum\limits_n P_n(t)z^n$, 并考虑静态, 则有 $\mu\tilde{g}G + \lambda\,\partial_z G - \mu G - \lambda z\partial_z G = 0$, 或

$$b\mu(z-1)G - b\lambda(z-1)\ \partial_z G - \lambda\left[(1-b)(z-1) - b(z-1)^2\right]\partial_z G = 0$$

其中, $\tilde{g}(z) = \dfrac{1}{1+b(1-z)}$. 若泰勒展开 $G(z) = \sum\limits_n b_n(z-1)^n$, 则有迭代形式的二项矩方程

$$b\mu b_{n-1} - b\lambda nb_n - \lambda(1-b)nb_n + b\lambda(n-1)b_{n-1} = 0$$

由此获得

$$b_n = \frac{b[\mu+\lambda(n-1)]}{\lambda n}b_{n-1}$$

特别是, 最初的两个二项矩为 (需要利用事实 $b_0 = 1$)

$$b_1 = \frac{b\mu}{\lambda},\quad b_2 = \frac{b(\mu+\lambda)}{2\lambda}b_1$$

进一步, 蛋白质的噪声强度为

$$\eta_n^2 = \frac{2b_2 + b_1 - b_1^2}{b_1^2} = \frac{\dfrac{b(\mu+\lambda)}{\lambda} + 1 - b_1}{b_1} = \frac{1}{\langle n \rangle} + \frac{\lambda}{\mu}$$

它与应用排队论获得的结果 (3.62) 完全相同.

## 3.6 一般等待时间的基因模型中的统计量分析

本节考虑在 on 状态的驻留时间以及在 off 状态的驻留时间各服从一个一般分布的基因模型, 而不是像以前的模型中那样假定从 on 到 off 和从 off 到 on 的转移率为常数 (即在 on 和 off 状态的驻留时间服从指数分布). 此外, 假设 mRNA 的寿命也服从某个一般的分布, 参考图 3.6. 这种类型的基因模型非常一般, 它几乎包括现有文献中研究过的所有基因模型, 并将它们作为它的特例. 这里, 我将导出这种一般基因模型中矩生成函数满足的方程 (实际是积分方程), 并给出矩的计算公式. 此外, 指出以前获得的结果可以作为这里获得的结果的推论.

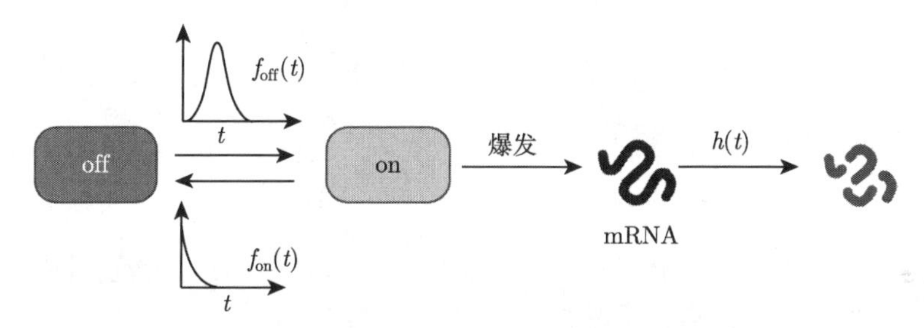


图 3.6 随机转录的排队论模型示意图

### 3.6.1 矩生成函数的积分方程

假设 mRNA 的合成率 $\mu$ 是一个常数. 记 $t$ 时刻的 mRNA 分布为 $P(m;t)$, 让 $W(z;t)$ 代表相应的矩生成函数但满足初始条件 $W_{\text{init}}(z) = W(z;0)$. 不像普通的基因模型 (即等待时间分布是指数的, 有关生化事件是马氏的) 那样可以建立 $P(m;t)$ 的主方程, 对于等待时间服从一般分布 $f_{\text{on}}(t)$, $f_{\text{off}}(t)$ 和 $h(t)$(参考图 3.6) 的基因模型, 一般不能建立相应 mRNA 分布的主方程, 这是因为排队论模型中的生化事件是非马氏的. 故此, 下面我们转向考虑 mRNA 分布 $P(m;t)$ 的矩, 并应用排队论建立相应的矩生成函数的积分方程.

首先, 建立下列引理.

**引理 3.1** 让 $h(t)$ 代表 mRNA 降解的倾向函数 (即单位时间的概率). 那么,

在适当的假设条件下, 有

$$W(z;t) = W_{\text{init}}(\ln(1 + h(t)(e^z - 1))) \tag{3.63}$$

**证** 假设①在初始时间 $t = 0$ 有 $N$ 个 mRNA. 一般地, $N$ 本身是一个随机变量, 且在时刻 $t$ 的每个 mRNA(记为 $X_i$, $1 \leqslant i \leqslant N$) 也是一个随机变量, 它或者取 1(代表存活) 或 0 (代表死亡); ②每个 $X_i$ 独立于随机变量 $N$(从生物学的观点, 这一假设是合理的); ③给定 $N$, 所有的随机变量 $X_i(1 \leqslant i \leqslant N)$ 是条件相互独立的, 每一个变量服从某个伯努利分布 (Bernoulli distribution), 因此矩生成函数为 $M(z;t) = 1 + h(t)(e^z - 1)$[10,12,13].

注意到: 在 $t$ 时刻, 总的 mRNA 分子数目 $S = X_1 + \cdots + X_N$ 是一个随机变量. 根据矩生成函数的定义, 我们知道矩生成函数 $W(z;t)$ 能够表示为 $W(z;t) = \langle e^{zS} \rangle_S$. 然而, 平均 $\langle e^{zS} \rangle_S$ 能够表示为 $\langle e^{zS} \rangle_S = \langle \langle e^{z(X_1 + \cdots + X_N)} | N \rangle_X \rangle_N$. 上面的假设③蕴含着

$$\left\langle \left\langle e^{z(X_1 + \cdots + X_N)} \middle| N \right\rangle_X \right\rangle_N = \langle \langle e^{zX_1} | N \rangle_X \cdots \langle e^{zX_N} | N \rangle_X \rangle_N$$

又根据矩生成函数的定义, 可知: 对于所有的, 有 $1 \leqslant i \leqslant N \left\langle e^{zX_i} \middle| N \right\rangle_{X_i} = M(z;t)$. 而上面的假设②蕴含着

$$\left\langle \langle e^{zX_1} | N \rangle_{X_1} \cdots \langle e^{zX_N} | N \rangle_{X_N} \right\rangle_N = \left\langle (M(z;t))^N \right\rangle_N = \left\langle e^{N \ln(M(z;t))} \right\rangle_N$$

再根据 $W_{\text{init}}(z)$ 的定义, 可获得

$$W_{\text{init}}(\log(M(z;t))) = \left\langle e^{N \ln(M(z;t))} \right\rangle_N$$

把表达式 $M(z;t) = 1 + h(t)(e^z - 1)$ 代入 $W_{\text{init}}(\ln(M(z;t)))$ 的表达式中, 立即可知 (3.63) 成立, 这样, 证明了引理 3.1.

然后, 我们来导出初始的矩生成函数 $W_{\text{init}}(z)$ 的方程. 为此, 我们建立下列引理.

**引理 3.2** 初始时刻的矩生成函数 $W_{\text{init}}(z)$ 满足下列积分方程

$$W_{\text{init}}(z) = \int_0^\infty \int_0^\infty W_{\text{init}}(\ln(1 + h(s+t)(e^z - 1))) e^{\rho_t (e^z - 1)} f_{\text{on}}(t) f_{\text{off}}(s) \mathrm{d}t\mathrm{d}s \tag{3.64}$$

其中, $\rho_t = \int_0^t h(\tau) \mathrm{d}\tau$ 代表累积概率密度函数.

**证** 假设基因在 $t = 0$ 时刻处于 off 状态, 让 $W(z;t)$ 代表在 $t$ 时刻 (其中 $0 \leqslant t \leqslant t_{\text{on}} + t_{\text{off}}$)mRNA 分子的矩生成函数. 那么, 一个完整的环路 (即由 on 状态和 off 状态组成的环路) 定义了矩生成函数的边界条件[13], 即

$$W(z;0) = W(z;t_{\text{on}} + t_{\text{off}}) = \int_{s=0}^\infty \int_{t=s}^\infty W(z;t) f_{\text{on}}(t-s) f_{\text{off}}(s) \mathrm{d}t\mathrm{d}s \tag{3.65}$$

这样, 假如 $W(z;t)$ 是已知的, 那么方程 (3.65) 在原理上能够决定初始的矩生成函数 $W_{\text{init}}(z)$, 这是由于有关系式 $W_{\text{init}}(z)=W(z;0)$. 然而, $W(z;t)$ 的表达一般是困难地导出. 这里, 我们引入下列策略 (它是基于一个 on 时间和一个 off 时间内有关矩生成函数的已知表达) 来计算 $W_{\text{init}}(z)$.

给定 mRNA 寿命的分布 $h(t)$, 那么一个 mRNA 分子在 $\Delta t$ 时间后仍然出现的概率是一个伯努利随机变量, 其矩生成函数为 $1+h(\Delta t)(\mathrm{e}^z-1)$[10,12–14]. 开始于矩生成函数 $W(z;0)=W_{\text{init}}(z)$ 并仅考虑 mRNA 分子的降解, 那么在 $\Delta t$ 时刻的矩生成函数为

$$W(z;\Delta t)=W_{\text{init}}(\ln(1+h(\Delta t)(\mathrm{e}^z-1))) \tag{3.66}$$

这样, 在 off 状态的末端时刻 (记为 $t_{\text{off}}$), 矩生成函数 $W(z;t_{\text{off}})$ 应该等于初始的矩生成函数 $W_{\text{init}}(\ln(1+h(t)(\mathrm{e}^z-1)))$ 乘以 off 时间分布 $f_{\text{off}}(t)$ 后的函数在整个时间区间 $(0,\infty)$ 的积分, 即

$$W(z;t_{\text{off}})=\int_{t=0}^{\infty}W_{\text{init}}(\ln(1+h(t)(\mathrm{e}^z-1)))f_{\text{off}}(t)\,\mathrm{d}t \tag{3.67}$$

这给出了在一个 off 期间内, 矩生成函数的表达或计算公式.

下一步, 导出在一个 on 期间内矩生成函数的表达式. 在一个 on 期间内, 仍然出现在爆发生成开始的 mRNA 分子的降解将继续存在, 但通过函数 $1+h(t)(\mathrm{e}^z-1)$, 服从矩生成函数 $W_{\text{deg}}(z;t_{\text{off}}+u)=W_{\text{init}}(\ln(1+h(u+t_{\text{off}})(\mathrm{e}^z-1)))$, 其中 $u$ 代表一个 on 期间内的某一时刻. 另一方面, mRNA 分子需要根据生灭过程来生成和灭亡. 这一过程能够由平均为 $\rho_u=\dfrac{\mu}{\delta}(1-\mathrm{e}^{-\delta u})$ 的某一分布描述 (注: 假如 mRNA 降解率是一个常数, 那么相应的分布是泊松的). 相应地, 根据定义, 我们知道矩生成函数是 $W_{\text{effect}}(z;t_{\text{off}}+u)=\mathrm{e}^{\rho_u(\mathrm{e}^z-1)}$[14]. 这两个方面的结合产生**有效爆发大小**(effective burst size). 注意到: 在一个 on 期间内, mRNA 数目服从的概率分布应该是那些仍然出现在前一个爆发生成的 mRNA 分子分布与有效爆发大小分布的卷积, 即

$$W(z;t_{\text{off}}+u)=\int_{s=0}^{\infty}W_{\text{init}}(\ln(1+h(s+u)(\mathrm{e}^z-1)))\,\mathrm{e}^{\rho_u(\mathrm{e}^z-1)}f_{\text{off}}(s)\,\mathrm{d}s \tag{3.68}$$

这样, 通过对函数 $W(z;t_{\text{off}}+u)$ 在无穷时间区间 $u\in(0,\infty)$ 的积分, 我们能够获得 $W(z;t_{\text{off}}+t_{\text{on}})$, 即有

$$\begin{aligned}&W(z;t_{\text{off}}+t_{\text{on}})\\&=W(z;0)=W_{\text{init}}(z)\\&=\int_{u=0}^{\infty}\left[\int_{s=0}^{\infty}W_{\text{init}}(\ln(1+h(s+u)(\mathrm{e}^z-1)))\,\mathrm{e}^{\rho_u(\mathrm{e}^z-1)}f_{\text{off}}(s)\,\mathrm{d}s\right]f_{\text{on}}(u)\,\mathrm{d}u\end{aligned} \tag{3.69}$$

此即为引理 3.2 中的 (3.64). 至此, 引理 3.2 证毕.

注意到: (3.69) 可以改写为

$$W(z;0)=\int_{s=0}^{\infty}\int_{t=s}^{\infty}W_{\text{init}}\left(\ln\left(1+h(t)\left(\mathrm{e}^{z}-1\right)\right)\right)\mathrm{e}^{\rho_{t-s}\left(\mathrm{e}^{z}-1\right)}f_{\text{on}}(t-s)f_{\text{off}}(s)\,\mathrm{d}t\mathrm{d}s \tag{3.70}$$

此外, 对引理 3.2 给出两个评论: ①方程 (3.64) 是一个积分方程, 一般很难求得解, 这是因为两个等待时间分布 $f_{\text{on}}(t)$ 和 $f_{\text{off}}(t)$ 可以是任意的; ②假如 mRNA 半寿命的分布 $h(\tau)$ 是指数的 (即假设 mRNA 降解率为常数), 那么 (3.64) 能够再现以前的研究结果[15−18].

方程 (3.64) 具有许多优势, 例如, 我们能够用此积分方程来计算在初始时刻 $t=0$ 时 mRNA 分布的矩. 事实上, 对方程 (3.64) 两边关于 $z$ 在 $z=0$ 处求导, 由此可求得初始时刻的一阶原点矩的分析表达

$$\langle m\rangle_{\text{init}}=W_{\text{init}}'(0)=\frac{W_{\text{init}}(0)\displaystyle\int_{t=0}^{\infty}\rho_t f_{\text{on}}(t)\,\mathrm{d}t}{1-\displaystyle\int_{0}^{\infty}\int_{0}^{\infty}h(t+s)f_{\text{on}}(t)f_{\text{off}}(s)\,\mathrm{d}t\mathrm{d}s} \tag{3.71}$$

注意到: 根据矩生成函数的定义, 可知 $W_{\text{init}}(0)=1$ 成立. 类似地, 初始时刻的二阶原点矩的计算公式为

$$\begin{aligned}\left\langle m^2\right\rangle_{\text{init}}&=W_{\text{init}}''(0)\\&=\frac{\displaystyle\int_{0}^{\infty}\int_{0}^{\infty}\left[\rho_t(1+\rho_t)+\langle m\rangle_{\text{init}}h(s+t)\left(1-h(s+t)+2\rho_t\right)\right]f_{\text{on}}(t)f_{\text{off}}(s)\,\mathrm{d}t\mathrm{d}s}{1-\displaystyle\int_{0}^{\infty}\int_{0}^{\infty}h^2(s+t)f_{\text{on}}(t)f_{\text{off}}(s)\,\mathrm{d}t\mathrm{d}s}\end{aligned} \tag{3.72}$$

初始时刻的其他高阶矩也能够类似地计算, 但结果的形式比较复杂.

下一步, 我们来导出任意时刻原点矩的计算公式. 让 $f(t)$ 和 $g(t)$ 分别是 off 状态和 on 状态的持续时间分布的累积函数, 即 $f(t)=\int_0^t f_{\text{off}}(s)\,\mathrm{d}s$, $g(t)=\int_0^t f_{\text{on}}(s)\,\mathrm{d}s$. 根据定义, 平均 off 时间和 on 时间的计算公式为

$$\langle\tau_{\text{off}}\rangle=\int_0^{\infty}sf_{\text{off}}(s)\,\mathrm{d}s,\quad\langle\tau_{\text{on}}\rangle=\int_0^{\infty}sf_{\text{on}}(s)\,\mathrm{d}s \tag{3.73}$$

注意到: 函数 $W(z;t_{\text{off}}+u)$ 在 $z=0$ 的导数给出 mRNA 分布在一个 on 期间内于时刻 $t=t_{\text{off}}+u$ 的原点矩, 记为 $\left\langle m^k\right\rangle_u$, 而函数 $W(z;t_{\text{off}})$ 在 $z=0$ 点的导数给出在一个 off 期间的末端 mRNA 分布的原点矩, 记为 $\left\langle m^k\right\rangle_s$. 那么, mRNA 分布的总的矩应该等于这两部分矩通过对相应等待时间分布进行平均之和, 即

$$\left\langle m^k\right\rangle = \frac{1}{\langle\tau_{\text{on}}\rangle + \langle\tau_{\text{off}}\rangle}\left[\int_0^{\infty}\left\langle m^k\right\rangle_s (1-f(s))\,\mathrm{d}s + \int_0^{\infty}\left\langle m^k\right\rangle_u (1-g(u))\,\mathrm{d}u\right] \tag{3.74}$$

其中, $k=1,2,\cdots$. 我们强调: (3.74) 中的 $\left\langle m^k\right\rangle_s$ 是通过对函数 $W_{\text{init}}(\ln[1+h(s)(\mathrm{e}^z-1)])$ 在 $z=0$ 处求 $k$ 阶导数获得的, 而 $\left\langle m^k\right\rangle_u$ 是通过对函数

$$\int_0^{\infty} W_{\text{init}}\left(\ln\left(1+h(s+u)\left(\mathrm{e}^z-1\right)\right)\right)\mathrm{e}^{\rho_u\left(\mathrm{e}^z-1\right)} f_{\text{off}}(s)\,\mathrm{d}s$$

在 $z=0$ 处求 $k$ 阶导数获得的.

通过上述方法获得原点矩后, 可进一步计算二项矩, 这是因为有如下关系:

$$b_1=\langle m\rangle, \quad b_2=\frac{1}{2}\left(\left\langle m^2\right\rangle-\langle m\rangle\right), \quad b_3=\frac{1}{6}\left(\left\langle m^3\right\rangle-3\left\langle m^2\right\rangle+2\langle m\rangle\right) \tag{3.75}$$

而根据第 1 章的知识, 二项矩可用来重构相应的概率分布.

### 3.6.2 和已知结果的比较: 非马氏性的效果

作为上述方法的应用, 这里我们导出一般等待时间分布的基因模型中平均 mRNA 和 mRNA 噪声的计算公式. 首先, 考虑 mRNA 的平均. 经过复杂计算, 计算平均 mRNA 的公式为

$$\langle m\rangle = \frac{\mu}{\delta}\frac{\langle\tau_{\text{on}}\rangle}{\langle\tau_{\text{on}}\rangle + \langle\tau_{\text{off}}\rangle} \tag{3.76}$$

其中, $\delta = 1\Big/\int_0^{\infty} th(t)\,\mathrm{d}t$ 代表 mRNA 分子的平均降解率. 这一计算公式与普通的*两状态基因模型*中计算平均 mRNA 的公式完全相同, 但这里是考虑等待时间服从一般分布. 然而, 对于高价矩, 两者并不相同. 此外, 假如基因具有一个 on 状态和若干个 off 状态且这些状态形成一个环路的基因模型, 那么可以验证计算公式 (3.76) 仍然成立. 因此, (3.76) 是通过普通基因模型计算 mRNA 平均的推广或扩充.

其次, 考虑 mRNA 噪声. 经过复杂的计算和根据噪声定义, 我们能够获得 mRNA 噪声的计算公式 (即噪声分解公式) 为

$$\eta_m^2 = \underbrace{\frac{1}{\langle m\rangle}}_{\text{内部噪声}} + \underbrace{\frac{\langle\tau_{\text{off}}\rangle}{\langle\tau_{\text{on}}\rangle} - \frac{\langle\tau_{\text{off}}\rangle + \langle\tau_{\text{on}}\rangle}{\delta\langle\tau_{\text{on}}\rangle^2}\frac{(1-L_{\text{on}}(\delta))(1-L_{\text{off}}(\delta))}{1-L_{\text{on}}(\delta)L_{\text{off}}(\delta)}}_{\text{启动子噪声}} \tag{3.77}$$

其中, $\delta = 1\Big/\int_0^{\infty} th(t)\,\mathrm{d}t$, $L_{\text{off}}(\delta)$ 和 $L_{\text{on}}(\delta)$ 分别是等待时间分布函数 $f_{\text{off}}(t)$ 和 $f_{\text{on}}(t)$ 的拉普拉斯变换的值. (3.77) 中的第一项是由 mRNA 的出生和死亡引起的内部噪声, 而第二项是由启动子状态之间的切换引起的所谓*启动子噪声*. 特别是, 假如启动子状态之间的切换率是常数, 蕴含着等待时间分布是指数的, 那么我们能

够显示出 (3.77) 返回到普通两状态基因模型中的 mRNA 噪声计算公式, 即大家熟知的噪声分解公式

$$\eta_m^2 = \underbrace{\frac{1}{\langle m\rangle}}_{\text{内部噪声}} + \underbrace{\frac{\delta\langle\tau_{\text{off}}\rangle^2}{\langle\tau_{\text{on}}\rangle+\langle\tau_{\text{off}}\rangle+\delta\langle\tau_{\text{on}}\rangle\langle\tau_{\text{off}}\rangle}}_{\text{启动子噪声}} \tag{3.78}$$

因此, (3.77) 是 (3.78) 的扩充.

从上面不同基因模型 (注: 普通基因模型对应于马氏过程, 而等待时间服从一般分布的非马氏过程) 中关于平均 mRNA 和 mRNA 噪声的比较, 一个自然的问题是: 非马氏过程的效果是什么? 为了清楚地显示出非马氏过程对平均 mRNA 水平和 mRNA 噪声的效果, 让我们考虑 off 时间和 on 时间服从下列 Erland 分布(刻画非马氏过程的一种常见分布)

$$f_{\text{on}}(t;k_{\text{on}},\theta_{\text{on}}) = \frac{t^{k_{\text{on}}-1}\mathrm{e}^{-t/\theta_{\text{on}}}}{\theta_{\text{on}}^{k_{\text{on}}}(k_{\text{on}}-1)!}, \quad f_{\text{off}}(t;k_{\text{off}},\theta_{\text{off}}) = \frac{t^{k_{\text{off}}-1}\mathrm{e}^{-t/\theta_{\text{off}}}}{\theta_{\text{off}}^{k_{\text{off}}}(k_{\text{off}}-1)!} \tag{3.79}$$

其中, 参数 $k_{\text{on}}$ 和 $k_{\text{off}}$ 分别描述等待时间分布的形状, 取正整数值, 而参数 $\theta_{\text{on}}$ 和 $\theta_{\text{off}}$ 一般取正实数值. 不失一般性, 设 $\delta=1$. 注意到: 假如 $k_{\text{on}}=1$(或 $k_{\text{off}}=1$), 那么仅有一个 on 状态 (或仅有一个 off 状态) 被考虑, 且对应于指数分布 (或马氏过程) 情形. 通过简单计算, 我们发现 (3.77) 中的拉普拉斯变换为

$$L_{\text{on}}(s) = (1+s\theta_{\text{on}})^{-k_{\text{on}}}, \quad L_{\text{off}}(s) = (1+s\theta_{\text{off}})^{-k_{\text{off}}} \tag{3.79a}$$

此外,

$$\langle\tau_{\text{on}}\rangle = k_{\text{on}}\theta_{\text{on}}, \quad \langle\tau_{\text{off}}\rangle = k_{\text{off}}\theta_{\text{off}} \tag{3.79b}$$

$$\langle m\rangle = \mu\frac{\langle\tau_{\text{on}}\rangle}{\langle\tau_{\text{on}}\rangle+\langle\tau_{\text{off}}\rangle} = \mu\frac{k_{\text{on}}\theta_{\text{on}}}{k_{\text{on}}\theta_{\text{on}}+k_{\text{off}}\theta_{\text{off}}} \tag{3.79c}$$

$$\begin{aligned}\eta_m^2 = &\frac{k_{\text{on}}\theta_{\text{on}}+k_{\text{off}}\theta_{\text{off}}}{\mu k_{\text{on}}\theta_{\text{on}}} + \frac{k_{\text{off}}\theta_{\text{off}}}{k_{\text{on}}\theta_{\text{on}}} - \frac{k_{\text{on}}\theta_{\text{on}}+k_{\text{off}}\theta_{\text{off}}}{(k_{\text{on}}\theta_{\text{on}})^2}\\ &\times\frac{\left[1-(1+\theta_{\text{on}})^{-k_{\text{on}}}\right]\left[1-(1+\theta_{\text{off}})^{-k_{\text{off}}}\right]}{1-(1+\theta_{\text{on}})^{-k_{\text{on}}}(1+\theta_{\text{off}})^{-k_{\text{off}}}}\end{aligned} \tag{3.79d}$$

数值结果显示在图 3.7 中, 其中, 图 (a) 和 (b) 显示的是在平均 on 和 off 时间 ($\langle\tau_{\text{off}}\rangle$, $\langle\tau_{\text{on}}\rangle$) 的相平面上, mRNA 平均和 mRNA 噪声的相图; 图 (c), (d) 和 (e) 代表 mRNA 平均而图 (f), (g) 和 (h) 代表相应的 mRNA 噪声. 参数值被设为如下:

(a), (b): $\mu=10$, $k_{\text{off}}\in\{1,2,\cdots,20\}$, $\theta_{\text{off}}=5$, $\theta_{\text{on}}=1$, $k_{\text{on}}\in\{1,2,\cdots,20\}$;

(c), (f): $\mu=10$, $k_{\text{off}}\in\{1,2,\cdots,20\}$, $\theta_{\text{off}}=1$, $k_{\text{on}}\in\{1,2,\cdots,20\}$, $\theta_{\text{on}}=0.1$;

(d), (g): $\mu=10$, $k_{\text{off}}=1$, $\theta_{\text{off}}\in[0.05,1]$, $k_{\text{on}}=1$, $\theta_{\text{on}}=0.1$;

(e), (h): $\mu = 10$, $k_{\text{off}} \in \{1, 2, \cdots, 20\}$, $\theta_{\text{off}} = \dfrac{1}{k_{\text{off}}}$, $k_{\text{on}} = 1$, $\theta_{\text{on}} = 0.1$.

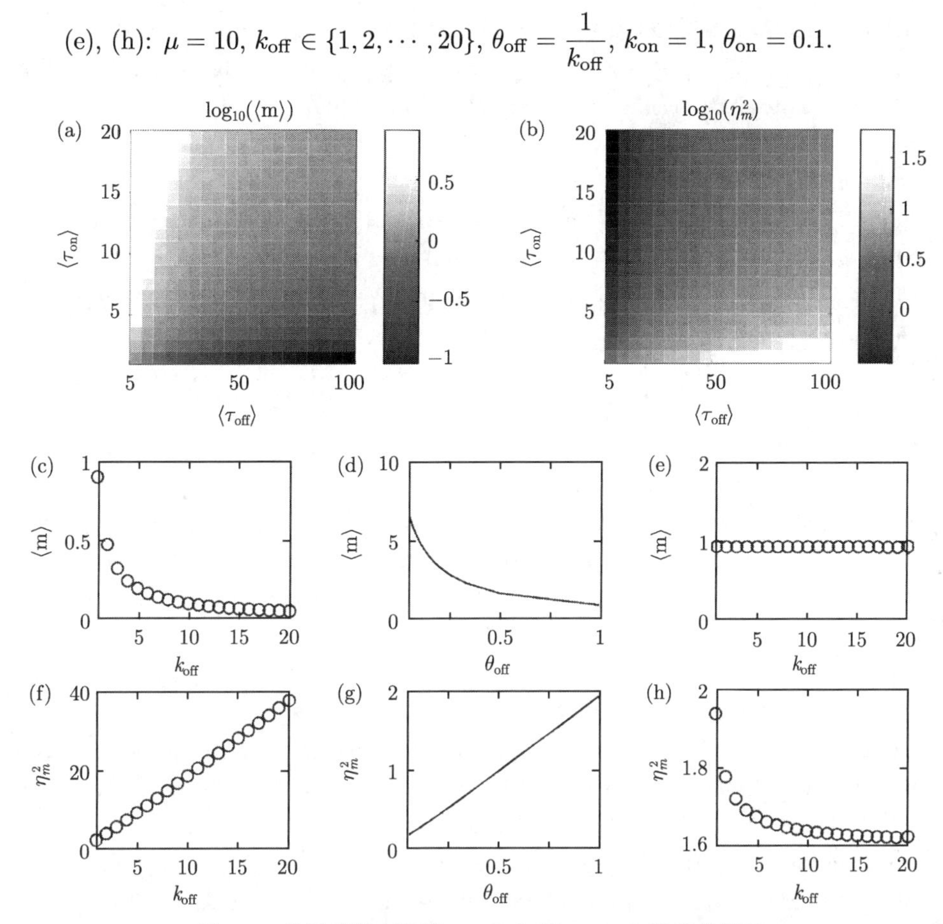


图 3.7 非马氏性对平均 mRNA 和 mRNA 噪声的影响

图 3.7 显示出非马氏性对平均 mRNA 水平和对 mRNA 噪声的效果. 具体来说, 对于相同的平均 on 时间和平均 off 时间, $\langle \tau_{\text{on}} \rangle$ 和 $\langle \tau_{\text{off}} \rangle$, 更大的 mRNA 平均对应于更小的 mRNA 噪声 (图 3.7(a) 和 (b)); 平均 mRNA 是 $k_{\text{off}}$ 或 $\theta_{\text{off}}$ 的非线性单调减少函数 (图 3.7(c) 和 (d)), 而 mRNA 噪声强度是 $k_{\text{off}}$ 或 $\theta_{\text{off}}$ 的近似单调增加函数 (图 3.7(f) 和 (g)). 图 3.7 (e) 和 (h) 表明: 假如平均 mRNA 水平被固定, 那么 mRNA 噪声是 $k_{\text{off}}$ 的单调减少函数, 蕴含着非马氏性能够降低 mRNA 噪声. 总之, 非马氏性对平均 mRNA 水平和对 mRNA 噪声有重要影响, 因此非马氏性是一个不可忽视的因素, 应当在基因表达调控系统建模时加以考虑.

## 参考文献

[1] He Y, Barkai E. Super- and sub-Poissonian photon statistics for single molecule spec-

troscopy. Journal of Chemical Physics, 2005, 122: 184703.

[2] Zhang J J, Nie Q, He M, et al. Exact results for the noise in biochemical reaction networks. Journal of Chemical Physics, 2013, 138: 084106.

[3] Golding I, Paulsson J, Zawilski S, et al. Real-time kinetics of gene activity in individual bacteria. Cell, 2005, 123:1025-1036.

[4] Raj A, Peskin C S, Tranchina D, et al. Stochastic mRNA synthesis in mammalian cells. PLoS Biology, 2006, 4:e309.

[5] Chubb J R, Trcek T, Shenoy S, et al. Transcriptional pulsing of a developmental gene. Current Biology, 2006, 16:1018-1025.

[6] Yu J, Xiao J, Ren X, et al. Probing gene expression in live cells, one protein molecule at a time. Science, 2006, 311:1600-1603.

[7] Cai L, Friedman N, Xie X. Stochastic protein expression in individual cells at the single molecule level. Nature, 2006, 440:358-362.

[8] Vilar J, Saiz L. CplexA: A mathematica package to study macromolecular-assembly control of gene expression. Bioinformatics, 2010, 26:2060-2061.

[9] Tang M X. The mean and noise of stochastic gene transcription. Journal of Theoretical Biology, 2008, 253: 271-280.

[10] Liu L, Kashyap B R K, Templeton J G C. On the $GI^X/M/\infty$ system. Journal of Applied Probability, 1990, 27(3):671–683.

[11] Kumar N, Singh A, Kulkarni R V. Transcriptional bursting in gene expression: Analytical results for general stochastic models. PLoS Computational Biology, 2015, 11(10): e1004292, doi:10.1371/journal.pcbi.1004292.

[12] Jia T and Kulkarni R V. Intrinsic noise in stochastic models of gene expression with molecular memory and bursting. Physical Review Letters, 2011, 106: 058102.

[13] Kepler T B, Elston T C. Stochasticity in transcriptional regulation: Origins, consequences, and mathematical representations. Biophysical Journal, 2001, 81:3116-3136.

[14] Schwabe A, Rybakova K N, Bruggeman F J. Transcription stochasticity of complex gene regulation models. Biophysical Journal, 2012, 103: 1152-1161.

[15] Zhang J J, Chen L N, Zhou T S. Analytical distribution and tunability of noise in a model of promoter progress. Biophysical Journal, 2012, 102: 1247-1257.

[16] Zhang J J, Nie Q, Zhou T S. A moment-convergence method for stochastic analysis of biochemical reaction networks. Journal of Chemical Physics, 2016, 144 (19): 018620.

[17] Zhang J J, Zhou T S. Promoter-mediated transcriptional dynamics. Biophysical Journal, 2014, 106: 479-488.

[18] Zhou T S, Zhang J J. Analytical results for a multistate gene model. SIAM on Journal of Applied Mathematics, 2012, 72: 789-818.

# 第 4 章　简单基因模型中的概率分布

按照表达方式的不同, 基因表达可分为两种：*构成式表达*(constitutive expression) 和*爆发式表达*(bursty expression), 前者一般对应于看家基因, 后者一般对应于组织特异性基因. 在构成式表达情形, 可认为基因总是处于活性 (开) 状态, 相应的基因模型叫作单状态基因模型或构成式基因模型. 单状态基因模型本质上是描述基因产物的生灭过程. 在爆发式表达情形, 可认为基因或者处于活性 (开) 状态或者处于非活性 (关) 状态, 且这些状态之间可以存在转移. 然而, 造成这种转移的因素是多种多样的, 如染色质重塑、调控因子与 DNA 调控位点的结合与解离、RNA 聚合酶的停止供应等. 转录仅当启动子 (区域) 是活性的时候才会发生. 正是由于基因的活性状态与非活性状态之间的转移才导致 DNA 以爆发方式转录成 mRNA, 并会进一步导致蛋白质的爆发生成. 此外, 一个基因可有多个活性状态和多个非活性状态. 假如某个基因仅有一个活性状态和一个非活性状态, 那么相应的模型叫作两状态基因模型 (最为常用的基因模型); 假如某个基因或有多个活性状态或有多个非活性或同时具有多个活性和非活性状态, 那么相应的模型都叫作多状态基因模型.

尽管第 3 章给出了基因表达噪声的计算公式 (包括给出了表达噪声的分解原理), 但刻画基因产物随机性的最好方式是它的概率分布. 本章的主要目的是导出某些简化基因表达模型中的基因产物分布, 并对如何分析和求解基因模型 (指相应的主方程) 提供方法论. 读者将看到：即使是对简化的基因表达模型, 基因产物的分布也可能是很复杂的.

## 4.1　常用基因产物概率分布的导出

由于 mRNA 的半衰期或寿命和蛋白质的寿命之间存在差异性. 典型地, 蛋白质的寿命是 mRNA 的寿命的若干倍. 此时, 可把转录和翻译合并为单步过程, 或省略转录过程, 这种简化将给理论分析带来极大方便. 本节将基于这种简化, 导出几个常用的基因产物分布, 这些分布已经部分地被生物学实验数据证实, 且成功地解释了某些实验现象.

### 4.1.1　伽马分布

假定蛋白质以爆发的方式生成, 这里一个 mRNA 分子在它消耗之前被翻译成几个蛋白质分子, 并假定 mRNA 的寿命比蛋白质的寿命要短很多. 此时, 蛋白质的生成能够用两个参数特征化: 每个细胞周期内爆发的平均数目, 即 $a = \frac{\mu}{\gamma}$; 每个爆发中产生蛋白质分子的平均数目, 即 $b = \frac{\rho}{\delta}$, 这里 $\mu$ 是目标基因转录成 mRNA 的比率, $\rho$ 是目标 mRNA 翻译成蛋白质的比率, 参数 $\delta$ 和 $\gamma$ 分别是 mRNA 和蛋白质的降解率. 让 $x(t)$ 代表一个细胞内蛋白质的浓度, 它是一个连续的随机变量. 对于爆发式表达情形, $x(t)$ 随时间变化可出现跳跃. 又记 $P(x;t)$ 为细胞群体中蛋白质的概率密度函数, 它可用连续的主方程 (即第 1 章中介绍的 CK 方程[1])

$$\frac{\partial P(x;t)}{\partial t} = \frac{\partial}{\partial x}[\gamma x P(x;t)] + \mu \int_0^x w(x,x') P(x';t)\,\mathrm{d}x' \tag{4.1}$$

来刻画, 其中 $x = \frac{n}{V}$($V$ 表示细胞的体积), 第一项描述蛋白质的减少, 第二项描述蛋白质以爆发方式的生成, 且设

$$w(x,x') = w(x|x') - \Delta(x-x')$$

其中, $w(x|x')$ 是条件概率 (给定爆发前的蛋白质浓度为 $x'$). $\Delta$ 函数使总概率密度 (可解释为蛋白质的爆发生成远离 $x$ 导致的已有蛋白质浓度的密度损失) 守恒. 假定爆发大小 $x-x'$ 独立于目前的蛋白质浓度 $x'$, 并服从某个特征密度函数 $\xi(x-x')$. 在这些假定下, 则有下列表示:

$$w(x,x') = w(x-x') = \xi(x-x') - \Delta(x-x')$$

此时, 静态概率密度函数满足

$$-\frac{\mathrm{d}}{\mathrm{d}x}[xP(x)] = aw * P(x)$$

其中, 符号 $*$ 表示卷积

$$w * P = \int_0^x w(x-x') P(x')\,\mathrm{d}x'$$

拉普拉斯变换转换方程成下列形式

$$s\frac{\mathrm{d}\tilde{P}}{\mathrm{d}s} = a\tilde{w}\tilde{P}$$

其中 $s$ 是拉普拉斯变量. 现在, 假设爆发大小服从指数分布

$$\xi(x) = \frac{1}{b}\mathrm{e}^{-x/b}$$

并注意到 $\tilde{w}(s)=\dfrac{1}{b}\displaystyle\int_0^\infty \xi(x)\,\mathrm{e}^{-sx}\mathrm{d}x-1=\dfrac{-s}{s+(1/b)}$, 则求得

$$\tilde{P}(s)=\left[s+\frac{1}{b}\right]^{-a}$$

返回到原变量得

$$P(x)=\frac{1}{b^a\Gamma(a)}x^{a-1}\mathrm{e}^{-x/b} \tag{4.2}$$

这说明 $x$ 服从**伽马分布**(Gamma distribution) ($\Gamma$ 分布), 这是基因产物最常用的分布.

总结以上分析, 为了求得蛋白质的概率分布, 假设蛋白质以爆发的方式生成 (以 $\Delta$ 函数刻画这种爆发方式), 采用 CK 主方程, 应用拉普拉斯变换, 获得静态蛋白质数目服从伽马分布的结果.

### 4.1.2 负二项分布

这里试图导出蛋白质的生成爆发大小服从几何分布时蛋白质数目的概率分布. 考虑生化反应

$$D\xrightarrow{\mu}D+m,\quad m\xrightarrow{\delta}\varnothing,\quad m\xrightarrow{\rho}m+n,\quad n\xrightarrow{\gamma}\varnothing$$

其中, $D$ 代表 DNA. 记 $a=\dfrac{\mu}{\gamma}$, $b=\dfrac{\rho}{\delta}$, $\kappa=\dfrac{\delta}{\gamma}$. 由于大的 $\kappa$ 蕴含着蛋白质生成以爆发的方式发生, 因此以下考虑 $\kappa\gg 1$ 的情形. 注意到爆发的大小 $r$ 服从某个几何分布[2], 可设为

$$P(r)=\left(\frac{b}{1+b}\right)^r\left(1-\frac{b}{1+b}\right) \tag{4.3}$$

事实上, 设每个 mRNA 的寿命为 $t'$, 它服从**指数分布**, 即 $P(t')=\delta\mathrm{e}^{-\delta t'}$ (任何一阶降解过程的分子寿命都服从指数分布). 假如蛋白质的合成为一阶反应, 那么一个 mRNA 在 $t'$ 时间内翻译成蛋白质的数目 $r$ 应服从泊松分布: $\dfrac{(\rho t')^r}{r!}\mathrm{e}^{-\rho t'}$. 于是, 一个 mRNA 翻译成 $r$ 个蛋白质的概率密度为下列卷积

$$P(r)=\int_0^\infty\left(\delta\mathrm{e}^{-\delta t'}\right)\left(\frac{(\rho t')^r}{r!}\mathrm{e}^{-\rho t'}\right)\mathrm{d}t'=\left(\frac{b}{1+b}\right)^r\left(1-\frac{b}{1+b}\right)$$

此时, 刻画蛋白质数目变化的主方程为

$$\frac{\partial P_n}{\partial\tau}=a\left[\left(1-\frac{b}{1+b}\right)\sum_{r=0}^{n}\left(\frac{b}{1+b}\right)^r P_{n-r}-P_n\right]+(n+1)P_{n+1}-nP_n \tag{4.4}$$

其中, $\tau=\gamma t$. 为了求解此主方程, 引进概率生成函数 $G(z;\tau)=\sum\limits_{n} z^n P_n(\tau)$, 则

$$\frac{\partial G}{\partial \tau}=(1-z)\frac{\partial G}{\partial z}-aG+a\left(1-\frac{b}{1+b}\right)\sum_{n=0}^{\infty}\sum_{r=0}^{n} z^n\left(\frac{b}{1+b}\right)^r P_{n-r} \tag{4.5}$$

注意到

$$\begin{aligned}
\sum_{n=0}^{\infty}\sum_{r=0}^{n} z^n\left(\frac{b}{1+b}\right)^r P_{n-r} &= \sum_{n=0}^{\infty}\sum_{k=0}^{n} z^n\left(\frac{b}{1+b}\right)^{n-k} P_k \\
&= \sum_{k=0}^{\infty}\left(\frac{b}{1+b}\right)^{-k} P_k \sum_{n=k}^{\infty}\left(\frac{bz}{1+b}\right)^n \\
&= \sum_{k=0}^{\infty}\frac{P_k\left(\dfrac{bz}{1+b}\right)^k}{\left(1-\dfrac{bz}{1+b}\right)\left(\dfrac{b}{1+b}\right)^k}=\frac{G}{\left(1-\dfrac{bz}{1+b}\right)}
\end{aligned}$$

这样, 方程 (4.5) 变成

$$\frac{\partial G}{\partial \tau}=(1-z)\frac{\partial G}{\partial z}+\frac{-b+bz}{1+b-bz}aG$$

若令 $v=z-1$, 则它进一步变成

$$\frac{1}{v}\frac{\partial G}{\partial \tau}+\frac{\partial G}{\partial v}=\frac{ab}{1-bv}G$$

这一偏微分方程是可求解的, 例如像上面一样, 可采用特征线法求解, 此时有

$$\frac{\mathrm{d}G}{\mathrm{d}r}=\frac{ab}{1-bv}G,\quad \frac{\mathrm{d}v}{\mathrm{d}r}=1,\quad \frac{\mathrm{d}\tau}{\mathrm{d}r}=\frac{1}{v}$$

它的解为 (假定在 $\tau=0$ 时蛋白质的数目为零)

$$G(z,\tau)=\left[\frac{1-b(z-1)\mathrm{e}^{-\tau}}{1+b-bz}\right]^a$$

相应地, 可求得 $P_n(\tau)$, 而且会发现: 当 $\tau\gg 1$ 时, 相应的 $P_n(\tau)$ 服从负二项分布, 记为 $P(n|\,a,b)$. 又记 $\Gamma(n|\,a,b)$ 是普通的伽马分布, 则

$$P(n|\,a,b)=\frac{\Gamma(a+n)}{\Gamma(n+1)\Gamma(a)}\left(\frac{b}{1+b}\right)^n\left(1-\frac{b}{1+b}\right)^a,\quad \Gamma(n|\,a,b)=\frac{n^{a-1}}{b^a\Gamma(a)}\mathrm{e}^{-n/b}$$

这两个概率密度之间的关系为

$$P(n|\,a,b)=\int_0^{\infty}\Gamma(\lambda|\,a,b)\frac{\mathrm{e}^{-\lambda}\lambda^n}{n!}\mathrm{d}\lambda$$

假如用正态分布来逼近泊松分布, 并写 $z=\lambda-n$, 则

$$
\begin{aligned}
P(n|a,b) &\approx \int_{-\infty}^{\infty}\Gamma(z+n|a,b)\frac{\mathrm{e}^{-z^2/(2(z+n))}}{\sqrt{2\pi(z+n)}}\mathrm{d}z\\
&=\int_{-\infty}^{\infty}\frac{1}{\sqrt{2\pi n}}\mathrm{e}^{-\frac{z^2}{2n}\left(1+\frac{z}{n}\right)^{-1}}\left(1+\frac{z}{n}\right)^{-1/2}\Gamma\left(n\left[1+\frac{z}{n}\right]\Big|\,a,b\right)\mathrm{d}z
\end{aligned}
$$

由此可看出: 当 $n\gg1$ 时, 仅有靠近于零的 $z$ 才贡献于积分的值, 这是因为 $z=0$ 是这一积分中指数函数的最小值. 注意到 $n\gg1$ 蕴含着 $z/n\ll1$, 因此

$$
\begin{aligned}
P(n|a,b) &\approx \int_{-\infty}^{\infty}\Gamma(z+n|a,b)\frac{\mathrm{e}^{-z^2/(2(z+n))}}{\sqrt{2\pi(z+n)}}\mathrm{d}z\\
&\approx\int_{-\infty}^{\infty}\frac{1}{\sqrt{2\pi n}}\mathrm{e}^{-\frac{z^2}{2n}}\Gamma(n|a,b)\,\mathrm{d}z=\Gamma(n|a,b)
\end{aligned}
$$

换句话说, 当 $\kappa\gg1$, $\tau\gg\kappa^{-1}$ 和 $n\gg1$ 时, 蛋白质以爆发方式生成的分子数目近似地服从伽马分布

$$
P(n|a,b)\approx\frac{n^{a-1}}{b^a\Gamma(a)}\mathrm{e}^{-n/b} \tag{4.6}
$$

假如蛋白质生成的爆破大小服从几何分布, 那么可导出蛋白质数目服从伽马分布. 读者将看到: *超几何分布*是更一般的分布, 可导出负二项分布, 也可导出伽马分布. 此外, 在有了单状态基因模型的概率分布之后, mRNA 或蛋白质的平均和方差就容易计算出来.

### 4.1.3 贝塔分布

假设转录和翻译过程合并成单步过程, 但考虑启动子的活性态和非活性态, 则简化的两状态基因模型的生化反应式可表示成下列形式[3]:

$$
\begin{aligned}
&I \underset{\beta}{\overset{\alpha}{\rightleftharpoons}} A\\
&A\xrightarrow{\mu}A+X,\quad X\xrightarrow{\delta}\varnothing
\end{aligned} \tag{4.7}
$$

其中 $I$ 表示基因失活态, $A$ 表示基因激活态, $X$ 代表 mRNA 或蛋白质. 当 $\mu$ 相对于其他反应比率足够大的时候, 物种 $(X)$ 的浓度 $(x)$ 可看作是连续变量. 此时, 可用一个连续方程来逼近 $x$ 的行为, 且

$$
\frac{\mathrm{d}x}{\mathrm{d}t}=-\delta x+\mu f(t)
$$

其中, $f(t)\in\{0,1\}$ 表示基因激活态或失活态的随机电报信号, 从基因失活态到活性态和从活性态到非活性态 (或失活态) 的切换速率分别为 $\alpha$ 和 $\beta$. 为了求解平衡

时 $x$ 的概率密度, 可分别考察基因处于活性和失活状态的条件概率. 为此, 定义两个函数

$$P_A(x,t)\,\mathrm{d}x = P\left(f(t)=1 \text{ 及 } y\in(x,x+\mathrm{d}x):\ \text{在时刻 } t\right)$$
$$P_I(x,t)\,\mathrm{d}x = P\left(f(t)=0 \text{ 及 } y\in(x,x+\mathrm{d}x):\ \text{在时刻 } t\right)$$

注意到: $x$ 的总概率密度 $P$ 为两个局部概率密度之和, 即 $P=P_A+P_I$, 且两个条件概率密度的概率流可通过其生成和降解的速率来表示, 即

$$J_A(x,t) = (\mu-\delta x)\,P_A(x,t)$$
$$J_I(x,t) = -\delta x P_I(x,t)$$

利用上述方程以及概率的守恒性, 可知

$$\frac{\partial P_A}{\partial t}+\frac{\partial J_A}{\partial x}=\alpha P_I-\beta P_A,\quad \frac{\partial P_I}{\partial t}+\frac{\partial J_I}{\partial x}=-\alpha P_I+\beta P_A \tag{4.8}$$

这就是基因具有活性和非活性状态时的随机模型 (这一模型可推广到基因具有多个活性、非活性状态的情形). 现在, 来求解方程 (4.8). 把 (4.8) 的两个方程相加得到

$$\frac{\partial}{\partial x}(\mu P_A-\delta x P)=0$$

这表明 $\mu P_A-\delta x P$ 等于常数. 又由于随着 $x$ 增大, $P_A$ 和 $P$ 均趋于 0, 于是 $\mu P_A-\delta x P=0$, 或 $P_A=\dfrac{\delta x}{\mu}P$ 和 $P_I=\left(1-\dfrac{\delta x}{\mu}\right)P$. 进一步, 由 (4.8) 可得

$$\frac{\partial}{\partial x}\left(-\delta x\left(1-\frac{\delta x}{\mu}\right)P\right)=\left(-\alpha\left(1-\frac{\delta x}{\mu}\right)+\beta\frac{\delta x}{\mu}\right)P$$

求解此方程得

$$P(x)=\left(\frac{\mu}{\delta}\right)^{1-\frac{\alpha}{\delta}-\frac{\beta}{\delta}}\frac{\Gamma((\alpha+\beta)/\delta)}{\Gamma(\alpha/\delta)\,\Gamma(\beta/\delta)}x^{\frac{\alpha}{\delta}-1}\left(\frac{\mu}{\delta}-x\right)^{\frac{\beta}{\delta}-1} \tag{4.9}$$

这表明 $x$ 服从一个**贝塔分布**(Beta distribution), 其中 $\Gamma(\cdot)$ 表示伽马函数. 当失活率 $\beta$ 远远大于激活率 $\alpha$, 且稍大于 $X$ 的降解速率 $\delta$ 时, $P(x)$ 可逼近一个伽马分布, 即

$$P(x)=\frac{\beta/\mu}{\Gamma(\alpha/\delta)}\left(\frac{\beta x}{\mu}\right)^{(\alpha/\delta)-1}\mathrm{e}^{-(\beta/\mu)x} \tag{4.10}$$

这时概率密度仅由 $\dfrac{\alpha}{\delta}$ 和 $\dfrac{\beta}{\mu}$ 这两个参数决定.

这里指出: 上述模型只考虑了启动子的内部波动, 而忽略了蛋白质 $x$ 的生成和降解造成的噪声.

# 4.2 简化的两状态基因模型中的概率分布

## 4.2.1 静态概率分布

4.1 节中导出的几个基因产物分布尽管在某些情况下很实用 (如能解释某些实验现象), 但是导出时对基因表达参数都作了某种假设. 一个理论问题是假如模型中系统参数不受限制, 基因产物的精确分布是什么. 本节试图解决这一问题, 特别是介绍找基因表达模型中基因产物分布的几种分析方法.

让 $\alpha$ 和 $\beta$ 分别代表基因关 (非活性) 状态到开 (活性) 状态与从开状态到关状态的转移率; 让 $\mu$ 和 $\delta$ 分别是转录率和降解率; 让 $m$ 表示物种 $X$ 的分子数, $P_1$ 代表在关状态 $t$ 时刻物种 $X$ 有 $m$ 个分子数目的概率, $P_2$ 代表在开状态 $t$ 时刻物种 $X$ 有 $m$ 个分子数目的概率. 那么, 主方程可以表示为

$$\begin{aligned}\frac{\partial}{\partial t}P_1(m;t) &= -\alpha P_1(m;t)+\beta P_2(m;t)+\delta(E-I)[mP_1(m;t)]\\ \frac{\partial}{\partial t}P_2(m;t) &= -\beta P_2(m;t)+\alpha P_1(m;t)+\delta(E-I)[mP_2(m;t)]\\ &\quad+\mu\left(E^{-1}-I\right)[P_2(m;t)]\end{aligned}\tag{4.11}$$

其中 $I$ 是单位算子, $E$ 及其逆 $E^{-1}$ 都是步长算子, 即对函数 $f$ 和整数 $n$, 有 $E[f(n)]=f(n+1)$, $E^{-1}[f(n)]=f(n-1)$. 下面介绍三种分析求方程 (4.11) 静态解的方法.

第一种方法是特征函数法[4]. 为了求解方程 (4.11), 引进生成函数

$$G_i(z;t)=\sum_{m=0}^{\infty}z^m P_i(m;t)\quad(i=1,2)$$

那么, 由 (4.11) 可导出

$$\begin{aligned}\frac{\partial}{\partial t}G_1(z;t) &= -\alpha G_1(z;t)+\beta G_2(z;t)+(1-z)\frac{\partial}{\partial z}G_1(z;t)\\ \frac{\partial}{\partial t}G_2(z;t) &= -\beta G_2(z;t)+\alpha G_1(z;t)+(1-z)\frac{\partial}{\partial z}G_2(z;t)+\mu(z-1)G_2(z;t)\end{aligned}$$

其中, 所有的参数都被降解率 $\delta$ 规范化了, 即 $\frac{\alpha}{\delta}\to\alpha$, $\frac{\beta}{\delta}\to\beta$, $\frac{\mu}{\delta}\to\mu$, $\delta t\to t$.

普通的兴趣在于找静态概率分布. 为此, 记 $s=\mu(z-1)$, 并考虑下列方程:

$$\begin{aligned}-\alpha G_1(s)+\beta G_2(s)-s\partial_s G_1(s)=0\\ -\beta G_2(s)+\alpha G_1(s)-s\partial_s G_2(s)+sG_2(s)=0\end{aligned}\tag{4.12}$$

两式相加得 $G_2(s)=\partial_s G(s)$, 这里 $G\equiv G_1+G_2$. 为方便, 引进微分算子 $\vartheta=s(\mathrm{d}/\mathrm{d}s)$, 则

$$\frac{\mathrm{d}^2}{\mathrm{d}s^2}=\frac{\mathrm{d}}{\mathrm{d}s}\left(\frac{\mathrm{d}}{\mathrm{d}s}\right)=\frac{\mathrm{d}}{\mathrm{d}s}\left(\frac{1}{s}\vartheta\right)=-\frac{1}{s^2}\vartheta+\frac{1}{s}\frac{\mathrm{d}\vartheta}{\mathrm{d}s}=-\frac{1}{s^2}\vartheta+\frac{1}{s}\frac{1}{s}\vartheta^2=\frac{1}{s^2}\vartheta(\vartheta-1)$$

不难显示出

$$G_1=\frac{1}{s}\vartheta G,\quad G_2=\frac{1}{s}\frac{1}{\alpha}\left[(\vartheta+\beta-1)-s\right]\vartheta G$$

若把 $G_1$ 和 $G_2$ 的这种表达式代入 (4.12), 则可得

$$(\vartheta+\alpha+\beta-1)\,\vartheta G-s\,(\vartheta+\alpha)\,G=0$$

注意到这方程的解可表示为

$$G(z)={}_1F_1(\alpha;\alpha+\beta;\mu(z-1))\,C$$

其中, ${}_1F_1(a,b;z)$ 是汇合型超几何函数, $C$ 是常数, 由条件 $G(1)=1$ 给出 $C=1$. 进一步, 在 $z=0$ 处泰勒展开函数 ${}_1F_1(\alpha;\alpha+\beta;\mu(z-1))$, 并利用汇合型超几何函数的导数性质, 则得

$$G(z)=\sum_{n=0}^{\infty}\frac{\Gamma(\alpha+n)\,\Gamma(\alpha+\beta)}{\Gamma(\alpha)\,\Gamma(\alpha+\beta+n)}\frac{\mu^n}{n!}{}_1F_1(\alpha+n;\alpha+\beta+n;\mu(z-1))z^n \tag{4.13}$$

再利用概率密度函数度与生成函数之间的关系, 可获得静态 mRNA 概率密度函数的分析表达

$$P(m)=\frac{\Gamma(\alpha+m)\,\Gamma(\alpha+\beta)}{\Gamma(\alpha)\,\Gamma(\alpha+\beta+m)}\frac{\mu^m}{m!}{}_1F_1(\alpha+m;\alpha+\beta+m;-\mu) \tag{4.14}$$

转换成原来的参数, 并注意到 $\Gamma(m+1)=m!$, 即得精确分布为

$$P(m)=\frac{\Gamma\left(\dfrac{\alpha}{\delta}+m\right)}{\Gamma(m+1)\,\Gamma\left(\dfrac{\alpha+\beta}{\delta}+m\right)}\frac{\Gamma\left(\dfrac{\alpha+\beta}{\delta}\right)}{\Gamma\left(\dfrac{\alpha}{\delta}\right)}\left(\frac{\mu}{\delta}\right)^m{}_1F_1\left(\frac{\alpha}{\delta}+m;\frac{\alpha+\beta}{\delta}+m;-\frac{\mu}{\delta}\right) \tag{4.14a}$$

注意到

$${}_1F_1\left(\frac{\alpha}{\delta}+m,\frac{\alpha+\beta}{\delta}+m;-\frac{\mu}{\delta}\right)=\sum_{n=0}^{\infty}\frac{\left(\dfrac{\alpha}{\delta}+m\right)_n}{\left(\dfrac{\alpha+\beta}{\delta}+m\right)_n}\frac{\left(-\dfrac{\mu}{\delta}\right)^n}{n!}$$

$$= \sum_{n=0}^{\infty} \frac{\left(\frac{\alpha}{\delta}+m\right)_n \Gamma\left(\frac{\alpha+\beta}{\delta}+m\right)}{\Gamma\left(\frac{\alpha+\beta}{\delta}+m+n\right)} \frac{\left(-\frac{\mu}{\delta}\right)^n}{n!}$$

假定 $\beta/\delta$ 充分大, 则有近似

$$\Gamma\left(\frac{\alpha+\beta}{\delta}+m+n\right) \approx \Gamma\left(\frac{\alpha+\beta}{\delta}\right)\left(\frac{\beta}{\delta}\right)^{m+n}$$

因此

$$\begin{aligned}
{}_1F_1\left(\frac{\alpha}{\delta}+m, \frac{\alpha+\beta}{\delta}+m; -\frac{\mu}{\delta}\right) &\approx \frac{\Gamma\left(\frac{\alpha+\beta}{\delta}+m\right)}{\Gamma\left(\frac{\alpha+\beta}{\delta}\right)}\left(\frac{\beta}{\delta}\right)^{-m} \sum_{n=0}^{\infty}\left(\frac{\alpha}{\delta}+m\right)_n \frac{(-\mu/\beta)^n}{n!} \\
&= \frac{\Gamma\left(\frac{\alpha+\beta}{\delta}+m\right)}{\Gamma\left(\frac{\alpha+\beta}{\delta}\right)}\left(\frac{\beta}{\delta}\right)^{-m}\left(1+\frac{\mu}{\beta}\right)^{-\left(\frac{\alpha}{\delta}+m\right)}
\end{aligned}$$

这样, 获得

$$P(m) \approx \left(1+\frac{\mu}{\beta}\right)^{-\frac{\alpha}{\delta}} \frac{\Gamma\left(\frac{\alpha}{\delta}+m\right)}{\Gamma\left(\frac{\alpha}{\delta}\right)\Gamma(m+1)}\left(\frac{\frac{\mu}{\beta}}{1+\frac{\mu}{\beta}}\right)^m$$

进一步, 若 $\mu$ 相对于其他比率常数大很多, 则有近似

$$P(m) \approx \left(\frac{\mu}{\delta}\right)^{1-\frac{\alpha+\beta}{\delta}} \frac{\Gamma\left(\frac{\alpha+\beta}{\delta}\right)}{\Gamma\left(\frac{\alpha}{\delta}\right)\Gamma\left(\frac{\beta}{\delta}\right)} m^{\frac{\alpha}{\delta}-1}\left(\frac{\mu}{\delta}-m\right)^{\frac{\beta}{\delta}-1}$$

在此基础上, 再假定 $\beta/\alpha$ 充分大, 且 $\beta$ 比 $\delta$ 大, 则

$$P(m) \approx \frac{\frac{\beta}{\mu}}{\Gamma\left(\frac{\alpha}{\delta}\right)}\left(\frac{\beta}{\mu}m\right)^{\frac{\alpha}{\delta}-1} \mathrm{e}^{-\frac{\beta}{\mu}m}$$

这就是前面导出的伽马分布, 它由两个参数特征化.

我们指出：当 $\frac{\alpha}{\delta}=\tilde{\alpha}<1$ 和 $\frac{\beta}{\delta}=\tilde{\beta}<1$ 时, 伽马分布出现双峰, 即当启动子波动比 mRNA 降解速率慢的时候且在没有反馈的情形下, mRNA 的分布可出现双峰.

第二种方法是泊松表示法[5]. 由于这种求解方法仅需要对所考察的系统附加某些边界条件, 因此它具有一般性, 值得推荐使用. 特别是, 利用这种方法, 能导出贝塔分布.

下面, 介绍如何采用泊松表示法来求解方程 (4.11) 的细节. 让 $G_1(z;t)$ 和 $G_2(z;t)$ 分别为 $P_1(m;t)$ 和 $P_2(m;t)$ 的生成函数, 即

$$G_k(z;t)=\sum_{m\geqslant 0}P_k(m;t)z^m,\quad k=1,2$$

利用柯西积分的性质可知

$$P_k(m;t)=\frac{1}{m!}\frac{\partial^m G_k(z;t)}{\partial z^m}=\frac{1}{2\pi\mathrm{i}}\oint_C\frac{G_k(z;t)}{z^{m+1}}\mathrm{d}z,\quad k=1,2$$

其中, $C$ 表示中心在原点的单位圆. 现在, 把 $G_k(z;t)$ 表示成拉普拉斯变换形式

$$G_k(z;t)=\int\rho(s;t)\mathrm{e}^{-s(1-z)}\mathrm{d}s,\quad k=1,2$$

其中, 函数 $\rho_k(s;t)$ 待定, 由 $G_k(z;t)$ 的拉普拉斯逆变换确定. 再次利用柯西积分的性质得

$$\frac{1}{2\pi\mathrm{i}}\oint_C\mathrm{e}^{-s(1-z)}\frac{1}{z^{m+1}}\mathrm{d}z=\frac{s^m}{m!}\mathrm{e}^{-s}$$

这样, 获得 $P_1(m;t)$ 和 $P_2(m;t)$ 的另一种形式表示

$$P_k(m;t)=\int_0^\infty\rho_k(s;t)\mathrm{e}^{-s}\frac{s^m}{m!}\mathrm{d}s,\quad k=1,2$$

由于规范化条件 $\sum_{m=0}^{\infty}P(m;t)=1$, 因此可得

$$\int_{s\geqslant 0}\rho(s;t)\mathrm{d}s=1,\quad \rho(s;t)\equiv\rho_1(s;t)+\rho_2(s;t)$$

注意到

$$\delta\left[(m+1)P_k(m+1;t)-mP_k(m;t)\right]=\delta\int_0^\infty s\rho_k(s;t)\mathrm{e}^{-s}\left(\frac{s^m}{m!}-\frac{s^{m-1}}{(m-1)!}\right)\mathrm{d}s$$

而

$$\int\mathrm{e}^{-s}\left(\frac{s^m}{m!}-\frac{s^{m-1}}{(m-1)!}\right)\mathrm{d}s=-\frac{s^m}{m!}\mathrm{e}^{-s}+\mathrm{const.}$$

因此, 分部积分得

$$\begin{aligned}
&\delta\left[(m+1)P_k(m+1;t)-mP_k(m;t)\right]\\
=&-\delta s\rho_k(s;t)\,\mathrm{e}^{-s}\left.\frac{s^m}{m!}\right|_0^{\infty}+\delta\int_0^{\infty}\mathrm{e}^{-s}\frac{s^m}{m!}\frac{\partial\left(s\rho_k(s;t)\right)}{\partial s}\mathrm{d}s\\
=&\,\delta\int_0^{\infty}\mathrm{e}^{-s}\frac{s^m}{m!}\frac{\partial\left(s\rho_k(s;t)\right)}{\partial s}\mathrm{d}s
\end{aligned}$$

其中, 已经用到了下列边界条件 (假定 $0\leqslant s\leqslant s_{\max}$):

$$\delta\rho_1(s)\,\mathrm{e}^{-s}\left.\frac{s^m}{m!}\right|_0^{s_{\max}}=0$$

假如在 $s=s_{\max}$ 处函数 $\rho_1(s)$ 比函数 $1/(s_{\max}-s)$ 具有更低的奇异性, 而在 $s=0$ 处具有更低的极限. 注意到 $s_{\max}=\dfrac{\mu}{\delta}$ 在物理学上是合理的, 这是因为：当 DNA 总是处于 on 状态时, 可知蛋白质的数目服从某个泊松分布, 相应的泊松参数正是 $\mu/\delta$.

此时, 由方程 (4.11) 的第一个方程可得

$$\int_0^{\infty}\mathrm{e}^{-s}\frac{s^m}{m!}\frac{\partial\rho_1(s;t)}{\partial t}\mathrm{d}s=\int_0^{\infty}\mathrm{e}^{-s}\frac{s^m}{m!}\left[-\alpha\rho_1(s;t)+\beta\rho_2(s;t)+\delta\frac{\partial\left(s\rho_1(s;t)\right)}{\partial s}\right]\mathrm{d}s$$

类似地, 可转变方程 (4.11) 的第二个方程. 这样, 求解方程 (4.11) 的问题转化成求解下列方程:

$$\begin{aligned}
\partial_t\rho_1(s;t)&=-\alpha\rho_1(s;t)+\beta\rho_2(s;t)+\delta\,\partial_s\left[s\rho_1(s;t)\right]\\
\partial_t\rho_2(s;t)&=\alpha\rho_1(s;t)-\beta\rho_2(s;t)+\delta\,\partial_s\left[s\rho_2(s;t)\right]-\mu\,\partial_s\rho_2(s;t)
\end{aligned}\tag{4.15}$$

不难求得 (4.15) 的静态解 (可直接验证) 为

$$\rho(s)=Cs^{-1+\alpha/\delta}\left(\frac{\mu}{\delta}-s\right)^{-1+\beta/\delta}$$

其中 $C$ 是一个规范化因子. 再利用汇合型超几何函数的积分表示

$$\int_0^u x^{a-1}(u-x)^{b-1}\mathrm{e}^{\gamma x}\mathrm{d}x=\frac{\Gamma(a)\Gamma(b)}{\Gamma(a+b)}u^{a+b-1}{}_1F_1(a;a+b;\gamma u)$$

由此获得

$$P(m)\sim{}_1F_1\left(\frac{\alpha}{\delta}+m;\frac{\alpha+\beta}{\delta}+m;-\frac{\mu}{\delta}\right)$$

两者相差一个规范化因子. 这一结果与 (4.14) 式相同.

第三种方法是二项矩方法[6](或看第 1 章的细节). 由第 3 章知：对应于方程 (4.11) 的二项矩方程为

$$\frac{\mathrm{d}\boldsymbol{b}_m}{\mathrm{d}t}=\boldsymbol{A}\boldsymbol{b}_m+\Phi\boldsymbol{b}_{m-1}-m\boldsymbol{D}\boldsymbol{b}_m\tag{4.16}$$

其中, $\boldsymbol{b}_m=\left(b_m^{(1)},b_m^{(2)}\right)^{\mathrm{T}}$ 是一个列向量, $m=0,1,2,\cdots$, 但定义 $\boldsymbol{b}_{-1}=\boldsymbol{0}$. 在静态处, 二项矩方程 (4.16) 变成下列迭代关系

$$(m\boldsymbol{D}-\boldsymbol{A})\,\boldsymbol{b}_m=\boldsymbol{\Phi}\boldsymbol{b}_{m-1} \tag{4.17}$$

展开后得

$$b_m^{(1)}=\frac{\beta}{m\delta+\alpha}b_m^{(2)} \tag{4.17a}$$

$$b_m^{(2)}=\frac{\mu\,(m\delta+\alpha)}{m\delta\,(m\delta+\alpha+\beta)}b_{m-1}^{(2)} \tag{4.17b}$$

由 (4.17b) 求解得

$$b_m^{(2)}=\frac{\tilde{\mu}^m\,(1+\tilde{\alpha})_m}{m!\left(1+\tilde{\alpha}+\tilde{\beta}\right)_m}b_0^{(2)}$$

其中, $\tilde{\alpha}=\dfrac{\alpha}{\delta}$, $\tilde{\beta}=\dfrac{\beta}{\delta}$, $\tilde{\mu}=\dfrac{\mu}{\delta}$. 进一步, 注意到 $b_0^{(1)}=\dfrac{\beta}{\alpha+\beta}$ 和 $b_0^{(2)}=\dfrac{\alpha}{\alpha+\beta}$(看式 (3.18)), 以及 $b_m=b_m^{(1)}+b_m^{(2)}=\dfrac{m\delta+\alpha+\beta}{m\delta+\alpha}b_m^{(2)}$, 因此获得二项矩为

$$b_m=\frac{\tilde{\mu}^m\,(\tilde{\alpha})_m}{m!\left(\tilde{\alpha}+\tilde{\beta}\right)_m} \tag{4.18}$$

再根据第 1 章中用二项矩重构概率分布的公式, 从而获得

$$P\,(m)=\frac{\Gamma\,(\tilde{\alpha}+m)}{\Gamma\,(m+1)\,\Gamma\left(\tilde{\alpha}+\tilde{\beta}+m\right)}\frac{\Gamma\left(\tilde{\alpha}+\tilde{\beta}\right)}{\Gamma\,(\tilde{\alpha})}\tilde{\mu}^m{}_1F_1\left(\tilde{\alpha}+m;\tilde{\alpha}+\tilde{\beta}+m;-\tilde{\mu}\right)$$

它与结果 (4.14) 完全相同. 已经看到: 二项矩方法求解两状态的基因模型比其他几种方法更简单.

### 4.2.2　动态概率分布

考虑两阶段的基因表达过程: 从 DNA 转录成 mRNA(单位时间单位体积内产生 mRNA 的概率为 $\mu$: 转录概率); 从 mRNA 翻译成蛋白质 (单位时间单位体积内产生蛋白质的概率为 $\rho$: 翻译概率). 假定在单位时间单位体积内, mRNA 的降解率为 $\delta$, 蛋白质的降解率为 $\gamma$. 又假定启动子总是处于活性状态, 那么有两个随机变量: mRNA 的数目和蛋白质的数目. 注意到生化反应式包括: $D\xrightarrow{\mu}D+m$, $m\xrightarrow{\rho}m+n$, $m\xrightarrow{\delta}\varnothing$, $n\xrightarrow{\gamma}\varnothing$. 那么, 在 $t$ 时刻有 $m$ 个 mRNA 和 $n$ 个蛋白质的联合概率密度, $P\,(m,n;t)$, 由下列化学主方程给出[4]:

$$\frac{\partial P_{m,n}}{\partial t}=\mu\,(P_{m-1,n}-P_{m,n})+\rho m\,(P_{m,n-1}-P_{m,n})$$

$$+\delta\left[(m+1)P_{m+1,n}-mP_{m,n}\right]+\gamma\left[(n+1)P_{m,n+1}-nP_{m,n}\right] \quad (4.19)$$

为了求解方程 (4.19), 引进如下生成函数:

$$G(z',z;t)=\sum_{m,n}z'^m z^n P_{m,n}$$

这是因为概率密度函数与生成函数有如下关系：对于蛋白质, 若 $G(1,z;t)$ 已知或已被给出, 则 $P(n;t)=\frac{1}{n!}\left.\frac{\partial^n G(1,z;t)}{\partial z^n}\right|_{z=0}$；类似地, 对 mRNA, 若 $G(z',1;t)$ 已给出, 则 $P(m;t)=\frac{1}{m!}\left.\frac{\partial^n G(z',1;t)}{\partial z'^n}\right|_{z=0}$. 注意到

$$\frac{\partial G(z,z';t)}{\partial t}=\sum_{m,n}z'^m z^n\frac{\partial P_{m,n}}{\partial t},$$

$$\frac{\partial G(z,z';t)}{\partial z'}=\sum_{m,n}mz'^{m-1}z^n P_{m,n},$$

$$\frac{\partial G(z,z';t)}{\partial z}=\sum_{m,n}nz'^m z^{n-1}P_{m,n}$$

此时, 方程 (4.19) 可变成下列一阶偏微分方程:

$$\frac{\partial G}{\partial v}-\kappa\left[b(1+u)-\frac{u}{v}\right]\frac{\partial G}{\partial u}+\frac{1}{v}\frac{\partial G}{\partial \tau}=a\frac{u}{v}G \quad (4.20)$$

其中, $a=\frac{\mu}{\gamma}$, $b=\frac{\rho}{\delta}$(其含义是：每个转录本的翻译数目), $\kappa=\frac{\delta}{\gamma}$, $\tau=\kappa t$, $u=z'-1$, $v=z-1$. 为了求解方程 (4.20), 我们采用特征线法求解. 设 $\tau=0$ 时 $u=u_0$, $v=v_0$, 并让 $r$ 表示开始于 $\tau=0$ 沿特征线的距离, 则特征线的参数方程可为：$\tau=\tau(r)$, $u=u(r)$, $v=v(r)$, 而且方程 (4.20) 沿特征线变为下列常微分方程:

$$\frac{\mathrm{d}G}{\mathrm{d}r}=\frac{\partial G}{\partial \tau}\frac{\mathrm{d}\tau}{\mathrm{d}r}+\frac{\partial G}{\partial u}\frac{\mathrm{d}u}{\mathrm{d}r}+\frac{\partial G}{\partial v}\frac{\mathrm{d}v}{\mathrm{d}r}=a\frac{u}{v}G$$

通过与方程 (4.20) 进行比较, 可得

$$\frac{\mathrm{d}v}{\mathrm{d}r}=1,\quad \frac{\mathrm{d}\tau}{\mathrm{d}r}=\frac{1}{v}$$

$$\frac{\mathrm{d}u}{\mathrm{d}r}=-\kappa\left[b(1+u)-\frac{u}{v}\right],\quad \frac{\mathrm{d}G}{\mathrm{d}r}=a\frac{u}{v}G$$

这样, $v=r$, 而 $u$ 能够表示成 $v$ 的函数 (它满足某个一阶线性常微分方程, 因此是可求解的) 且求得

$$u(v)=\mathrm{e}^{-\kappa bv}v^{\kappa}\left[C-b\kappa\int^{v}\frac{1}{\tilde{v}^{\kappa}}\mathrm{e}^{\kappa b\tilde{v}}\mathrm{d}\tilde{v}\right]$$

其中 $C$ 是一个常数, 能够通过 $u$ 的微分方程来确定. 对被积函数中的函数 $\mathrm{e}^{\kappa bv}$ 进行泰勒展开, 即 $\mathrm{e}^{\kappa bv}=\sum\limits_{n=0}^{\infty}(\kappa bv)^n/n!$, 则

$$u(v)=\mathrm{e}^{-\kappa bv}\left[Cv^{\kappa}-\sum_{n=0}^{\infty}\frac{(\kappa bv)^{n+1}}{n!(n-\kappa+1)}\right]$$

通过考虑上述求和中的第 $n-1$ 项与第 $n$ 项之比的通项公式, 可以发现求和中的成分当 $n\approx\kappa bv$ 时取得最大. 这样, 当 $\kappa\gg1$(它是蛋白质以爆发方式生成的必要条件) 时, 可写 $n=\kappa bv+s$(其中, $s$ 能够认为是对 $\kappa bv$ 的一个扰动). 再根据斯特林近似公式, 知道 $n!$ 能够近似表示为 $n!\approx(\kappa bv)^n\,\mathrm{e}^{-\kappa bv}\mathrm{e}^{s^2/(2\kappa bv)}\sqrt{2\pi\kappa bv}$. 因此,

$$\begin{aligned}\sum_{n=0}^{\infty}\frac{(\kappa bv)^{n+1}}{n!(n-\kappa+1)}&\approx\int_{-\infty}^{+\infty}\frac{\mathrm{e}^{-s^2/(\kappa bv)}}{\sqrt{2\pi\kappa bv}}\frac{\kappa bv\mathrm{e}^{\kappa bv}}{\kappa(bv-1)+s+1}\mathrm{d}s\\&=\int_{-\infty}^{+\infty}\frac{\mathrm{e}^{-s^2/(\kappa bv)}}{\sqrt{2\pi\kappa bv}}\frac{bv\mathrm{e}^{\kappa bv}}{bv-1}\left[1+\kappa^{-1}\left(\frac{s+1}{bv-1}\right)\right]^{-1}\mathrm{d}s\\&=\frac{bv\mathrm{e}^{\kappa bv}}{bv-1}\int_{-\infty}^{+\infty}\frac{\mathrm{e}^{-s^2/(\kappa bv)}}{\sqrt{2\pi\kappa bv}}\mathrm{d}s+O\left(\kappa^{-1}\right)\approx\frac{bv\mathrm{e}^{\kappa bv}}{bv-1}\end{aligned}$$

至此, 获得 $u(v)$ 的新表达式

$$u(v)\approx C\mathrm{e}^{-\kappa bv}v^{\kappa}+\frac{bv}{1-bv}\quad(\text{条件：}\kappa\gg1)$$

由于当 $\tau=0$ 时 $u=u_0$, $v=v_0$, 以及 $v=v_0\mathrm{e}^{\tau}>v_0$(这里 $\tau\geqslant0$), 因此当 $\kappa\gg1$ 时, 进一步有

$$u(v)=\left(u_0-\frac{bv_0}{1-bv_0}\right)\mathrm{e}^{-\kappa b(v-v_0)}\left(\frac{v}{v_0}\right)^{\kappa}+\frac{bv}{1-bv}\approx\frac{bv}{1-bv}$$

把这种表达代入 (4.20) 得

$$\frac{\mathrm{d}G}{\mathrm{d}v}=\frac{ab}{1-bv}G,\quad\text{其中,}\quad G(u,v)=G(u(v),v)=G(v)=\sum_{n=0}^{\infty}P(n)v^n$$

或

$$\ln\frac{G(v)}{G(v_0)}=a\ln\left(\frac{1-bv_0}{1-bv}\right)\tag{4.21}$$

假如开始时有 $k$ 个蛋白质, 则

$$G(v_0)=\sum P_n(\tau=0)z^n=\sum\delta_{n,k}z^n=z^k=(1+v_0)^k$$

这一初始条件仅对与量级 $\dfrac{\gamma}{\delta}=\kappa^{-1}$ 相当的非零 $\tau$ 才是有效的. 注意到 $v=z-1$

和 $v=v_0\mathrm{e}^{\tau}$(蕴含着 $v_0=(z-1)\,\mathrm{e}^{-\tau}$). 因此, 由 (4.21) 可得

$$G(z;\tau)=\left[\frac{1-b(z-1)\,\mathrm{e}^{-\tau}}{1-bz+b}\right]^a\left[1+b(z-1)\,\mathrm{e}^{-\tau}\right]^k \tag{4.22}$$

再注意到: 利用 $u=z'-1$ 和方程 (4.20) 以及式 (4.22), 可给出 $G(z';\tau)$ 的表达, 从而可给出 mRNA 的概率分布.

现在, 导出蛋白质的概率分布. 假定初始时蛋白质的数目为零 (即 $k=0$), 根据定义, 可知

$$P_n(\tau)=\frac{1}{n!}\frac{\partial^n}{\partial z^n}\left.G(z;\tau)\right|_{z=0}$$

由于此时 $G(z;\tau)$ 可表示为

$$G(z;\tau)=G(1,z;\tau)=\left[\frac{1-b(z-1)\,\mathrm{e}^{-\tau}}{1-bz+b}\right]^a=\left[\frac{1+b\mathrm{e}^{-\tau}}{1+b}\right]^a\left[\frac{1-\dfrac{b}{1+b}z}{1-\dfrac{b}{\mathrm{e}^{\tau}+b}z}\right]^{-a}$$

且注意到两个等式

$$\frac{\partial^n}{\partial z^n}\left.(1-qz)^{-a}\right|_{z=0}=\frac{\Gamma(n+a)}{\Gamma(a)}q^n$$

$$\frac{\partial^n}{\partial z^n}\left(\frac{x(z)}{y(z)}\right)=n!\sum_{k=0}^{n}\frac{\partial^{n-k}x(z)}{\partial z^{n-k}}\sum_{j=0}^{k}\frac{(-1)^j(k+1)\,y(z)^{-j-1}}{(j+1)!\,(n-k)!\,(k-j)!}\frac{\partial^k}{\partial z^k}y(z)^j$$

以及令 $x(z)=\left(1-\dfrac{b}{1+b}z\right)^{-a}$, 则

$$\begin{aligned}P_n(\tau)=&\left[\frac{1+b\mathrm{e}^{-\tau}}{1+b}\right]^a\sum_{k=0}^{n}\frac{\Gamma(a+n-k)}{\Gamma(a)}\left(\frac{b}{1+b}\right)^{n-k}\\&\times\sum_{j=0}^{k}\frac{(-1)^j(k+1)}{(j+1)!\,(n-k)!\,(k-j)!}\frac{\Gamma(aj+k)}{\Gamma(aj)}\cdot\left(\frac{b}{\mathrm{e}^{\tau}+b}\right)^k\end{aligned} \tag{4.23}$$

进一步, 若利用恒等式

$$\sum_{j=1}^{k}\frac{(-1)^j\,\Gamma(aj+k)}{\Gamma(aj)\,(j+1)!\,(k-j)!}=\frac{(-1)^k\,\Gamma(a+1)}{\Gamma(a-k+1)\,(k+1)!}$$

则上述 $P_n(\tau)$ 的表达可进一步简化, 而且有

$$P_n(\tau)=\left(\frac{b}{1+b}\right)^n\left(\frac{1+b\mathrm{e}^{-\tau}}{1+b}\right)^a\sum_{k=0}^{n}\frac{(-1)^k}{k!}\frac{\Gamma(a+n-k)}{\Gamma(n-k+1)\,\Gamma(a-k+1)}\left(\frac{1+b}{\mathrm{e}^{\tau}+b}\right)^k$$

回忆起汇合型超几何函数 ${}_2F_1(a,b;c;z)$ 具有表示

$$
{}_2F_1(-n,b;c;z)=\sum_{k=0}^{n}(-1)^k\frac{\Gamma(n+1)}{\Gamma(n-k+1)}\frac{(b)_k}{(c)_k}\frac{z^k}{k!}
$$

其中, $(b)_k$ 和 $(c)_k$ 是 Pochhammer 符号, 其定义为 $(a)_k=\dfrac{\Gamma(a+k)}{\Gamma(a)}$. 根据这一定义, 可知

$$
\Gamma(a+1)=(-1)^k(-a)_k\Gamma(a-k+1)
$$

又写 $\Gamma(a-k+n)=\Gamma(a+n-1-k+1)$ 并利用上面的结果, 那么可获得蛋白质概率密度函数的分析表达如下:

$$
P_n(\tau)=\frac{1}{n!}\left(\frac{b}{1+b}\right)^n\left(\frac{1+b\mathrm{e}^{-\tau}}{1+b}\right)^a\frac{\Gamma(a+n)}{\Gamma(a)}{}_2F_1\left(-n,-a;1-a-n;\frac{1+b}{\mathrm{e}^{\tau}+b}\right)\tag{4.24}
$$

仅当 $\kappa\gg1$, $\tau>\kappa^{-1}$, $a$ 和 $b$ 都是有限时, 方程 (4.24) 才是有效的. (4.24) 表明蛋白质数目服从超几何分布, 某些数值结果显示在图 4.1 中.

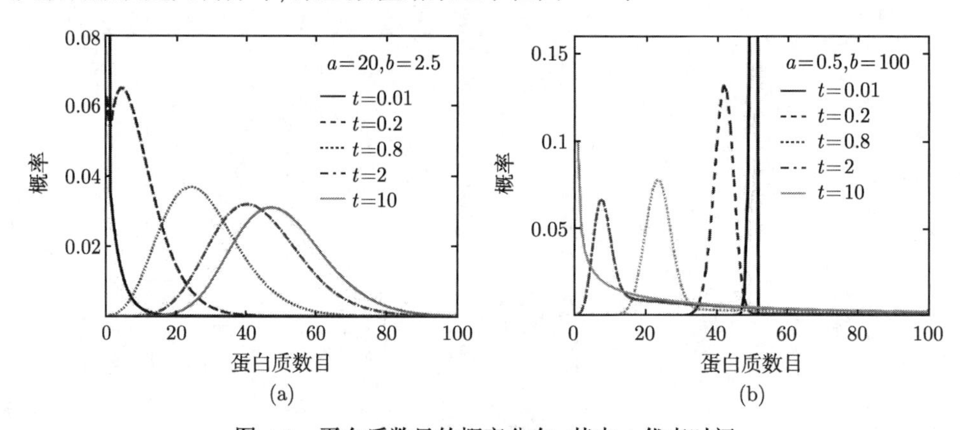


图 4.1　蛋白质数目的概率分布, 其中 $t$ 代表时间

容易计算出相应于分布 (4.24) 的基因产物的平均和方差, 它们分别为

$$
\begin{aligned}
&E(n)=ab(1-\mathrm{e}^{-\tau})\\
&\mathrm{Var}(n)=E(n-E(n))^2=ab(1-\mathrm{e}^{-\tau})(1+b+b\mathrm{e}^{-\tau})=E(n)(1+b+b\mathrm{e}^{-\tau})
\end{aligned}
$$

若 $\tau\to\infty$, 则蛋白质数目的静态平均和静态方差为

$$
\begin{aligned}
E(n)&=ab\\
\mathrm{Var}(n)&=ab(1+b)
\end{aligned}
$$

而静态概率密度为 (注意到: $\lim\limits_{\tau\to\infty} {}_2F_1\left(-n,-a;1-a-n;(1+b)/(\mathrm{e}^{\tau}+b)\right)=(b/(1+b))^n$)

$$P_n=\frac{\Gamma(a+n)}{\Gamma(n+1)\Gamma(a)}\left(\frac{b}{1+b}\right)^n\left(1-\frac{b}{1+b}\right)^a \tag{4.25}$$

这表明蛋白质数目服从负二项分布.

我们指出: 特征线法比拉普拉斯变换法更一般, 但没有给出 mRNA 和蛋白质的联合概率分布.

总结地, 利用特征线法, 能求出蛋白质或 mRNA 的动态和静态 (即 $\tau=\infty$) 概率分布, 其结果是动态的蛋白质数目服从超几何分布, 而静态的蛋白质数目服从负二项分布.

## 4.3 基因自调控模型中的概率分布

自调控的方式可以多种多样的, 如自促进、自压制、单体调控、二聚体调控等. 本节仅考虑单体自调控, 并导出自调控情形时几种常用两状态基因模型中的概率分布. 图 4.2 显示出基因自调控模型的一个例子.

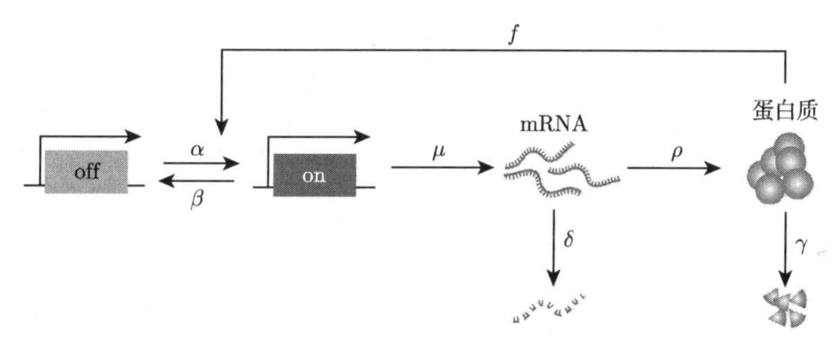


图 4.2 考虑自调控的完整两状态基因模型示意图: 正反馈 (或自促进) 情形, 其中, $f$ 代表反馈强度

### 4.3.1 反馈情形

首先, 考虑自促进情形时简化 (即把转录和翻译整合为单步过程) 的两状态基因模型, 参考图 4.2. 此时, 相应的生化反应网络为

$$\begin{aligned}&I\underset{\beta}{\overset{\alpha}{\rightleftharpoons}}A,\ \ A\xrightarrow{\mu}A+X\\&I+X\xrightarrow{f}A+X,\quad X\xrightarrow{\delta}\varnothing\end{aligned} \tag{4.26}$$

让 $P_1(m;t)$ 和 $P_2(m;t)$ 分别表示基因处于 $I$(关) 和 $A$(开) 状态于 $t$ 时刻有 $m$ 个基因产物分子的概率函数, 那么相应的生化主方程为

$$\frac{\partial}{\partial t}P_1(m;t) = -\alpha P_1(m;t) + \beta P_2(m;t) - fmP_1(m;t) + \delta(E-I)[mP_1(m;t)]$$
$$\frac{\partial}{\partial t}P_2(m;t) = \alpha P_1(m;t) - \beta P_2(m;t) + fmP_1(m;t) + \delta(E-I)[mP_2(m;t)] + \mu(E^{-1}-I)[P_2(m;t)]$$

引进两个生成函数 $G_k = \sum_{m=0}^{\infty} z^m P_k$, 并考虑静态解, 则由上述主方程可得方程组

$$-\alpha G_0 + \beta G_1 - fz\frac{\mathrm{d}G_0}{\mathrm{d}z} - \delta(z-1)\frac{\mathrm{d}G_0}{\mathrm{d}z} = 0$$
$$\alpha G_0 - \beta G_1 + fz\frac{\mathrm{d}G_0}{\mathrm{d}z} - \delta(z-1)\frac{\mathrm{d}G_1}{\mathrm{d}z} + \mu(z-1)G_1 = 0$$

其中, $\partial_z G = \frac{\mathrm{d}G}{\mathrm{d}z}$. 让 $G = G_0 + G_1$. 由规范化条件 $\sum_{m=0}^{\infty} P(m;t) = 1$ 得 $G(1) = 1$. 把方程两式对应相加得 $G_1 = \frac{\delta}{\mu}\partial_z G$, 这样 $G_0 = G - \frac{\delta}{\mu}\frac{\mathrm{d}G}{\mathrm{d}z}$. 把 $G_0$ 和 $G_1$ 的这种表达代入上述方程组的第二个方程得

$$-\frac{\delta}{\mu}[f+(f+\delta)(z-1)]\frac{\mathrm{d}^2G}{\mathrm{d}z^2} + \left[f - \frac{(\alpha+\beta)\delta}{\mu} + (f+\delta)(z-1)\right]\frac{\mathrm{d}G}{\mathrm{d}z} + \alpha G = 0$$

或

$$-\frac{\delta(f+\delta)}{\mu}\left[z - \frac{\delta}{f+\delta}\right]\frac{\mathrm{d}^2G}{\mathrm{d}z^2} + \left[-\frac{(\alpha+\beta)\delta}{\mu} + (f+\delta)\left(z - \frac{\delta}{f+\delta}\right)\right]\frac{\mathrm{d}G}{\mathrm{d}z} + \alpha G = 0$$

若设

$$G(z) = \sum_{n=01}^{\infty} b_n \left(z - \frac{\delta}{f+\delta}\right)^n$$

则 $b_n$ 代表广义二项矩. 把它代入上面的方程, 并比较系数得

$$\frac{\delta}{\mu}(n+1)[(f+\delta)n + \alpha + \beta]b_{n+1} = [(f+\delta)n + \alpha]b_n, \quad n = 0, 1, 2, \cdots$$

由此求得二项矩为

$$b_{n+1} = \frac{b_0}{(n+1)!}\left(\frac{\mu}{\delta}\right)^{n+1}\frac{(\alpha/(f+\delta))_{n+1}}{((\alpha+\beta)/(f+\delta))_{n+1}}, \quad n = 0, 1, 2, \cdots$$

其中, $b_0$ 由 $G(1) = 1$ 决定 $b_0$, 即得

$$b_0 = \frac{1}{{}_1F_1\left(\frac{\alpha}{f+\delta}; \frac{\alpha+\beta}{f+\delta}; \frac{-\mu\delta}{(f+\delta)^2}\right)}$$

最后, 根据用二项矩重构概率分布的公式 (参看第 1 章), 求得基因产物的概率分布为

$$
\begin{aligned}
P(n) &= \sum_{k=0}^{\infty}\begin{pmatrix} k+n \\ n \end{pmatrix}(1-z_0)^k b_k \\
&= \frac{b_0}{(n)!}\left[\frac{f\mu}{\delta(f+\delta)}\right]^n \frac{\left(\dfrac{\alpha}{f+\delta}\right)_n}{\left(\dfrac{\alpha+\beta}{f+\delta}\right)_n} {}_1F_1\left(n+\frac{\alpha}{f+\delta}; n+\frac{\alpha+\beta}{f+\delta}; \frac{-\mu\delta}{(f+\delta)^2}\right)
\end{aligned}
$$

其次, 考虑自压制情形. 相应的生化反应式除 $I+X \xrightarrow{f} A+X$ 改为 $A+X \xrightarrow{g} I+X$ 外, 其他反应式与 (4.26) 相同. 求解这种类型的模型与求解促进情形时的基因模型完全类似, 因为两者之间只有一个反应式不同.

引进两个生成函数 $G_k = \sum_{m=0}^{\infty} z^m P_k$, 并考虑静态解, 则由上述主方程可得

$$
\begin{aligned}
&-\alpha G_0 + \beta G_1 + gz\frac{\mathrm{d}G_1}{\mathrm{d}z} - \delta(z-1)\frac{\mathrm{d}G_0}{\mathrm{d}z} = 0 \\
&\alpha G_0 - \beta G_1 - gz\frac{\mathrm{d}G_1}{\mathrm{d}z} - \delta(z-1)\frac{\mathrm{d}G_1}{\mathrm{d}z} + \mu(z-1)G_1 = 0
\end{aligned}
$$

记总的生成函数为 $G = G_0 + G_1$. 由规范化条件 $\sum_{m=0}^{\infty} P(m;t) = 1$ 可知 $G(1) = 1$. 把上面方程中的两式对应相加得 $G_1 = \dfrac{\delta}{\mu}\partial_z G$, 这样 $G_0 = G - \dfrac{\delta}{\mu}\dfrac{\mathrm{d}G}{\mathrm{d}z}$. 再把 $G_0$ 和 $G_1$ 的这种表达代入上述方程的第一个方程得

$$
\frac{\delta}{\mu}[g+(g+\delta)(z-1)]\frac{\mathrm{d}^2 G}{\mathrm{d}z^2} + \frac{\delta}{\mu}[\alpha+\beta-\mu(z-1)]\frac{\mathrm{d}G}{\mathrm{d}z} - \alpha G = 0
$$

或

$$
\frac{\delta(g+\delta)}{\mu}\left[z-\frac{\delta}{g+\delta}\right]\frac{\mathrm{d}^2 G}{\mathrm{d}z^2} + \frac{\delta}{\mu}\left[\alpha+\beta+\frac{g\mu}{g+\delta}-\mu\left(z-\frac{\delta}{g+\delta}\right)\right]\frac{\mathrm{d}G}{\mathrm{d}z} - \alpha G = 0
$$

若设

$$
G(z) = \sum_{n=0}^{\infty} a_n \left(z-\frac{\delta}{g+\delta}\right)^n
$$

其中, $a_n$ 实际为广义二项矩, 把它代入上面的方程, 并比较系数后可求得

$$
a_{n+1} = \frac{a_0}{(n+1)!}\left(\frac{\mu}{g+\delta}\right)^{n+1} \frac{\left(\dfrac{\alpha}{\delta}\right)_{n+1}}{\left(\dfrac{\alpha+\beta}{g+\delta}+\dfrac{g\mu}{(g+\delta)^2}\right)_{n+1}}, \quad n = 0, 1, 2, \cdots
$$

其中, $a_0$ 由 $G(1)=1$ 决定, 且

$$a_0 = 1/{}_1F_1\left(\alpha/\delta; (\alpha+\beta)/(g+\delta) + g\mu/(g+\delta)^2; -\mu\delta/(g+\delta)^2\right)$$

最后, 根据用二项矩重构概率分布的公式, 求得基因产物的概率分布为

$$P(n) = \frac{a_0}{(n)!}\frac{\left(\frac{\alpha}{\delta}\right)_n\left[\frac{\mu\delta}{(g+\delta)^2}\right]^n}{\left(\frac{\alpha+\beta}{g+\delta}+\frac{g\mu}{(g+\delta)^2}\right)_n}{}_1F_1\left(n+\frac{\alpha}{\delta}; n+\frac{\alpha+\beta}{g+\delta}+\frac{g\mu}{(g+\delta)^2}; \frac{-\mu\delta}{(g+\delta)^2}\right)$$

第三, 考虑双自调控的基因模型. 关于模型细节, 请看第 3 章 (或参考图 3.4). 这里只列出结果, 即基因产物的分布为

$$P(n) = \frac{\Gamma(n+a)\Gamma(b)}{\Gamma(n+b)\Gamma(a)}\frac{1}{n!}\left[\frac{\mu(f+\delta)}{(f+g+\delta)^2}\right]^n {}_1F_1\left(n+a; n+b; -\frac{\mu(f+\delta)}{(f+g+\delta)^2}\right)$$

其中, $a=\frac{\mu}{\delta}+\frac{\alpha}{f+\delta}$, $b=\frac{\alpha+\beta}{f+g+\delta}+\frac{\mu g}{(f+g+\delta)^2}$.

### 4.3.2　反馈＋泄漏情形

本小节既考虑反馈又考虑启动子有泄漏情形的基因模型中的概率分布[7], 这里, *启动子泄漏*是指当基因处于关状态时仍有小的转录率. 让 $P_1(n,t)$ 和 $P_2(n,t)$ 分别代表基因处在 $D_1$ 和 $D_2$ 于 $t$ 时刻有 $n$ 个产物分子的概率. 相应的主方程为

$$\frac{\partial}{\partial t}\begin{pmatrix} P_1(n;t) \\ P_2(n;t) \end{pmatrix} = \begin{pmatrix} -\alpha & \beta+fn \\ \alpha & -\beta-fn \end{pmatrix}\begin{pmatrix} P_1(n;t) \\ P_2(n;t) \end{pmatrix} + \begin{pmatrix} \left[\mu_0\left(E^{-1}-I\right)+\delta(E-I)\right]P_1(n;t) \\ \left[\mu_1\left(E^{-1}-I\right)+\delta(E-I)\right]P_2(n;t) \end{pmatrix} \tag{4.27}$$

其中, $\mu_0$ 和 $\mu_1$ 分别代表基因处于状态 $D_1$ 和 $D_2$ 的转录率, $f$ 代表反馈强度. 假如 $\mu_1>\mu_0$, 则可认为 $D_1$ 是非活性状态而 $D_2$ 是活性状态, 此时 $f$ 代表正反馈强度; 反之, 假如 $\mu_1<\mu_0$, 则可认为 $D_1$ 是活性状态而 $D_2$ 是非活性状态, 此时 $f$ 代表负反馈强度. 这样, 模型 (4.27) 实际是一个统一模型.

为了求解在静态处的方程 (4.27), 引入静态概率生成函数 $G_i(z)=\sum_{n=0}^{\infty}P_i(n)z^n$, 其中, $i=1,2$. 那么, 有下列方程组:

$$\begin{pmatrix} z-1 & -fz \\ 0 & z-1+fz \end{pmatrix}\frac{\mathrm{d}}{\mathrm{d}z}\begin{pmatrix} G_1 \\ G_2 \end{pmatrix} - \begin{pmatrix} \mu_0(z-1)-\alpha & \beta \\ \alpha & \mu_1(z-1)-\beta \end{pmatrix}\begin{pmatrix} G_1 \\ G_2 \end{pmatrix}$$

$$= \begin{pmatrix} 0 \\ 0 \end{pmatrix} \tag{4.28}$$

其中, 系统参数被降解率参数 $\delta$ 规范化了, 即 $\frac{\alpha}{\delta} \to \alpha$, $\frac{\alpha}{\delta} \to \beta$, $\frac{f}{\delta} \to f$, $\frac{\mu_0}{\delta} \to \mu_0$, $\frac{\mu_1}{\delta} \to \mu_1$. 方程组 (4.28) 中两个方程对应相加, 则得

$$\mu_0 G_1 - \frac{\mathrm{d}G_1}{\mathrm{d}z} = -\left(\mu_1 G_2 - \frac{\mathrm{d}G_2}{\mathrm{d}z}\right) \tag{4.29}$$

其中的导数是关于 $z$ 的.

进一步, 引入下列变换

$$H_1(z) = \mathrm{e}^{\mu_0 z} G_1(z), \quad H_2(z) = \mathrm{e}^{\mu_1 z} G_2(z) \tag{4.30}$$

那么, $G_1(z)$ 和 $G_2(z)$ 之间的关系 (4.29) 转变成 $H_1(z)$ 和 $H_2(z)$ 之间的下列关系

$$\mathrm{e}^{\mu_1 z} \frac{\mathrm{d}H_2(z)}{\mathrm{d}z} = -\mathrm{e}^{\mu_0 z} \frac{\mathrm{d}H_1(z)}{\mathrm{d}z} \tag{4.31}$$

而方程组 (4.28) 转变成下列形式的方程组

$$-\alpha \mathrm{e}^{\mu_0 z} H_1(z) + \beta \mathrm{e}^{\mu_1 z} H_2(z) + fz\left[\mu_1 \mathrm{e}^{\mu_1 z} H_2(z) + \mathrm{e}^{\mu_1 z} \frac{\mathrm{d}H_2(z)}{\mathrm{d}z}\right]$$

$$-(z-1)\,\mathrm{e}^{\mu_0 z} \frac{\mathrm{d}H_1(z)}{\mathrm{d}z} = 0 \tag{4.31a}$$

$$\alpha \mathrm{e}^{\mu_0 z} H_1(z) - \beta \mathrm{e}^{\mu_1 z} H_2(z) - fz\left[\mu_1 \mathrm{e}^{\mu_1 z} H_2(z) + \mathrm{e}^{\mu_1 z} \frac{\mathrm{d}H_2(z)}{\mathrm{d}z}\right]$$

$$-(z-1)\,\mathrm{e}^{\mu_1 z} \frac{\mathrm{d}H_2(z)}{\mathrm{d}z} = 0 \tag{4.31b}$$

由此可导出下列二阶方程

$$A(z) \frac{\mathrm{d}^2 H_2(z)}{\mathrm{d}z^2} + B(z) \frac{\mathrm{d}H_2(z)}{\mathrm{d}z} + C(z) H_2(z) = 0 \tag{4.32}$$

其中, 系数均为 $z$ 的函数, 且

$$A(z) = (f+1)z - 1 \tag{4.32a}$$

$$B(z) = (\mu f + \mu + f\mu_1)z + \alpha + \beta + f + 1 - \mu \tag{4.32b}$$

$$C(z) = f\mu\mu_1 z + \beta\mu + f\mu_1 \tag{4.32c}$$

$$\mu = \mu_1 - \mu_0 \tag{4.32d}$$

为了把方程 (4.32) 变成标准形式, 我们进一步作函数变换 $H_2(z) = \mathrm{e}^{-\mu z} f(\omega)$ , 其中

$$\omega = [(f+1)z - 1] \frac{\mu - f\mu_0}{(f+1)^2}$$

这样, 方程 (4.32) 变成

$$\omega\frac{\mathrm{d}^2 f(\omega)}{\mathrm{d}\omega^2}+(b-\omega)\frac{\mathrm{d}f(\omega)}{\mathrm{d}\omega}-af(\omega)=0 \tag{4.33}$$

其中,

$$a=1+\frac{\mu\alpha}{R},\quad b=1+\frac{\mu+\alpha+\beta}{f+1}-\frac{R}{(f+1)^2},\quad R=\mu-f\mu_0 \tag{4.33a}$$

理论上, 方程 (4.33) 允许两个线性独立的解: 一是合流超几何函数形式 ${}_1F_1(a, b;\omega)$, 另一个是 Tricomi 函数形式 $U(a,\ b;\ \omega)$[8,9]. 然而, 后者是实际不可行的, 这是因为我们需要当 $n\to\infty$ 时 $P_2(n)\to 0$, 且 $n$ 的平均必须是有限的. 这样, 获得

$$G_2(z)=A\mathrm{e}^{\mu_0 z}{}_1F_1(a,\ b;\ \omega),\quad H_2(z)=A\mathrm{e}^{\mu z}{}_1F_1(a,\ b;\ \omega)$$

其中, $A$ 是一个规范化常数. 把 $H_2(z)$ 的表达代入 (4.31), 则知 $H_1(z)$ 满足方程一阶常微分方程

$$H_1'(z)=A\left[\mu\,{}_1F_1(a,\ b;\ \omega)-\frac{a(\mu-f\mu_0)}{b(f+1)}{}_1F_1(a+1,\ b+1;\ \omega)\right]$$

其中, 它的解可表示为

$$H_1(z)=A\left[g{}_1F_1(a-1,\ b-1;\ \omega)-{}_1F_1(a,\ b;\ \omega)\right]+C$$

其中, $g=\dfrac{\mu+\alpha+\beta}{\beta}\dfrac{R}{\beta(f+1)}$, $C$ 是某一常数, 可由保守性条件 $\sum_{n=0}^{\infty}[P_1(n)+P_2(n)]=1$ 或 $G_1(1)+G_2(1)=1$ 决定, 且由此得 $C=0$. 再根据 (4.30), 获得函数 $G_1(z)$ 的如下分析表达:

$$G_1(z)=A\mathrm{e}^{\mu_0 z}\left[g{}_1F_1(a-1,\ b-1;\ \omega)-{}_1F_1(a,\ b;\ \omega)\right]$$

此外, 由概率的保守性条件可得

$$A=\mathrm{e}^{-\mu_0}\left[g{}_1F_1(a-1,\ b-1;\ fQ)\right]^{-1}$$

总的生成函数 $G(z)=G_1(z)+G_2(z)$ 可表示为

$$G(z)=G_1(z)+G_2(z)=gA\mathrm{e}^{\mu_0 z}{}_1F_1(a-1,\ b-1;\ \omega)$$

最后, 根据概率函数与生成函数之间的关系

$$P(n)=\left.\frac{1}{n!}\frac{\mathrm{d}^n}{\mathrm{d}z^n}G(z)\right|_{z=0}$$

获得基因产物的显式分布

$$P(n)=\frac{gA}{n!}\sum_{m=0}^{n}\binom{n}{m}\mu_0^{n-m}\left[(f+1)Q\right]^m\frac{(\alpha-1)_m}{(\beta-1)_m}{}_1F_1(a+m-1,\ b+m-1;\ -Q) \tag{4.34}$$

## 4.4 同时考虑爆发与反馈的基因模型中的概率分布

这里导出同时考虑反馈和爆发的基因模型中的基因产物分布[10]. 用 1 和 2 分别表示启动子的非活性和活性状态; 假设在这两个状态, 蛋白质都能够产生, 且产生率分别记为 $\mu_0$ 和 $\mu_1$; 每个产生事件导致蛋白质的随机爆发, 且加上这些爆发都服从一个几何分布 (记其平均爆发大小为 $b$); 蛋白质的降解率记为 $\delta$; 启动子从活性到非活性状态的切换率记为 $\beta$; 从非活性到活性状态的切换率有两种贡献: 一是自发贡献 (贡献率为 $\alpha$), 二是反馈贡献 (贡献率为 $fn$, 这里 $n$ 是蛋白质的数目, $f$ 代表反馈强度), 其中反馈项的线性依赖于 $n$ 与 HIV-1 Tat 蛋白质表达的基因环路的实验特征一致[11].

因为基因在非活性和活性状态均有蛋白质的产生, 因此上面假设下的基因模型能够用来分析正反馈和负反馈的效果. 当 $\mu_0 > \mu_1$ 时, 反馈项增强蛋白质的产生, 从而导致正反馈; 相对地, $\mu_0 < \mu_1$ 导致负反馈; 若 $\mu_0 = \mu_1$, 则蛋白质的产生独立于启动子状态. 此时, 模型对应于爆发输入噪声源 (控制两个状态间的切换). 这样, 相同的模型能够用来分析输入蛋白质噪声对普通两状态切换的统计量的影响[12].

让 $P_n^{(i)}(t)$ 代表在时刻 $t$、启动子处于 $i(i=1,2)$、在细胞内有 $n$ 个蛋白质的概率. 那么, $P_n^{(i)}(t)$ 的时间演化由下列主方程给出:

$$
\begin{aligned}
\partial_t P_n^{(1)} &= \mu_0 \sum_{k=0}^{n} g(k) P_{n-k}^{(1)} + \delta(n+1) P_{n+1}^{(1)} + \beta P_n^{(2)} - (\mu_0 + \alpha + fn + \delta n) P_n^{(1)} \\
\partial_t P_n^{(2)} &= \mu_1 \sum_{k=0}^{n} g(k) P_{n-k}^{(2)} + \delta(n+1) P_{n+1}^{(2)} + (\alpha + fn) P_n^{(1)} - (\mu_1 + \beta + \delta n) P_n^{(2)}
\end{aligned}
\tag{4.35}
$$

这里, $g(n) = b^n/(1+b)^n$ 是蛋白质爆发分布. 为了求解方程 (4.35), 引进概率生成函数 $G_i(z;t) = \sum_n P_n^{(i)}(t) z^n$, 这里 $i = 1, 2$. 相应地, 在静态处方程 (4.35) 可改写为

$$
\begin{aligned}
&\mu_0 \tilde{g} G_1 + \delta \frac{\mathrm{d}G_1}{\mathrm{d}z} + \beta G_2 - (\mu_0 + \alpha) G_1 - (f + \mu) z \frac{\mathrm{d}G_1}{\mathrm{d}z} = 0 \\
&\mu_1 \tilde{g} G_2 + \delta \frac{\mathrm{d}G_2}{\mathrm{d}z} + \alpha G_1 + fz \frac{\mathrm{d}G_2}{\mathrm{d}z} - (\mu_1 + \beta) G_2 - \mu z \frac{\mathrm{d}G_2}{\mathrm{d}z} = 0
\end{aligned}
\tag{4.36}
$$

其中, $\tilde{g}(z)$ 是蛋白质爆发分布的生成函数, 且有 $\tilde{g}(z) = 1/[1 + b(1-z)]$. 总的生成函数为 $G(z) = G_1(z) + G_2(z)$.

为了求解方程组 (4.36), 设 $x = 1 - z$ 并记 $H(x) = G_1(1-z)$. 那么, 从 (4.36) 可得

$$
\tilde{A}(x) H(x) + \tilde{B}(x) \frac{\mathrm{d}H(x)}{\mathrm{d}x} + \tilde{C}(x) \frac{\mathrm{d}^2 H(x)}{\mathrm{d}x^2} = 0 \tag{4.37}
$$

其中,

$$\tilde{A}(x)=[b\mu_0\mu_1 x+(\alpha\mu_1+\beta\mu_0)(1+bx)]+\delta\mu_0 \tag{4.37a}$$

$$\tilde{B}(x)=(1+bx)\left\{\frac{\delta}{b}[b(\mu_0+\mu_1)x+(\alpha+\beta+f+\delta)(1+bx)]-f\mu_1(1-x)\right\} \tag{4.37b}$$

$$\tilde{C}(x)=\frac{\delta}{b}(1+bx)^2[\delta x-f(1-x)] \tag{4.37c}$$

直接从方程 (4.37) 仍然很难找到分析解. 为此, 作变换 $H(x)=\mathrm{e}^{f(x)}F(x)$, 其中, $f(x)=a\ln(1+bx)$, $a=(-\mu_0)/[\delta+f(1+b)]$, 以及进一步作变换 $x=y+\xi$, 其中, $\xi=f/(\delta+f)$. 那么, (4.37) 能够变成下列形式的方程

$$\left(\lambda_1 y^2+\lambda_2 y\right)\frac{\mathrm{d}^2F}{\mathrm{d}y^2}+(\gamma_1 y+\gamma_2)\frac{\mathrm{d}F}{\mathrm{d}y}+\sigma F=0 \tag{4.38}$$

其中,

$$\lambda_1=b\delta(\delta+f) \tag{4.38a}$$

$$\lambda_2=\frac{\delta}{b}[\delta+\alpha-bf+2b\xi(\delta+f)] \tag{4.38b}$$

$$\gamma_1=\delta(\alpha+\beta+f+\delta+\mu_0+\mu_1)+f\mu_1+2\delta a(\delta+f) \tag{4.38c}$$

$$\begin{aligned}\gamma_2=&[\delta(\alpha+\beta+f+\delta+k_0+k_1)+f\mu_1+2\delta a(\delta+f)]\xi\\&+\frac{\delta}{b}(\alpha+\beta+f+\delta-f\mu_1-2\delta af)\end{aligned} \tag{4.38d}$$

$$\sigma=\mu_0\mu_1+\alpha\mu_1+\beta\mu_0+a\delta(\alpha+\beta+f+\delta+\mu_0+\mu_1)+af\mu_1+\delta a(a-1)(\delta+f) \tag{4.38e}$$

现在, 方程 (4.38) 变得容易求解. 事实上, 假如设 $F(y)=\sum\limits_{n=0}^{\infty}a_n y^n$, 那么并不困难地获得

$$a_n=\frac{\sigma^n}{n!}\frac{(\xi_1)_n(\xi_2)_n}{(\eta_1)_n}a_0,\quad n=0,1,2,\cdots$$

其中, $\sigma=-\lambda_1/\lambda_2$, $\eta_1=\gamma_2/\lambda_2$, $\xi_1$ 和 $\xi_2$ 是二次代数方程 $\lambda_1x^2-(\lambda_1-\gamma_1)x+\delta=0$ 的两个根, $a_0$ 是一个由保守性条件 $G(1)=1$ 确定的常数. 这样, 函数 $F(y)$ 具有下列表达

$$F(y)=a_0{}_2F_1(\xi_1,\xi_2;\eta_1;\sigma y)$$

进一步, 可获得

$$G_1(z)=a_0[1+b(1-z)]^{-\mu_0/[\delta+f(1+b)]}{}_2F_1(\xi_1,\xi_2;\eta_1;\sigma(1-z-\xi))$$

以及

$$G(z) = \rho_{12}F_1(\xi_1, \xi_2; \eta_1; \sigma(1 - z - \xi)) + \rho_{22}F_1(\xi_1 + 1, \xi_2 + 1; \eta_1 + 1; \sigma(1 - z - \xi)) \tag{4.39}$$

其中,

$$\begin{aligned}\rho_1 = &\frac{ba_0}{\beta[1 + b(1 - z)]^{1+\mu_0/[\delta+f(1+b)]}} \\ &\times \left\{(\mu_0 + \alpha + \beta)(1 - z) + \alpha + \beta - \frac{\mu_0[(\delta + f)(1 - z) - \delta]}{\delta + f(1 + b)}\right\}\end{aligned} \tag{4.39a}$$

$$\rho_2 = \frac{\delta a_0}{\beta\gamma_2}\frac{(\delta + f)(1 - z) - \delta}{[1 + b(1 - z)]^{\mu_0/[\delta+f(1+b)]}} \tag{4.39b}$$

在获得生成函数的表达式之后, 根据概率分布与生成函数之间的关系就可以给出概率分布的分析表达. 由于表达式的复杂性, 这里省略了分布的具体表达.

## 4.5 同时考虑转录与翻译的基因模型中的概率分布

### 4.5.1 构成式表达情形

假定基因总是处于活性状态. 记 DNA 到 mRNA 的转录率为 $\mu$, 从 mRNA 到蛋白质的翻译率为 $\rho$, 记 mRNA 和蛋白质的降解率分别为 $\delta$ 和 $\gamma$. 让 $P(m, n; t)$ 代表在 $t$ 时刻 mRNA 和蛋白质的数目分别是 $m$ 和 $n$. 则系统的生化主方程为

$$\begin{aligned}\frac{\partial P(m, n; t)}{\partial t} = &\mu\left(E_m^{-1} - I\right)[(m, n; t)] + \rho m\left(E_n^{-1} - I\right)[P(m, n; t)] \\ &+ \delta(E_m - I)[mP(m, n; t)] + \gamma(E_n - I)[nP(m, n; t)]\end{aligned} \tag{4.40}$$

考虑静态并引进静态概率函数 $P(m, n)$ 的生成函数 $G(x, y) = \sum\limits_{m,n} x^m y^n P(m, n)$. 则由 (4.40) 可导出下列偏微分方程

$$[\delta(x - 1) - \rho x(y - 1)]\frac{\partial G}{\partial x} + \gamma(y - 1)\frac{\partial G}{\partial y} = \mu(x - 1)G \tag{4.41}$$

关键是给出 $G(x, y)$ 的分析表达, 这是因为一旦 $G(x, y)$ 的表达式已知, 那么根据概率分布与生成函数之间的关系, 就容易给出 $P(m, n)$ 的分析表达式. 为了找到 $G(x, y)$ 的显式表示, 作变换 $x = 1 + u$, $y = 1 + v$, $G(x, y) = \mathrm{e}^{\Phi(u,v)}$, 其中函数 $\Phi(u, v)$ 待定. 则方程 (4.41) 变成

$$[\delta u - \rho(1 + u)v]\frac{\partial \Phi}{\partial u} + \gamma v\frac{\partial \Phi}{\partial v} = \mu u \tag{4.42}$$

注意到 $G(1,1)=1$ 蕴含着 $\Phi(0,0)=0$. 现在, 设 $\Phi(u,v)=\sum\limits_{m,n}a_{m,n}u^m v^n$, 则 $a_{0,0}=\Phi(0,0)=0$, 且由 (4.42) 可得下列迭代方程

$$(\delta m+\gamma n)\,a_{m,n}=\rho\left[(m+1)\,a_{m+1,n-1}+ma_{m,n-1}\right]+\mu\delta_{m,1}\delta_{n,0} \tag{4.43}$$

其中, $\delta_{i,j}$ 的定义为: 若 $i=j$ 则 $\delta_{i,j}=1$; 否则, $\delta_{i,j}=0$. 由 (4.43), 应用数学归纳法可推出

$$a_{m,n}=0,\quad m\geqslant 2,\quad n\geqslant 0 \tag{4.44}$$

因此, 关键是给出 $\{a_{0,n}\}_{n\geqslant 1}$ 和 $\{a_{1,n}\}_{n\geqslant 0}$ 的表达. 若在 (4.44) 中令 $m=1$, 则有

$$(\delta+\gamma n)\,a_{1,n}=\rho a_{1,n-1}+\mu\delta_{n,0},\quad \text{由此给出}\quad a_{1,n}=\frac{\mu\,(\rho/\gamma)^n}{\delta\,(1+\delta/\gamma)_n},\quad n\geqslant 0$$

又若在 (4.43) 中令 $m=0$, 则有

$$\gamma n a_{0,n}=\rho a_{1,n-1},\quad \text{由此给出}\quad a_{0,n}=\frac{\mu\,(\rho/\gamma)^n}{\delta n\,(1+\delta/\gamma)_{n-1}}=\frac{\mu\,(\rho/\gamma)^n}{\gamma n\,(\delta/\gamma)_n},\quad n\geqslant 1$$

由于 (4.44) 的事实, 因此有 $\Phi(u,v)=\sum\limits_{m,n}a_{m,n}u^m v^n=u\sum\limits_{n\geqslant 0}a_{1,n}v^n+\sum\limits_{n\geqslant 1}a_{0,n}v^n$. 利用上面 $a_{1,n}$ 和 $a_{0,n}$ 的表达, 并根据 Kummer 类型的超几何函数的定义, 则有下列分析表示

$$\Phi(u,v)=\frac{\mu u}{\delta}\,{}_1F_1\left(1,1+\frac{\delta}{\gamma};\frac{\rho}{\gamma}v\right)+\frac{\mu}{\delta}\frac{\rho}{\gamma}\int_0^v{}_1F_1\left(1,1+\frac{\delta}{\gamma};\frac{\rho}{\gamma}z\right)\mathrm{d}z$$

不难证明: 这种特解是方程 (4.41) 满足条件 $\Phi(0,0)=0$ 的唯一解. 注意到

$$G(x,y)=\mathrm{e}^{\Phi(u,v)},\quad u=x-1,\quad v=y-1.$$

这样, 获得生成函数的下列分析表示

$$\begin{aligned}G(x,y)=\exp\Bigg\{&\frac{\mu\,(x-1)}{\delta}\,{}_1F_1\left(1,1+\frac{\delta}{\gamma};\frac{\rho}{\gamma}(y-1)\right)\\&+\frac{\mu}{\delta}\frac{\rho}{\gamma}\int_0^{y-1}{}_1F_1\left(1,1+\frac{\delta}{\gamma};\frac{\rho}{\gamma}z\right)\mathrm{d}z\Bigg\}\end{aligned} \tag{4.45}$$

下一步, 根据 (4.45) 来求 mRNA 分布 $P(m)$ 和蛋白质分布 $Q(n)$(即两个边缘分布). 注意到

$$P(m)=\sum_n P(m,n)=\sum_n\frac{1}{m!n!}\left.\frac{\partial^{m+n}G(x,y)}{\partial x^m\partial y^n}\right|_{x=0,y=0}=\frac{1}{m!}\left.\frac{\partial^m G(x,y)}{\partial x^m}\right|_{x=0,y=1}$$

$$= \frac{1}{m!}\left(\frac{\mu}{\delta}\right)^m \mathrm{e}^{-\mu/\delta} \tag{4.46}$$

即 mRNA 服从泊松分布, 这是已知结果. 类似地, 有

$$\begin{aligned} Q(n) &= \frac{1}{n!}\left.\frac{\partial^n G(x,y)}{\partial y^n}\right|_{x=1,y=0} \\ &= \frac{1}{n!}\frac{\partial^n}{\partial y^n}\left.\left\{\exp\left[\frac{\mu}{\delta}\frac{\rho}{\gamma}\int_0^{y-1} {}_1F_1\left(1,1+\frac{\delta}{\gamma};\frac{\rho}{\gamma}z\right)\mathrm{d}z\right]\right\}\right|_{y=0} \end{aligned} \tag{4.47}$$

尽管这样, 但蛋白质分布并没有漂亮的分析表达. 然而, 可以利用 (4.47) 来给出蛋白质的最初几个二项矩的分析表示, 例如,

$$\begin{aligned} b_{0,1} &= \left.\frac{\partial G(x,y)}{\partial y}\right|_{x=1,y=1} = \frac{\mu\rho}{\delta\gamma} \\ b_{0,2} &= \frac{1}{2!}\left.\frac{\partial^2 G(x,y)}{\partial y^2}\right|_{x=1,y=1} = \frac{\mu}{2\delta}\left(\frac{\rho}{\gamma}\right)^2\left(\frac{\gamma}{\delta+\gamma}+\frac{\mu}{\delta}\right) \\ b_{0,3} &= \frac{1}{3!}\left.\frac{\partial^3 G(x,y)}{\partial y^3}\right|_{x=1,y=1} = \frac{\mu}{6\delta}\left(\frac{\rho}{\gamma}\right)^3\left[\frac{2\gamma^2}{(\delta+\gamma)(\delta+2\gamma)}+\frac{3\gamma}{\delta+\gamma}\frac{\mu}{\delta}+\left(\frac{\mu}{\delta}\right)^2\right] \\ b_{0,4} &= \frac{\mu}{24\delta}\left(\frac{\rho}{\gamma}\right)^4 \\ &\quad\times\left[\frac{6\gamma^3}{(\delta+\gamma)(\delta+2\gamma)(\delta+3\gamma)}+\frac{\gamma^2(11\delta+14\gamma)}{(\delta+\gamma)^2(\delta+2\gamma)}\frac{\mu}{\delta}+\frac{6\gamma}{\delta+\gamma}\left(\frac{\mu}{\delta}\right)^2+\left(\frac{\mu}{\delta}\right)^3\right] \end{aligned}$$

### 4.5.2　爆发式表达情形

本小节中不考虑调控, 基因模型如图 4.3 所示, 其中, $\alpha$ 和 $\beta$ 是启动子状态之间的转移率, $\mu$ 是转录率, $\rho$ 是翻译率, $\delta$ 和 $\gamma$ 分别是 mRNA 和蛋白质的降解率.

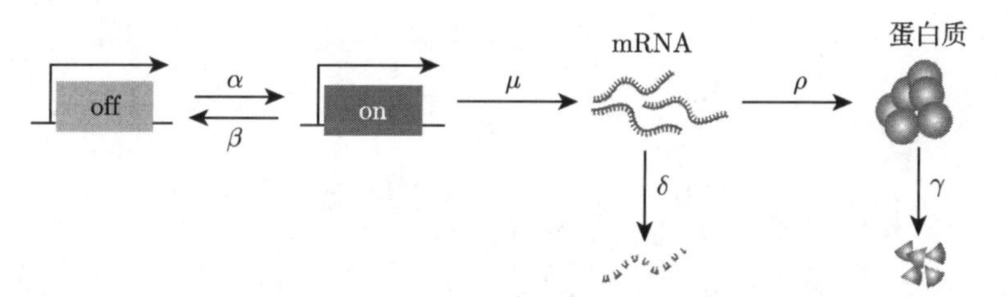


图 4.3　同时考虑转录和翻译的两状态基因表达模型示意图

相应于图 4.3 的化学主方程

$$\begin{aligned} \frac{\partial \boldsymbol{P}(m,n;t)}{\partial t} &= \boldsymbol{AP}(m,n;t) + \Phi\left(\boldsymbol{E}_m^{-1}-\boldsymbol{I}\right)[\boldsymbol{P}(m,n;t)] + m\Psi\left(\boldsymbol{E}_n^{-1}-\boldsymbol{I}\right)[\boldsymbol{P}(m,n;t)] \\ &\quad + \boldsymbol{D}_1(\boldsymbol{E}_m-\boldsymbol{I})[m\boldsymbol{P}(m,n;t)] + \boldsymbol{D}_2(\boldsymbol{E}_n-\boldsymbol{I})[n\boldsymbol{P}(m,n;t)] \end{aligned} \tag{4.48}$$

其中,

$$\boldsymbol{A}=\begin{pmatrix}-\alpha & \beta \\ \alpha & -\beta\end{pmatrix},\quad \boldsymbol{\Phi}=\begin{pmatrix}0 & 0 \\ 0 & \mu\end{pmatrix},\quad \boldsymbol{\Psi}=\rho\begin{pmatrix}1 & 0 \\ 0 & 1\end{pmatrix}$$

$$\boldsymbol{D}_1=\delta\begin{pmatrix}1 & 0 \\ 0 & 1\end{pmatrix},\quad \boldsymbol{D}_2=\gamma\begin{pmatrix}1 & 0 \\ 0 & 1\end{pmatrix} \tag{4.48a}$$

相应的二项矩方程为

$$\frac{\mathrm{d}\boldsymbol{b}_{m,n}}{\mathrm{d}t}=\boldsymbol{A}\boldsymbol{b}_{m,n}+\boldsymbol{\Phi}\boldsymbol{b}_{m-1,n}+(m+1)\boldsymbol{\Psi}\boldsymbol{b}_{m+1,n-1}+m\boldsymbol{\Psi}\boldsymbol{b}_{m,n-1}-m\boldsymbol{D}_1\boldsymbol{b}_{m,n}-n\boldsymbol{D}_2\boldsymbol{b}_{m,n} \tag{4.48b}$$

首先, 考虑静态情形, 然后考虑动态情形. 对于前者, 将采用二项矩方法来求解, 而对于后者, 将采用特征线法来求解. 注意到 (参看式 (3.18))

$$b_{0,0}^{(1)}=\frac{\beta}{\alpha+\beta},\quad b_{0,0}^{(2)}=\frac{\alpha}{\alpha+\beta} \tag{4.49}$$

#### 4.5.2.1 静态概率分布

从 (4.48) 可导出

$$b_{m,n}^{(1)}=\frac{\beta}{m\delta+n\gamma+\alpha}b_{m,n}^{(2)} \tag{4.50a}$$

$$\begin{aligned}b_{m,n}^{(2)}=&\frac{\tilde{\mu}(m+a_n)}{(m+c_n)(m+d_n)}b_{m-1,n}^{(2)}+\frac{\tilde{\rho}(m+1)(m+a_n)}{(m+c_n)(m+d_n)}b_{m+1,n-1}^{(2)}\\&+\frac{\tilde{\rho}m(m+a_n)}{(m+c_n)(m+d_n)}b_{m,n-1}^{(2)}\end{aligned} \tag{4.50b}$$

其中,

$$c_n=\frac{n\gamma}{\delta},\quad a_n=c_n+\tilde{\alpha},\quad d_n=c_n+\tilde{\alpha}+\tilde{\beta},\quad \tilde{\alpha}=\frac{\alpha}{\delta},\quad \tilde{\beta}=\frac{\beta}{\delta},\quad \tilde{\mu}=\frac{\mu}{\delta},\quad \tilde{\rho}=\frac{\rho}{\delta}$$

而联合二项矩为

$$b_{m,n}=b_{m,n}^{(1)}+b_{m,n}^{(2)}=\frac{m\delta+n\gamma+\alpha+\beta}{m\delta+n\gamma+\alpha}b_{m,n}^{(2)} \tag{4.51}$$

因此, 关键是要求出 $b_{m,n}^{(2)}$. 为此, 建立下面的引理 4.1.

**引理 4.1**　对于一般的迭代系统: $z_n=x_nz_{n-1}+y_n$, 其中, $n=1,2,\cdots$, 初始的 $z_0$ 以及所有的 $x_n$ 和 $y_n$ 都是已知的, 则

$$z_n=\left(\prod_{j=1}^{n}x_j\right)z_0+\sum_{k=1}^{n}\left(\prod_{i=k+1}^{n}x_i\right)y_k=\left(\prod_{j=1}^{n}x_j\right)\left(z_0+\sum_{k=1}^{n}y_k\prod_{i=1}^{k}\frac{1}{x_i}\right) \tag{4.52}$$

采用数学归纳法很容易证明这一引理, 这里省略证明的细节. 现在, 对 (4.50b), 若应用此引理, 则可得下列类推关系式

$$
\begin{aligned}
b_{m,n}^{(2)} = & \frac{\tilde{\mu}^m (1+a_n)_m}{(1+c_n)_m (1+d_n)_m} \\
& \times \left[ b_{0,n}^{(2)} + \tilde{\rho} \sum_{k=1}^{m} \frac{(k+1)}{\tilde{\mu}^k} \frac{(1+c_n)_{k-1} (1+d_n)_{k-1}}{(1+a_n)_{k-1}} b_{k+1,n-1}^{(2)} \right. \\
& \left. + \tilde{\rho} \sum_{k=1}^{m} \frac{k}{\tilde{\mu}^k} \frac{(1+c_n)_{k-1} (1+d_n)_{k-1}}{(1+a_n)_{k-1}} b_{k,n-1}^{(2)} \right]
\end{aligned}
\tag{4.53}
$$

其中, $m$ 和 $n$ 是任意的非负整数.

由 (4.53) 很容易导出 mRNA 的静态分布. 事实上, 在 (4.53) 中若令 $n=0$ 则可得

$$
b_{m,0}^{(2)} = \frac{\tilde{\mu}^m (1+a_0)_m}{(1+c_0)_m (1+d_0)_m} b_{0,0}^{(2)} = \frac{\tilde{\mu}^m}{m!} \frac{(\tilde{\alpha}+1)_m}{\left(\tilde{\alpha}+\tilde{\beta}+1\right)_m} b_{0,0}^{(2)} \tag{4.54}
$$

进一步, 由 (4.51) 并注意到 (4.49) 可得

$$
b_{m,0} = b_{m,0}^{(2)} + b_{m,0}^{(2)} = \frac{\tilde{\mu}^m}{m!} \frac{(\tilde{\alpha})_m}{\left(\tilde{\alpha}+\tilde{\beta}\right)_m} \tag{4.55}
$$

再根据上面的重构公式 (参考式 (1.31))

$$
P_{\mathrm{mRNA}}(m) = \sum_{i \geqslant 0} (-1)^i \binom{i+m}{m} b_{i,0}
$$

可得 mRNA 的静态概率分布为

$$
P(m) = \frac{\Gamma\left(\tilde{\alpha}+\tilde{\beta}\right)}{\Gamma(\tilde{\alpha})} \frac{\Gamma(m+\tilde{\alpha})}{\Gamma\left(m+\tilde{\alpha}+\tilde{\beta}\right)} \frac{\tilde{\mu}^m}{m!} {}_1F_1\left(m+\tilde{\alpha}, m+\tilde{\alpha}+\tilde{\beta}; -\tilde{\mu}\right) \tag{4.56}
$$

下一步, 试图导出蛋白质的静态分布. 为此, 在 (4.50b) 中若令 $m=0$ 则有

$$
b_{0,n}^{(2)} = \frac{\tilde{\rho} a_n}{c_n d_n} b_{1,n-1}^{(2)} \tag{4.57}
$$

又在 (4.50b) 中令 $m=1$ 并让 $n-1$ 代替 $n$, 则有

$$
b_{1,n-1}^{(2)} = \frac{\tilde{\mu}(1+a_{n-1})}{(1+c_{n-1})(1+d_{n-1})} \left( b_{0,n-1}^{(2)} + \frac{2\tilde{\rho}}{\tilde{\mu}} b_{2,n-2}^{(2)} + \frac{\tilde{\rho}}{\tilde{\mu}} b_{1,n-2}^{(2)} \right) \tag{4.58}
$$

关系式 (4.57) 和 (4.58) 的结合给出下列迭代关系:

$$
b_{0,n}^{(2)} = \frac{\tilde{\mu}\tilde{\rho} a_n (1+a_{n-1})}{(c_n d_n)(1+c_{n-1})(1+d_{n-1})} \left( b_{0,n-1}^{(2)} + \frac{2\tilde{\rho}}{\tilde{\mu}} b_{2,n-2}^{(2)} + \frac{\tilde{\rho}}{\tilde{\mu}} b_{1,n-2}^{(2)} \right) \tag{4.59}
$$

根据 (4.59) 并结合 (4.51), 可给出蛋白质的所有二项矩. 事实上, 若在 (4.59) 中令 $n=1$, 则有

$$b_{0,1}^{(2)}=\frac{\tilde{\mu}\tilde{\rho}\left(1+a_0\right)}{1+d_0}\frac{a_1}{c_1d_1}b_{0,0}^{(2)}$$

再根据 (4.51), 就可给出蛋白质的一阶二项矩. 进一步, 若在 (4.59) 中令 $n=2$ 并利用 (4.55), 则有

$$b_{0,2}^{(2)}=\frac{\tilde{\mu}\tilde{\rho}^2a_2\left(1+a_1\right)\left(1+a_0\right)b_{0,0}^{(2)}}{c_2d_2\left(1+c_1\right)\left(1+d_1\right)\left(1+d_0\right)}\left[1+\frac{\tilde{\mu}a_1}{\left(c_1d_1\right)}+\frac{\tilde{\mu}\left(2+a_0\right)}{\left(2+d_0\right)}\right]$$

再根据 (4.51), 就可给出蛋白质的一阶二项矩. 若在 (4.59) 中令 $n=3$, 则有

$$b_{0,3}^{(2)}=\frac{\tilde{\mu}\tilde{\rho}a_3\left(1+a_2\right)}{c_3d_3\left(1+c_2\right)\left(1+d_2\right)}\left(b_{0,2}^{(2)}+\frac{2\tilde{\rho}}{\tilde{\mu}}b_{2,1}^{(2)}+\frac{\tilde{\rho}}{\tilde{\mu}}b_{1,1}^{(2)}\right)$$

其中, $b_{0,2}^{(2)}$ 已经给出. 因此, 要知道 $b_{0,3}^{(2)}$ 就需要知道 $b_{1,1}^{(2)}$ 和 $b_{2,1}^{(2)}$. 为此, 若在 (4.53) 中令 $m=1$ 和 $n=1$, 则有

$$b_{1,1}^{(2)}=\frac{\tilde{\mu}\left(1+a_1\right)}{\left(1+c_1\right)\left(1+d_1\right)}\left[b_{0,1}^{(2)}+\frac{2\tilde{\rho}}{\tilde{\mu}}b_{2,0}^{(2)}+\frac{\tilde{\rho}}{\tilde{\mu}}b_{1,0}^{(2)}\right]$$

其中, 右边括号中的三项都是已知的, 因此 $b_{1,1}^{(2)}$ 也是已知的. 类似地, 若在 (4.53) 中令 $m=2$ 和 $n=1$, 则有

$$b_{2,1}^{(2)}=\frac{\tilde{\mu}^2\left(1+a_1\right)_2}{\left(1+c_1\right)_2\left(1+d_1\right)_2}\left[b_{0,1}^{(2)}+\frac{2\tilde{\rho}}{\tilde{\mu}}b_{2,0}^{(2)}+\frac{\tilde{\rho}}{\tilde{\mu}}b_{1,0}^{(2)}+\frac{\tilde{\rho}}{\tilde{\mu}^2}\frac{\left(1+c_1\right)\left(1+d_1\right)}{1+a_1}\left(3b_{3,0}^{(2)}+2b_{2,0}^{(2)}\right)\right]$$

其中, 右端中括号中的项都是已经的. 把已知的表达式代入即给出 $b_{0,3}^{(2)}$ 的表达式, 进而根据 (4.51) 给出蛋白质的三阶二项矩的表达, 由于表达式的复杂性, 这里省略了细节. 完全类似地, 可给出其他蛋白质二项矩的表达. 在蛋白质的所有二项矩给出后, 再根据重构公式

$$P_{\text{蛋白质}}(n)=\sum_{j\geqslant 0}(-1)^j\begin{pmatrix} j+n \\ n \end{pmatrix}b_{0,j}$$

就可以重构出蛋白质的分布了.

现在, 试图导出 mRNA 和蛋白质的联合静态分布. 首先导出 $b_{m,1}^{(2)}$ 的表达式. 为此, 在 (4.53) 中令 $n=1$, 则有

$$b_{m,1}^{(2)}=\frac{\tilde{\mu}^m\left(1+a_1\right)_m}{\left(1+c_1\right)_m\left(1+d_1\right)_m}\left[b_{0,1}^{(2)}+\tilde{\rho}\sum_{k=1}^{m}\frac{(k+1)}{\tilde{\mu}^k}\frac{\left(1+c_1\right)_{k-1}\left(1+d_1\right)_{k-1}}{\left(1+a_1\right)_{k-1}}b_{k+1,0}^{(2)}\right.$$

$$+\tilde{\rho}\sum_{k=1}^{m}\frac{k}{\tilde{\mu}^{k}}\frac{(1+c_1)_{k-1}(1+d_1)_{k-1}}{(1+a_1)_{k-1}}b_{k,0}^{(2)}\Bigg]$$

若利用 (4.54), 则有

$$\begin{aligned}
&b_{0,1}^{(2)}+\tilde{\rho}\sum_{k=1}^{m}\frac{(k+1)}{\tilde{\mu}^{k}}\frac{(1+c_1)_{k-1}(1+d_1)_{k-1}}{(1+a_1)_{k-1}}b_{k+1,0}^{(2)}\\
&+\tilde{\rho}\sum_{k=1}^{m}\frac{k}{\tilde{\mu}^{k}}\frac{(1+c_1)_{k-1}(1+d_1)_{k-1}}{(1+a_1)_{k-1}}b_{k,0}^{(2)}\\
=&\frac{\tilde{\mu}\tilde{\rho}(1+a_0)}{(1+d_0)}\frac{a_1}{(c_1d_1)}+\tilde{\rho}\sum_{k=1}^{m}\frac{(k+1)}{\tilde{\mu}^{k}}\frac{(1+c_1)_{k-1}(1+d_1)_{k-1}}{(1+a_1)_{k-1}}\frac{\tilde{\mu}^{k+1}(1+a_0)_{k+1}}{(k+1)!(1+d_0)_{k+1}}\\
&+\tilde{\rho}\sum_{k=1}^{m}\frac{k}{\tilde{\mu}^{k}}\frac{(1+c_1)_{k-1}(1+d_1)_{k-1}}{(1+a_1)_{k-1}}\frac{\tilde{\mu}^{k}(1+a_0)_{k}}{k!(1+d_0)_{k}}\\
=&\frac{\tilde{\mu}\tilde{\rho}(1+a_0)}{(1+d_0)}\frac{a_1}{(c_1d_1)}\Bigg[\sum_{k=0}^{m}\frac{(c_1)_k(d_1)_k}{(a_1)_k}\frac{(2+a_0)_k}{k!(2+d_0)_k}\\
&+\frac{1}{\tilde{\mu}}\sum_{k=1}^{m}\frac{(c_1)_k(d_1)_k}{(a_1)_k}\frac{(2+a_0)_{k-1}}{(k-1)!(2+d_0)_{k-1}}\Bigg]
\end{aligned}$$

这样, 获得

$$\begin{aligned}
b_{m,1}^{(2)}=&\frac{\tilde{\mu}^{m+1}\tilde{\rho}(a_1)_{m+1}(1+a_0)b_{0,0}^{(2)}}{(c_1)_{m+1}(d_1)_{m+1}(1+d_0)}\Bigg[\sum_{k=0}^{m}\frac{(c_1)_k(d_1)_k}{(a_1)_k}\frac{(2+a_0)_k}{k!(2+d_0)_k}\\
&+\frac{1}{\tilde{\mu}}\sum_{k=1}^{m}\frac{(c_1)_k(d_1)_k}{(a_1)_k}\frac{(2+a_0)_{k-1}}{(k-1)!(2+d_0)_{k-1}}\Bigg]
\end{aligned}$$

其中, $b_{0,0}^{(2)}$ 已由 (4.49) 给出. 为了导出 $b_{m,2}^{(2)}$ 的表达式, 需要知道 $b_{0,2}^{(2)}$. 为此, 在 (4.53) 中若令 $n=2$ 则有

$$\begin{aligned}
b_{m,2}^{(2)}=&\frac{\tilde{\mu}^{m}(1+a_2)_m}{(1+c_2)_m(1+d_2)_m}\Bigg[b_{0,2}^{(2)}+\tilde{\rho}\sum_{k=1}^{m}\frac{(k+1)}{\tilde{\mu}^{k}}\frac{(1+c_2)_{k-1}(1+d_2)_{k-1}}{(1+a_2)_{k-1}}b_{k+1,1}^{(2)}\\
&+\tilde{\rho}\sum_{k=1}^{m}\frac{k}{\tilde{\mu}^{k}}\frac{(1+c_2)_{k-1}(1+d_2)_{k-1}}{(1+a_2)_{k-1}}b_{k,1}^{(2)}\Bigg]
\end{aligned}$$

注意到

$$\tilde{\rho}\sum_{k=1}^{m}\frac{(k+1)}{\tilde{\mu}^{k}}\frac{(1+c_2)_{k-1}(1+d_2)_{k-1}}{(1+a_2)_{k-1}}b_{k+1,1}^{(2)}$$

$$
\begin{aligned}
&= \tilde{\rho}\sum_{k=1}^{m}\frac{(k+1)}{\tilde{\mu}^k}\frac{(1+c_2)_{k-1}(1+d_2)_{k-1}}{(1+a_2)_{k-1}}\frac{\tilde{\mu}^{k+2}\tilde{\rho}(a_1)_{k+2}(1+a_0)b_{0,0}^{(2)}}{(c_1)_{k+2}(d_1)_{k+2}(1+d_0)}\\
&\quad\times\left[1+\sum_{i=1}^{k+1}\frac{(c_1)_i(d_1)_i}{(a_1)_i}\frac{(2+a_0)_i}{i!(2+d_0)_i}+\frac{1}{\tilde{\mu}}\sum_{i=1}^{k+1}\frac{(c_1)_i(d_1)_i}{(a_1)_i}\frac{(2+a_0)_{i-1}}{(i-1)!(2+d_0)_{i-1}}\right]
\end{aligned}
$$

因此, 有

$$
\begin{aligned}
&\tilde{\rho}\sum_{k=1}^{m}\frac{(k+1)}{\tilde{\mu}^k}\frac{(1+c_2)_{k-1}(1+d_2)_{k-1}}{(1+a_2)_{k-1}}b_{k+1,1}^{(2)}\\
&=\frac{\tilde{\mu}^2\tilde{\rho}^2a_2(a_1)_2(1+a_0)b_{0,0}^{(2)}}{(c_2d_2)(c_1)_2(d_1)_2(1+d_0)}\\
&\quad\times\sum_{k=1}^{m}(k+1)\frac{(c_2)_k(d_2)_k(2+a_1)_k}{(a_2)_k(2+c_1)_k(2+d_1)_k}\\
&\quad\times\left[\sum_{i=0}^{k+1}\frac{(c_1)_i(d_1)_i(2+a_0)_i}{i!(a_1)_i(2+d_0)_i}+\frac{1}{\tilde{\mu}}\sum_{i=1}^{k+1}\frac{(c_1)_i(d_1)_i(2+a_0)_{i-1}}{(i-1)!(a_1)_i(2+d_0)_{i-1}}\right]
\end{aligned}
$$

完全类似地, 有

$$
\begin{aligned}
&\tilde{\rho}\sum_{k=1}^{m}\frac{k}{\tilde{\mu}^k}\frac{(1+c_2)_{k-1}(1+d_2)_{k-1}}{(1+a_2)_{k-1}}b_{k,1}^{(2)}\\
&=\frac{\tilde{\mu}^2\tilde{\rho}^2a_2(a_1)_2(1+a_0)b_{0,0}^{(2)}}{(c_2d_2)(c_1)_2(d_1)_2(1+d_0)}\\
&\quad\times\sum_{k=1}^{m}k\frac{(c_2)_k(d_2)_k(2+a_1)_{k-1}}{(a_2)_k(2+c_1)_{k-1}(2+d_1)_{k-1}}\\
&\quad\times\left[\sum_{i=0}^{k}\frac{(c_1)_i(d_1)_i(2+a_0)_i}{i!(a_1)_i(2+d_0)_i}+\frac{1}{\tilde{\mu}}\sum_{i=1}^{k}\frac{(c_1)_i(d_1)_i(2+a_0)_{i-1}}{(i-1)!(a_1)_i(2+d_0)_{i-1}}\right]
\end{aligned}
$$

把它们代入上述 $b_{m,2}^{(2)}$ 的表达式中, 经简单整理后可得

$$
\begin{aligned}
b_{m,2}^{(2)}=&\frac{\tilde{\mu}^{m+2}\tilde{\rho}^2(a_2)_{m+1}}{(c_2)_{m+1}(d_2)_{m+1}}\frac{(a_1)_2(1+a_0)b_{0,0}^{(2)}}{(c_1)_2(d_1)_2(1+d_0)}\\
&\times\left\{\sum_{k=0}^{m}(k+1)\frac{(c_2)_k(d_2)_k(2+a_1)_k}{(a_2)_k(2+c_1)_k(2+d_1)_k}\right.\\
&\times\left[\sum_{i=0}^{k+1}\frac{(c_1)_i(d_1)_i(2+a_0)_i}{i!(a_1)_i(2+d_0)_i}+\frac{1}{\tilde{\mu}}\sum_{i=1}^{k+1}\frac{(c_1)_i(d_1)_i(2+a_0)_{i-1}}{(i-1)!(a_1)_i(2+d_0)_{i-1}}\right]\\
&+\frac{1}{\tilde{\mu}}\sum_{k=1}^{m}k\frac{(c_2)_k(d_2)_k(2+a_1)_{k-1}}{(a_2)_k(2+c_1)_{k-1}(2+d_1)_{k-1}}
\end{aligned}
$$

$$\times\left[\sum_{i=0}^{k}\frac{(c_1)_i(d_1)_i(2+a_0)_i}{i!(a_1)_i(2+d_0)_i}+\frac{1}{\tilde{\mu}}\sum_{i=1}^{k}\frac{(c_1)_i(d_1)_i(2+a_0)_{i-1}}{(i-1)!(a_1)_i(2+d_0)_{i-1}}\right]\right\}$$

对于 $n>2$ 的情形, 可类似于 $b_{m,2}^{(2)}$ 的导出过程给出 $b_{m,n}^{(2)}$ 的表达式. 由于导出过程及有关表达的复杂性, 这里就省略了. 假如所有的 $b_{m,n}^{(2)}$ 均被给出, 那么 mRNA 和蛋白质的联合二项矩 $b_{m,n}$ 由 (4.51) 给出. 进一步, mRNA 和蛋白质的联合 $P(m,n)$ 由重构公式

$$P(m,n)=\sum_{i\geqslant 0,j\geqslant 0}(-1)^{i+j}\begin{pmatrix} i+m\\ m\end{pmatrix}\begin{pmatrix} j+n\\ n\end{pmatrix}b_{i,j}$$

给出.

#### 4.5.2.2 动态概率分布

在原理上, 从二项矩方程 (4.48b) 可求出所有的动态二项矩 $b_{m,n}(t)$, 从而根据重构公式

$$P(m,n;t)=\sum_{i\geqslant 0,j\geqslant 0}(-1)^{i+j}\begin{pmatrix} i+m\\ m\end{pmatrix}\begin{pmatrix} j+n\\ n\end{pmatrix}b_{i,j}(t)$$

可给出 mRNA 和蛋白质的动态联合分布, 但并不容易给出漂亮的显式表达. 这里, 我们采用特征线方法来导出动态分布.

为方便, 让 $P_{m,n}^{(0)}$ 表示在 $t$ 时刻且启动子是非活性时有 $m$ 个 mRNA 和 $n$ 个蛋白质的概率, 让 $P_{m,n}^{(1)}$ 表示在 $t$ 时刻且 DNA 是活性时有 $m$ 个 mRNA 和 $n$ 个蛋白质的概率. 那么化学主方程 (4.48) 可改写为

$$\begin{aligned}\partial P_{m,n}^{(0)}\Big/\partial\tau=&\kappa_1 P_{m,n}^{(1)}-\kappa_0 P_{m,n}^{(0)}+(n+1)P_{m,n+1}^{(0)}-nP_{m,n}^{(0)}\\&+\kappa\left[(m+1)P_{m+1,n}^{(0)}-mP_{m,n}^{(0)}+bm\left(P_{m,n-1}^{(0)}-P_{m,n}^{(0)}\right)\right]\\\partial P_{m,n}^{(1)}\Big/\partial\tau=&-\kappa_1 P_{m,n}^{(1)}+\kappa_0 P_{m,n}^{(0)}+(n+1)P_{m,n+1}^{(1)}-nP_{m,n}^{(1)}+a\left(P_{m-1,n}^{(1)}-P_{m,n}^{(1)}\right)\\&+\kappa\left[(m+1)P_{m+1,n}^{(1)}-mP_{m,n}^{(1)}+bm\left(P_{m,n-1}^{(1)}-P_{m,n}^{(1)}\right)\right]\end{aligned}\tag{4.60}$$

其中 $\kappa_0=\dfrac{\alpha}{\gamma}$, $\kappa_1=\dfrac{\beta}{\gamma}$, $a=\dfrac{\mu}{\gamma}$, $b=\dfrac{\rho}{\delta}$, $\kappa=\dfrac{\delta}{\gamma}$, $\tau=\gamma t$. 为了求解此方程, 引进两个生成函数

$$f^{(0)}(z',z)=\sum_{m,n}(z')^m z^n P_{m,n}^{(0)},\quad f^{(1)}(z',z)=\sum_{m,n}(z')^m z^n P_{m,n}^{(1)}$$

则方程 (4.60) 变成下列偏微分方程组

$$
\begin{aligned}
\frac{1}{\upsilon}\frac{\partial f^{(0)}}{\partial \tau} &= \frac{1}{\upsilon}\left[\kappa_1 f^{(1)} - \kappa_0 f^{(0)}\right] - \frac{\partial f^{(0)}}{\partial \upsilon} + \kappa\left[b\left(1+u\right) - \frac{u}{\upsilon}\right]\frac{\partial f^{(0)}}{\partial u} \\
\frac{1}{\upsilon}\frac{\partial f^{(1)}}{\partial \tau} &= \frac{1}{\upsilon}\left[-\kappa_1 f^{(1)} + \kappa_0 f^{(0)}\right] - \frac{\partial f^{(1)}}{\partial \upsilon} + a\frac{u}{\upsilon}f^{(1)} + \kappa\left[b\left(1+u\right) - \frac{u}{\upsilon}\right]\frac{\partial f^{(1)}}{\partial u}
\end{aligned}
\tag{4.61}
$$

其中 $u = z' - 1$, $\upsilon = z - 1$. 尽管方程 (4.61) 是线性方程, 但其系数是函数, 因此一般很难找到它的通解. 然而, 我们感兴趣的是静态解. 在静态处, 有 $\partial f^{(0)}/\partial \tau = 0$, $\partial f^{(1)}/\partial \tau = 0$. 这样, 由特征线法知道

$$
\frac{\mathrm{d}\upsilon}{\mathrm{d}r} = 1; \qquad \frac{\mathrm{d}u}{\mathrm{d}r} = -\kappa\left[b\left(1+u\right) - \frac{u}{\upsilon}\right]
$$

$$
\frac{\partial f^{(0)}}{\partial r} = \frac{1}{\upsilon}\left[\kappa_1 f^{(1)} - \kappa_0 f^{(0)}\right]; \quad \frac{\partial f^{(1)}}{\partial r} = \frac{1}{\upsilon}\left[-\kappa_1 f^{(1)} + \kappa_0 f^{(0)}\right] + \frac{au}{\upsilon}f^{(1)}
$$

其中, $r$ 代表沿特征线的距离. 当 $\kappa \gg 1$(蕴含着 $\mathrm{d}u/\mathrm{d}r \approx 0$) 时, 可获得

$$
\upsilon = r, \quad u \approx \frac{b\upsilon}{1 - b\upsilon}
$$

这样,

$$
\upsilon\frac{\mathrm{d}f^{(0)}}{\mathrm{d}\upsilon} = \kappa_1 f^{(1)} - \kappa_0 f^{(0)}, \quad \upsilon\frac{\mathrm{d}f^{(1)}}{\mathrm{d}\upsilon} = -\kappa_1 f^{(1)} + \kappa_0 f^{(0)} + \frac{au}{1 - b\upsilon}f^{(1)}
$$

由此可获得下列二阶常微分方程

$$
\upsilon\left(b\upsilon - 1\right)\frac{\mathrm{d}^2 f^{(0)}}{\mathrm{d}\upsilon^2} + \left[\left(\kappa_0 + \kappa_1\right)\left(b\upsilon - 1\right) + b\upsilon\left(1 + a\right) - 1\right]\frac{\mathrm{d}f^{(0)}}{\mathrm{d}\upsilon} + ab\kappa_0 f^{(0)} = 0 \tag{4.62}
$$

回忆起方程

$$
\frac{\mathrm{d}}{\mathrm{d}\upsilon}\prod_{k=1}^{L}\left(\upsilon\frac{\mathrm{d}}{\mathrm{d}\upsilon} + b_k - 1\right)G - \prod_{k=1}^{K}\left(\upsilon\frac{\mathrm{d}}{\mathrm{d}\upsilon} + a_k\right)G = 0 \tag{4.63}
$$

解的形式, 可知方程 (4.62) 有如

$$
f^{(0)}\left(\upsilon\right) = C \cdot {}_2F_1\left(\varphi, \psi; 1 - \kappa_0 - \kappa_1; b\upsilon\right) \tag{4.64}
$$

的解, 其中 $C$ 为积分常数, ${}_2F_1\left(a, b; c; z\right)$ 是汇合型超几何函数. 常数 $\varphi$ 和 $\psi$ 可通过比较方程 (4.63) 和原方程 (4.62) 的系数来确定. 事实上, 通过比较和计算, 我们发现

$$
\varphi = \frac{1}{2}\left(a + \kappa_0 + \kappa_1 + \sqrt{\left(a + \kappa_0 + \kappa_1\right)^2 - 4a\kappa_0}\right)
$$

$$\psi = \frac{1}{2}\left(a+\kappa_0+\kappa_1-\sqrt{\left(a+\kappa_0+\kappa_1\right)^2-4a\kappa_0}\right)$$

注意到生成函数可表示为 $F(z)=f^{(0)}(z)+f^{(1)}(z)$, $C$ 由 $F(1)=1$ 确定, 以及关系式

$$c(c+1)\cdot {}_2F_1(a,b;c;z)=c(c+1)\cdot {}_2F_1(a,b;c+1;z)+abz\cdot {}_2F_1(a+1,b+1;c+2;z)$$

我们发现

$$F(z)={}_2F_1(\varphi,\psi;\kappa_0+\kappa_1;b(z-1))$$

把函数 $F(z)$ 在 $z=0$ 处展开, 记 ${}_2F_1^{(n)}(a,b;c;z)$ 为合流超几何函数关于 $z$ 的 $n$ 阶导数, 则得

$$\begin{aligned}F(z)&=\sum_{n=0}^{\infty}{}_2F_1^{(n)}(\varphi,\psi;\kappa_0+\kappa_1;-b)\frac{b^n}{n!}z^n\\&=\sum_{n=0}^{\infty}\frac{\Gamma(\varphi+n)\Gamma(\psi+n)\Gamma(\kappa_0+\kappa_1)b^n}{\Gamma(\varphi)\Gamma(\psi)\Gamma(\kappa_0+\kappa_1+n)n!}{}_2F_1(\varphi+n,\psi+n;\kappa_0+\kappa_1+n;-b)z^n\end{aligned}\tag{4.65}$$

$P_n$ 由关系式 $P_n=\frac{1}{n!}\frac{\partial^n}{\partial z^n}F(z)|_{z=0}$ 确定, 由此可获得蛋白质数目的概率分布 (需要用到合流超几何函数的线性变换[2])

$$c(c+1){}_2F_1(a,b,c;z)=c(c+1){}_2F_1(a,b,c+1;z)+abz{}_2F_1(a+1,b+1,c+2;z)$$

及蛋白质的概率分布

$$\begin{aligned}P_n=&\frac{\Gamma(\varphi+n)\Gamma(\psi+n)(\kappa_0+\kappa_1)}{\Gamma(n+1)\Gamma(\varphi)\Gamma(\psi)\Gamma(\kappa_0+\kappa_1+n)}\left(\frac{b}{1+b}\right)^n\left(1-\frac{b}{1+b}\right)^\alpha\\&\times{}_2F_1\left(\varphi+n,\kappa_0+\kappa_1-\psi;\kappa_0+\kappa_1+n;\frac{b}{1+b}\right)\end{aligned}\tag{4.66}$$

最后, 给出两种特殊情形时 mRNA 的概率分布. 假定 mRNA 的初始数目为零, 则两阶段基因模型的 mRNA 数目服从下列泊松分布

$$P_m(t)=\mathrm{e}^{-\langle m(t)\rangle}\frac{\langle m(t)\rangle^m}{m!}\tag{4.67}$$

这里 $\langle m(t)\rangle=m_s\left(1-\mathrm{e}^{-\delta t}\right)$, $m_s=\mu/\delta$(mRNA 数目的静态). 相应地, 传播子的概率密度为

$$P_{m|k}(t)=\sum_{r=0}^{k}\mathrm{C}_k^r P_{m-r}(t)\left(1-\mathrm{e}^{-\delta t}\right)^{k-r}\mathrm{e}^{-r\delta t}\tag{4.68}$$

假如 $m < 0$, 则 $P_m(t) = 0$. 注意到: (4.68) 仅是 (4.67) 的另一种表现形式. 类似地, 对于三阶段基因模型, 可导出 mRNA 数目的静态分布为[2]

$$P_m = \frac{m_s^m}{m!} \cdot \frac{\Gamma(\varsigma_0 + m)\Gamma(\varsigma_0 + \varsigma_1)}{\Gamma(\varsigma_0 + \varsigma_1 + m)\Gamma(\varsigma_0)} \cdot {}_1F_1(\varsigma_1; \varsigma_0 + \varsigma_1 + m; m_s) \tag{4.69}$$

其中, $m_s = \dfrac{v_0}{\delta}$, $\varsigma_0 = \dfrac{\alpha}{\delta}$, $\varsigma_1 = \dfrac{\beta}{\delta}$, 涉及的函数如 ${}_1F_1(\varsigma_1; \varsigma_0 + \varsigma_1 + m; m_s)$ 是第一类合流超几何函数. 对于 $\varsigma_1 = \dfrac{\beta}{\delta} \gg 1$, (4.69) 趋于负二项分布 (此时, mRNA 的合成像是爆发方式). 当 $\beta = 0$ 时, $P_m$ 变成泊松分布, 此时三阶段基因模型变成两阶段基因模型.

## 4.6 考虑外部信号调控的基因模型中的概率分布

在前面使用的基因模型没有考虑调控, 而基因与基因之间的调控在生物上是很普遍的, 特别是, 自调控很普遍. 本节试图导出考虑几种调控方式 (如非线性自调控、外部信号的静态或动态调控等) 时两状态基因模型中基因产物的分布[1].

### 4.6.1 非线性自调控情形

模型如图 4.4 所示, 其中, 假设基因有两个状态, 它们之间可以转移; 启动子有一个小的泄露, 由基因生成的蛋白质作为转录因子调控自己的表达. 反应比率如图 4.4 所示. 假定蛋白质以爆发的方式生成.

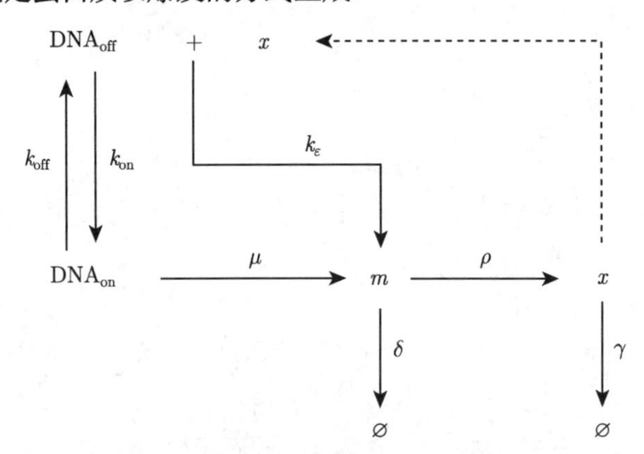


图 4.4　考虑自调控的爆发式基因表达模型

让 $p(x)$ 表示蛋白质浓度 $x$ 的概率密度. 类似于两阶段基因表达情形 (参看第 3 章), 可引入下列形式的主方程

$$\frac{\partial p(x;t)}{\partial t} = \frac{\partial}{\partial x}[\gamma x p(x;t)] + \mu \int_0^x w(x, x') c(x') p(x';t) \mathrm{d}x' \tag{4.70}$$

其中, $c(x)$ 是一个响应函数 (由调控的性质决定). 令 $a=\dfrac{\mu}{\gamma}$, $b=\dfrac{\rho}{\delta}$. 在静态处的主方程为

$$-\frac{\mathrm{d}}{\mathrm{d}x}[xp(x)]=a\int_0^x w(x,x')c(x')p(x')\mathrm{d}x'$$

这里 $x=\dfrac{n}{V}$($V$ 表示细胞的体积). 若 $w(x,x')=w(x-x')=\nu(x-x')-\delta(x-x')$, 并假定 $\nu(x)=\dfrac{1}{b}\mathrm{e}^{-x/b}$ (即考虑蛋白质以爆发的方式生成, 且假定爆发大小服从指数分布), 则 $\tilde{w}(s)=-\dfrac{s}{s+(1/b)}$, 其中 $s$ 是拉普拉斯变量. 因此,

$$\frac{\mathrm{d}\tilde{p}}{\mathrm{d}s}=-\frac{a}{s+(1/b)}(\tilde{c}*\tilde{p})$$

两边乘以 $s+(1/b)$, 并利用拉普拉斯逆变换, 则知

$$\frac{\mathrm{d}(xp)}{\mathrm{d}x}+\frac{xp}{b}=acp$$

其解可表示为

$$p(x)=Ax^{-1}\mathrm{e}^{-x/b}\mathrm{e}^{a\int(c(x)/x)\mathrm{d}x}$$

其中, $A$ 是一个规范化常数.

对于压制情形, 设

$$c(x)=\frac{k^H}{k^H+x^H}+\varepsilon$$

其中, $H$ 是 Hill 系数, $k=\dfrac{k_{\mathrm{off}}}{k_{\mathrm{on}}}$ 是转录因子对 DNA 结合基地的平衡结合常数, $\varepsilon=\dfrac{k_\varepsilon}{\mu}$ 刻画启动子有小的漏 ($k_\varepsilon$ 是基因在关状态时的转录率). 此时, 可求解得概率密度函数

$$p(x)=Ax^{a(1+\varepsilon)-1}\mathrm{e}^{-x/b}\left[1+\left(\frac{x}{k}\right)^H\right]^{-a/H} \tag{4.71}$$

类似地, 对于促进情形, 也能给出相应变量的概率分布.

此外, 对于正反馈的 Friedman 模型, 其生化反应为

$$I\xrightarrow{\tilde{\lambda}_0\left(\varepsilon+\frac{\tilde{x}}{\tilde{x}+\tilde{K}}\right)}A,\quad A\xrightarrow{\gamma}I$$
$$A\xrightarrow{\mu}A+X,\quad X\xrightarrow{\delta}\varnothing$$

其中, 参数和变量已经被 $\delta$ 规范化了, 可求得 $X$ 的概率分布为

$$p(\tilde{x})\propto\left(\frac{\tilde{x}}{\tilde{K}}\right)^{\tilde{\lambda}_0 C}\mathrm{e}^{-\tilde{x}\tilde{\gamma}/\tilde{\mu}}\left(1+\frac{\tilde{K}}{\tilde{x}}\right)^{\tilde{\lambda}_0}$$

(类似于伽马分布), 其中 $C = 1 - \left(1/\tilde{\lambda}_0\right) + \varepsilon$. 若采用文献 [4] 的方法, 则可求得

$$p(\tilde{x}) = C_1 (1 - \tilde{x})^{(-1+\tilde{\gamma})} \tilde{x}^{\tilde{\lambda}_0 \varepsilon - 1} \left(1 + \frac{\tilde{x}}{\tilde{K}}\right)^{\tilde{\lambda}_0}$$

(类似于贝塔分布), 其中

$$C_1 = \frac{1}{\tilde{\mu}} \frac{\Gamma\left(\tilde{\gamma} + \varepsilon\tilde{\lambda}_0\right)}{\Gamma(\tilde{\gamma})\Gamma\left(\varepsilon\tilde{\lambda}_0\right)} \frac{1}{{}_2F_1\left(-\tilde{\lambda}_0, \varepsilon\tilde{\lambda}_0; \tilde{\gamma} + \varepsilon\tilde{\lambda}_0; -1/\tilde{K}\right)}$$

进一步, 若 $\tilde{\lambda}_0 \geqslant 1$, $\tilde{\gamma} >> 1$ 且 $\tilde{\lambda}_0 \leqslant \tilde{\gamma}$, 则可得到和正反馈的 Friedman 模型相类似的解. 事实上, 可设

$$p(\tilde{x}) = C_2 (1 - \tilde{x})^{(-1+\tilde{\gamma})} \tilde{x}^{\tilde{\lambda}_0 \varepsilon + \tilde{\lambda}_0 - 1} \left(1 + \frac{\tilde{K}}{\tilde{x}}\right)^{\tilde{\lambda}_0}$$

其中, $C_2$ 是一个规范化常数. 因为 $\lim\limits_{\tilde{\gamma} \to \infty} (1 - \tilde{x})^{(-1+\tilde{\gamma})} \approx \mathrm{e}^{-\tilde{\gamma}\tilde{x}}$, 因此

$$p(\tilde{x}) \approx C_2 \tilde{x}^{\tilde{\lambda}_0(1+\varepsilon)-1} \mathrm{e}^{-\tilde{\gamma}\tilde{x}} \left(1 + \frac{\tilde{K}}{\tilde{x}}\right)^{\tilde{\lambda}_0}$$

其中, 参数和变量已经被 $\delta$ 规范化了.

最后, 考虑爆发大小的调控. 对于生化反应

$$I \xrightarrow{\lambda} A, \quad A \xrightarrow{\hat{\gamma}} I$$
$$A \xrightarrow{\mu} A + X, \quad X \xrightarrow{\delta} \varnothing$$

假设启动子的失活速率 $\hat{\gamma}$ 依赖于蛋白质的浓度 $\tilde{x}$,

$$\hat{\gamma} = \tilde{\gamma}\left(\varepsilon + \frac{\tilde{K}}{\tilde{x} + \tilde{K}}\right)$$

其中, 参数和变量已经被 $\delta$ 规范化了 (下同), 那么采用同上面分析一样的方法, 可求得蛋白质的静态概率密度为

$$p(\tilde{x}) = C_3 (1 - \tilde{x})^{\tilde{\gamma}\left(\varepsilon + \frac{\tilde{K}}{1+\tilde{K}}\right) - 1} \left(\tilde{K} + \tilde{x}\right)^{-\frac{\tilde{\gamma}\tilde{K}}{1+\tilde{K}}} \tilde{x}^{\tilde{\lambda}-1}$$

其中, $C_3$ 是一个规范化常数. 图 4.5 显示出：在某些特殊情形时基因产物的理论预测分布与数值模拟分布完全一致, 说明理论预测的正确性.

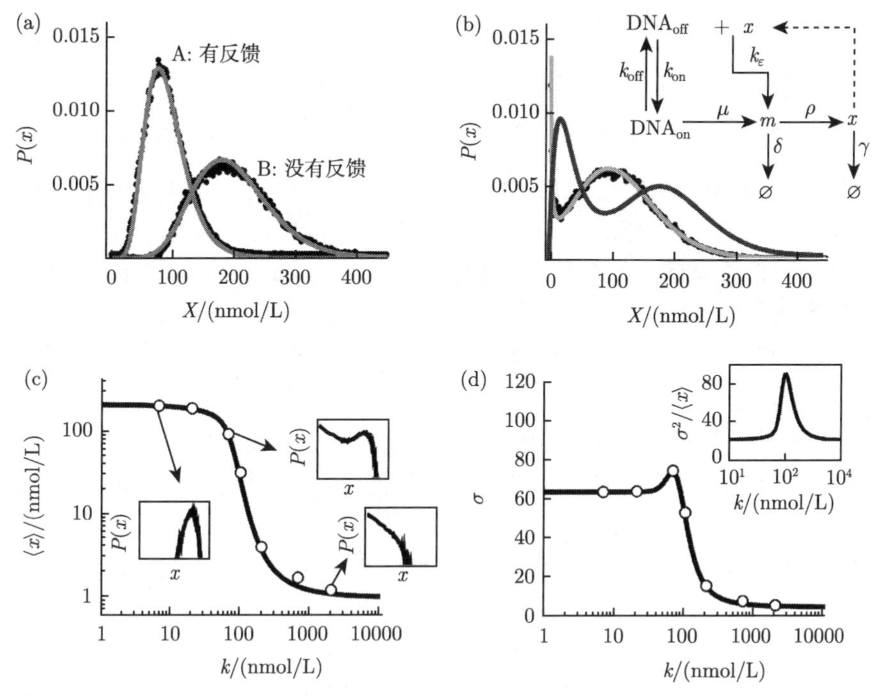


图 4.5 基因自调控模型中基因产物的分布

实线代表理论预测值, 而圆代表数值模拟结果, 两者一致

### 4.6.2 静态外部信号调控情形

首先, 假设外部 (或输入) 信号分子由下列随机微分方程来描述[13]

$$\mathrm{d}x(t) = \lambda\left[u - x(t)\right]\mathrm{d}t + \sigma_x\sqrt{x(t)}\mathrm{d}W_t \tag{4.72}$$

其中, $\lambda$ 和 $u$ 都是与随机过程有关的参数, 且参数 $\lambda$ 代表信号分子浓度 $x(t)$ 反转于它的平均的比率; $\sigma_x$ 代表噪声强度; $W_t$ 描述标准的布朗运动. 随机变量 $x(t)$ 刻画一个所谓的 Ornstein-Uhlenbeck 过程. 注意到: 对应于方程 (4.72) 的 Fokker-Planck 方程为

$$\frac{\partial P(x,t)}{\partial t} = -\frac{\partial}{\partial x}\left[\lambda(u-x)P(x,t)\right] + \frac{x\sigma_x^2}{2}\frac{\partial^2 P(x,t)}{\partial x^2} \tag{4.73}$$

其中, $P(x,t)$ 是概率分布. 在静态处, 方程 (4.73) 变成下列普通微分方程

$$\frac{\mathrm{d}}{\mathrm{d}x}\left[\frac{2\lambda}{\sigma^2}(u-x)P(x)\right] = x\frac{\mathrm{d}^2 P(x)}{\mathrm{d}x^2} \tag{4.74}$$

其初始条件为 $P(\infty) = 0$. 求解方程 (4.74) 得静态分布:

$$P_{\mathrm{ss}}(x) = \frac{1}{\beta^{\alpha}\Gamma(\alpha)} x^{\alpha-1} \mathrm{e}^{-x/\beta} \tag{4.75}$$

它是一个伽马分布, 两个特征参数为 $\alpha = \dfrac{2\lambda u}{\sigma_x^2}$ 和 $\beta = \dfrac{\sigma_x^2}{2\lambda}$. 而且, 不难显示出: 平均和方差为 $\langle x \rangle = u = \alpha\beta$(因此, $u$ 代表随机变量 $x$ 的平均或期望, 即代表输入信号的强度) 和 $\sigma_x^2 = \alpha\beta^2$. 我们指出: 参数 $\alpha$ 和 $\beta$ 具有明确的生物学含义, 例如, $\alpha$ 代表每个细胞周期内爆发的平均数目 (即**平均爆发频率**: mean burst frequency), $\beta$ 代表每个爆发产生中蛋白质分子的平均数目 (即**平均爆发大小**: mean burst size). 此外, 我们指出随机变量 $x(t)$ 的静态关联为: $\lim\limits_{t\to\infty} \mathrm{cov}(x(t), x(t+s)) = \sigma_x^2 \mathrm{e}^{-\lambda|s|}$.

其次, 考虑上述输入信号对下游基因表达的影响. 为清楚起见, 这里仅考虑常数信号, 且假设下游的基因表达由普通的两状态基因模型来描述. 注意到外部信号可区分为: **频率信号** (即信号的频率可变但幅度不变) 和**幅度信号** (即信号的幅度可变但频率不变). 当外部信号调控下游基因表达时, 常见的调控方式有两种: 一是**频率调控** (即外部信号调控下游基因模型中爆发的频率); 二是**幅度调控** (即外部信号调控下游基因模型中爆发的幅度). 此外, 外部信号既可以激活子方式调控下游信号也可以一压制子的方式调控下游信号. 这些情况的组合可导致多种情况, 在研究时需加以考虑和区分. 下一步, 我们给出更细化的描述. 让 $k_{\mathrm{on}}$ 和 $k_{\mathrm{off}}$ 分别表示基因从关到开和从开到关的转移率; 让 $\mathrm{TF}(u)$ 代表外部信号 (可认为转录因子) 调控下游信号时的调控函数. 那么, 对于激活子, 下游信号 (即蛋白质) 的关联时间为: $T_x = (k_{\mathrm{on}}\mathrm{TF}(u) + k_{\mathrm{off}})^{-1}$, 而对于压制子, 下游信号 (即蛋白质) 的关联时间为: $T_x = (k_{\mathrm{on}} + k_{\mathrm{off}}\mathrm{TF}(u))^{-1}$. 注意到: 当 $\lambda^{-1} \ll T_x$ 时, 可认为外部信号是常数, 即外表信号不是随机的而是确定性的[5].

注意到: 考虑外部信号调控时普通的两状态基因模型的主方程为

$$\begin{aligned}
\frac{\partial P_0(m;t)}{\partial t} &= -k_{\mathrm{on}}^{(i)}(u)\, P_0(m;t) + k_{\mathrm{off}}^{(i)}(u)\, P_1(m;t) \\
&\quad + \mu_0(E^{-1} - I)\,[P_0(m;t)] + \delta(E - I)\,[mP_0(m;t)] \\
\frac{\partial P_1(m;t)}{\partial t} &= k_{\mathrm{on}}^{(i)}(u)\, P_0(m;t) - k_{\mathrm{off}}^{(i)}(u)\, P_1(m;t) \\
&\quad + \mu_1(E^{-1} - I)\,[P_1(m;t)] + \delta(E - I)\,[mP_1(m;t)]
\end{aligned} \tag{4.76}$$

其中, 函数 $k_{\mathrm{on}}^{(i)}$ 和 $k_{\mathrm{off}}^{(i)}$ 列在表 4.1 中; $\mu_1$ 和 $\mu_0$ 都代表转录率并假设 $\mu_1 \gg \mu_0$(因此 $\mu_0$ 代表启动子的泄露); $\delta$ 代表基因产物的降解率.

为了求解 (4.76), 若引入生成函数 $G_i(z) = \sum\limits_{m=0}^{\infty} P_i(m)\, z^m$ 并考虑静态 (但仅考虑激活子的调控), 则 (4.76) 可转化成下列方程组

$$(z-1)\frac{\mathrm{d}}{\mathrm{d}z}\begin{pmatrix} G_0 \\ G_1 \end{pmatrix} - \begin{pmatrix} \mu_0(z-1)-k_{\mathrm{on}}\mathrm{TF}_1(u) & k_{\mathrm{off}} \\ k_{\mathrm{on}}\mathrm{TF}_1(u) & \mu_1(z-1)-k_{\mathrm{off}} \end{pmatrix}\begin{pmatrix} G_0 \\ G_1 \end{pmatrix} = \begin{pmatrix} 0 \\ 0 \end{pmatrix} \tag{4.77}$$

**表 4.1 调控方案和传输函数**

| 调控因子的角色 | 调控方案 | 传输函数 |
| --- | --- | --- |
| 激活子 | FM：仅改变 $k_{\mathrm{on}}$ | $\mathrm{TF}_1(X)=X^n/(k_d^n+X^n)$ |
| | AM：仅改变 $k_{\mathrm{off}}$ | $\mathrm{TF}_2(X)=k_d^n/(k_d^n+X^n)$ |
| 压制子 | AM：仅改变 $k_{\mathrm{off}}$ | $\mathrm{TF}_3(X)=X^n/(k_d^n+X^n)$ |
| | FM：仅改变 $k_{\mathrm{on}}$ | $\mathrm{TF}_4(X)=k_d^n/(k_d^n+X^n)$ |

注：FM 代表频率调幅, AM 代表幅度调幅, $n$ 是希尔常数.

其中的所有参数已经被降解规范化了. 为方便, 记 $\gamma_1=k_{\mathrm{on}}\mathrm{TF}_1(u)$, $\gamma_0=k_{\mathrm{off}}$. 由方程 (4.77) 可得

$$\mu_0 G_0-\frac{\mathrm{d}G_0}{\mathrm{d}z}=-\left(\mu_1 G_1-\frac{\mathrm{d}G_1}{\mathrm{d}z}\right) \tag{4.78}$$

其中的导数是关于变量 $z$ 求导. 作变换

$$H_0(z)=\mathrm{e}^{\mu_0 z}G_0(z),\quad H_1(z)=\mathrm{e}^{\mu_1 z}G_1(z)$$

则 (4.77) 变成

$$-\gamma_1\mathrm{e}^{\mu_0 z}H_0(z)+\gamma_0\mathrm{e}^{\mu_1 z}H_1(z)-(z-1)\,\mathrm{e}^{\mu_0 z}\frac{\mathrm{d}H_0(z)}{\mathrm{d}z}=0$$

$$\gamma_1\mathrm{e}^{\mu_0 z}H_0(z)-\gamma_0\mathrm{e}^{\mu_1 z}H_1(z)-(z-1)\,\mathrm{e}^{\mu_1 z}\frac{\mathrm{d}H_1(z)}{\mathrm{d}z}=0$$

通过消除 $H_0(z)$ 可得 $H_1(z)$ 的下列方程

$$A(z)\frac{\mathrm{d}^2H_1(z)}{\mathrm{d}z^2}+B(z)\frac{\mathrm{d}H_1(z)}{\mathrm{d}z}+C(z)H_1(z)=0 \tag{4.79}$$

其中, $A(z)=z-1$, $B(z)=\Delta\mu z+\gamma_0+\gamma_1+1-\Delta\mu$, $C(z)=\gamma_0\mu$, $\Delta\mu=\mu_1-\mu_0$. 最后, 作变换 $H_1(z)=\mathrm{e}^{-\Delta\mu z}f(\omega)$, 其中 $\omega=\mu(z-1)$, 则方程 (4.79) 变成下列标准的合流超几何方程

$$\omega\frac{\mathrm{d}^2f(\omega)}{\mathrm{d}\omega^2}+(\beta-\omega)\frac{\mathrm{d}f(\omega)}{\mathrm{d}\omega}-\alpha f(\omega)=0 \tag{4.80}$$

其中, $\alpha=1+\gamma_1$, $\beta=1+(\gamma_0+\gamma_1)$. 方程 (4.80) 允许两个线性独立的解：一个是合流超几何函数 ${}_1F_1(\alpha,\ \beta;\ \omega)$, 另一个是 Tricomi 函数 $U(\alpha,\ \beta;\ \omega)$. 注意到：当 $m\to\infty$ 时 $P_1(m)\to 0$ 这一条件必须满足, 因此可获得

$$G_1(z)=\mathrm{e}^{\mu_1 z}H_1(z)=A\mathrm{e}^{\mu_0 z}{}_1F_1(\alpha,\ \beta;\ \omega)$$

其中, $A=\mathrm{e}^{-\mu_0}\left[{}_1F_1\left(\alpha-1,\ \beta-1;\ 0\right)\right]^{-1}$. 进一步, 从 (5.42) 可求得

$$G_0\left(z\right)=A\mathrm{e}^{\mu_0 z}\left[{}_1F_1\left(\alpha-1,\ \beta-1;\ \omega\right)-{}_1F_1\left(\alpha,\ \beta;\ \omega\right)\right]$$

总之, 我们已经给出了生成函数 $G\left(z\right)=G_0\left(z\right)+G_1\left(z\right)$ 的分析表示. 再根据概率分布与生成函数之间的关系, 最终求得

$$\begin{aligned}P(m)=&\frac{\mathrm{e}^{-\mu_0}}{m!}\sum_{n=0}^{m}\left(\begin{array}{c}m\\n\end{array}\right)\mu_0^{m-n}\left(\Delta\mu\right)^n\frac{\left(k_{\mathrm{on}}^{(i)}\left(u\right)\right)_n}{\left(k_{\mathrm{on}}^{(i)}\left(u\right)+k_{\mathrm{off}}^{(i)}\left(u\right)\right)_n}\\&\times{}_1F_1\left(k_{\mathrm{on}}^{(i)}\left(u\right)+n,\ k_{\mathrm{on}}^{(i)}\left(u\right)+k_{\mathrm{off}}^{(i)}\left(u\right)+n;\ -\Delta\mu\right)\end{aligned}\tag{4.81}$$

其中, $\Delta\mu=\mu_1-\mu_0$, 所有的参数均被 $\delta$ 规范化了. 特别是, 可求得下游的平均 mRNA 为

$$\langle m\rangle=\mathrm{e}^{\mu_0}\left(\frac{\mu_1 k_{\mathrm{on}}^{(i)}\left(u\right)}{k_{\mathrm{on}}^{(i)}\left(u\right)+k_{\mathrm{off}}^{(i)}\left(u\right)}+\mu_0\right)\tag{4.82}$$

其噪声强度可表示为

$$\eta_{\mathrm{mRNA}}^2=\underbrace{\frac{1}{\langle m\rangle}}_{\text{内部噪声}}+\underbrace{\frac{a}{\langle m\rangle^2}-1}_{\text{启动子噪声}}\tag{4.83}$$

其中,

$$a=\frac{\mathrm{e}^{\lambda_0}k_{\mathrm{on}}^{(i)}\left(u\right)}{k_{\mathrm{on}}^{(i)}\left(u\right)+k_{\mathrm{off}}^{(i)}\left(u\right)}\left[\frac{k_{\mathrm{on}}^{(i)}\left(u\right)+k_{\mathrm{off}}^{(i)}\left(u\right)}{k_{\mathrm{on}}^{(i)}\left(u\right)}\lambda_0^2+2\lambda_0\Delta\lambda+\frac{k_{\mathrm{on}}^{(i)}\left(u\right)+1}{k_{\mathrm{on}}^{(i)}\left(u\right)+k_{\mathrm{off}}^{(i)}\left(u\right)+1}\left(\Delta\lambda\right)^2\right]\tag{4.83a}$$

需要指出的是: 上面考虑的是常数输入情形, 而对于动态输入, 方程 (4.76) 很难求得解. 然而, 在某些条件下, 可求得近似解. 假如启动子状态之间的切换率远小于细胞周期, 那么方程 (4.76) 可近似为

$$\begin{aligned}&\mu_0(E^{-1}-I)P_0+(E-I)[mP_0]\approx 0\\&\mu_1(E^{-1}-I)P_1+(E-I)[mP_1]\approx 0\end{aligned}\tag{4.84}$$

此时, 容易显示出 $P_0$ 和 $P_1$ 都是泊松分布, 且其特征参数分别是 $\mu_0$ 和 $\mu_1$(可依赖于时间 $t$). 若记这些分布分别为 $P\left(\mu_0\right)$ 和 $P\left(\mu_1\right)$, 则总的 mRNA 分布 $\Pi\left(m\right)$ 可表示为

$$\begin{aligned}\Pi\left(m\right)&=\frac{\langle\tau_{\mathrm{on}}\rangle}{\langle\tau_{\mathrm{on}}\rangle+\langle\tau_{\mathrm{off}}\rangle}P\left(\mu_1\right)+\frac{\langle\tau_{\mathrm{off}}\rangle}{\langle\tau_{\mathrm{on}}\rangle+\langle\tau_{\mathrm{off}}\rangle}P\left(\mu_0\right)\\&=\frac{\langle\tau_{\mathrm{on}}\rangle}{\langle\tau_{\mathrm{on}}\rangle+\langle\tau_{\mathrm{off}}\rangle}\frac{\mu_1^m}{m!}\mathrm{e}^{-\mu_1}+\frac{\langle\tau_{\mathrm{off}}\rangle}{\langle\tau_{\mathrm{on}}\rangle+\langle\tau_{\mathrm{off}}\rangle}\frac{\mu_0^m}{m!}\mathrm{e}^{-\mu_0}\end{aligned}\tag{4.85}$$

其中, $\langle\tau_{\rm on}\rangle$ 和 $\langle\tau_{\rm off}\rangle$ 分别代表基因处在开和关状态的平均时间. 此外, 求得静态 mRNA 的平均为

$$\langle m\rangle=\frac{\lambda_1\langle\tau_{\rm on}\rangle+\lambda_0\langle\tau_{\rm off}\rangle}{\langle\tau_{\rm on}\rangle+\langle\tau_{\rm off}\rangle} \tag{4.86}$$

mRNA 的噪声强度为

$$\eta_{\rm mRNA}^2=\frac{\sigma^2}{\langle m\rangle^2} \tag{4.87}$$

其中, 方差为

$$\begin{aligned}\sigma^2&=\sum_m m^2\Pi(m)-\left(\sum_m m\Pi(m)\right)^2\\&=\frac{\langle\tau_{\rm on}\rangle\langle\tau_{\rm off}\rangle}{(\langle\tau_{\rm on}\rangle+\langle\tau_{\rm off}\rangle)^2}(\Delta\mu)^2+\frac{\mu_1\langle\tau_{\rm on}\rangle+\mu_0\langle\tau_{\rm off}\rangle}{\langle\tau_{\rm on}\rangle+\langle\tau_{\rm off}\rangle}\end{aligned} \tag{4.87a}$$

### 4.6.3 动态外部信号调控情形

对于基因表达系统, 在实际情况, 动态调控比静态调控更为普遍[14]. 这里, 考虑动态外部信号的简单调控, 参见图 4.6, 它显示出外部信号可以是频率信号 (即频率可改变但幅度不变), 也可以是幅度信号 (即幅度可改变但频率不变); 并假设外部信号可以调控转录率或调控降解率.

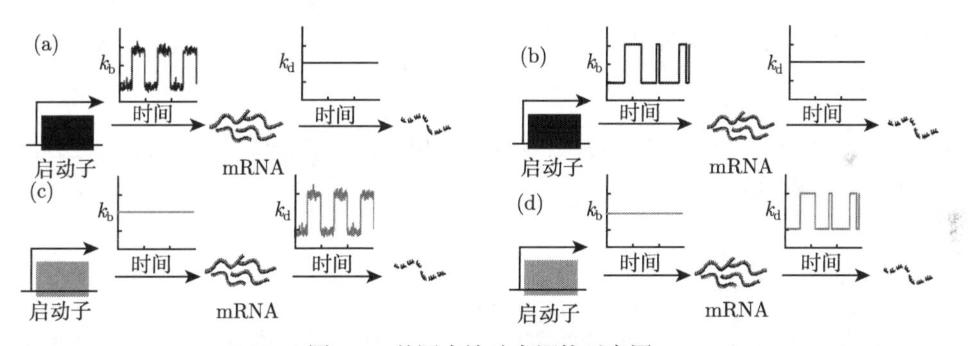


图 4.6 基因表达动态调控示意图

对应于图 4.6 的生化反应式为

$$\mathrm{DNA}\xrightarrow{k_{\rm b}(t)}\mathrm{DNA}+\mathrm{mRNA},\quad \mathrm{mRNA}\xrightarrow{k_{\rm d}(t)}\varnothing$$

其中, 由于受到外部信号的动态调控, 因此转录率 $k_{\rm b}(t)$ 和降解率 $k_{\rm d}(t)$ 都是时间 $t$ 的函数, 而相应的主方程为

$$\frac{\partial P(m,t)}{\partial t}=k_{\rm b}(t)\left[P(m-1,t)-P(m,t)\right]+k_{\rm d}(t)\left[(m+1)P(m+1,t)-mP(m,t)\right] \tag{4.88}$$

为了求解方程 (4.88), 若引入概率生成函数 $G(z,t)=\sum_{m=0}^{\infty} z^m P(m,t)$, 则从 (4.88) 可导出下列偏微分方程

$$\frac{\partial G}{\partial t}=(z-1)\left(k_{\mathrm{b}}G-k_{\mathrm{d}}\frac{\partial G}{\partial z}\right) \tag{4.89}$$

受常数反应比率生灭过程的数学模型求解的启示, 这里我们寻求方程 (4.89) 具有形式 $G=\phi(u,t)\,\mathrm{e}^{\mu(t)\,u}$ 的解, 其中, $u=(z-1)$, $\phi(u,t)$ 和 $\mu(t)$ 是两个待定函数. 把这种形式的解代入 (4.89) 中并消除因子 $\mathrm{e}^{\mu(t)u}$, 则得下列偏微分方程

$$\frac{\partial \phi}{\partial t}+u\phi\left(\frac{\mathrm{d}\mu}{\mathrm{d}t}+k_{\mathrm{d}}\mu-k_{\mathrm{b}}\right)+k_{\mathrm{d}}u\frac{\partial \phi}{\partial u}=0 \tag{4.90}$$

进一步, 受到研究常数情形时的启示, 我们可选取 $\mu(t)$ 使它满足下列常微分方程

$$\frac{\mathrm{d}\mu}{\mathrm{d}t}+k_{\mathrm{d}}\mu-k_{\mathrm{b}}=0 \tag{4.91}$$

显然, 这种选取是合理的, 因为假如两个比率 $k_{\mathrm{b}}$ 和 $k_{\mathrm{d}}$ 都是常数, 则可得已知结果 $\mu=k_{\mathrm{b}}/k_{\mathrm{d}}$. 对于 $\mu(t)$ 的这种特殊选取, 方程 (4.90) 变成

$$\frac{\partial \phi}{\partial t}+k_{\mathrm{d}}u\frac{\partial \phi}{\partial u}=0$$

由此, 获得下列形式的通解

$$\phi(u,t)=H(\Delta)$$

其中, $H$ 是 $\Delta=u\mathrm{e}^{-\int_0^t k_{\mathrm{d}}(x)\mathrm{d}x}$ 的任意函数, 将由初始条件细化. 注意到: 线性方程 (4.91) 的解可表示为

$$\mu(t)=\mathrm{e}^{-\int_0^t k_{\mathrm{d}}(x)\mathrm{d}x}\int_0^t k_{\mathrm{b}}(y)\,\mathrm{e}^{\int_0^y k_{\mathrm{d}}(x)\mathrm{d}x}\mathrm{d}y \tag{4.92}$$

现在, 假设 mRNA 分子的初始数目为 $m_0$, 那么可获得函数 $G(z,0)$ 的下列形式

$$G(z,0)=\sum_m P(m,0)z^m=\sum_m \delta_{m,m_0}z^m=z^{m_0}=(1+u)^{m_0}$$

由于 $G=\phi(u,t)\,\mathrm{e}^{\mu(t)u}$, 其中 $\mu(0)=0$, 因此有

$$H(u)=\phi(u,0)=G(z,0)=(1+u)^{m_0} \tag{4.93}$$

这决定了函数 $H$. 容易证实: 函数

$$\phi(u,t)=H(\Delta)=(1+\Delta)^{m_0}$$

是方程 (4.90) 满足初始条件 (4.93) 的解. 进一步, 假设 mRNA 的初始数目为零, 即 $m_0 = 0$, 则具有变系数 $k_{\mathrm{b}}(t)$ 和 $k_{\mathrm{d}}(t)$ 的方程 (4.89) 的解可表示为

$$G(z,t) = \mathrm{e}^{\mu(t)(z-1)}$$

在求得生成函数的这种表达之后, 时间依赖的概率分布就不难给出了. 事实上, 我们有

$$P(m,t) = \frac{1}{m!}\frac{\partial^m}{\partial z^m}G(z;t)\bigg|_{z=0} = \frac{1}{m!}\mathrm{e}^{-\mu(t)}\mu^m(t) \tag{4.94}$$

这表明: 时间依赖的比率 $\mu(t)$ 仅是影响 mRNA 平均和概率分布的一个因子. 而且, 假如 $\mu(t)$ 是一个常数, 那么上面结果能重现以前的结果.

假如转录率 $k_{\mathrm{b}}$ 或 mRNA 的降解率 $k_{\mathrm{d}}$ 或两者是随机变量, 蕴含着 $\mu(t)$ 服从某个分布, 记为 $Q(t)$, 那么由分布的合成理论, 可知 mRNA 的最后分布 $R(m,t)$ 应为两个分布 $Q(t)$ 和 $P(m,t)$ 的卷积, 即

$$R(m,t) = \int_0^{\infty} Q(s)\,P(m,t-s)\,\mathrm{d}s$$

## 4.7 非协作绑定基因模型中的概率分布

### 4.7.1 模型描述

考虑三阶段基因模型[15], 如图 4.7 所示, 其中, 目标基因被另一个基因以非协作的方式所调控. 假定调控基因 (它以压制的方式调控目标基因) 的启动子总是处于活性态, 而被调控基因有一个活性态和一个非活性态, 两个基因都经历转录和翻译过程. 又假定调控基因的产物服从单峰分布. 结果显示出目标蛋白 (即输出) 服从一个双峰分布.

假定目标基因有一个活性态和一个非活性态, 在活性态, DNA 转录成 mRNA, 而 mRNA 进一步翻译成蛋白质. 又假定目标基因受到一个转录因子 (它是另一个基因的产物, 而此基因假定总是处于活性态, 经历转录和翻译过程) 的调控 (这里考虑的是压制情形. 类似地, 可考虑促进情形), 这里转录因子服从一个单峰分布. 我们将显示出目标蛋白质服从一个双峰分布.

转录因子 $R$ 由启动子 $O_R$ 控制其表达, 并调控目标基因的表达. 目标基因的操作区域 $O$ 包含转录因子的 $n$ 个绑定 (或结合) 基地. 转录因子结合到这些操作基地的某个完全阻碍 RNA 聚合酶的附属 (attachment)(假定启动子和操作子重叠). 假定调控基因的蛋白质 ($R$)、调控基因的 mRNA($M_R$)、目标基因的 mRNA($M$) 和蛋白质 ($P$) 以单步机制降解. 又假定每个启动子仅有一个拷贝. 根据图 4.7, 相应的生化反应式列在表 4.2 中.

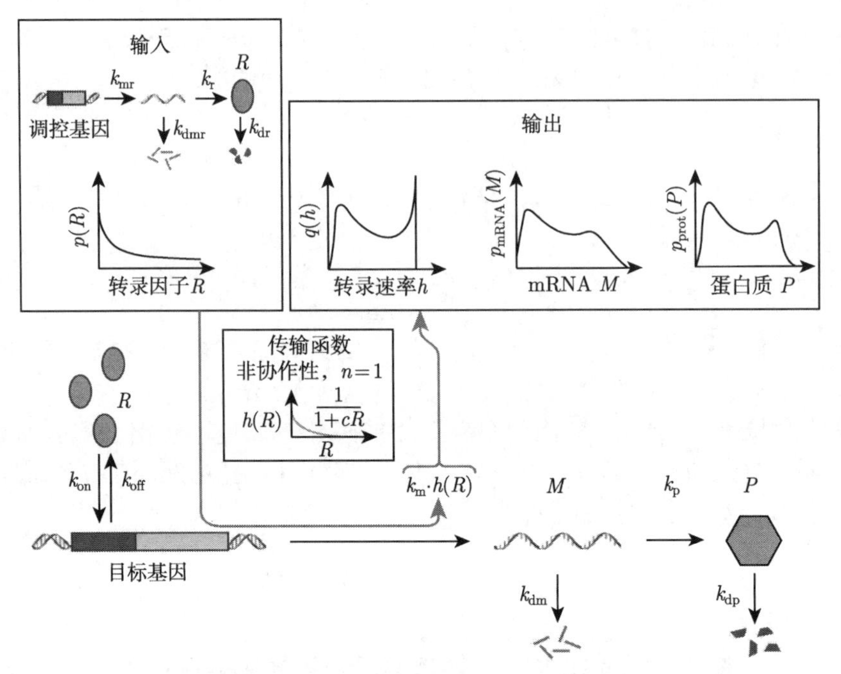


图 4.7　单峰转录因子诱导目标基因的双峰分布: 非协作绑定

**表 4.2　两个基因模型中的生化反应式**

| 调控基因 | 目标基因 | 调控 |
|---|---|---|
| $O_R \xrightarrow{k_{\mathrm{mr}}} M_R + O_R$ | $O \xrightarrow{k_{\mathrm{m}}} M + O$ | $R + O \underset{k_{\mathrm{off}}^1}{\overset{k_{\mathrm{on}}^1}{\rightleftharpoons}} R_1O$ |
| $M_R \xrightarrow{k_{\mathrm{dmr}}} \varnothing$ | $M \xrightarrow{k_{\mathrm{dm}}} \varnothing$ | $\vdots$ |
| $M_R \xrightarrow{k_{\mathrm{r}}} R + M_R$ | $M \xrightarrow{k_{\mathrm{p}}} P + M$ | $R + R_{n-1}O \underset{k_{\mathrm{off}}^n}{\overset{k_{\mathrm{on}}^n}{\rightleftharpoons}} R_nO$ |
| $R \xrightarrow{k_{\mathrm{dr}}} \varnothing$ | $P \xrightarrow{k_{\mathrm{dp}}} \varnothing$ | |

### 4.7.2　模型分析

让 $[O]$ 表示目标基因操作子是自由的概率, $[R_nO]$ 表示操作子被 $n$ 个压制子结合的概率. 这样, 在静态处, 我们有

$$k_{\mathrm{on}}^1 [R] \cdot [O] = k_{\mathrm{off}}^1 [RO], \cdots, k_{\mathrm{on}}^n \cdot [R_{n-1}O]\, O = k_{\mathrm{off}}^n [R_nO]$$

以及保守性条件

$$[O] + [R] \cdot [O] \frac{k_{\mathrm{on}}^1}{k_{\mathrm{off}}^1} + \cdots + [R] \cdot [R_{n-1}O] \frac{k_{\mathrm{on}}^n}{k_{\mathrm{off}}^n} = 1$$

目标基因的转录率等于操作子是自由的概率乘以 mRNA 合成的反应率 $k_{\mathrm{m}}$. 目标基因的一个 DNA 拷贝的概率能够看成是一个传输函数 (量的响应函数), 即

$$h(R)=\left(1+\frac{k_{\mathrm{on}}^{1}}{k_{\mathrm{off}}^{1}}R+\cdots+\frac{k_{\mathrm{on}}^{1}\cdots k_{\mathrm{on}}^{n}}{k_{\mathrm{off}}^{1}\cdots k_{\mathrm{off}}^{n}}R^{n}\right)^{-1}$$

在绑定基地是相互独立情形 (如**非协作绑定**), 反应比率常数能够用微观常数 $k_{\mathrm{on}}$ 和 $k_{\mathrm{off}}$ 表示, 即 $k_{\mathrm{on}}^{n}=nk_{\mathrm{on}}$, $k_{\mathrm{off}}^{n}=nk_{\mathrm{off}}$. 此时, 传输函数为

$$h(R)=\left(1+\frac{k_{\mathrm{on}}}{k_{\mathrm{off}}}R\right)^{-n}\equiv\frac{1}{(1+cR)^{n}}$$

在强的正协作结合情形 (即具有 $n$ 个占居结合基地的复合物占主导: **协作绑定**), 则 $h(R)$ 能够近似为

$$h(R)\approx\left(1+\frac{k_{\mathrm{on}}^{1}\cdots k_{\mathrm{on}}^{n}}{k_{\mathrm{off}}^{1}\cdots k_{\mathrm{off}}^{n}}R^{n}\right)^{-1}\equiv\frac{1}{1+cR^{n}}$$

若没有转录和翻译噪声, 即 mRNA 和蛋白质的分子数目非常大, 则对于给定的压制子 $R$ 的数目, mRNA 和蛋白质分子的静态数目由确定性的比率方程来计算

$$\frac{\mathrm{d}M}{\mathrm{d}t}=k_{\mathrm{m}}h(R)-k_{\mathrm{dm}}M,\quad \frac{\mathrm{d}P}{\mathrm{d}t}=k_{\mathrm{p}}M-k_{\mathrm{dp}}P$$

设随机变量 $R$ 的概率密度函数为 $p(R)$, 随机变量 $h$ 的概率密度函数为 $q(h)$(所有的分布均假定为静态分布). 记 $R(h)$ 是 $h(R)$ 的反函数. 因为两个概率密度函数都是规范化的, 所以它们的图形所围的区域必须守恒, 即 $|q(h)\,\mathrm{d}h|=|p(R)\,\mathrm{d}R|$(注意到 $h(R)$ 是单调减少函数, 因此其逆函数存在). 事实上,

$$P\{h(R_1)<h<h(R_2)\}=P\{R_1<R<R_2\}=\int_{R_1}^{R_2}p(R)\,\mathrm{d}R$$
$$=\int_{h(R_1)}^{h(R_2)}p(R(h))\left|\frac{\mathrm{d}R(h)}{\mathrm{d}h}\right|\mathrm{d}h=\int_{h(R_1)}^{h(R_2)}q(h)\,\mathrm{d}h$$

由此可得

$$q(h)=p(R(h))\left|\frac{\mathrm{d}R(h)}{\mathrm{d}h}\right| \tag{4.95}$$

假定调控基因的翻译爆发占主导, 且假定它们比目标基因的转录和翻译慢很多, 以便每个细胞内转录因子的量和目标基因产物的合成和降解时间尺度相比为常数. 在这种假定下, 根据前面的结果, 我们知道

$$p(R)\equiv p(R;\alpha,\beta)=\frac{R^{\alpha-1}\mathrm{e}^{-R/\beta}}{\beta^{\alpha}\Gamma(\alpha)} \tag{4.96}$$

(伽马分布), 这里 $\alpha$ 代表每个细胞周期内转录因子产物爆发的平均数目, $\beta$ 代表转录因子爆发的平均大小.

在协作绑定情形, 我们有 $h(R) = 1/(1+cR^n)$, 因此 $R(h) = ((1-h)/hc)^{1/n}$. 把它和 (4.96) 一同代入 (4.95) 得

$$q(h) = \frac{1}{n\beta^{\alpha}c^{\alpha/n}\Gamma(\alpha)}\frac{(1-h)^{-1+\alpha/n}}{h^{1+\alpha/n}}\exp\left\{-\frac{1}{\beta}\left(\frac{1-h}{hc}\right)^{1/n}\right\} \tag{4.97}$$

类似地, 在非协作绑定情形, 我们有 $h(R) = 1/(1+cR)^n$, 因此

$$R(h) = (1-h^{1/n})/(ch^{1/n})$$

. 把它代入 (4.95) 得

$$q(h) = \frac{\left(h^{-1/n}-1\right)^{\alpha-1}\exp\left\{-\left(h^{-1/n}-1\right)/(\beta c)\right\}h^{-(n+1)/n}}{n\beta^{\alpha}c^{\alpha}\Gamma(\alpha)} \tag{4.98}$$

基于上面的分析分布, 现在我们来看 mRNA 和蛋白质数目的分布. 在转录噪声出现的情形, 对于压制子的固定数目, mRNA 的静态服从泊松分布 (注意到相应的生化反应为 $D \xrightarrow{k_{\mathrm{m}}h} D+M$, $M \xrightarrow{k_{\mathrm{dm}}} \varnothing$)

$$p_1(M;h) = \frac{(K_M h)^M}{M!}\mathrm{e}^{-K_M h}$$

这里平均和方差都为 $K_M h = k_{\mathrm{m}}h/k_{\mathrm{dm}}$. 当转录和翻译噪声出现且 $k_{\mathrm{dp}} \ll k_{\mathrm{dm}}$ 时, 对于压制子的固定数目, 目标蛋白质的分布由负二项分布近似

$$p_2(P;h) = \frac{\Gamma(ah+P)}{\Gamma(P+1)\Gamma(ah)}\left(\frac{b}{1+b}\right)^P\left(1-\frac{b}{1+b}\right)^{ah} \tag{4.99}$$

其中, $ah = \dfrac{k_{\mathrm{m}}}{k_{\mathrm{dp}}}h$ 表示每个细胞周期内蛋白质产生爆发的数目, $b = \dfrac{k_{\mathrm{p}}}{k_{\mathrm{dm}}}$ 是每个爆发内蛋白质分子的数目. 注意到: 蛋白质的平均为 $abh$, 方差为 $abh(1+b)$. 对于大的 $P$, $p_2(P,h)$ 趋于伽马分布: $p(P;ah,b)$.

若考虑细胞群体中压制子的概率密度 $p(R)$, 我们通过转录率的概率密度 $q(h)$ 与上面的 mRNA 数目的概率密度 $p_1(M;h)$(通过转录率的概率密度 $q(h)$ 与上面的蛋白质数目的概率密度 $p_2(P;h)$) 的卷积可给出 mRNA 数目的最后概率密度, 记为 $P_{\mathrm{mRNA}}(M)$ (蛋白质数目的最后概率密度, 记为 $P_{\mathrm{prot}}(P)$)

$$P_{\mathrm{mRNA}}(M) = \int_0^1 p_1(M;h)\,q(h)\,\mathrm{d}h$$

$$P_{\text{prot}}(P) = \int_0^1 p_2(P;h)\,q(h)\,\mathrm{d}h$$

由于 $q(h)$ 是双峰的, 因此 $P_{\text{mRNA}}(M)$ 和 $P_{\text{prot}}(P)$ 都是双峰的.

**注 4.1** 模块之间的概率分布关系 (或概率分布的传播), 参考图 4.8.

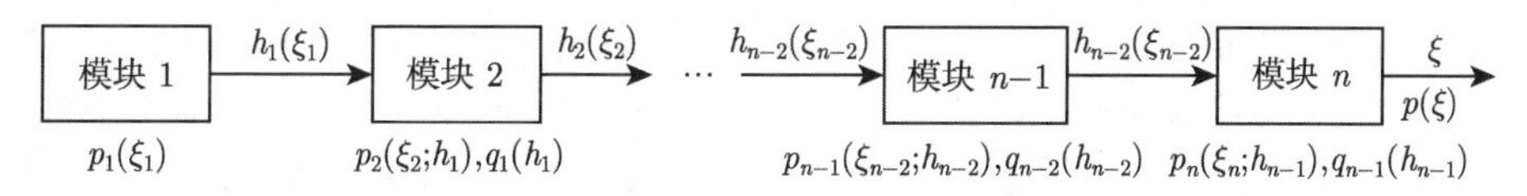


图 4.8 多模块之间信号的概率传播示意图

$\xi_k$ 为第 $k$ 个模块的输出随机变量, $h_{k-1}(\xi_{k-1})$ 为第 $k$ 个模块的输入函数 (对于基因调控网, $h_{k-1}(\xi_{k-1})$ 一般为 $\xi_{k-1}$ 的非线性函数, 而对代谢或转导网络, $h_{k-1}(\xi_{k-1}) = \xi_{k-1}$), $q_{k-1}(h_{k-1})$ 代表第 $k$ 个模块的输入概率密度或分布, $P_k(\xi_k; h_{k-1})$ 代表第 $k$ 个模块中输出变量 $\xi_k$ 的概率密度或分布, $\xi$ 代表输出随机变量, $P(\xi)$ 代表输出随机变量的概率密度或分布.

记第二个模块中 $\xi_2$ 的概率密度或分布为 $P_2(\xi_2)$, 则 $P_2(\xi_2)$ 为 $P_2(\xi_2;h_1)$ 与 $q_1(h_1)$ 的卷积; 更一般地, 记第 $k$ 个模块中 $\xi_k$ 的概率密度或分布为 $P_k(\xi_k)$, 则 $P_k(\xi_k)$ 为 $P_k(\xi_k;h_{k-1})$ 与 $q_{k-1}(h_{k-1})$ 的卷积, 这里 $k = 2, 3, \cdots, n$; 特别是, $P(\xi)$ 为 $P_n(\xi_n;h_{n-1})$ 与 $q_{n-1}(h_{n-1})$ 的卷积. 由这些关系, 最后可得出 $P(\xi)$ 是 $\xi_1$ 的函数. 注意到: 这些结果仅对静态概率分布成立; 对动态概率分布, 需要进一步研究.

## 参 考 文 献


[1] Friedman N, Cai L, Xie X S. Linking stochastic dynamics to population distribution: An analytical framework of gene expression. Physical Review Letters, 2006, 97: 168302.

[2] McAdams H H, Arkin A. Stochastic mechanisms in gene expression. Proceedings of the National Academy of Sciences USA, 1997, 94(3): 814-823.

[3] Raj A, Peskin C S, Tranchina D, et al. Stochastic mRNA synthesis in mammalian cells. PLoS Biology, 2006, 4(10): e309.

[4] Shahrezaei V, Swain P S. Analytic distributions for stochastic gene expression. Proceedings of the National Academy of Sciences USA, 2008, 105: 17256-17261.

[5] Liu P J, Yuan Z J, Wang H H, et al. Decomposition and tunability of expression noise in the presence of coupled feedbacks. Chaos, 2016, 26: 043108.

[6] Zhang J J, Nie Q, He M, et al. Exact results for the noise in biochemical reaction networks. Journal of Chemical Physics, 2013, 138: 084106.

[7] Huang L F, Yuan Z J, Liu P J, Zhou T S. Effects of promoter leakage on dynamics of gene expression. BMC Systems Biology, 2015, 9:16.

[8] Slater L J. Confluent Hypergeometric Functions. Cambridge: Cambridge University Press, 1960.

[9] Abramowitz M, Stegun I A. Pocketbook of Mathematical Functions. Frankfurt am Main: Harri Deutsch Publishing, 1984.

[10] Kumar N, Platini T, Kulkarni R V. Exact distributions for stochastic gene expression models with bursting and feedback. Physical Review Letters, 2014, 113: 268105.

[11] Weinberger L S, Burnett J C, Toettcher J E, et al. Stochastic gene expression in a lentiviral positive-feedback loop: HIV-1 Tat fluctuations drive phenotypic diversity. Cell, 2005, 122: 169.

[12] Hu B, Kessler D A, Rappel W J, et al. Effects of input noise on a simple biochemical switch. Physical Review Letters, 2011, 107: 148101.

[13] Wang H H, Yuan Z J, Liu P J, et al. Mechanisms of information decoding through a cascade system of gene expression. Physical Review E, 2016, 93: 052411.

[14] Liu P J, Wang H H, Huang L F, et al. The dynamic mechanism of noisy signal decoding in gene regulation. Scientific Report, 2017, 7: 42128; doi: 10.1038/srep42128.

[15] Ochab-Marcinek O, Tabaka M. Bimodal gene expression in noncooperative regulatory systems. Proceedings of the National Academy of Sciences USA, 2010, 107: 22096-22101.

# 第 5 章　复杂基因调控系统的建模与分析

前两章的主要研究对象是普通的两状态基因模型, 即基因有一个开 (on) 状态和一个关 (off) 状态且基因在这两个状态之间可以切换 (叫作*启动子状态切换*) 的基因模型, 给出了基因产物噪声的显式计算公式和噪声分解原理, 并导出了基因产物的概率分布. 然而, 调控因子 (特别是转录因子) 对 DNA 结合位点的绑定与解离等可导致非常复杂的启动子拓扑结构, 例如, 甚至原核细胞中启动子的状态数目可以高达 128 个[1], 真核细胞中启动子的结构就更复杂了, 目前还没有很好的刻画. 一个自然的问题是, 复杂启动子结构是如何影响基因表达噪声的? 从进化的观点, 相对于普通的两状态基因模型, 具有复杂结构的启动子 (即启动子可以包含多个开状态和多个关状态) 的基因模型 (叫作多状态启动子模型, 参考图 5.1) 有何优势? 又如何导出基因产物 (包括 mRNA 和蛋白质) 的概率分布? 本章将对这些问题给出分析结果. 此外, 本章还将对新生 RNA 的运动学系统进行建模与分析. 尽管所用的基本模型是两状态基因模型, 但由于考虑了新生 RNA 的运动学, 因此相应的数学模型仍然比较复杂, 且数学分析起来也不是一件容易的事情. 鉴于此, 我们把有关内容也安排在本章中.

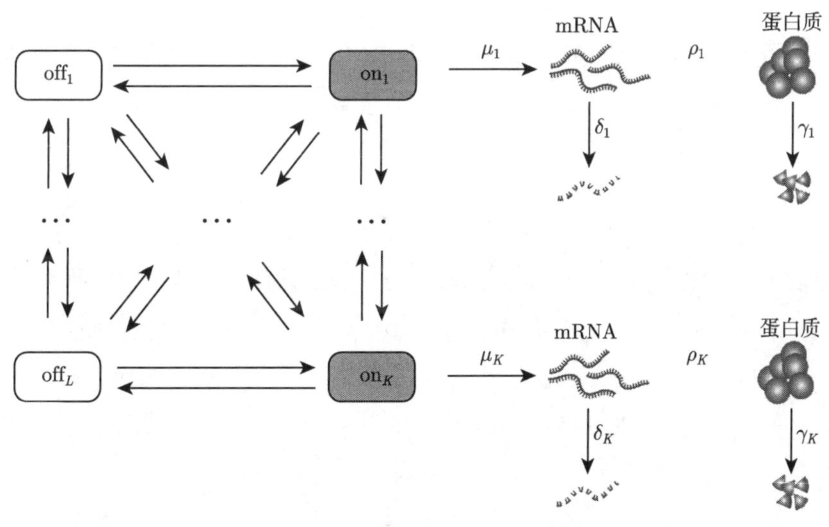


图 5.1　多状态基因表达模型示意图

这里, 简要描述本章主要研究的*多状态基因模型*(注: 本章并未显式地考虑调控, 但允许系统参数在生物合理的范围内改变). 假设基因启动子共有 $N$ 个状态, 其中一部分是开状态, 另一部分是关状态, 且这些状态之间存在转移. 假设这些转移率均为常数, 它们组成一个矩阵 (叫作**启动子状态转移矩阵**, 记为 $\boldsymbol{A}$(它是一个$M$-矩阵, 即每一列元素之和为零); 假设基因在其各个状态的转录率为常数 (注: 假如关状态有转录发生, 称为启动子漏; 一般地, 相对于开状态的转录率, 关状态的转录率很小), 这些转录率组成一个对角矩阵 (叫作**转录矩阵**), 记为 $\Phi$; 类似地, 对应于转录矩阵 $\Phi$, 有一个所谓的**翻译矩阵**$\Psi$, 它与矩阵 $\Phi$ 具有类似的结构和特性 (如它也是对角矩阵等); 假设 mRNA 的降解率都是常数, 它们一起组成一个对角矩阵, 记为 $\boldsymbol{D}_1$, 叫作**降解矩阵**; 假设蛋白质的降解率都为常数, 它们也组成一个对角矩阵, 记为 $\boldsymbol{D}_2$. 让 $P_i(m,n;t)$ 代表基因于 $t$ 时刻处于 $i$-状态 mRNA 和蛋白质的数目分别是 $m$ 和 $n$ 的概率, 其中, $1 \leqslant i \leqslant N$. 假如不考虑基因产物的自调控, 那么多状态基因调控模型对应的化学主方程的一般格式为

$$
\begin{aligned}
\frac{\partial \boldsymbol{P}(m,n;t)}{\partial t} =& \boldsymbol{A}\boldsymbol{P}(m,n;t) + \Phi\left(\boldsymbol{E}_m^{-1} - \boldsymbol{I}\right)[\boldsymbol{P}(m,n;t)] \\
&+ m\Psi\left(\boldsymbol{E}_n^{-1} - \boldsymbol{I}\right)[\boldsymbol{P}(m,n;t)] + \boldsymbol{D}_1(\boldsymbol{E}_m - \boldsymbol{I})[m\boldsymbol{P}(m,n;t)] \\
&+ \boldsymbol{D}_2(\boldsymbol{E}_n - \boldsymbol{I})[n\boldsymbol{P}(m,n;t)]
\end{aligned} \tag{5.1}
$$

其中, $\boldsymbol{P} = (P_1, P_2, \cdots, P_N)^{\mathrm{T}}$ 是一个 $N$ 维列向量, $m, n = 0, 1, 2, \cdots$. 本章仅考虑所有 mRNA 的降解率都相同 (记为 $\delta$) 和所有蛋白质的降解率也都相同 (记为 $\gamma$) 的情形.

根据二项矩的定义 (见第 1 章), 可导出相应的二项矩方程 (参考第 3 章或第 4 章) 为

$$
\begin{aligned}
\frac{\mathrm{d}\boldsymbol{b}_{m,n}}{\mathrm{d}t} =& \boldsymbol{P}\boldsymbol{b}_{m,n} + \Phi\boldsymbol{b}_{m-1,n} + (m+1)\Psi\boldsymbol{b}_{m+1,n-1} \\
&+ m\Psi\boldsymbol{b}_{m,n-1} - m\boldsymbol{D}_1\boldsymbol{b}_{m,n} - n\boldsymbol{D}_2\boldsymbol{b}_{m,n}
\end{aligned} \tag{5.2a}
$$

其中, $\boldsymbol{b}_{m,n} = \left(b_{m,n}^{(1)}, b_{m,n}^{(2)}, \cdots, b_{m,n}^{(N)}\right)^{\mathrm{T}}$ 是一个 $N$ 维列向量 (每个成分叫作成分二项矩), $m, n = 0, 1, 2, \cdots$, 且规定 $\boldsymbol{b}_{m,-1} = \boldsymbol{0}$ 和 $\boldsymbol{b}_{-1,n} = \boldsymbol{0}$. 在静态处, 二项矩方程 (5.2a) 变成

$$
\begin{aligned}
(m\boldsymbol{D}_1 + n\boldsymbol{D}_2 - \boldsymbol{A})\boldsymbol{b}_{m,n} =& \Phi\boldsymbol{b}_{m-1,n} + (m+1)\Psi\boldsymbol{b}_{m+1,n-1} \\
&+ m\Psi\boldsymbol{b}_{m,n-1} + (n+1)\boldsymbol{F}\boldsymbol{b}_{m,n+1}
\end{aligned} \tag{5.2b}
$$

本章的一个主要目的是通过求解迭代方程 (5.2) 来给出所有总的二项矩 $b_{m,n} = \sum\limits_{i=1}^{N} b_{m,n}^{(i)}$ 的表达, 进而根据重构公式

$$P(m,n)=\sum_{i\geqslant 0,j\geqslant 0}(-1)^{i+j}\begin{pmatrix} i+m \\ m \end{pmatrix}\begin{pmatrix} j+n \\ n \end{pmatrix}b_{i,j} \tag{5.3}$$

来给出联合概率分布 $P(m,n)$ 的表达. 注意到: mRNA 和蛋白质的边缘分布的计算公式分别为

$$P_{\mathrm{mRNA}}(m)=\sum_{i\geqslant 0}(-1)^{i}\begin{pmatrix} i+m \\ m \end{pmatrix}b_{i,0} \tag{5.3a}$$

$$P_{\text{蛋白质}}(n)=\sum_{j\geqslant 0}(-1)^{j}\begin{pmatrix} j+n \\ n \end{pmatrix}b_{0,j} \tag{5.3b}$$

## 5.1 多状态基因模型中平均 on 时间和平均 off 时间

回忆起转录水平上的两状态基因模型, 若让 $\alpha$ 和 $\beta$ 分别是从 off 状态到 on 状态和从 on 状态到 off 状态的转移率, $\mu$ 代表转录率, $\delta$ 代表 mRNA 的降解率, 那么平均 mRNA 水平及 mRNA 表达噪声的精确计算公式分别为

$$\langle m\rangle=\frac{\mu\alpha}{\delta(\alpha+\beta)}=\frac{\mu}{\delta}\frac{\langle\tau_{\mathrm{on}}\rangle}{\langle\tau_{\mathrm{on}}\rangle+\langle\tau_{\mathrm{off}}\rangle} \tag{5.4a}$$

$$\begin{aligned}\eta_{\mathrm{mRNA}}^{2}&=\frac{1}{\langle m\rangle}+\frac{\delta\beta}{\alpha(\delta+\alpha+\beta)}\\&=\frac{1}{\langle m\rangle}+\frac{\delta\langle\tau_{\mathrm{off}}\rangle^{2}}{\delta\langle\tau_{\mathrm{on}}\rangle\langle\tau_{\mathrm{off}}\rangle+\langle\tau_{\mathrm{on}}\rangle+\langle\tau_{\mathrm{off}}\rangle}\end{aligned} \tag{5.4b}$$

其中, $\langle\tau_{\mathrm{on}}\rangle=1/\beta$ 和 $\langle\tau_{\mathrm{off}}\rangle=1/\alpha$ 分别表示基因停留在 on 和 off 状态的平均时间 (由于从 on 状态到 off 状态或反过来的转移率均为常数, 因此 on-时间和 off-时间均服从指数分布). 这些平均时间可通过实验方法测得其值, 这为实验验证理论结果带来了方便. 一个自然的问题是: 对于转录水平上的多状态基因模型, 如何给出 $\langle\tau_{\mathrm{on}}\rangle$ 和 $\langle\tau_{\mathrm{off}}\rangle$ 的计算公式? 本节将解决此问题.

假定启动子有 $K$ 个非活性状态、$L=N-K$ 个活性状态 (其中, $N$ 代表启动子状态的总数目). 为方便, 把启动子状态转移矩阵表示为 $\boldsymbol{A}=\begin{pmatrix} \boldsymbol{A}_{00} & \boldsymbol{A}_{10} \\ \boldsymbol{A}_{01} & \boldsymbol{A}_{11} \end{pmatrix}$, 其中, “0” 代表 off 状态, “1” 代表 on 状态,

$$\boldsymbol{A}_{00}=\left(a_{ij}^{(0\to 0)}\right)_{K\times K}$$

$$
= \begin{pmatrix} -\sum_{k=1}^{L}\lambda_{1k}^{(0\to1)} - \sum_{k=2}^{K}\lambda_{1k}^{(0\to0)} & \lambda_{21}^{(0\to0)} & \cdots & \lambda_{K1}^{(0\to0)} \\ \lambda_{12}^{(0\to0)} & -\sum_{k=1}^{L}\lambda_{2k}^{(0\to1)} - \sum_{k=1,\neq2}^{K}\lambda_{2k}^{(0\to0)} & \cdots & \lambda_{K2}^{(0\to0)} \\ \vdots & \vdots & & \vdots \\ \lambda_{1K}^{(0\to0)} & \lambda_{2K}^{(0\to0)} & \cdots & -\sum_{k=1}^{L}\lambda_{Kk}^{(0\to1)} - \sum_{k=1}^{K-1}\lambda_{Kk}^{(0\to0)} \end{pmatrix}
$$

$$
\boldsymbol{A}_{10} = \left(a_{ij}^{(1\to0)}\right)_{K\times L} = \begin{pmatrix} \lambda_{11}^{(1\to0)} & \lambda_{21}^{(1\to0)} & \cdots & \lambda_{L1}^{(1\to0)} \\ \lambda_{12}^{(1\to0)} & \lambda_{22}^{(1\to0)} & \cdots & \lambda_{L2}^{(1\to0)} \\ \vdots & \vdots & & \vdots \\ \lambda_{1K}^{(1\to0)} & \lambda_{2K}^{(1\to0)} & \cdots & \lambda_{LK}^{(1\to0)} \end{pmatrix},
$$

$$
\boldsymbol{A}_{01} = \left(a_{ij}^{(0\to1)}\right)_{L\times K} = \begin{pmatrix} \lambda_{11}^{(0\to1)} & \lambda_{21}^{(0\to1)} & \cdots & \lambda_{K1}^{(0\to1)} \\ \lambda_{12}^{(0\to1)} & \lambda_{22}^{(0\to1)} & \cdots & \lambda_{K2}^{(0\to1)} \\ \vdots & \vdots & & \vdots \\ \lambda_{1L}^{(0\to1)} & \lambda_{2L}^{(0\to1)} & \cdots & \lambda_{KL}^{(0\to1)} \end{pmatrix}
$$

$$
\boldsymbol{A}_{11} = \left(a_{ij}^{(1\to1)}\right)_{L\times L}
$$

$$
= \begin{pmatrix} -\sum_{k=1}^{K}\lambda_{1k}^{(1\to0)} - \sum_{k=2}^{L}\lambda_{1k}^{(1\to1)} & \lambda_{21}^{(1\to1)} & \cdots & \lambda_{L1}^{(1\to1)} \\ \lambda_{12}^{(1\to1)} & -\sum_{k=1}^{K}\lambda_{2i}^{(1\to0)} - \sum_{k=1,\neq2}^{L}\lambda_{1k}^{(1\to1)} & \cdots & \lambda_{L2}^{(1\to1)} \\ \vdots & \vdots & & \vdots \\ \lambda_{1L}^{(1\to1)} & \lambda_{2L}^{(1\to1)} & \cdots & -\sum_{k=1}^{K}\lambda_{Lk}^{(1\to0)} - \sum_{k=1}^{L-1}\lambda_{Lk}^{(1\to1)} \end{pmatrix}
$$

这些子矩阵分别描述关状态内部之间的转移、开状态向关状态的转移、关状态向开状态的转移、开状态内部之间的转移的情况.

为了导出基因在开和关状态的**驻留时间分布**, 假定启动子开始 (即 $t=0$) 时刻从关 (开) 状态转移到开 (关) 状态, 相应的概率分别记为 $Q_i^{(1)}(0)\ \ (i=1,\cdots,L)$ 和 $Q_k^{(0)}(0)\,(k=1,\cdots,K)$. 又分别记 $Q_i^{(1)}(\tau)\,(i=1,\cdots,L)$ 和 $Q_k^{(0)}(\tau)\,(k=1,\cdots,K)$ 为启动子在时刻 $t=\tau>0$ 仍然分别处于第 $i$ 个开状态和第 $k$ 个关状态的存活概率. 那么, $Q_i^{(1)}(\tau)$ 和 $Q_k^{(0)}(\tau)$ 的主方程采取如下形式

$$\begin{aligned}&\frac{\mathrm{d}}{\mathrm{d}\tau}\boldsymbol{Q}^{(0)}(\tau)=\boldsymbol{A}_{00}\boldsymbol{Q}^{(0)}(\tau)\\&\frac{\mathrm{d}}{\mathrm{d}\tau}\boldsymbol{Q}^{(1)}(\tau)=\boldsymbol{A}_{11}\boldsymbol{Q}^{(1)}(\tau)\end{aligned}\tag{5.5}$$

其中, 记 $\boldsymbol{Q}^{(0)}(\tau)=\left(Q_1^{(0)}(\tau),\cdots,Q_K^{(0)}(\tau)\right)^{\mathrm{T}}$, $\boldsymbol{Q}^{(1)}(\tau)=\left(Q_1^{(1)}(\tau),\cdots,Q_L^{(1)}(\tau)\right)^{\mathrm{T}}$. 由于 (5.5) 是线性方程, 因此它的解可表示为

$$\boldsymbol{Q}^{(0)}(\tau)=\exp\left(\boldsymbol{A}_{00}\tau\right)\boldsymbol{Q}^{(0)}(0)$$

$$\boldsymbol{Q}^{(1)}(\tau)=\exp\left(\boldsymbol{A}_{11}\tau\right)\boldsymbol{Q}^{(1)}(0)$$

这样, 对于给定的两套初始存活概率 $\left\{Q_1^{(0)}(0),\cdots,Q_K^{(0)}(0)\right\}$ 和 $\left\{Q_1^{(1)}(0),\cdots,Q_L^{(1)}(0)\right\}$, 关和开状态驻留时间的分布可表示为

$$\begin{aligned}&f^{(0)}(\tau)=\boldsymbol{u}_L\boldsymbol{A}_{01}\boldsymbol{Q}^{(0)}(\tau)=\boldsymbol{u}_L\boldsymbol{A}_{01}\exp\left(\boldsymbol{A}_{00}\tau\right)\boldsymbol{Q}^{(0)}(0)\\&f^{(1)}(\tau)=\boldsymbol{u}_K\boldsymbol{A}_{10}\boldsymbol{Q}^{(1)}(\tau)=\boldsymbol{u}_K\boldsymbol{A}_{10}\exp\left(\boldsymbol{A}_{11}\tau\right)\boldsymbol{Q}^{(1)}(0)\end{aligned}\tag{5.6}$$

其中 $\boldsymbol{u}_L=(1,\cdots,1)$ 是 $L$ 维行向量, $\boldsymbol{u}_K=(1,\cdots,1)$ 是 $K$ 维行向量. 从 (5.6) 可观察到: 每个驻留时间分布一般是形如 $\mathrm{e}^{\lambda_j\tau}$ 的指数函数的线性组合, 因此这里的结果是文献 [2] 中相关结果的推广. 进一步, 基于驻留时间的分布, 可计算出平均关驻留时间和平均开驻留时间. 事实上, 根据公式 $\langle\tau\rangle=\int_0^\infty\tau f(\tau)\mathrm{d}\tau$, 分别计算得

$$\langle\tilde{\tau}_{\text{off}}\rangle=\int_0^\infty\tau\boldsymbol{u}_L\boldsymbol{A}_{01}\exp\left(\boldsymbol{A}_{00}\tau\right)\boldsymbol{Q}^{(0)}(0)\,\mathrm{d}\tau=\boldsymbol{u}_L\boldsymbol{A}_{01}\left(\boldsymbol{A}_{00}\right)^{-2}\boldsymbol{Q}^{(0)}(0)$$

和

$$\langle\tilde{\tau}_{\text{on}}\rangle = \int_0^{\infty} \tau \boldsymbol{u}_K \boldsymbol{A}_{10} \exp\left(\boldsymbol{A}_{11}\tau\right) \boldsymbol{Q}^{(1)}(0)\, \mathrm{d}\tau = \boldsymbol{u}_K \boldsymbol{A}_{10} \left(\boldsymbol{A}_{11}\right)^{-2} \boldsymbol{Q}^{(1)}(0)$$

注意到：这些并不是最后的平均开时间和平均关时间，这是因为，初始存活概率 $\boldsymbol{Q}^{(0)}(\tau)$ 和 $\boldsymbol{Q}^{(1)}(\tau)$ 依赖于开状态和关状态之间的初始转移矩阵. 对于一个给定的启动子结构，为了获得平均关状态驻留时间或平均开状态驻留时间，需要对所有转移到关状态的 $\langle\tilde{\tau}_{\text{off}}\rangle$ 进行平均或对所有转移到开状态的 $\langle\tilde{\tau}_{\text{on}}\rangle$ 进行平均. 例如，为了计算开状态驻留时间的分布 $f^{(1)}(\tau)$，应该选取

$$Q_i^{(1)}(0) = \frac{\sum_{k=1}^{K} a_{ki}^{(0\to1)}}{\sum_{k=1}^{K}\sum_{l=1}^{L} a_{kl}^{(0\to1)}} \left(i = 1, \cdots, L\right),$$

其中 $a_{ik}^{(0\to1)}$ 是矩阵 $\boldsymbol{A}_{01}$ 的元素. 利用事实

$$\left(\boldsymbol{u}_K, \boldsymbol{u}_L\right)\begin{pmatrix} \boldsymbol{A}_{00} & \boldsymbol{A}_{10} \\ \boldsymbol{A}_{01} & \boldsymbol{A}_{11} \end{pmatrix} = (\boldsymbol{0}, \boldsymbol{0})$$

得

$$\begin{cases} \boldsymbol{u}_K \boldsymbol{A}_{00} + \boldsymbol{u}_L \boldsymbol{A}_{01} = \boldsymbol{0} \\ \boldsymbol{u}_K \boldsymbol{A}_{10} + \boldsymbol{u}_L \boldsymbol{A}_{11} = \boldsymbol{0} \end{cases}$$

这样，最后的平均关驻留时间和平均开驻留时间分别为

$$\begin{aligned}\langle\tau_{\text{off}}\rangle &= \sum_{i=1}^{K} \frac{\sum_{l=1}^{L} a_{li}^{(1\to0)}}{\sum_{k=1}^{K}\sum_{l=1}^{L} a_{lk}^{(1\to0)}} \boldsymbol{u}_L \boldsymbol{A}_{01} \left(\boldsymbol{A}_{00}\right)^{-2} \tilde{\boldsymbol{e}}_i \\ &= \frac{1}{\boldsymbol{u}_K \boldsymbol{A}_{10} \boldsymbol{u}_L^{\mathrm{T}}} \boldsymbol{u}_L \boldsymbol{A}_{01} \left(\boldsymbol{A}_{00}\right)^{-2} \boldsymbol{A}_{10} \boldsymbol{u}_L^{\mathrm{T}} = \frac{-1}{\boldsymbol{u}_K \boldsymbol{A}_{10} \boldsymbol{u}_L^{\mathrm{T}}} \boldsymbol{u}_K \boldsymbol{A}_{00}^{-1} \boldsymbol{A}_{10} \boldsymbol{u}_L^{\mathrm{T}} \quad (5.7\text{a})\end{aligned}$$

其中，$\boldsymbol{A}_{10} = \left(a_{ij}^{(1\to0)}\right)_{K\times L}$，$\tilde{\boldsymbol{e}}_i$ 是 $L$ 维单位列向量，即仅第 $i$ 个元素为 1，其他元素均为零，$i = 1, \cdots, L$；

$$\langle\tau_{\text{on}}\rangle = \sum_{i=1}^{L} \frac{\sum_{k=1}^{K} a_{ki}^{(0\to1)}}{\sum_{k=1}^{K}\sum_{l=1}^{L} a_{kl}^{(0\to1)}} \boldsymbol{u}_K \boldsymbol{A}_{10} \left(\boldsymbol{A}_{11}\right)^{-2} \boldsymbol{e}_i$$

$$=\frac{1}{\boldsymbol{u}_L\boldsymbol{A}_{01}\boldsymbol{u}_K^{\mathrm{T}}}\boldsymbol{u}_K\boldsymbol{A}_{10}\left(\boldsymbol{A}_{11}\right)^{-2}\boldsymbol{A}_{01}\boldsymbol{u}_K^{\mathrm{T}}=\frac{-1}{\boldsymbol{u}_L\boldsymbol{A}_{01}\boldsymbol{u}_K^{\mathrm{T}}}\boldsymbol{u}_L\boldsymbol{A}_{11}^{-1}\boldsymbol{A}_{01}\boldsymbol{u}_K^{\mathrm{T}} \quad (5.7\mathrm{b})$$

其中, $\boldsymbol{A}_{01}=\left(a_{ij}^{(0\to 1)}\right)_{L\times K}$, $\boldsymbol{e}_i$ 是 $K$ 维单位列向量, 即仅第 $i$ 个元素为 1, 其他元素均为零 $i=1,\cdots,K$.

最后的关状态驻留时间和开状态驻留时间的分布分别为

$$f^{(0)}(\tau)=\boldsymbol{u}_L\boldsymbol{A}_{01}\boldsymbol{Q}^{(0)}(\tau)=\frac{1}{\boldsymbol{u}_K\boldsymbol{A}_{10}\boldsymbol{u}_L^{\mathrm{T}}}\boldsymbol{u}_L\boldsymbol{A}_{01}\exp\left(\boldsymbol{A}_{00}\tau\right)\boldsymbol{A}_{10}\boldsymbol{u}_L^{\mathrm{T}}$$

$$f^{(1)}(\tau)=\boldsymbol{u}_K\boldsymbol{A}_{10}\boldsymbol{Q}^{(1)}(\tau)=\frac{1}{\boldsymbol{u}_L\boldsymbol{A}_{01}\boldsymbol{u}_K^{\mathrm{T}}}\boldsymbol{u}_K\boldsymbol{A}_{10}\exp\left(\boldsymbol{A}_{11}\tau\right)\boldsymbol{A}_{01}\boldsymbol{u}_K^{\mathrm{T}}$$

进一步, 假如存在两个可逆矩阵 $\boldsymbol{P}_1$ 和 $\boldsymbol{P}_2$, 使得

$$\boldsymbol{P}_1\boldsymbol{A}_{00}\boldsymbol{P}_1^{-1}=\operatorname{diag}\left(\alpha_1,\cdots,\alpha_K\right)=\boldsymbol{\Lambda}_1,\quad \boldsymbol{P}_2\boldsymbol{A}_{11}\boldsymbol{P}_2^{-1}=\operatorname{diag}\left(\beta_1,\cdots,\beta_L\right)=\boldsymbol{\Lambda}_2$$

成立, 那么

$$\begin{pmatrix}\boldsymbol{P}_1 & \\ & \boldsymbol{P}_2\end{pmatrix}\begin{pmatrix}\boldsymbol{A}_{00} & \boldsymbol{A}_{10}\\ \boldsymbol{A}_{01} & \boldsymbol{A}_{11}\end{pmatrix}\begin{pmatrix}\boldsymbol{P}_1^{-1} & \\ & \boldsymbol{P}_2^{-1}\end{pmatrix}=\begin{pmatrix}\boldsymbol{\Lambda}_1 & \boldsymbol{P}_1\boldsymbol{A}_{10}\boldsymbol{P}_2^{-1}\\ \boldsymbol{P}_2\boldsymbol{A}_{01}\boldsymbol{P}_1^{-1} & \boldsymbol{\Lambda}_2\end{pmatrix}$$

这样, 分别有

$$\begin{aligned}f^{(0)}(\tau)=&\frac{1}{\boldsymbol{u}_K\boldsymbol{A}_{10}\boldsymbol{u}_L^{\mathrm{T}}}\boldsymbol{u}_L\boldsymbol{A}_{01}\boldsymbol{P}_1^{-1}\exp\left(\boldsymbol{P}_1\boldsymbol{A}_{00}\boldsymbol{P}_1^{-1}\tau\right)\boldsymbol{P}_1\boldsymbol{A}_{10}\boldsymbol{u}_L^{\mathrm{T}}\\ =&\frac{1}{\boldsymbol{u}_K\boldsymbol{A}_{10}\boldsymbol{u}_L^{\mathrm{T}}}\boldsymbol{u}_L\boldsymbol{A}_{01}\boldsymbol{P}_1^{-1}\exp\left(\boldsymbol{\Lambda}_1\tau\right)\boldsymbol{P}_1\boldsymbol{A}_{10}\boldsymbol{u}_L^{\mathrm{T}}\\ =&\frac{1}{\boldsymbol{u}_K\boldsymbol{A}_{10}\boldsymbol{u}_L^{\mathrm{T}}}\boldsymbol{u}_L\boldsymbol{A}_{01}\boldsymbol{P}_1^{-1}\begin{pmatrix}\mathrm{e}^{\alpha_1\tau} & & \\ & \ddots & \\ & & \mathrm{e}^{\alpha_K\tau}\end{pmatrix}\boldsymbol{P}_1\boldsymbol{A}_{10}\boldsymbol{u}_L^{\mathrm{T}}\end{aligned}$$

$$\begin{aligned}f^{(1)}(\tau)=&\frac{1}{\boldsymbol{u}_L\boldsymbol{A}_{01}\boldsymbol{u}_K^{\mathrm{T}}}\boldsymbol{u}_K\boldsymbol{A}_{10}\boldsymbol{P}_2^{-1}\exp\left(\boldsymbol{P}_2\boldsymbol{A}_{11}\boldsymbol{P}_2^{-1}\tau\right)\boldsymbol{P}_2\boldsymbol{A}_{01}\boldsymbol{u}_K^{\mathrm{T}}\\ =&\frac{1}{\boldsymbol{u}_L\boldsymbol{A}_{01}\boldsymbol{u}_K^{\mathrm{T}}}\boldsymbol{u}_K\boldsymbol{A}_{10}\boldsymbol{P}_2^{-1}\exp\left(\boldsymbol{\Lambda}_2\tau\right)\boldsymbol{P}_2\boldsymbol{A}_{01}\boldsymbol{u}_K^{\mathrm{T}}\\ =&\frac{1}{\boldsymbol{u}_L\boldsymbol{A}_{01}\boldsymbol{u}_K^{\mathrm{T}}}\boldsymbol{u}_K\boldsymbol{A}_{10}\boldsymbol{P}_2^{-1}\begin{pmatrix}\mathrm{e}^{\beta_1\tau} & & \\ & \ddots & \\ & & \mathrm{e}^{\beta_L\tau}\end{pmatrix}\boldsymbol{P}_2\boldsymbol{A}_{01}\boldsymbol{u}_K^{\mathrm{T}}\end{aligned}$$

蕴含着开状态和关状态的平均驻留时间的概率分布函数都是一些指数函数的线性组合.

为了帮助读者理解上面的计算过程, 这里分析两个具有代表性的例子.

**例 5.1**　普通的两状态模型. 记相应的转移矩阵为 $\boldsymbol{A}=\begin{pmatrix} -\lambda_{\text{off}} & \lambda_{\text{on}} \\ \lambda_{\text{off}} & -\lambda_{\text{on}} \end{pmatrix}=\begin{pmatrix} \boldsymbol{A}_{00} & \boldsymbol{A}_{10} \\ \boldsymbol{A}_{01} & \boldsymbol{A}_{11} \end{pmatrix}$. 根据公式 (5.7a) 和 (5.7b), 分别计算得平均开时间和关时间为

$$\langle\tau_{\text{on}}\rangle=\frac{1}{\boldsymbol{u}_L\boldsymbol{A}_{01}\boldsymbol{u}_K^{\text{T}}}\boldsymbol{u}_K\boldsymbol{A}_{10}\left(\boldsymbol{A}_{11}\right)^{-2}\boldsymbol{A}_{01}\boldsymbol{u}_K^{\text{T}}=\frac{1}{\lambda_{\text{off}}}\lambda_{\text{on}}\left(\frac{1}{\lambda_{\text{on}}}\right)^2\lambda_{\text{off}}=\frac{1}{\lambda_{\text{on}}}$$

$$\langle\tau_{\text{off}}\rangle=\frac{1}{\boldsymbol{u}_K\boldsymbol{A}_{10}\boldsymbol{u}_L^{\text{T}}}\boldsymbol{u}_L\boldsymbol{A}_{01}\left(\boldsymbol{A}_{00}\right)^{-2}\boldsymbol{A}_{10}\boldsymbol{u}_L^{\text{T}}=\frac{1}{\lambda_{\text{on}}}\lambda_{\text{off}}\left(\frac{1}{\lambda_{\text{off}}}\right)^2\lambda_{\text{on}}=\frac{1}{\lambda_{\text{off}}}$$

而开时间和关时间的分布为

$$\begin{aligned}
f^{(1)}(\tau)=&\frac{1}{\boldsymbol{u}_L\boldsymbol{A}_{01}\boldsymbol{u}_K^{\text{T}}}\boldsymbol{u}_K\boldsymbol{A}_{10}\exp\left(\boldsymbol{A}_{11}\tau\right)\boldsymbol{A}_{01}\boldsymbol{u}_K^{\text{T}}\\
=&\frac{1}{\lambda_{\text{off}}}\lambda_{\text{on}}\exp\left(\frac{-\tau}{\lambda_{\text{on}}}\right)\lambda_{\text{off}}=\lambda_{\text{on}}\exp\left(\frac{-\tau}{\lambda_{\text{on}}}\right)\\
f^{(0)}(\tau)=&\frac{1}{\boldsymbol{u}_K\boldsymbol{A}_{10}\boldsymbol{u}_L^{\text{T}}}\boldsymbol{u}_L\boldsymbol{A}_{01}\exp\left(\boldsymbol{A}_{00}\tau\right)\boldsymbol{A}_{10}\boldsymbol{u}_L^{\text{T}}\\
=&\frac{1}{\lambda_{\text{on}}}\lambda_{\text{off}}\exp\left(\frac{-\tau}{\lambda_{\text{off}}}\right)\lambda_{\text{on}}=\lambda_{\text{off}}\exp\left(\frac{-\tau}{\lambda_{\text{off}}}\right)
\end{aligned}$$

**例 5.2**　考虑启动子具有一个开状态、若干个关状态且它们组成一个可逆环路的基因模型. 利用上面的记号, 相应的转移矩阵为

$$\boldsymbol{A}=\left(\begin{array}{cccccc:c}
-(\lambda_{1N}+\lambda_{12}) & \lambda_{21} & & & & & \lambda_{N1}\\
\lambda_{12} & -(\lambda_{21}+\lambda_{23}) & \lambda_{32} & & & & \\
 & \lambda_{23} & \ddots & \ddots & & & \\
 & & \ddots & & \lambda_{(N-1)(N-2)} & & \\
 & & & \lambda_{(N-2)(N-1)} & -\left(\lambda_{(N-1)(N-2)}+\lambda_{(N-1)N}\right) & & \lambda_{N(N-1)}\\
\hdashline
\lambda_{1N} & & & & \lambda_{(N-1)N} & & -\left(\lambda_{N(N-1)}+\lambda_{N1}\right)
\end{array}\right)$$

$$\equiv\begin{pmatrix} \boldsymbol{A}_{00} & \boldsymbol{A}_{10} \\ \boldsymbol{A}_{01} & \boldsymbol{A}_{11} \end{pmatrix}$$

首先, 计算开状态的平均驻留时间 $\langle\tau_{\text{on}}\rangle$. 注意到 $\boldsymbol{A}_{00}$ 是一个三对角矩阵, $K = N-1$, $L=1$, 以及 $\boldsymbol{Q}^{(1)}(0) = \dfrac{\lambda_{1N}+\lambda_{(N-1)N}}{\lambda_{1N}+\lambda_{(N-1)N}} = 1$. 因此, 平均开驻留时间的分布为

$$f^{(1)}(\tau) = \boldsymbol{u}_K \boldsymbol{A}_{10} \exp\left(\boldsymbol{A}_{11}\tau\right) \boldsymbol{Q}^{(1)}(0) = \left(\lambda_{N(N-1)} + \lambda_{N1}\right) \exp\left(-\left(\lambda_{N(N-1)} + \lambda_{N1}\right)\tau\right)$$

而开状态的平均驻留时间为

$$\langle\tau_{\text{on}}\rangle = \boldsymbol{u}_K \boldsymbol{A}_{10} \left(\boldsymbol{A}_{11}\right)^{-2} \boldsymbol{Q}^{(1)}(0) = \frac{1}{\lambda_{N(N-1)} + \lambda_{N1}}$$

其次, 计算关状态的平均驻留时间 $\langle\tau_{\text{off}}\rangle$. 为此, 需要计算在每个关状态的驻留时间 $\langle\tilde{\tau}_{\text{off}}\rangle = \boldsymbol{u}_L \boldsymbol{A}_{01} \exp\left(\boldsymbol{A}_{00}\right)^{-2} \boldsymbol{Q}^{(0)}(0)$. 为清楚起见, 考虑 $N=3$ 的情形. 此时, 有

$$\boldsymbol{A} = \left(\begin{array}{cc|c} -\left(\lambda_{13}+\lambda_{12}\right) & \lambda_{21} & \lambda_{31} \\ \lambda_{12} & -\left(\lambda_{21}+\lambda_{23}\right) & \lambda_{32} \\ \hline \lambda_{13} & \lambda_{23} & -\left(\lambda_{32}+\lambda_{31}\right) \end{array}\right) = \begin{pmatrix} \boldsymbol{A}_{00} & \boldsymbol{A}_{10} \\ \boldsymbol{A}_{01} & \boldsymbol{A}_{11} \end{pmatrix}$$

若选取

$$\boldsymbol{Q}^{(0)}(0) = \frac{\lambda_{31}}{\lambda_{31}+\lambda_{32}} \tilde{\boldsymbol{e}}_1 = \frac{\lambda_{31}}{\lambda_{31}+\lambda_{32}} (1,0)^{\text{T}}$$

则计算得

$$\left\langle\tau_{\text{off}}^{(1)}\right\rangle = \boldsymbol{u}_L \boldsymbol{A}_{01} \left(\boldsymbol{A}_{00}\right)^{-2} \boldsymbol{Q}^{(0)}(0) = \frac{\lambda_{31}}{\lambda_{31}+\lambda_{32}} \frac{\lambda_{12}+\lambda_{21}+\lambda_{23}}{\lambda_{13}\lambda_{21}+\lambda_{13}\lambda_{23}+\lambda_{12}\lambda_{23}}$$

类似地, 若选取

$$\boldsymbol{Q}^{(0)}(0) = \frac{\lambda_{32}}{\lambda_{31}+\lambda_{32}} \tilde{\boldsymbol{e}}_2 = \frac{\lambda_{32}}{\lambda_{31}+\lambda_{32}} (0,1)^{\text{T}}$$

则计算得

$$\left\langle\tau_{\text{off}}^{(2)}\right\rangle = \boldsymbol{u}_L \boldsymbol{A}_{01} \left(\boldsymbol{A}_{00}\right)^{-2} \boldsymbol{Q}^{(0)}(0) = \frac{\lambda_{32}}{\lambda_{31}+\lambda_{32}} \frac{\lambda_{12}+\lambda_{13}+\lambda_{21}}{\lambda_{13}\lambda_{21}+\lambda_{13}\lambda_{23}+\lambda_{12}\lambda_{23}}$$

因此, 最后的关状态的平均驻留时间为

$$\langle\tau_{\text{off}}\rangle = \left\langle\tau_{\text{off}}^{(1)}\right\rangle + \left\langle\tau_{\text{off}}^{(2)}\right\rangle = \frac{\lambda_{31}\left(\lambda_{12}+\lambda_{21}+\lambda_{23}\right) + \lambda_{32}\left(\lambda_{12}+\lambda_{13}+\lambda_{21}\right)}{\left(\lambda_{31}+\lambda_{32}\right)\left(\lambda_{13}\lambda_{21}+\lambda_{13}\lambda_{23}+\lambda_{12}\lambda_{23}\right)}$$

而关状态驻留时间的分布为

$$f^{(0)}(\tau) = \frac{1}{\lambda_{32}+\lambda_{31}} \left(\lambda_{13}, \lambda_{23}\right) \exp\left[-\begin{pmatrix} \lambda_{13}+\lambda_{12} & -\lambda_{21} \\ -\lambda_{12} & \lambda_{21}+\lambda_{23} \end{pmatrix}\tau\right] \begin{pmatrix} \lambda_{31} \\ \lambda_{32} \end{pmatrix}$$

我们指出：利用上面的分析，可给出平均爆发大小 (mean burst size, 记为 $\langle B\rangle$) 的计算公式为

$$\langle B\rangle=\int_0^{\infty}\tau\boldsymbol{u}_K\boldsymbol{A}_{10}\exp\left(\boldsymbol{A}_{11}\tau\right)\bar{\boldsymbol{\mu}}\mathrm{d}t=\boldsymbol{u}_K\boldsymbol{A}_{10}\left(\boldsymbol{A}_{11}^{-1}\right)^2\bar{\mu}=-\boldsymbol{u}_L\boldsymbol{A}_{11}^{-1}\bar{\mu} \tag{5.8}$$

其中，$\bar{\boldsymbol{\mu}}=(\mu_1,\cdots,\mu_L)^{\mathrm{T}}$ 是 $L$ 维转录率向量，$\boldsymbol{u}_K=(1,\cdots,1)$ 是 $K$ 维行向量，$\boldsymbol{u}_L=(1,\cdots,1)$ 是 $L$ 维行向量. 对于普通的开–关模型 (此时，平均爆发大小为 $\mu/\lambda_{\text{on}}$)，可直接验证公式 (5.8) 是正确的. 相应地，mRNA 的平均数目为

$$\langle m\rangle=\frac{-\left(\boldsymbol{u}_K\boldsymbol{A}_{00}\boldsymbol{u}_K^{\mathrm{T}}\right)\left(\boldsymbol{u}_L\boldsymbol{A}_{11}\boldsymbol{u}_L^{\mathrm{T}}\right)\boldsymbol{u}_L\boldsymbol{A}_{11}^{-1}\bar{\mu}}{\left(\boldsymbol{u}_K\boldsymbol{A}_{00}\boldsymbol{u}_K^{\mathrm{T}}\right)\boldsymbol{u}_K\boldsymbol{A}_{00}^{-1}\boldsymbol{A}_{10}\boldsymbol{u}_L^{\mathrm{T}}+\left(\boldsymbol{u}_L\boldsymbol{A}_{11}\boldsymbol{u}_L^{\mathrm{T}}\right)\boldsymbol{u}_L\boldsymbol{A}_{11}^{-1}\boldsymbol{A}_{01}\boldsymbol{u}_K^{\mathrm{T}}} \tag{5.9}$$

下面，再介绍另一种计算驻留时间和驻留时间分布的方法.

首先，考虑 $L=2$，且转移过程是不可逆的. 让 $p_i(t)$ 代表基因驻留在第 $i$ 状态的时间的概率分布，这里 $i=1,2,A$. 相应的生化反应式为

$$I_1\xrightarrow{\lambda_1}I_2\xrightarrow{\lambda_2}A$$

而相应的主方程为

$$\begin{aligned}\frac{\mathrm{d}p_1(t)}{\mathrm{d}t}&=-\lambda_1p_1(t)\\\frac{\mathrm{d}p_2(t)}{\mathrm{d}t}&=\lambda_1p_1(t)-\lambda_2p_2(t)\end{aligned} \tag{5.10}$$

其中初始条件为 $p_1(0)=1,p_2(0)=0$. 求解方程 (5.10) 得

$$\begin{aligned}p_1(t)&=\mathrm{e}^{-\lambda_1t}\\p_2(t)&=\frac{\lambda_1}{\lambda_1-\lambda_2}\left(\mathrm{e}^{-\lambda_2t}-\mathrm{e}^{-\lambda_1t}\right)\end{aligned}$$

这样，假如记驻留时间的概率密度为 $f(t)$，那么

$$f(t)=\frac{\mathrm{d}p_A(t)}{\mathrm{d}t}=\lambda_2p_2(t)=\frac{\lambda_1\lambda_2}{\lambda_1-\lambda_2}\left(\mathrm{e}^{-\lambda_2t}-\mathrm{e}^{-\lambda_1t}\right)$$

它显然有一个极大值. 进一步，可计算出基因驻留在关状态的平均时间为

$$\langle\tau_{\text{off}}\rangle=\int_0^{\infty}tf(t)\mathrm{d}t=\frac{1}{\lambda_1}+\frac{1}{\lambda_2}$$

其次，考虑可逆且 $L=2$ 的情形. 此时，生化反应式为

$$I_1 \underset{\lambda_1'}{\overset{\lambda_1}{\rightleftharpoons}} I_2 \xrightarrow{\lambda_2} A$$

相应的主方程为

$$\frac{\mathrm{d}p_1(t)}{\mathrm{d}t} = -\lambda_1 p_1(t) + \lambda_1' p_2(t)$$

$$\frac{\mathrm{d}p_2(t)}{\mathrm{d}t} = \lambda_1 p_1(t) - (\lambda_1' + \lambda_2) p_2(t)$$

初始条件为 $p_1(0) = 1, p_2(0) = 0$. 作拉普拉斯变换 (即 $P(s) = L[p(t)]$) 得

$$sP_1(s) - p_1(0) = -\lambda_1 P_1(s) + \lambda_1' P_2(s)$$
$$sP_2(s) - p_2(0) = \lambda_1 P_1(s) - (\lambda_1' + \lambda_2) P_2(s)$$

因此, 求得

$$P_2(s) = \frac{\lambda_1}{(s+\lambda_1)(s+\lambda_2) + \lambda_1' s}$$

于是, 关状态驻留时间的概率密度 $f(t)$ 的拉普拉斯变换为

$$F(s) = \lambda_2 P_2(s)$$

作 $F(s)$ 的逆变换可给出 $f(t)$. 此时, 关状态驻留时间的均值为

$$\langle \tau_{\mathrm{off}} \rangle = \int_0^\infty t f(t) \mathrm{d}t = \frac{1}{\lambda_1} + \frac{1}{\lambda_2} + \frac{\lambda_1'}{\lambda_1 \lambda_2}$$

最后, 考虑 $L = 3$ 的情形. 相应的生化反应为

$$I_1 \underset{\lambda_1'}{\overset{\lambda_1}{\rightleftharpoons}} I_2, \quad I_2 \underset{\lambda_2'}{\overset{\lambda_2}{\rightleftharpoons}} I_3, \quad I_3 \underset{\lambda_3'}{\overset{\lambda_3}{\rightleftharpoons}} A$$

其对应的主方程为

$$\frac{\mathrm{d}p_1(t)}{\mathrm{d}t} = -\lambda_1 p_1(t) + \lambda_1' p_2(t)$$
$$\frac{\mathrm{d}p_2(t)}{\mathrm{d}t} = \lambda_1 p_1(t) + \lambda_2' p_3(t) - (\lambda_1' + \lambda_2) p_2(t)$$
$$\frac{\mathrm{d}p_3(t)}{\mathrm{d}t} = \lambda_2 p_2(t) - (\lambda_2' + \lambda_3) p_3(t)$$

初始条件为 $p_1(0) = 1, p_2(0) = 0, p_3(0) = 0$. 类似地, 可求得关状态的平均驻留时间 (其概率密度为 $f(t) = \lambda_3 p_3(t)$, 拉普拉斯变换为 $F(s) = \lambda_3 P_3(s)$)

$$\langle \tau_{\mathrm{off}} \rangle = \int_0^\infty t f(t)\, \mathrm{d}t = -\left.\frac{\mathrm{d}F(s)}{\mathrm{d}s}\right|_{s=0} = \frac{1}{\lambda_1} + \frac{1}{\lambda_2} + \frac{1}{\lambda_3} + \frac{\lambda_1'}{\lambda_1 \lambda_2} + \frac{\lambda_2'}{\lambda_2 \lambda_3} + \frac{\lambda_1' \lambda_2'}{\lambda_1 \lambda_2 \lambda_3}$$

## 5.2　多状态基因模型中表达噪声的可调性

为了求解迭代形式的方程 (5.2), 需要知道 $\boldsymbol{b}_{0,0}$. 注意到 (5.2) 对 $m=n=0$ 成立, 以及注意到概率的保守性条件, 则有

$$\boldsymbol{A}\boldsymbol{b}_{0,0}=\boldsymbol{0},\quad \boldsymbol{u}_N\boldsymbol{b}_{0,0}=1 \tag{5.11}$$

其中, $\boldsymbol{u}_N=(1,1,\cdots,1)$ 是一个 $N$ 维行向量. 为了从 (5.11) 给出 $\boldsymbol{b}_{0,0}$ 的表达, 我们建立下列引理.

**引理 5.1**　代数方程组 (5.11) 的解可表示为

$$b_0^{(k)}=\prod_{i=1}^{N-1}\frac{\beta_i^{(k)}}{\alpha_i},\quad 1\leqslant k\leqslant N \tag{5.12}$$

其中, $0,-\alpha_1,-\alpha_2,\cdots,-\alpha_{N-1}$ 是矩阵 $\boldsymbol{A}$ 的特征值 (具有零特征值是因为 $\boldsymbol{A}$ 是一个 M-矩阵), 并假设所有的 $\alpha_i\neq 0$, 而 $-\beta_1^{(k)},-\beta_2^{(k)},\cdots,-\beta_{N-1}^{(k)}$ 是矩阵 $\boldsymbol{M}_k$ 的特征值, 这里 $\boldsymbol{M}_k$ 是矩阵 $\boldsymbol{A}$ 的元素 $a_{kk}$ 的余矩阵 (即划去矩阵 $\boldsymbol{A}$ 的第 $k$ 行第 $k$ 列后余下元素按原来的顺序组成的矩阵).

**证**　利用矩阵 $\boldsymbol{A}$ 的拉普拉斯公式, 可知

$$\boldsymbol{A}\boldsymbol{A}^*=\det(\boldsymbol{A})\,\boldsymbol{I}=\boldsymbol{0},\quad 即\boldsymbol{A}\begin{pmatrix}\det(\boldsymbol{M}_1)\\ \vdots\\ \det(\boldsymbol{M}_N)\end{pmatrix}=\boldsymbol{0}$$

因为矩阵 $\boldsymbol{A}$ 的秩为 $N-1$, 所以 $\boldsymbol{A}$ 的零空间是一维的, 这样可设$\boldsymbol{b}_0=c\begin{pmatrix}\det(\boldsymbol{M}_1)\\ \vdots\\ \det(\boldsymbol{M}_N)\end{pmatrix}$,

其中 $c$ 是一个常数. 进一步, 由于 $\boldsymbol{u}_N\boldsymbol{b}_0=1$, 因此 $c=\left[\sum\limits_{k=1}^{N}\det(\boldsymbol{M}_k)\right]^{-1}=$

$(-1)^{N-1}\left[\sum\limits_{k=1}^{N}\prod\limits_{i=1}^{N-1}\beta_i^{(k)}\right]^{-1}$, 此即意味着

$$b_0^{(k)}=\left[\sum_{k=1}^{N}\prod_{i=1}^{N-1}\beta_i^{(k)}\right]^{-1}\prod_{i=1}^{N-1}\beta_i^{(k)},\quad 1\leqslant k\leqslant N \tag{5.13}$$

为方便, 分别记

$$p_{\boldsymbol{A}}(x)=\det(x\boldsymbol{I}_N-\boldsymbol{A})=x(x+\alpha_1)\cdots(x+\alpha_{N-1})$$

$$p_{\boldsymbol{M}_k}(x)=\det\left(x\boldsymbol{I}_{N-1}-\boldsymbol{M}_k\right)=\left(x+\beta_1^{(k)}\right)\cdots\left(x+\beta_{N-1}^{(k)}\right)$$

一方面, 由 $p_{\boldsymbol{A}}(x)=\det\left(x\boldsymbol{I}_N-\boldsymbol{A}\right)=x\left(x+\alpha_1\right)\cdots\left(x+\alpha_{N-1}\right)$ 可得 $\left.\dfrac{\mathrm{d}p_{\boldsymbol{A}}(x)}{\mathrm{d}x}\right|_{x=0}=\prod\limits_{i=1}^{N-1}\alpha_i$. 另一方面, 雅可比公式给出

$$\frac{\mathrm{d}p_{\boldsymbol{A}}(x)}{\mathrm{d}x}=\frac{\mathrm{d}\det\left(x\boldsymbol{I}_N-\boldsymbol{A}\right)}{\mathrm{d}x}=\operatorname{tr}\left(\left(x\boldsymbol{I}_N-\boldsymbol{A}\right)^*\frac{\mathrm{d}\left(x\boldsymbol{I}_N-\boldsymbol{A}\right)}{\mathrm{d}x}\right)=\operatorname{tr}\left(\left(x\boldsymbol{I}_N-\boldsymbol{A}\right)^*\right)$$

由此可知

$$\left.\frac{\mathrm{d}p_{\boldsymbol{A}}(x)}{\mathrm{d}x}\right|_{x=0}=\operatorname{tr}\left(\left(-\boldsymbol{A}\right)^*\right)=(-1)^{N-1}\sum_{k=1}^{N}\det\left(\boldsymbol{M}_k\right)=\sum_{k=1}^{N}\prod_{i=1}^{N-1}\beta_i^{(k)}$$

上述两方面的结合蕴含着关系式

$$\sum_{k=1}^{N}\prod_{i=1}^{N-1}\beta_i^{(k)}=\prod_{i=1}^{N-1}\alpha_i \tag{5.14}$$

最后, 把 (5.14) 代入 (5.13) 即得 (5.12). 引理证毕.

在有了 $\boldsymbol{b}_{0,0}$ 之后, 就可以由 (5.2) 给出 mRNA 和蛋白质的各阶二项矩. 为简单起见, 假设所有的转录率相同, 记为 $\mu$; 假设所有的翻译率也相同, 记为 $\rho$; 假设 mRNA 的所有降解率都相同, 记为 $\delta$; 假设蛋白质的所有降解率也都相同, 记为 $\gamma$. 以下仅考虑 $K=1$、$\delta_1=\cdots=\delta_N=\delta$ 和 $\gamma_1=\cdots=\gamma_N=\gamma$ 的情形. 若在 (5.2) 中令 $m=1$ 和 $n=0$, 则

$$\left(\delta\boldsymbol{I}-\boldsymbol{A}\right)\boldsymbol{b}_{1,0}=\boldsymbol{\Phi}\boldsymbol{b}_{0,0} \tag{5.15}$$

用 $\boldsymbol{u}_N=(1,1,\cdots,1)$ 左乘 (5.15) 的两边, 并注意到 $\boldsymbol{A}$ 是一个 M-矩阵, 则得 mRNA 的一阶二项矩

$$\langle m\rangle=b_{1,0}=\sum_{i=1}^{N}b_{1,0}^{(i)}=\frac{\mu}{\delta}b_{0,0}^{(N)}=\frac{\mu}{\delta}\prod_{i=1}^{N-1}\frac{\beta_i^{(N)}}{\alpha_i} \tag{5.16}$$

此外, 由 (5.15) 可得

$$b_{1,0}^{(N)}=\frac{\mu p_{\boldsymbol{M}_N}(x)}{\det\left(\delta\boldsymbol{I}-\boldsymbol{A}\right)}b_{0,0}^{(N)}=\frac{\mu\left(\delta+\beta_1^{(k)}\right)\cdots\left(\delta+\beta_{N-1}^{(k)}\right)}{\delta\left(\delta+\alpha_1\right)\cdots\left(\delta+\alpha_{N-1}\right)}b_{0,0}^{(N)}$$

若在 (5.2) 中令 $m=2$ 和 $n=0$, 则

$$\left(2\delta\boldsymbol{I}-\boldsymbol{A}\right)\boldsymbol{b}_{2,0}=\boldsymbol{\Phi}\boldsymbol{b}_{1,0} \tag{5.17}$$

用 $\boldsymbol{u}_N=(1,1,\cdots,1)$ 左乘 (5.17) 的两边, 并注意到 $\boldsymbol{A}$ 是一个 M-矩阵, 则得 mRNA 的二阶二项矩为

$$b_{2,0}=\sum_{i=1}^{N}b_{2,0}^{(i)}=\frac{\mu}{2\delta}b_{1,0}^{(N)}=\frac{\mu^2}{2\delta^2}\frac{\left(\delta+\beta_1^{(k)}\right)\cdots\left(\delta+\beta_{N-1}^{(k)}\right)}{(\delta+\alpha_1)\cdots(\delta+\alpha_{N-1})}b_{0,0}^{(N)} \tag{5.18}$$

根据前面的噪声计算公式 (看第 3 章), 可求得 mRNA 的噪声强度为

$$\eta_m^2=\frac{1}{\langle m\rangle}+\frac{2b_{2,0}}{\left(b_{1,0}\right)^2}-1=\frac{1}{\langle m\rangle}+\prod_{i=1}^{N-1}\frac{\alpha_i\left(\delta+\beta_i^{(N)}\right)}{(\delta+\alpha_i)\,\beta_i^{(N)}}-1 \tag{5.19}$$

而 mRNA 的 Fano 因子为

$$\text{Fano}=1+\frac{\mu}{\delta}\left(\prod_{i=1}^{N-1}\frac{\delta+\beta_i^{(N)}}{\delta+\alpha_i}-\prod_{i=1}^{N-1}\frac{\beta_i^{(N)}}{\alpha_i}\right) \tag{5.20}$$

下一步, 给出蛋白质噪声的表达. 为此, 若在 (5.2) 中令 $m=0$ 和 $n=1$, 则

$$(\gamma\boldsymbol{I}-\boldsymbol{A})\,\boldsymbol{b}_{0,1}=\rho\boldsymbol{b}_{1,0} \tag{5.21}$$

用 $\boldsymbol{u}_N=(1,1,\cdots,1)$ 左乘 (5.21) 的两边, 并注意到 $\boldsymbol{A}$ 是一个 M-矩阵, 则得蛋白质的一阶二项矩为

$$\langle n\rangle=b_{0,1}=\sum_{i=1}^{N}b_{0,1}^{(i)}=\frac{\rho}{\gamma}b_{1,0}=\frac{\mu\rho\prod\limits_{i=1}^{N-1}\left(\delta+\beta_i^{(N)}\right)}{\delta\gamma\prod\limits_{i=1}^{N-1}(\delta+\alpha_i)}b_{0,0}^{(N)}=\frac{\mu\rho}{\delta\gamma}\prod_{i=1}^{N-1}\frac{\tilde{\beta}_i^{(N)}}{\tilde{\alpha}_i} \tag{5.22}$$

其中, $\tilde{\beta}_i^{(N)}=\beta_i^{(N)}/\delta$, $\tilde{\alpha}_i=\alpha_i/\delta$. 若在 (5.2) 中令 $m=0$ 和 $n=2$, 则

$$(2\gamma\boldsymbol{I}-\boldsymbol{A})\,\boldsymbol{b}_{0,2}=\rho\boldsymbol{b}_{1,1} \tag{5.23}$$

由此可得

$$b_{0,2}=\sum_{i=1}^{N}b_{0,2}^{(i)}=\frac{\rho}{2\gamma}b_{1,1} \tag{5.24}$$

因此, 要想知道 $b_{0,2}$ 就需要知道 $b_{1,1}$. 若在 (5.2) 中令 $m=1$ 和 $n=1$, 则

$$(\boldsymbol{D}_1+\boldsymbol{D}_2-\boldsymbol{A})\,\boldsymbol{b}_{1,1}=\boldsymbol{\Phi}\boldsymbol{b}_{0,1}+2\boldsymbol{\Psi}\boldsymbol{b}_{2,0}+\boldsymbol{\Psi}\boldsymbol{b}_{1,0} \tag{5.25}$$

当 $m$ 和 $n$ 不同时为零时, 有 $(m\boldsymbol{D}_1+n\boldsymbol{D}_2-\boldsymbol{A})(m\boldsymbol{D}_1+n\boldsymbol{D}_2-\boldsymbol{A})^{-1}=\boldsymbol{I}$. 用 $\boldsymbol{u}_N$ 左乘此等式的两边并注意到 $\boldsymbol{A}$ 是 M-矩阵, 那么可得

$$\boldsymbol{u}_N(m\boldsymbol{D}_1+n\boldsymbol{D}_2-\boldsymbol{A})^{-1}=\frac{1}{m\delta+n\gamma}\boldsymbol{u}_N$$

这样, 由 (5.25) 可得

$$\begin{aligned}b_{1,1}=&\boldsymbol{u}_N\boldsymbol{b}_{1,1}=\frac{1}{\delta+\gamma}(\boldsymbol{u}_N\Phi\boldsymbol{b}_{0,1}+2\boldsymbol{u}_N\Psi\boldsymbol{b}_{2,0}+\boldsymbol{u}_N\Psi\boldsymbol{b}_{1,0})\\=&\frac{1}{\delta+\gamma}\left(\mu b_{0,1}^{(N)}+2\rho b_{2,0}+\rho b_{1,0}\right)\end{aligned}$$

由 (5.21) 得 $\boldsymbol{b}_{0,1}=\rho(\gamma\boldsymbol{I}-\boldsymbol{A})^{-1}\boldsymbol{b}_{1,0}$, 因此

$$\begin{aligned}b_{0,1}^{(N)}=&\rho v_N(\gamma\boldsymbol{I}-\boldsymbol{A})^{-1}\boldsymbol{b}_{1,0}=\rho v_N(\gamma\boldsymbol{I}-\boldsymbol{A})^{-1}(\delta\boldsymbol{I}-\boldsymbol{A})^{-1}\Phi\boldsymbol{b}_{0,0}\\=&\mu\rho b_{0,0}^{(N)}v_N(\gamma\boldsymbol{I}-\boldsymbol{A})^{-1}(\delta\boldsymbol{I}-\boldsymbol{A})^{-1}v_N^{\mathrm{T}}\end{aligned}$$

其中, $v_N=(\boldsymbol{0},1)$ 是一个 $N$ 维行向量. 再利用 (5.15) 和 (5.25), 可获得交叉二项矩

$$\begin{aligned}b_{1,1}=&\frac{\rho}{\delta+\gamma}\left(\frac{\mu^2}{\delta\gamma}\right)\prod_{i=1}^{N-1}\frac{\beta_i^{(N)}\left(\delta+\beta_i^{(N)}\right)\left(\gamma+\beta_i^{(N)}\right)}{\alpha_i(\delta+\alpha_i)(\gamma+\alpha_i)}\\&+\frac{\mu\rho}{\delta(\delta+\gamma)}\prod_{i=1}^{N-1}\frac{\beta_i^{(N)}}{\alpha_i}\left[\frac{\mu}{\delta}\prod_{i=1}^{N-1}\frac{\delta+\beta_i^{(N)}}{\delta+\alpha_i}+1\right]\end{aligned}$$

把这种表达代入 (5.24) 得蛋白质的二阶二项矩为

$$\begin{aligned}b_{0,2}=&\frac{\rho^2}{2(\delta+\gamma)}\frac{\mu^2}{\delta\gamma^2}\prod_{i=1}^{N-1}\frac{\beta_i^{(N)}\left(\delta+\beta_i^{(N)}\right)\left(\gamma+\beta_i^{(N)}\right)}{\alpha_i(\delta+\alpha_i)(\gamma+\alpha_i)}\\&+\frac{\mu\rho^2}{2\delta\gamma(\delta+\gamma)}\prod_{i=1}^{N-1}\frac{\beta_i^{(N)}}{\alpha_i}\left[\frac{\mu}{\delta}\prod_{i=1}^{N-1}\frac{\delta+\beta_i^{(N)}}{\delta+\alpha_i}+1\right]\end{aligned}\tag{5.26}$$

这样, 蛋白质噪声的计算公式为

$$\begin{aligned}\eta_n^2=&\frac{2b_{0,2}+b_{0,1}-(b_{0,1})^2}{(b_{0,1})^2}\\=&\frac{1}{\langle n\rangle}+\frac{\rho\delta}{\mu(\delta+\gamma)}\left(\frac{\mu}{\gamma}\prod_{i=1}^{N-1}\frac{\gamma+\beta_i^{(N)}}{\gamma+\alpha_i}+\prod_{i=1}^{N-1}\frac{\delta+\alpha_i}{\delta+\beta_i^{(N)}}+\frac{\mu}{\delta}\right)\end{aligned}$$

$$\times \prod_{i=1}^{N-1} \frac{\alpha_i (\delta + \alpha_i)}{\beta_i^{(N)} \left(\delta + \beta_i^{(N)}\right)} - 1 \tag{5.27}$$

而蛋白质的 Fano 因子的计算公式为

$$\begin{aligned} \text{Fano} =& 1 - \langle n \rangle + \frac{\langle n \rangle \rho \delta}{\mu (\delta + \gamma)} \\ & \left( \frac{\mu}{\gamma} \prod_{i=1}^{N-1} \frac{\gamma + \beta_i^{(N)}}{\gamma + \alpha_i} + \prod_{i=1}^{N-1} \frac{\delta + \alpha_i}{\delta + \beta_i^{(N)}} + \frac{\mu}{\delta} \right) \prod_{i=1}^{N-1} \frac{\alpha_i (\delta + \alpha_i)}{\beta_i^{(N)} \left(\delta + \beta_i^{(N)}\right)} \end{aligned} \tag{5.28}$$

下一步, 考虑噪声的可调性. 为清楚起见, 考虑启动子结构是环路的情形, 即假设启动子有 1 个开状态和 $N-1$ 个关状态, 它们一起形成一个环路[3,4]. 注意到: 若用 $\langle \tau_{\text{on}} \rangle$ 和 $\langle \tau_{\text{off}} \rangle$ 分别代表基因驻留在开状态和关状态的平均时间 (见上一节的内容), 那么

$$\langle m \rangle = \frac{\mu}{\delta} \frac{\langle \tau_{\text{on}} \rangle}{\langle \tau_{\text{on}} \rangle + \langle \tau_{\text{off}} \rangle}$$

总是成立的, 且独立于启动子的结构. 这样, 由 (5.16) 可得

$$\frac{\prod_{i=1}^{N-1} \beta_i}{\prod_{i=1}^{N-1} \alpha_i} = \frac{\langle \tau_{\text{on}} \rangle}{\langle \tau_{\text{on}} \rangle + \langle \tau_{\text{off}} \rangle} \tag{5.29}$$

此时, 公式 (5.19) 可改写为

$$\eta_m^2 = \frac{1}{\langle m \rangle} + \frac{\langle \tau_{\text{on}} \rangle + \langle \tau_{\text{off}} \rangle}{\langle \tau_{\text{on}} \rangle} \prod_{i=1}^{N-1} \frac{\beta_i^{(N)} + 1}{\tilde{\alpha}_i + 1} - 1 \tag{5.30}$$

因此, 启动子噪声强度的计算公式为

$$\begin{aligned} \eta_{\text{启动子}} =& \left( \prod_{i=1}^{N-1} \frac{\tilde{\alpha}_i}{\tilde{\beta}_i^{(N)}} \right) \left( \prod_{i=1}^{N-1} \frac{\tilde{\beta}_i^{(N)} + 1}{\tilde{\alpha}_i + 1} \right) - 1 \\ =& \frac{\langle \tau_{\text{on}} \rangle + \langle \tau_{\text{off}} \rangle}{\langle \tau_{\text{on}} \rangle} \prod_{i=1}^{N-1} \frac{\tilde{\beta}_i^{(N)} + 1}{\tilde{\alpha}_i + 1} - 1 \end{aligned} \tag{5.31}$$

其中, $\tilde{\alpha}_i = \alpha_i / \delta$, $\tilde{\beta}_i^{(N)} = \beta_i^{(N)} / \delta$.

不失一般性, 可假设 $\beta_1 \leqslant \beta_2 \leqslant \cdots \leqslant \beta_{N-1}$, $\alpha_1 \leqslant \alpha_2 \leqslant \cdots \leqslant \alpha_{N-1}$, 那么由柯西链式定理 (Cauchy interlace theorem) 知 $\beta_i + 1 \leqslant \alpha_i + 1$, 其中, $i = 1, 2, \cdots, N-1$. 因此, 有

$$\prod_{i=1}^{N-1}\frac{\tilde{\beta}_i^{(N)}}{\tilde{\alpha}_i}<\prod_{i=1}^{N-1}\frac{\tilde{\beta}_i^{(N)}+1}{\tilde{\alpha}_i+1}<1 \tag{5.32}$$

这样, 获得不等式

$$\frac{1}{\langle m\rangle}<\eta_m^2<\frac{1}{\langle m\rangle}+\frac{\langle\tau_{\mathrm{off}}\rangle}{\langle\tau_{\mathrm{on}}\rangle} \tag{5.33}$$

蕴含着启动子噪声强度的下列估计式

$$0<\eta_{启动子}<\frac{\langle\tau_{\mathrm{off}}\rangle}{\langle\tau_{\mathrm{on}}\rangle}$$

类似地, 可分析蛋白质的噪声及其分解. 结果是: 蛋白质的噪声由下列三部分组成: 启动子噪声、mRNA 传输给蛋白质的噪声以及蛋白质本身的噪声 (内部噪声, 来自于蛋白质的生灭过程). 此外, 可类似地讨论蛋白质噪声的可调性.

下面, 再讨论启动子环路结构的基因模型中 mRNA 噪声的可调性. 为此, 先写出对应的主方程

$$\begin{aligned}
\frac{\partial}{\partial t}P_0(m,t)&=-\lambda_0P_0(m,t)+\lambda_LP_L(m,t)\\
&\quad+\mu\left(E^{-1}-I\right)P_0(m,t)+\delta(E-I)[mP_0(m,t)]\\
\frac{\partial}{\partial t}P_1(m,t)&=-\lambda_1P_1(m,t)+\lambda_0P_0(m,t)+\delta(E-I)[mP_1(m,t)]\\
&\cdots\cdots\\
\frac{\partial}{\partial t}P_L(m,t)&=-\lambda_LP_L(m,t)+\lambda_{L-1}P_{L-1}(m,t)+\delta(E-I)[mP_L(m,t)]
\end{aligned} \tag{5.34}$$

其中, 下标 “0” 对应于开状态, 其他下标值对应于关状态 (明显地, 它们形成一个环路). 然后, 可分别求得静态平均

$$\langle m\rangle=\sum_{m\geqslant0}m\left[P_0(m)+\cdots+P_L(m)\right]=\mu\prod_{k=1}^{L}\frac{a_k}{b_k} \tag{5.35}$$

和静态方差

$$\sigma_m^2=\left\langle m^2\right\rangle-\langle m\rangle^2=\mu\left(\prod_{k=1}^{L}\frac{a_k}{b_k}\right)\left(\mu\prod_{k=1}^{L}\frac{(a_k+1)}{(b_k+1)}+1-\mu\prod_{k=1}^{L}\frac{a_k}{b_k}\right) \tag{5.36}$$

其中, $a_k$ 由恒等式

$$\prod_{k=1}^{L}(x+a_k)\equiv\sum_{k=1}^{L-1}\left[\prod_{i=1}^{L-k-1}\lambda_i\cdot\prod_{j=1}^{k}(x+\lambda_{L-j+1})\right]x+\left(\prod_{k=1}^{L-1}\lambda_k\right)x+\prod_{k=1}^{L}\lambda_k \tag{5.36a}$$

决定, 而 $b_k$ 由恒等式

$$\prod_{k=1}^{L}(x+b_k-1)\equiv\prod_{k=1}^{L}(x+\lambda_k-1)+\gamma\sum_{k=1}^{L-1}\left[\prod_{i=1}^{L-k-1}\lambda_i\cdot\prod_{j=1}^{k}(x+\lambda_{L-j+1}-1)\right]+\gamma\left(\prod_{k=1}^{L-1}\lambda_k\right) \tag{5.36b}$$

决定, 且所有的参数被降解率 $\delta$ 规范化了. 由于 (5.36) 可改写为

$$\sigma_m^2=\langle m\rangle\left[1+\frac{b\prod_{k=1}^{L}(1+\tau_k)}{(1+\tau_{\text{on}})\prod_{k=1}^{L}(1+\tau_k)-1}-\langle m\rangle\right] \tag{5.37}$$

其中, $\tau_k=1/\lambda_k$(代表驻留时间), $b=\mu/\gamma$(代表平均爆发大小). mRNA 噪声的计算公式为

$$\eta_m^2=\frac{\sigma_m^2}{\langle m\rangle^2}=\frac{1}{\langle m\rangle}+\eta_{\text{启动子}} \tag{5.38}$$

其中, 启动子噪声为

$$\eta_{\text{启动子}}=\frac{(\langle\tau_{\text{on}}\rangle+\langle\tau_{\text{off}}\rangle)\prod_{k=1}^{L}(1+\tau_k)}{(1+\langle\tau_{\text{on}}\rangle)\prod_{k=1}^{L}(1+\tau_k)-1}-1 \tag{5.38a}$$

$\langle\tau_{\text{off}}\rangle=\sum_{k=1}^{L}(1/\lambda_k)$(代表基因在关状态的平均驻留时间), $\langle\tau_{\text{on}}\rangle=1/\gamma$(代表基因在开状态的平均驻留时间). 假如平均关时间 $\langle\tau_{\text{off}}\rangle$ 被固定, 那么容易显示出: 仅当所有的 $\tau_k$ 都相等时, 启动子噪声达到最小 (记最小的噪声强度为 $\eta_{\min}$). 这样, 我们有

$$\eta_{\text{启动子}}\geqslant\eta_{\min}=\frac{(\langle\tau_{\text{on}}\rangle+\langle\tau_{\text{off}}\rangle)(\langle\tau_{\text{off}}\rangle/L+1)^L}{(1+\langle\tau_{\text{on}}\rangle)(\langle\tau_{\text{off}}\rangle/L+1)^L-1}-1$$

特别是, 假如 $L=1$, 它对应于普通的两状态基因模型, 此时

$$\eta_{\min}=\frac{\langle\tau_{\text{off}}\rangle^2}{\langle\tau_{\text{on}}\rangle+\langle\tau_{\text{off}}\rangle+\langle\tau_{\text{on}}\rangle\langle\tau_{\text{off}}\rangle}$$

这蕴含着: 普通的两状态基因模型低估了噪声; 假如启动子的非活性状态数目 $L$ 充分大, 则极限值为

$$\eta_{\min}\approx\frac{\langle\tau_{\text{off}}\rangle \mathrm{e}^{\langle\tau_{\text{off}}\rangle}}{(1+\langle\tau_{\text{on}}\rangle)\mathrm{e}^{\langle\tau_{\text{off}}\rangle}-1}$$

## 5.3 转录水平上多状态基因模型中的概率分布

本节仅考虑转录水平上 (或把转录与翻译整合为单步过程) 的多状态基因模型. 让 $m$ 代表 mRNA 的分子数目, $P_k(m;t)$ 代表基因在第 $k$ 个状态 mRNA 具有 $m$ 分子的概率. 记列向量 $\boldsymbol{P}=(P_1,\cdots,P_N)^{\mathrm{T}}$. 让 $\lambda_{ij}$ 代表从 $i$ 状态到 $j$ 状态的转移率 ($\lambda_{ij}=0$ 意味着没有转移发生, 外部调控子可以调控 $\lambda_{ij}$ 的大小). $N\times N$ 矩阵 $\boldsymbol{A}=(\lambda_{ij})$ 描述启动子状态之间的转移情况; 对角矩阵 $\boldsymbol{\Phi}=\mathrm{diag}(\mu_1,\cdots,\mu_N)$ 描述**转录出口**, 其中 $\mu_i$ 代表 mRNA 在第 $i$ 状态的转录率 ($\mu_i=0$ 意味着没有转录发生). 相应的主方程可表示为[5]

$$\frac{\partial}{\partial t}\boldsymbol{P}(m;t)=\boldsymbol{AP}(m;t)+\boldsymbol{\Phi}\left(\boldsymbol{E}^{-1}-\boldsymbol{I}\right)[\boldsymbol{P}(m;t)]+\delta(\boldsymbol{E}-\boldsymbol{I})[m\boldsymbol{P}(m;t)] \quad (5.39)$$

其中 $\boldsymbol{E}$ 和 $\boldsymbol{E}^{-1}$ 是普通的位移算子, $\boldsymbol{I}$ 是单位算子. 方程 (5.39) 右边的第一项描述启动子动力学, 其中转移矩阵 $\boldsymbol{A}$ 是一个M-矩阵; 第二项描述 mRNA 的降解, 且假定降解率相同, 均为 $\delta$; 第三项描述转录出口, 且转录矩阵为 $\Phi$.

对于列向量形式的分布 $\boldsymbol{P}(m;t)$, 引进列向量形式的生成函数 $\boldsymbol{G}=(G_1,\cdots,G_N)^{\mathrm{T}}$, 其中 $G_k(z;t)=\sum_{m\geqslant 0}z^mP_k(m;t)$. 那么在静态处, 离散形式的常微分方程 (5.39) 可转化成下列偏微分方程

$$\frac{\mathrm{d}}{\mathrm{d}t}\boldsymbol{G}=\boldsymbol{AG}-s\frac{\mathrm{d}}{\mathrm{d}s}\boldsymbol{G}+s\Phi\boldsymbol{G} \quad (5.40)$$

其中 $s=z-1$, 所有的参数已经被 $\delta$ 无量纲化了. 由于概率密度函数与生成函数可相互给出, 因此方程 (5.40) 是方程 (5.39) 的一个等价版本. 这种等价性将给找概率分布带来方便. 注意到方程 (5.40) 的静态方程 ($\mathrm{d}G/\mathrm{d}t=0$) 为

$$\boldsymbol{AG}-s\frac{\mathrm{d}}{\mathrm{d}s}\boldsymbol{G}+s\boldsymbol{\Phi G}=\boldsymbol{0}$$

为了找出 mRNA 的静态概率分布 $P(m)$, 或为了求解上述静态方程, 记 $P(m)=$

$\sum_{k=1}^{N} P_k(m)$, 它满足保守性条件 $\sum_{m=0}^{\infty} P(m) = 1$. 相应地, 记 $G(s) = \sum_{k=1}^{N} G_k(s)$, 满足条件 $G(0) = 1$. 进行泰勒展开: $G_k(s) = \sum_{n=0}^{\infty} b_n^{(k)} s^n$, $G(s) = \sum_{n=0}^{\infty} b_n s^n$, 那么, $b_n = \sum_{k=1}^{N} b_n^{(k)}$. 由于矩阵 $\boldsymbol{A}$ 是零列矩阵或由于 $\mu_1 G_1(s) + \cdots + \mu_N G_N(s) = G'(s)$, 因此,

$$b_n = \frac{1}{n} \sum_{i=1}^{N} \mu_i b_{n-1}^{(i)} = \frac{1}{n} \boldsymbol{u}_N \Phi \boldsymbol{b}_{n-1} \tag{5.41}$$

其中, $\boldsymbol{u}_N = (1, 1, \cdots, 1)$ 是一个 $N$ 维行向量, $\boldsymbol{b}_n = \left(b_n^{(1)}, b_n^{(2)}, \cdots, b_n^{(N)}\right)^{\mathrm{T}}$ 且满足迭代方程

$$(n\boldsymbol{I} - \boldsymbol{A})\, \boldsymbol{b}_n = \boldsymbol{\Phi} \boldsymbol{b}_{n-1}, \quad n = 1, 2, \cdots \tag{5.42}$$

其中 $\boldsymbol{b}_0$ 能够由保守性条件决定. 事实上, 根据上面的引理 5.1, 我们有

$$b_0^{(k)} = \prod_{i=1}^{N-1} \frac{\beta_i^{(k)}}{\alpha_i}, \quad 1 \leqslant k \leqslant N \tag{5.43}$$

这样, 由 (5.42) 可得

$$b_n = \frac{1}{\prod_{k=1}^{n} f_{\boldsymbol{A}}(k)} \boldsymbol{u}_N \prod_{k=n}^{1} \left[(k\boldsymbol{I} - \boldsymbol{A})^* \boldsymbol{\Phi}\right] \boldsymbol{b}_0 \tag{5.44}$$

其中, $n = 1, 2, \cdots$, $(k\boldsymbol{I} - \boldsymbol{A})^*$ 和 $\det(k\boldsymbol{I} - \boldsymbol{A})$ 分别代表伴随矩阵和矩阵行列式. 假如所有的 $b_n$ 被给出, 那么概率分布将由前面的 (5.3) 给出.

对于某些特殊结构的启动子的基因模型, 为了巧妙地给出所有的 $b_n$ 和相应的概率分布, 我们引进*模型共轭*的概念. 对两个基因模型, 记为模型-A 和模型-B, 假如相应的转移矩阵相同, 但相应的转录矩阵分别是 $\boldsymbol{\Phi}_A = \mathrm{diag}((\mu + \varepsilon)\boldsymbol{I}_K, \mu \boldsymbol{I}_{N-K})$ 和 $\boldsymbol{\Phi}_B = \mathrm{diag}(\mu \boldsymbol{I}_K, (\mu + \varepsilon)\boldsymbol{I}_{N-K})$, 其中 $\varepsilon$ 是一常数, 可以等于 $-\mu$ 或零, $K$ 是小于 $N$ 的整数, 那么称模型-A 与模型-B 共轭, 参考图 5.2, 它显示一个真实的生物例子[6].

模型的共轭具有漂亮的性质. 例如, 对两个共轭的模型-A 和模型-B, 假定相应的转录矩阵分别是 $\boldsymbol{\Phi}_A = \mathrm{diag}(\boldsymbol{O}_K, \mu \boldsymbol{I}_{N-K})$ 和 $\boldsymbol{\Phi}_B = \mathrm{diag}(\mu \boldsymbol{I}_K, \boldsymbol{O}_{N-K})$, 并记相对应的概率分布和生成函数分别为 $P_A(m; \mu)$ 和 $G_A(s)$, $P_B(m; \mu)$ 和 $G_B(s)$, 那么不难证明

$$G_B(s) = \mathrm{e}^{\mu s} G_A(-s), \quad P_B(m; \mu) = \mathrm{e}^{-\mu} \sum_{k=0}^{m} \frac{\mu^{m-k}}{(m-k)!} P_A(k; -\mu) \tag{5.45}$$

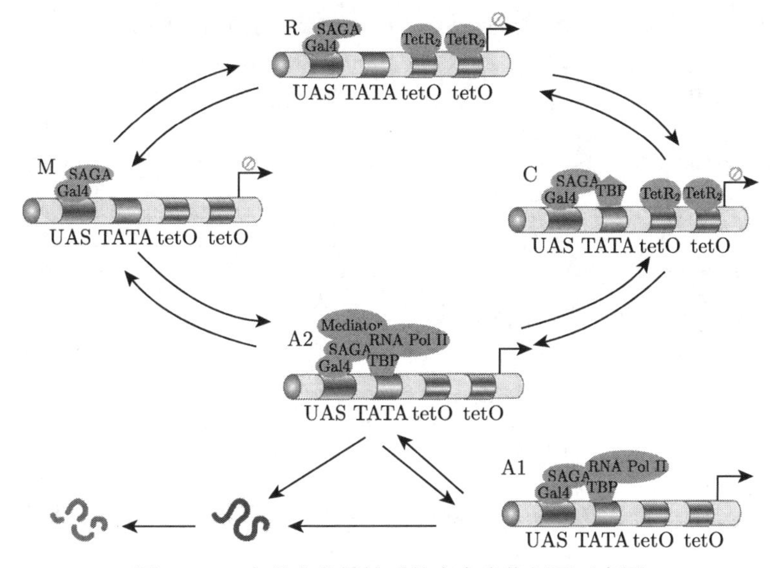


图 5.2 一个具有共轭性质的真实生物例子示意图

假如状态 C, R 和 N 被 TBP 绑定, 而状态 A1 和 A2 不被 TBP 绑定, 那么相应的基因模型变成其共轭模型

称分布 $P_B(m;\mu)$ 为分布 $P_A(m;\mu)$ 与具有特征参数为 $\mu$ 的泊松分布的卷积. 此外, 称两个 $P_A(m)$ 和 $P_B(m)$ 或两个生成函数 $G_A(s)$ 和 $G_B(s)$ 是共轭的. 我们将看到: 共轭性质将给找某些基因模型中的分析分布带来极大方便.

为了基于 (5.44) 和 (5.45) 给出 mRNA 的分析分布, 我们区分下列几种情形.

**情形 1** $\boldsymbol{\Phi}=\mu\boldsymbol{I}_N$.

这种情形意味着启动子状态都是活性的, 且具有相同的转移率. 由 $b_n=\sum_{i=1}^{N}b_n^{(i)}$ 可知 $b_n=\boldsymbol{u}_N\boldsymbol{b_n}$; 由 (5.44) 可知 $b_n=\dfrac{1}{n}\boldsymbol{u}_N\boldsymbol{\Phi}\boldsymbol{b}_{n-1}=\dfrac{\mu}{n}\boldsymbol{u}_N\boldsymbol{b}_{n-1}$. 这样, 获得 $b_n=\dfrac{\mu}{n}b_{n-1}=\dfrac{\mu^n}{n!}$. 根据第一章的 (1.31), 计算得 mRNA 的静态概率分布为

$$P(m)=\sum_{k=m}^{\infty}(-1)^{k-m}\begin{pmatrix}k\\m\end{pmatrix}b_k=\sum_{k=m}^{\infty}(-1)^{k-m}\begin{pmatrix}k\\m\end{pmatrix}\frac{\mu^k}{k!}$$
$$=\mathrm{e}^{-\mu}\frac{\mu^m}{m!},\quad m=0,1,2,\cdots \tag{5.46}$$

它是一个具有特征参数为 $\mu$ 的泊松分布. 结果 (5.46) 表明: mRNA 的分布独立于启动子状态之间的转移关系. 换言之, 不管启动子状态之间的转移情况如何, 假如启动子均处于活性状态且转录出口具有相同的转录率, 则静态 mRNA 分子数目总

是服从由公共转录率决定的泊松分布, 这是一个令人惊奇的事实.

**情形 2**　$\boldsymbol{\Phi}=\mu\begin{pmatrix} \boldsymbol{O}_{(N-1)} & \mathbf{0} \\ \mathbf{0} & 1 \end{pmatrix}$.

这种情形对应于启动子具有一个开状态、多个关状态, 包括了启动子的环路结构作为其特例. 从 (5.42) 可知

$$\begin{aligned}\begin{pmatrix} * \\ b_n^{(N)} \end{pmatrix} &= \boldsymbol{b}_n = \frac{1}{f_{\boldsymbol{A}}(n)}(n\boldsymbol{I}-\boldsymbol{A})^{*}\Phi\boldsymbol{b}_{n-1} \\ &= \frac{\mu}{f_{\boldsymbol{A}}(n)}\begin{pmatrix} * & * \\ * & f_{M_N}(n) \end{pmatrix}\begin{pmatrix} \boldsymbol{O} & \boldsymbol{O} \\ \boldsymbol{O} & 1 \end{pmatrix}\begin{pmatrix} * \\ b_{n-1}^{(N)} \end{pmatrix} \\ &= \frac{\mu}{f_{\boldsymbol{A}}(n)}\begin{pmatrix} * \\ f_{M_N}(n)\, b_{n-1}^{(N)} \end{pmatrix} = \begin{pmatrix} * \\ \dfrac{\mu f_{M_N}(n)}{f_{\boldsymbol{A}}(n)} b_{n-1}^{(N)} \end{pmatrix}\end{aligned}$$

利用 $f_{\boldsymbol{A}}(n)$ 和 $f_{M_N}(n)$ 的表达 (见引理 5.1), 可得

$$b_n^{(N)} = \frac{\mu^n}{n!}\frac{\prod_{i=1}^{N-1}\left(\beta_i^{(N)}\right)_{n+1}}{\prod_{i=1}^{N-1}(\alpha_i)_{n+1}}\frac{\prod_{i=1}^{N-1}\alpha_i}{\prod_{i=1}^{N-1}\beta_i^{(N)}}b_0^{(N)}$$

进一步, 根据 (5.41), 计算得二项矩

$$b_n = \frac{\mu^n}{n!}\frac{\prod_{i=1}^{N-1}\left(\beta_i^{(N)}\right)_{n}}{\prod_{i=1}^{N-1}(\alpha_i)_{n}}\frac{\prod_{i=1}^{N-1}\alpha_i}{\prod_{i=1}^{N-1}\beta_i^{(N)}}b_0^{(N)}$$

再利用表达 $b_0^{(N)}=\prod_{i=1}^{N-1}\frac{\beta_i^{(N)}}{\alpha_i}$(见 (5.43)), 这样获得静态生成函数的分析表示

$$G(s) = {}_{N-1}F_{N-1}\left(\begin{array}{c|c} \beta_1^{(N)},\cdots,\beta_{N-1}^{(N)} & \\ \alpha_1,\cdots,\alpha_{N-1} & \end{array};\mu s\right)$$

其中 ${}_nF_n\left(\begin{array}{c|c} a_1,\cdots,a_n & \\ b_1,\cdots,b_n & \end{array};\sigma\right)$ 是合流超几何函数 (请参看 (1.52) 或参考文献 [7]).

根据重构公式 (1.31), 计算得

$$
\begin{aligned}
P(m) =& b_0^{(N)} \frac{\prod_{i=1}^{N-1} \alpha_i}{\prod_{i=1}^{N-1} \beta_i^{(N)}} \sum_{k=m}^{\infty} (-1)^{k-m} \begin{pmatrix} k \\ m \end{pmatrix} \frac{\mu^k}{k!} \frac{\prod_{i=1}^{N-1} \left(\beta_i^{(N)}\right)_k}{\prod_{i=1}^{N-1} (\alpha_i)_k} \\
=& b_0^{(N)} \frac{\prod_{i=1}^{N-1} \alpha_i}{\prod_{i=1}^{N-1} \beta_i^{(N)}} \sum_{k=0}^{\infty} (-1)^{k} \begin{pmatrix} k+m \\ m \end{pmatrix} \frac{\mu^{k+m}}{(k+m)!} \frac{\prod_{i=1}^{N-1} \left(\beta_i^{(N)}\right)_{k+m}}{\prod_{i=1}^{N-1} (\alpha_i)_{k+m}} \\
=& b_0^{(N)} \frac{\mu^m}{m!} \frac{\prod_{i=1}^{N-1} \alpha_i}{\prod_{i=1}^{N-1} \beta_i^{(N)}} \frac{\prod_{i=1}^{N-1} (\beta_i)_m}{\prod_{i=1}^{N-1} (\alpha_i)_m} \sum_{k=0}^{\infty} \frac{\prod_{i=1}^{N-1} \left(m+\beta_i^{(N)}\right)_k}{\prod_{i=1}^{N-1} (m+\alpha_i)_k} \frac{(-\mu)^k}{k!}
\end{aligned}
$$

利用 (5.43), 最后获得 mRNA 的静态概率分布为

$$
\begin{aligned}
P(m) =& \frac{\mu^m}{m!} \prod_{i=1}^{N-1} \frac{\left(\beta_1^{(N)}\right)_m}{(\alpha_i)_m} {}_{N-1}F_{N-1} \\
& \cdot \left( \begin{matrix} m+\beta_1^{(N)}, \cdots, m+\beta_{N-1}^{(N)} \\ m+\alpha_1, \cdots, m+\alpha_{N-1} \end{matrix} \middle| ; -\mu \right), \quad m = 0, 1, 2, \cdots
\end{aligned} \tag{5.47}
$$

值得指出的是: 对普通的开 —— 关模型 (即 $N=2$), 由结果 (5.47) 能够推出以前的已知结果, 即

$$
P(m) = \frac{\mu^m}{m!} \frac{\Gamma\left(m+\beta_1^{(2)}\right)}{\Gamma(m+\alpha_1)} \frac{\Gamma(\alpha_1)}{\Gamma(\beta_1)} {}_1F_1 \left( \begin{matrix} m+\beta_1^{(2)} \\ m+\alpha_1 \end{matrix} \middle| ; -\mu \right), \quad m = 0, 1, 2, \cdots
$$

其中 $\alpha_1 = \lambda_{12} + \lambda_{21}$, $\beta_1^{(1)} = \lambda_{12}$, $\beta_1^{(2)} = \lambda_{21}$.

**情形 3** $\boldsymbol{\Phi} = \mu \begin{pmatrix} \boldsymbol{I}_{(N-1)} & \boldsymbol{0} \\ \boldsymbol{0} & 0 \end{pmatrix}$.

这种情形对应于启动子有 $N-1$ 个开状态且具有相同的转录率、1 个关状态时的基因模型. 此时, 静态生成函数的微分方程为

$$
\sum_{k=1, \neq i}^{N} \lambda_{ki} G_k - \sum_{k=1, \neq i}^{N} \lambda_{ik} G_i - s \frac{\partial G_i}{\partial s} + \mu s G_i = 0 \ , \quad i = 1, 2, \cdots, N-1
$$

$$\sum_{k=1}^{N-1}\lambda_{kN}G_k-\sum_{k=1}^{N-1}\lambda_{Nk}G_N-s\frac{\partial G_N}{\partial s}=0 \tag{5.48}$$

现在, 显示出: 求解方程 (5.48) 可以归结为情形 2. 事实上, 变换 $G_i=\mathrm{e}^{\mu s}F_i$ $(1\leqslant i\leqslant N)$ 将变方程 (5.48) 为

$$\begin{aligned}&\sum_{k=1,\neq i}^{N}\lambda_{ki}F_k-\sum_{k=1,\neq i}^{N}\lambda_{ik}F_i-\tau\frac{\partial F_i}{\partial\tau}=0,\quad i=1,2,\cdots,N-1\\&\sum_{k=1}^{N-1}\lambda_{kN}F_k-\sum_{k=1}^{N-1}\lambda_{Nk}F_N-\tau\frac{\partial F_N}{\partial\tau}+\mu\tau F_N=0\end{aligned} \tag{5.48$'$}$$

其中 $\tau=-s$. 容易看出: (5.48′) 正好对应于启动子具有 1 个开状态、$N-1$ 个关状态的基因模型. 因此, 根据情形 2 的结果, 可知

$$F(\tau)={}_{N-1}F_{N-1}\left(\left.\begin{matrix}\beta_1^{(N)},\cdots,\beta_{N-1}^{(N)}\\\alpha_1,\cdots,\alpha_{N-1}\end{matrix}\right|;\mu\tau\right)$$

注意到: $G(z)=\mathrm{e}^{\mu s}F(-s)=\mathrm{e}^{\mu(z-1)}{}_{N-1}F_{N-1}\left(\left.\begin{matrix}\beta_1^{(N)},\cdots,\beta_{N-1}^{(N)}\\\alpha_1,\cdots,\alpha_{N-1}\end{matrix}\right|;\mu(1-z)\right)$. 因此, 利用概率密度函数与生成函数之间的关系, 知

$$\begin{aligned}P(m)=&\frac{1}{m!}\left.\frac{\mathrm{d}^m}{\mathrm{d}z^m}G(z)\right|_{z=0}\\=&\frac{\mathrm{e}^{-\mu}}{m!}\sum_{k=0}^{m}\begin{pmatrix}m\\k\end{pmatrix}\mu^{m-k}(-1)^k\prod_{i=1}^{N-1}\frac{\left(\beta_1^{(N)}\right)_k}{(\alpha_i)_k}{}_{N-1}F_{N-1}\\&\cdot\left(\left.\begin{matrix}k+\beta_1^{(N)},\cdots,k+\beta_{N-1}^{(N)}\\k+\alpha_1,\cdots,k+\alpha_{N-1}\end{matrix}\right|;\mu\right)\end{aligned} \tag{5.49}$$

**情形 4**　$\boldsymbol{\Phi}=\begin{pmatrix}\mu\boldsymbol{I}_K&\boldsymbol{O}\\\boldsymbol{O}&(\mu+\varepsilon)\boldsymbol{I}_{(N-K)}\end{pmatrix}$, 这里 $K\geqslant0$.

这种情形对应于启动子的每个状态均是活性的, 其中一部分具有相同的转录率 $(\mu)$, 另一个部分也具有转录率为 $\mu+\varepsilon$, 但两个转录率可以是不同的. 一般地, 不能找到这种情形漂亮的分析分布, 但假如矩阵 $\boldsymbol{A}$ 是对称的, 则是可以的. 事实上, 变换 $G_i=\mathrm{e}^{\mu s}F_i$ $(1\leqslant i\leqslant N)$ 将变相应的静态生成函数的微分方程为

$$\sum_{k=1,\neq i}^{N}\lambda_{ki}F_k-\sum_{k=1,\neq i}^{N}\lambda_{ik}F_i-s\frac{\partial F_i}{\partial s}=0,\quad i=1,2,\cdots,K$$

$$\sum_{k=1}^{N-1}\lambda_{kN}F_k-\sum_{k=1}^{N-1}\lambda_{Nk}F_j-s\frac{\partial F_j}{\partial s}+\varepsilon sF_j=0,\quad K+1\leqslant j\leqslant N \tag{5.50}$$

不失一般性, 假设 $K\geqslant N/2$. 原理上, 对于微分方程 (5.50), 也有类似于 (5.44) 的迭代公式, 并由此可得形式表示

$$\boldsymbol{c}_n=\frac{\varepsilon}{\det(n\boldsymbol{I}-\boldsymbol{A})}(n\boldsymbol{I}_N-\boldsymbol{A})^*[K+1:N;K+1:N]\,\boldsymbol{c}_{n-1}$$

其中 $\boldsymbol{c}_n=\left(c_n^{(K+1)},\cdots,c_n^{(N)}\right)^{\mathrm{T}}$. 由于矩阵 $\boldsymbol{A}$ 是对称的, 因此子矩阵 $\boldsymbol{B}\equiv\boldsymbol{A}[K+1:N;K+1:N]$ 也是对称的. 那么, 存在 $N-K$ 阶正交可逆矩阵 $\boldsymbol{Q}$, 使得

$$-\boldsymbol{QBQ}^{\mathrm{T}}=\mathrm{diag}(\gamma_{K+1},\cdots,\gamma_N)$$

这里 $\gamma_i\geqslant 0\ (K+1\leqslant i\leqslant N)$. 由此可得

$$\boldsymbol{Q}(n\boldsymbol{I}_{N-K}-\boldsymbol{B})\boldsymbol{Q}^{\mathrm{T}}=\mathrm{diag}(n+\gamma_{K+1},\cdots,n+\gamma_N)$$

进一步, 有

$$(n\boldsymbol{I}_{N-K}-\boldsymbol{B})^*=g_{\boldsymbol{B}}(n)\,\boldsymbol{Q}^{\mathrm{T}}\mathrm{diag}\left(\frac{1}{n+\gamma_{K+1}},\cdots,\frac{1}{n+\gamma_N}\right)\boldsymbol{Q}$$

其中, 函数 $g_{\boldsymbol{B}}(n)\equiv\det(n\boldsymbol{I}_{N-K}-\boldsymbol{B})=(n+\gamma_{K+1})\cdots(n+\gamma_N)$ 是 $N-K$ 次多项式. 假如记

$$\boldsymbol{Q}(n\boldsymbol{I}_{N-K}-\boldsymbol{B})^*\boldsymbol{Q}^{\mathrm{T}}=\mathrm{diag}(g_{K+1}(n),\cdots,g_N(n))$$

其中, 每个函数 $g_i(n)$ 都是 $N-K$ 阶多项式, 且最高次项的系统为 1, 那么可得

$$\boldsymbol{c}_n=\frac{\varepsilon^n}{n!\prod\limits_{k=1}^{n}f_{\boldsymbol{A}}(k)}\boldsymbol{Q}^{\mathrm{T}}\begin{pmatrix}\prod\limits_{k=1}^{n}g_{K+1}(k) & & \\ & \ddots & \\ & & \prod\limits_{k=1}^{n}g_N(k)\end{pmatrix}\boldsymbol{Q}\boldsymbol{c}_0$$

为方便, 写 $g_i(n)=\left(n+\vartheta_{K+1}^{(i)}\right)\cdots\left(n+\vartheta_N^{(i)}\right)$, 这里 $\vartheta_j^{(i)}\geqslant 0$, $i,j=K+1,\cdots,N$. 那么, 可知 $c_n^{(i)}$ 的表达式为

$$c_n^{(i)} = \frac{\varepsilon^n}{n!} \sum_{j=K+1}^{N} \left[ \xi_{i,j} \prod_{k=1}^{n} \frac{g_j(k)}{f_{\boldsymbol{A}}(k)} \right], \quad K+1 \leqslant i \leqslant N$$

其中, $\xi_{i,j}$ 是某些仅依赖于启动子转录率的常数, 细化地,

$$\xi_{i,j} = q_{i,j} \sum_{k=K+1}^{N} \tilde{q}_{j,k} b_0^{(k)}$$

这里我们已经记

$$\boldsymbol{Q} = \begin{pmatrix} q_{K+1,K+1} & \cdots & q_{K+1,N} \\ \vdots & \ddots & \vdots \\ q_{N,K+1} & \cdots & q_{N,N} \end{pmatrix}, \quad \boldsymbol{Q}^{\mathrm{T}} = \begin{pmatrix} \tilde{q}_{K+1,K+1} & \cdots & \tilde{q}_{K+1,N} \\ \vdots & \ddots & \vdots \\ \tilde{q}_{N,K+1} & \cdots & \tilde{q}_{N,N} \end{pmatrix}$$

这样, 总的静态二项矩可以表示为

$$\begin{aligned} c_n =& \frac{\varepsilon}{n} \sum_{i=K+1}^{N} c_{n-1}^{(i)} = \frac{\varepsilon^n}{n!} \sum_{i=K+1}^{N} \sum_{j=K+1}^{N} \left[ \xi_{i,j} \prod_{k=1}^{n} \frac{g_j(k)}{f_{\boldsymbol{A}}(k)} \right] \\ \equiv& \frac{\varepsilon^n}{n!} \sum_{i=K+1}^{N} \eta_i \frac{\prod\limits_{j=K+1}^{N} \left(\vartheta_j^{(i)}\right)_n}{\prod\limits_{j=1}^{N-1} (\alpha_j)_n} \end{aligned}$$

其中, $\eta_i$ 是某些仅依赖于启动子转录率的常数. 细化地,

$$\eta_i = \sum_{j=K+1}^{N} \left[ \xi_{i,j} \frac{f_{\boldsymbol{A}}(0)}{g_j(0)} \right] = \sum_{j=K+1}^{N} \left[ \frac{f_{\boldsymbol{A}}(0)}{g_j(0)} q_{i,j} \sum_{k=K+1}^{N} \tilde{q}_{j,k} b_0^{(k)} \right]$$

由此可获得总生成函数 $F(s)$ 的分析表示

$$F(s) = \sum_{i=K+1}^{N} \eta_{i\,(N-K)} F_{(N-1)} \left( \vartheta_{K+1}^{(i)}, \cdots, \vartheta_N^{(i)}; \alpha_1, \cdots, \alpha_{N-1}; \varepsilon s \right)$$

它是 $N-K$ 个汇合型超几何函数的线性组合. 进一步, 利用概率密度函数与生成之间的关系, 可给出 mRNA 概率分布的分析表示

$$P(m) = \sum_{i=K+1}^{N} \eta_i \frac{\mathrm{e}^{-\mu}}{m!} \sum_{k=0}^{m} \begin{pmatrix} m \\ k \end{pmatrix} \mu^{m-k} \varepsilon^k \frac{\left(\vartheta_{K+1}^{(i)}\right)_k \cdots \left(\vartheta_N^{(i)}\right)_k}{(\alpha_1)_k \cdots (\alpha_{N-1})_k} {}_{(N-K)}F_{(N-1)}$$

$$\left(\begin{array}{c} k+\vartheta_{K+1}^{(i)},\cdots,k+\vartheta_{N}^{(i)} \\ k+\alpha_1,\cdots,k+\alpha_{N-1} \end{array}\middle|;-\varepsilon\right) \tag{5.51}$$

值得指出的是：结果 (5.51) 能够推出上面所有情形的结果.

**情形 5** $\boldsymbol{\Phi}=\operatorname{diag}(\mu_1,\cdots,\mu_N)$.

这是一般情形, 没有分析结果, 但由 (5.44) 可得

$$\begin{aligned} \boldsymbol{b}_n &= \frac{1}{|n\boldsymbol{I}-\boldsymbol{A}|}(n\boldsymbol{I}-\boldsymbol{A})^*\boldsymbol{\Phi}\boldsymbol{b}_{n-1} \\ &= \frac{1}{nf_{\boldsymbol{A}}(n)}\boldsymbol{P}^{-1}\left[\boldsymbol{P}(n\boldsymbol{I}-\boldsymbol{A})^*\boldsymbol{P}^{-1}\right]\left(\boldsymbol{P}\Phi\boldsymbol{P}^{-1}\right)(\boldsymbol{P}\boldsymbol{b}_{n-1}), \quad n=1,2,\cdots \end{aligned}$$

这里 $\boldsymbol{B}=\boldsymbol{P\Phi P}^{-1}$. 注意到：上式实际为一迭代系统, 因此可求解. 进一步, 可获得

$$\begin{aligned} b_n &= \frac{1}{n}\boldsymbol{u}_N\boldsymbol{B}\boldsymbol{b}_{n-1}=\frac{1}{n!f_{\boldsymbol{A}}(n)}\boldsymbol{u}_N\boldsymbol{B}\boldsymbol{P}^{-1}\left\{\prod_{k=n-1}^{1}\left[\frac{\boldsymbol{f}(k)}{f_{\boldsymbol{A}}(k)}\boldsymbol{B}\right]\right\}\boldsymbol{P}\boldsymbol{b}_0 \\ &= \frac{1}{n!f_{\boldsymbol{A}}(k)}\boldsymbol{b}_0^{\mathrm{T}}\boldsymbol{P}^{\mathrm{T}}\left\{\prod_{k=1}^{n-1}\left[\boldsymbol{B}^{\mathrm{T}}\frac{\boldsymbol{f}(k)}{f_{\boldsymbol{A}}(k)}\right]\right\}\left(\boldsymbol{P}^{\mathrm{T}}\right)^{-1}\boldsymbol{B}^{\mathrm{T}}\boldsymbol{u}_N^{\mathrm{T}}, \quad n=1,2,\cdots \end{aligned}$$

这样,

$$\begin{aligned} P(m) = &\sum_{n=m}^{\infty}\left(\begin{array}{c} n \\ m \end{array}\right)(-1)^{n-m}\frac{1}{n!f_{\boldsymbol{A}}(n)}\boldsymbol{u}_N\boldsymbol{B}\boldsymbol{P}^{-1} \\ &\cdot\left\{\prod_{k=n-1}^{1}\left[\frac{\boldsymbol{f}(k)}{f_{\boldsymbol{A}}(k)}\boldsymbol{B}\right]\right\}\boldsymbol{P}\boldsymbol{b}_0 \end{aligned} \tag{5.52}$$

或

$$\begin{aligned} P(m) = &\sum_{n=m}^{\infty}\left(\begin{array}{c} n \\ m \end{array}\right)(-1)^{n-m}\frac{1}{n!f_{\boldsymbol{A}}(n)}\boldsymbol{b}_0^{\mathrm{T}}\boldsymbol{P}^{\mathrm{T}} \\ &\cdot\left\{\prod_{k=1}^{n-1}\left[\boldsymbol{B}^{\mathrm{T}}\frac{f(k)}{f_{\boldsymbol{A}}(k)}\right]\right\}\left(\boldsymbol{P}^{\mathrm{T}}\right)^{-1}\boldsymbol{B}^{\mathrm{T}}\boldsymbol{u}_N^{\mathrm{T}} \end{aligned} \tag{5.52'}$$

尽管上面的分析给出了在某些情形下基因产物分布的显式表示, 但并没有直观地显示出启动子的结构 (特别是转录出口) 对这些分布的影响. 为此, 我们对多状态基因模型进行数值模拟, 数值结果显示在图 5.3 中. 从数值分析, 我们发现：转录的多出口是导致基因产物多峰分布的本质因素.

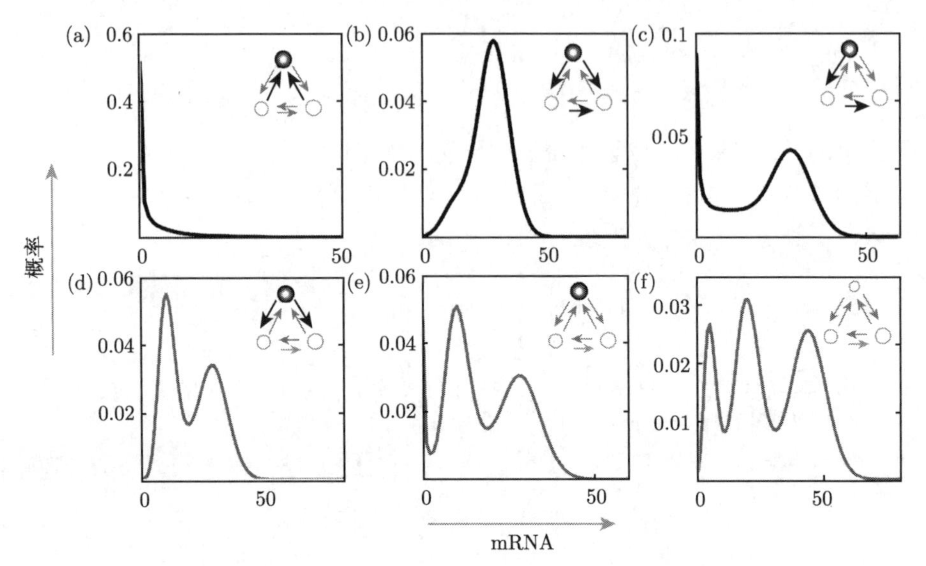


图 5.3 启动子结构对 mRNA 分布的影响

深的圆代表开状态, 浅的圆代表关状态, 箭头线的粗细代表转移率的大小

## 5.4 完整多状态基因模型中的概率分布

不同于上一节, 本节既考虑转录又考虑翻译. 为方便, 重写相应的静态二项矩方程为

$$(m\boldsymbol{D}_1 + n\boldsymbol{D}_2 - \boldsymbol{A})\,\boldsymbol{b}_{m,n} = \boldsymbol{\Phi}\boldsymbol{b}_{m-1,n} + (m+1)\,\boldsymbol{\Psi}\boldsymbol{b}_{m+1,n-1} + m\boldsymbol{\Psi}\boldsymbol{b}_{m,n-1} \tag{5.53}$$

其中, $m$ 和 $n$ 是任意的非负整数. 根据前面的引理 5.1, 知

$$b_0^{(k)} = \prod_{i=1}^{N-1} \frac{\beta_i^{(k)}}{\alpha_i}, \quad 1 \leqslant k \leqslant N \tag{5.54}$$

其中, $0, -\alpha_1, -\alpha_2, \cdots, -\alpha_{N-1}$ 是矩阵 $\boldsymbol{A}$ 的特征值 (具有零特征值是因为 $\boldsymbol{A}$ 是一个 M-矩阵), 并假设所有的 $\alpha_i \neq 0$, 而 $-\beta_1^{(k)}, -\beta_2^{(k)}, \cdots, -\beta_{N-1}^{(k)}$ 是矩阵 $\boldsymbol{M}_k$ 的特征值, 这里 $\boldsymbol{M}_k$ 是矩阵 $\boldsymbol{A}$ 的元素 $a_{kk}$ 的余矩阵. 由于有概率分布重构公式 (5.3), 因此关键是导出所有二项矩 $b_{m,n}$ 的表达.

在 (5.40) 中若令 $n = 0$, 则得

$$(m\boldsymbol{D}_1 - \boldsymbol{A})\,\boldsymbol{b}_{m,0} = \boldsymbol{\Phi}\boldsymbol{b}_{m-1,0} \quad 或$$

$$\boldsymbol{b}_{m,0} = (m\boldsymbol{D}_1 - \boldsymbol{A})^{-1}\,\boldsymbol{\Phi}\boldsymbol{b}_{m-1,0}, \quad m = 1, 2, \cdots \tag{5.55}$$

这是一个标准的迭代关系, 因此可给出所有的 $\boldsymbol{b}_{m,0}, m=1,2,\cdots$.

在 (5.53) 中若令 $m=0$, 则得

$$(n\boldsymbol{D}_2-\boldsymbol{A})\,\boldsymbol{b}_{0,n}=\boldsymbol{\Psi}\boldsymbol{b}_{1,n-1} \tag{5.56}$$

进一步, 在 (5.56) 中若令 $n=1$ 并利用 (5.55), 则得

$$\boldsymbol{b}_{0,1}=(\boldsymbol{D}_2-\boldsymbol{A})^{-1}\,\boldsymbol{\Psi}\,(\boldsymbol{D}_1-\boldsymbol{A})^{-1}\,\boldsymbol{\Phi}\boldsymbol{b}_{0,0} \tag{5.57}$$

又在 (5.53) 中若令 $m=1$ 和 $n=1$ 并利用 (5.55) 和 (5.57), 则得

$$\begin{aligned}\boldsymbol{b}_{1,1}=&(\boldsymbol{D}_1+\boldsymbol{D}_2-\boldsymbol{A})^{-1}\,\boldsymbol{\Phi}\,(\boldsymbol{D}_2-\boldsymbol{A})^{-1}\,\boldsymbol{\Psi}\,(\boldsymbol{D}_1-\boldsymbol{A})^{-1}\,\boldsymbol{\Phi}\boldsymbol{b}_{0,0}\\&+(\boldsymbol{D}_1+\boldsymbol{D}_2-\boldsymbol{A})^{-1}\left[2\boldsymbol{\Psi}\,(2\boldsymbol{D}_1-\boldsymbol{A})^{-1}\,\boldsymbol{\Phi}+\boldsymbol{\Psi}\right]\\&(\boldsymbol{D}_1-\boldsymbol{A})^{-1}\,\boldsymbol{\Phi}\boldsymbol{b}_{0,0}\end{aligned} \tag{5.58}$$

这样, 在 (5.56) 中若令 $n=2$ 并利用 (5.58), 则得

$$\begin{aligned}\boldsymbol{b}_{0,2}=&(2\boldsymbol{D}_2-\boldsymbol{A})^{-1}\,\boldsymbol{\Psi}\,(\boldsymbol{D}_1+\boldsymbol{D}_2-\boldsymbol{A})^{-1}\,\boldsymbol{\Phi}\,(\boldsymbol{D}_2-\boldsymbol{A})^{-1}\,\boldsymbol{\Psi}\,(\boldsymbol{D}_1-\boldsymbol{A})^{-1}\,\boldsymbol{\Phi}\boldsymbol{b}_{0,0}\\&+(2\boldsymbol{D}_2-\boldsymbol{A})^{-1}\,\boldsymbol{\Psi}\,(\boldsymbol{D}_1+\boldsymbol{D}_2-\boldsymbol{A})^{-1}\\&\cdot\left[2\boldsymbol{\Psi}\,(2\boldsymbol{D}_1-\boldsymbol{A})^{-1}\,\boldsymbol{\Phi}+\boldsymbol{\Psi}\right](\boldsymbol{D}_1-\boldsymbol{A})^{-1}\,\boldsymbol{\Phi}\boldsymbol{b}_{0,0}\end{aligned} \tag{5.59}$$

类似地, 在 (5.56) 中若令 $n=3$ 则得

$$\boldsymbol{b}_{0,3}=(3\boldsymbol{D}_2-\boldsymbol{A})^{-1}\,\boldsymbol{\Psi}\boldsymbol{b}_{1,2}$$

这需要知道 $\boldsymbol{b}_{1,2}$. 为此, 在 (5.53) 中若令 $m=1$ 和 $n=2$ 并利用上面得到结果, 则得

$$\boldsymbol{b}_{1,2}=(\boldsymbol{D}_1+2\boldsymbol{D}_2-\boldsymbol{A})^{-1}\,(\boldsymbol{\Phi}\boldsymbol{b}_{0,2}+2\boldsymbol{\Psi}\boldsymbol{b}_{2,1}+\boldsymbol{\Psi}\boldsymbol{b}_{1,1})$$

其中, $\boldsymbol{b}_{0,2}$ 和 $\boldsymbol{b}_{1,1}$ 在上面已经给出, 但 $\boldsymbol{b}_{2,1}$ 未知. 为给出 $\boldsymbol{b}_{2,1}$, 在 (5.53) 中 $m=2$ 和 $n=1$, 则

$$\boldsymbol{b}_{2,1}=(2\boldsymbol{D}_1+\boldsymbol{D}_2-\boldsymbol{A})^{-1}\,(\boldsymbol{\Phi}\boldsymbol{b}_{1,1}+3\boldsymbol{\Psi}\boldsymbol{b}_{3,0}+2\boldsymbol{\Psi}\boldsymbol{b}_{2,0})$$

其中, $\boldsymbol{b}_{1,1}$, $\boldsymbol{b}_{3,0}$ 和 $\boldsymbol{b}_{2,0}$ 在上面已经给出. 因此, $\boldsymbol{b}_{2,1}$ 是已知的, 从而 $\boldsymbol{b}_{1,2}$ 是已知的, 进一步地, $\boldsymbol{b}_{3,0}$ 也是已知的. 这样, 一直进行下去并反复利用 (5.53) 和 (5.55), 可给出所有二项矩 $\boldsymbol{b}_{m,n}$ 的形式表达.

下面, 考虑已知特殊情形, 即假定启动子仅有一个开状态 (蕴含着其他状态都是关, 但关状态的个数可以是任意的), 并假设 mRNA 降解率都相同, 蛋白质的降解率也相同. 此时,

$$\boldsymbol{\Phi}=\begin{pmatrix}\mathbf{0} & \mathbf{0}\\ \mathbf{0} & \mu\end{pmatrix},\quad \boldsymbol{\Psi}=\rho\boldsymbol{I},\quad \boldsymbol{D}_1=\delta\boldsymbol{I},\quad \boldsymbol{D}_2=\gamma\boldsymbol{I}$$

(5.53) 变为

$$\begin{aligned}b_{m,n}=&\boldsymbol{u}_N\boldsymbol{b}_{m,n}=\boldsymbol{u}_N\left(m\boldsymbol{D}_1+n\boldsymbol{D}_2-\boldsymbol{A}\right)^{-1}\\&\cdot\left[\boldsymbol{\Phi}\boldsymbol{b}_{m-1,n}+(m+1)\,\boldsymbol{\Psi}\boldsymbol{b}_{m+1,n-1}+m\boldsymbol{\Psi}\boldsymbol{b}_{m,n-1}\right]\end{aligned}\tag{5.60}$$

其中, $m$ 和 $n$ 是不同时为零的非负整数. 若用行向量 $\boldsymbol{u}_N=(1,\cdots,1)$ 左乘上式两边, 并注意到 $b_{m,n}=\boldsymbol{u}_N\boldsymbol{b}_{m,n}$, 矩阵 $\boldsymbol{\Phi}$ 的特殊结构, 以及当 $m$ 和 $n$ 不同时为零时分别有

$$\left(m\delta\boldsymbol{I}+n\gamma\boldsymbol{I}-\boldsymbol{A}\right)^{-1}=\frac{1}{f_{\boldsymbol{A}}\left(m\delta+n\gamma\right)}\begin{pmatrix}* & *\\ * & f_N\end{pmatrix}$$

$$\boldsymbol{u}_N\left(m\delta\boldsymbol{I}+n\gamma\boldsymbol{I}-\boldsymbol{A}\right)^{-1}=\frac{1}{m\delta+n\gamma}\boldsymbol{u}_N$$

则

$$b_{m,n}=\frac{1}{m\delta+n\gamma}\left[\sum_{i=L+1}^{N}\mu_i b_{m-1,n}^{(i)}+(m+1)\,\rho b_{m+1,n-1}+m\rho b_{m,n-1}\right]\tag{5.61}$$

其中,

$$f\left(x\right)=\det\left(x\boldsymbol{I}-\boldsymbol{A}\right)=x\left(x+\alpha_1\right)\left(x+\alpha_2\right)\cdots\left(x+\alpha_{N-1}\right)$$

$$f_j\left(x\right)=\det\left(x\boldsymbol{I}-\boldsymbol{A}_j\right)=\left(x+\beta_1^{(j)}\right)\left(x+\beta_2^{(j)}\right)\cdots\left(x+\beta_{N-1}^{(j)}\right)$$

矩阵 $\boldsymbol{A}_j$ 的定义已经在前面给出. 从 (5.61) 可知: 若所有的 $b_{m-1,n}^{(N)}$ 已知, 则由 (5.61) 可形式地给出所有的二项矩 $b_{m,n}$. 事实上, 在 (5.60) 中令 $n=0$, 则可得

$$\boldsymbol{b}_{m,0}=\left(m\delta\boldsymbol{I}-\boldsymbol{A}\right)^{-1}\boldsymbol{\Phi}\boldsymbol{b}_{m-1,0}=\left[\left(m\delta\boldsymbol{I}-\boldsymbol{A}\right)^{-1}\right]\cdots\left[\left(\delta\boldsymbol{I}-\boldsymbol{A}\right)^{-1}\right]\boldsymbol{b}_{0,0}$$

其中, $m=1,2,\cdots$, 且 $\boldsymbol{b}_{0,0}$ 已由 (5.54) 给出. 特别是, 由

$$\boldsymbol{b}_{m,0}=\left(m\delta\boldsymbol{I}-\boldsymbol{A}\right)^{-1}\boldsymbol{\Phi}\boldsymbol{b}_{m-1,0}$$

并注意到矩阵 $\boldsymbol{\Phi}$ 的特殊结构, 可得

$$b_{m,0}^{(N)} = \frac{\mu f_N(m\delta)}{f(m\delta)} b_{m-1,0}^{(N)} = \frac{1}{m}\frac{\mu}{\delta}\left(\prod_{i=1}^{N-1}\frac{m\delta+\beta_i^{(N)}}{m\delta+\alpha_i}\right) b_{m-1,0}^{(N)}$$

利用 (5.54), 这进一步给出

$$b_{m,0}^{(N)} = \frac{1}{m!}\left(\frac{\mu}{\delta}\right)^m \prod_{i=1}^{N-1}\frac{\left(\tilde{\beta}_i^{(N)}\right)_m}{(\tilde{\alpha}_i)_m}$$

这样, 由 (5.61) 可得

$$b_{m,0} = \frac{\mu f_N(m\delta)}{f(m\delta)} b_{m-1,0}^{(N)} = \frac{1}{m!}\left(\frac{\mu}{\delta}\right)^m \prod_{i=1}^{N-1}\frac{\left(\tilde{\beta}_i^{(N)}\right)_m}{(\tilde{\alpha}_i)_m}$$

若在 (5.61) 中令 $n=1$, 则 $b_{m,1}$ 是已知的; 若在 (5.61) 中令 $n=2$, 则 $b_{m,2}$ 是已知的; 这样进行下去 (对于任意固定的 $m$), 我们能够给出所有的 $b_{m,n}$. 然而, $b_{m-1,n}^{(N)}$ 能够由 (5.60) 给出, 但导出过程比较复杂, 这里就不给出具体细节了.

## 5.5 新生 RNA 运动学的建模与分析

传统地, 随机转录动力学是从个体细胞内的 RNA 分布中推断出来的. 然而, 细胞内的 RNA 常常反映出转录下游的额外过程, 这妨碍了传统分析. 相对地, **新生**RNA(nascent RNA)(即被激活转录的 RNA) 能更好地反映转录运动学, 但如何反映还缺乏理论分析和定性结果. 这里, 对新生 RNA 的运动学进行了建模与分析, 导出了新生 RNA 的概率分布, 并由此刻画出新生 RNA 的动力学[8]. 这一模型具有许多优势, 如允许我们从新生 RNA 的单细胞测量中估计出转录的运动学参数; 预测新生 RNA 分布的不连续性 (一个已被实验证实的特性).

### 5.5.1 模型描述

假设基因有两种状态: 一种是活性状态, 另一种是非活性状态. 在活性状态, 基因可以转录; 在非活性状态, 基因不可以转录. 假设这两种状态之间可以随机地切换, 并且这两种切换以及转录初始化均视为泊松过程, 相应的反应速率分别为 $k_{01}$, $k_{10}$ 和 $k_{\text{INI}}$(参考图 5.4). 新生 RNA 的运动学过程主要包括四步: 基因激活、转录初始化、RNA 合成与 RNA 释放.

转录开始后, 新生 RNA 分子的合成以一个常数速度 $V_{\text{EL}}$ 延伸, 直到长度为 $L$ 为止. 合成完成的 RNA 分子会在基因上停留一段时间 $T_{\text{S}}$, 然后释放. 在这个模型中, RNAP 有可能会相互作用, 有关实验结果表明: 当 $k_{\text{INI}} < 30\,\text{min}^{-1}$ 时可以忽略 RNAP 的相互作用; 另外, 实验上测量的 $T_{\text{S}}$ 范围大小不一, 模型中可用一个固定的

延时时间 $T_S$ 来对应一个具体的释放动力学, 当然随机释放的动力学也可以包括在模型中.

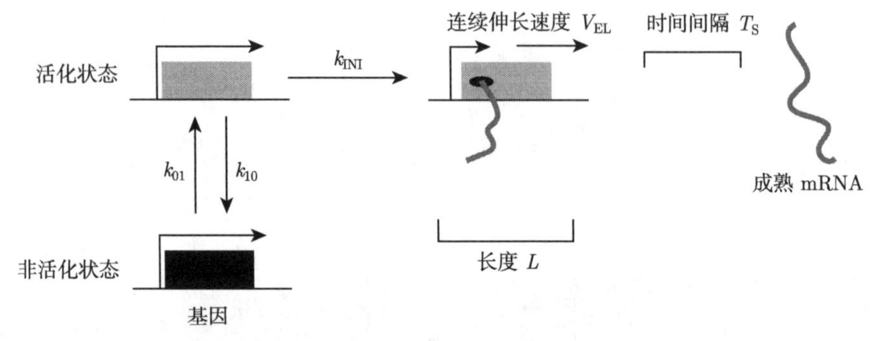


图 5.4　新生 RNA 运动学的一个随机模型示意图

设基因状态变量为 $n$, 其中, $n=0$ 代表基因的活性状态, $n=1$ 代表基因的非活性状态. 又设新生 RNA 分子的总数目为 $m$. 由于新生 RNA 有可能不完整, 所以 $m$ 可取非整数值. 这里, $m$ 可代表实验信号, 即 $m$ 的实际值取决于具体的实验观测对象, 比如代表 RNA 聚合酶 (RNAP) 的数量, 或代表新生 RNA 的数量, 或代表单分子荧光原位杂交探针 (smFISH probe) 的信号量, 例如, smFISH 中, 作为一种常用的探测法, $m$ 代表由寡核苷酸结合 RNA 发出的荧光信号量. 在所有情形, 信号 $m$ 在时间 $t$ 的量由在时间窗 $T_{RES}=L/V_{EL}+T_S$ 内发生的初始事件决定, 这里 $T_{RES}$ 代表 RNA 在基因上驻留的总时间. 定义 $G(l)$ 为单个 RNA 信号的长度, $l$ 由 RNA 初始时间 $t_i$ 和观测时间 $t$ 的差数决定, $G$ 可以改写为这种时间差的函数, 即 $g(\tau)=G(l(\tau))$, $g(\tau)$ 称为**贡献函数**, 其中, $\tau=t_i-t\,(-T_{RES}\leqslant\tau\leqslant 0)$, $l(\tau)=\min\{L,-V_{EL}\tau\}$. 注意到: 新生 RNA 分子的数目可表示为: $\mathfrak{m}(\tau,t)\equiv\sum\limits_{t-T_{RES}\leqslant t_i\leqslant t+\tau} g(t_i-t)$, 其中, 函数 $g(\tau)$ 的形式反映了实验观测情况. 在所有情况, $g(\tau)$ 是非单调函数.

### 5.5.2　静态分布的形式表示

首先, 定义伪观测变量为 $\mathfrak{n}(\tau,t)\equiv n(t+\tau)$, 它表示在 $t+\tau$ 时间内的基因状态 $n$, 那么 $\mathfrak{m}(\tau,t)\equiv\sum\limits_{t-T_{RES}\leqslant t_i\leqslant t+\tau} g(t_i-t)$ 描述从 $t-T_{RES}$ 到 $t+\tau$ 内 $m$ 的累积量, $\tau$ 的范围是 $-T_{RES}\sim 0$. 注意到: 当 $\tau=-T_{RES}$ 时 $\mathfrak{m}=0$, 而当 $\tau=0$ 时 $\mathfrak{m}=m$. 其次, 概率密度函数 $\boldsymbol{P}(\mathfrak{m})$ 服从下列主方程

$$\frac{\mathrm{d}\boldsymbol{P}(\mathfrak{m})}{\mathrm{d}\tau}=(\boldsymbol{K}-\boldsymbol{K}_{INI})\boldsymbol{P}(m)+\boldsymbol{K}_{INI}\boldsymbol{P}(m-g(\tau))\tag{5.62}$$

其中, $\boldsymbol{K}=\begin{bmatrix}-k_{01} & k_{10}\\ k_{01} & -k_{10}\end{bmatrix}$, $\boldsymbol{K}_{\mathrm{INI}}=\begin{bmatrix}0 & 0\\ 0 & k_{\mathrm{INI}}\end{bmatrix}$, $\boldsymbol{P}(m)=\begin{bmatrix}P(0,m)\\ P(1,m)\end{bmatrix}$. 可以通过求解方程 (5.62) 来获取真实观测变量 $(n,m)$ 的联合分布.

现在, 考虑静态时的 $P(n,m)$. 通过 $\mathfrak{m}$ 的定义以及基因状态 $n$ 的稳态分布, 得到初始条件 $\boldsymbol{P}_{\tau=-T_{\mathrm{RES}}}(m)=\dfrac{\delta(m)}{k_{01}+k_{10}}\begin{bmatrix}k_{10}\\ k_{01}\end{bmatrix}$(其中, $\delta(m)$ 是狄拉克函数). 为了求解方程 (5.62), 引进 $\boldsymbol{P}(n,m)$ 的特征函数 $\boldsymbol{\Psi}(n,\omega)\equiv\int_0^{\infty}\mathrm{e}^{\mathrm{i}m\omega}\boldsymbol{P}(n,m)\,\mathrm{d}m$. 则

$$\frac{\mathrm{d}\boldsymbol{\Psi}(\omega)}{\mathrm{d}\tau}=\left[\boldsymbol{K}+\left(\mathrm{e}^{\mathrm{i}\omega g(\tau)}-1\right)\boldsymbol{K}_{\mathrm{INI}}\right]\boldsymbol{\Psi}(\omega) \tag{5.63}$$

其中, $\boldsymbol{\Psi}(\omega)=\begin{bmatrix}\Psi(0,\omega)\\ \Psi(1,\omega)\end{bmatrix}$, 初始条件相应地变为 $\boldsymbol{\Psi}_{\tau=-T_{\mathrm{RES}}}(\omega)=\dfrac{1}{k_{01}+k_{10}}\begin{bmatrix}k_{10}\\ k_{01}\end{bmatrix}$. 类似于随时间变化相互作用的量子力学自旋系统情形, 方程 (5.63) 的解可表示为

$$\begin{aligned}\boldsymbol{\Psi}_{\tau=0}(\omega)=&\left(\boldsymbol{I}+\sum_{N=1}^{\infty}\int_{-T_{\mathrm{RES}}}^{0}\mathrm{d}\tau_1\cdots\int_{-T_{\mathrm{RES}}}^{\tau_{N-1}}\mathrm{d}\tau_N\times\prod_{\tau_1\geqslant\tau_i\geqslant\tau_N}\mathrm{e}^{\mathrm{i}\omega g(\tau_i)}\boldsymbol{V}(\tau_i)\right)\\ &\mathrm{e}^{(\boldsymbol{K}-\boldsymbol{K}_{\mathrm{INI}})T_{\mathrm{RES}}}\boldsymbol{\Psi}_{\tau=-T_{\mathrm{RES}}}\end{aligned} \tag{5.64}$$

其中, $\boldsymbol{V}(\tau)=\mathrm{e}^{-(\boldsymbol{K}-\boldsymbol{K}_{\mathrm{INI}})\tau}\boldsymbol{K}_{\mathrm{INI}}\mathrm{e}^{(\boldsymbol{K}-\boldsymbol{K}_{\mathrm{INI}})\tau}$. 这样, 通过求逆变换, 可得到下列静态分布

$$\begin{aligned}\boldsymbol{P}(m)=&\frac{1}{2\pi}\int_{-\infty}^{+\infty}\mathrm{e}^{-\mathrm{i}m\omega}\boldsymbol{\Psi}_{\tau=0}(\omega)\mathrm{d}\omega=\sum_{N=0}^{\infty}\boldsymbol{P}_N(m)\\ =&\left[\delta(m)+\sum_{N=1}^{\infty}\int_{-T_{\mathrm{RES}}}^{0}\mathrm{d}\tau_1\cdots\int_{-T_{\mathrm{RES}}}^{\tau_{N-1}}\mathrm{d}\tau_N\delta\left(m-\sum_{i=1}^{N}g(\tau_i)\right)\right.\\ &\left.\times\mathfrak{T}\left(\prod_{i=1}^{N}\boldsymbol{V}(\tau_i)\right)\right]\mathrm{e}^{(\boldsymbol{K}-\boldsymbol{K}_{\mathrm{INI}})T_{\mathrm{RES}}}\boldsymbol{\Psi}_{\tau=-T_{\mathrm{RES}}}\end{aligned} \tag{5.65}$$

其中, $\mathfrak{T}$ 是一个时序算子 (time-ordering operator), $\boldsymbol{P}_N(\ )=\begin{bmatrix}P(0,|N)\\ P(1,m|N)\end{bmatrix}$ 是向量观测变量 $m$ 的概率分布, 且在时间区间 $-T_{\mathrm{RES}}\leqslant\tau\leqslant 0$ 的初始事件数 $N$ 已明确给出. 一般地, $\boldsymbol{P}_N(m)$ 依赖于贡献函数 $g(\tau)$, 所以要想获得 $\boldsymbol{P}(m)$ 的表达, 则需要知道贡献函数 $g(\tau)$ 的具体形式. 此外, $P(n,m)$ 的显式表示不一定存在, 但是可

以通过有限状态映射法来进行数值计算. 为了与实验数据进行对比, 计算获得的分布即为边缘分布, 即 $P(m)=\sum_{n}P(n,m)$.

### 5.5.3 静态矩的形式表示

分布 $P(m)$ 的矩可由式 (5.63) 直接计算得到. 事实上, 第 $N$ 阶矩 $\mu_N\equiv\langle m^N\rangle$ 可由特征函数 $\boldsymbol{\Psi}$ 计算得到

$$\mu_N=\boldsymbol{u}\cdot(-i)^N\left.\frac{\mathrm{d}^N\boldsymbol{\Psi}}{\mathrm{d}\omega^N}\right|_{\tau=0,\omega=0}$$

其中, $\boldsymbol{u}=(1,1)$, $N$ 阶导数为

$$\frac{\mathrm{d}}{\mathrm{d}\tau}\left(\left.\frac{\mathrm{d}^N\boldsymbol{\Psi}}{\mathrm{d}\omega^N}\right|_{\omega=0}\right)=\boldsymbol{K}\left.\frac{\mathrm{d}^N\boldsymbol{\Psi}}{\mathrm{d}\omega^N}\right|_{\omega=0}+\boldsymbol{K}_{\mathrm{INI}}\sum_{j=0}^{N-1}\begin{pmatrix}N\\j\end{pmatrix}(ig)^{N-j}\left.\frac{\mathrm{d}^j\boldsymbol{\Psi}}{\mathrm{d}\omega^j}\right|_{\omega=0}$$

这是一组关于 $\left.\frac{\mathrm{d}^N\boldsymbol{\Psi}}{\mathrm{d}\omega^N}\right|_{\omega=0}$ 的一阶线性微分方程, 其解容易求得.

当 $\tau=0$ 时, 有

$$\begin{aligned}\mu_N=&\boldsymbol{u}\cdot\sum_{I=1}^{N}\underbrace{\sum_{0=k_0<k_i<k_I=N}}_{i=1,\cdots,I-1}\int_{-T_{\mathrm{RES}}}^{0}\mathrm{d}\tau_1\cdots\int_{-T_{\mathrm{RES}}}^{\tau_{I-1}}\mathrm{d}\tau_I\mathfrak{T}\\&\cdot\left[\prod_{i=1}^{I}\begin{pmatrix}k_i\\k_{i-1}\end{pmatrix}g(\tau_i)^{k_i-k_{i-1}}\boldsymbol{W}(\tau i)\right]\boldsymbol{\Psi}_{\tau=-T_{\mathrm{RES}}}(0)\end{aligned}\tag{5.66}$$

其中, $\boldsymbol{W}(t)=\mathrm{e}^{-\boldsymbol{K}t}\boldsymbol{K}_{\mathrm{INI}}\mathrm{e}^{\boldsymbol{K}t}$. 特别地, 均值 $(\mu_1)$ 和方差 $(\bar{\mu}_2=\mu_2-\mu_1^2)$ 分别是

$$\mu_1=\boldsymbol{u}\cdot\int_{-T_{\mathrm{RES}}}^{0}g(\tau_1)\boldsymbol{W}(\tau_1)\boldsymbol{\Psi}_{\tau=-T_{\mathrm{RES}}}(0)\mathrm{d}\tau_1=\frac{k_{01}k_{\mathrm{INI}}}{k_{01}+k_{10}}\int_{-T_{\mathrm{RES}}}^{0}g(\tau_1)\mathrm{d}\tau_1\tag{5.66a}$$

$$\begin{aligned}\bar{\mu}_2=&\boldsymbol{u}\cdot\left\{\int_{-T_{\mathrm{RES}}}^{0}\mathrm{d}\tau_1 g(\tau_1)^2\boldsymbol{W}(\tau_1)\right.\\&\left.+\int_{-T_{\mathrm{RES}}}^{0}\mathrm{d}\tau_1\int_{-T_{\mathrm{RES}}}^{\tau_1}g(\tau_1)g(\tau_2)\left[\boldsymbol{W}(\tau_1),\boldsymbol{W}(\tau_2)\right]\mathrm{d}\tau_2\right\}\boldsymbol{\Psi}_{\tau=-T_{\mathrm{RES}}}(0)\\=&\frac{k_{01}k_{\mathrm{INI}}}{k_{01}+k_{10}}\int_{-T_{\mathrm{RES}}}^{0}g(\tau_1)^2\mathrm{d}\tau_1\end{aligned}$$

$$+\frac{k_{01}k_{10}k_{\mathrm{INI}}^2}{k^2}\int_{-T_{\mathrm{RES}}}^{0}\mathrm{d}\tau_1\int_{-T_{\mathrm{RES}}}^{\tau_1}g(\tau_1)g(\tau_2)\sinh\left(k\left(\tau_2-\tau_1\right)\right)\mathrm{d}\tau_2 \tag{5.66b}$$

其中, 记号 $[\cdot,\cdot]$ 是换位算子, $k=k_{01}+k_{10}$. 式 (5.66) 右边的第一项代表当基因在活性状态时泊松转录初始的贡献, 而第二项指出了由基因状态的转换导致的附加波动.

### 5.5.4 特殊情形时的概率分布

先考虑 $g=1$ 的情形. 这种情形对应于测量当前转录基因上 RNAP 的数量, 或等价地, 对应于当前新生 RNA 分子的数量. 为了简化, 假设释放前的停留时间 $T_{\mathrm{S}}=0$, 不失一般性, 令 $T_{\mathrm{RES}}=1$, 则 (5.62) 变为

$$\begin{cases}\dfrac{\mathrm{d}}{\mathrm{d}\tau}P(0,m)=-k_{01}P(0,m)+k_{10}P(1,m)\\ \dfrac{\mathrm{d}}{\mathrm{d}\tau}P(1,m)=k_{01}P(0,m)-k_{10}P(1,m)-k_{\mathrm{INI}}P(1,m)+k_{\mathrm{INI}}P(1,m-1)\end{cases}$$

初始条件为

$$\begin{cases}P_{\tau=-1}(0,m)=\dfrac{k_{10}\delta(m)}{k_{01}+k_{10}}\\ P_{\tau=-1}(1,m)=\dfrac{k_{10}\delta(m)}{k_{01}+k_{10}}\end{cases}$$

因为 $m$ 只取整数值, 我们用生成函数 $F_n(z,\tau)\equiv\sum\limits_{m=0}^{\infty}z^mP_\tau(n,m)$ 代替特征函数, 得到方程

$$\begin{cases}\dfrac{\mathrm{d}}{\mathrm{d}\tau}F_0=-k_{10}F_0+k_{10}F_1\\ \dfrac{\mathrm{d}}{\mathrm{d}\tau}F_1=k_{01}F_0-k_{10}F_1+(z-1)k_{\mathrm{INI}}F_1\end{cases} \tag{5.67}$$

初始条件为

$$\begin{cases}F_0|_{\tau=-1}=\dfrac{k_{10}}{k_{01}+k_{10}}\\ F_1|_{\tau=-1}=\dfrac{k_{01}}{k_{01}+k_{10}}\end{cases} \tag{5.67a}$$

进一步, 通过边际生成函数 $F(z,\tau)\equiv F_0(z,\tau)+F_1(z,\tau)=\sum\limits_{m=0}^{\infty}z^mP_\tau(m)$ 及对应的边际概率 $P_\tau(m)\equiv P_\tau(0,m)+P_\tau(1,m)$, 可将方程 (5.66) 转化成下列二阶常微分方程

$$\frac{\mathrm{d}^2}{\mathrm{d}\tau^2}F+[k_{10}+k_{01}+(1-z)k_{\mathrm{INI}}]\frac{\mathrm{d}}{\mathrm{d}\tau}F+(1-z)k_{\mathrm{INI}}k_{01}F=0 \tag{5.68}$$

初始条件为

$$\begin{cases} F|_{\tau=-1} = 1 \\ \dot{F}\Big|_{\tau=-1} = (z-1)\dfrac{k_{\mathrm{INI}}k_{01}}{k_{01}+k_{10}} \end{cases} \tag{5.68a}$$

设 (5.68) 的形式解为 $F = \mathrm{e}^{\omega\tau}$, 代入得

$$\omega^2 + [k_{10} + k_{01} + (1-z)k_{\mathrm{INI}}]\omega + (1-z)k_{\mathrm{INI}}k_{01} = 0$$

求得

$$\omega_{1,2} = \frac{-[k_{10} + k_{01} + (1-z)k_{\mathrm{INI}}] \mp \sqrt{[k_{10} + k_{01} + (1-z)k_{\mathrm{INI}}]^2 - 4k_{01}k_{\mathrm{INI}}(1-z)}}{2}$$

方程 (5.68) 的一般解为 $F = A\mathrm{e}^{\omega_1\tau} + B\mathrm{e}^{\omega_2\tau}$, 其中参数 $A$ 和 $B$ 由初始条件 (5.68a) 决定. 因为 $T_{\mathrm{RES}} = 1$, 得稳态下的母函数为

$$F(z, \tau = 0) = \frac{\omega_2\mathrm{e}^{\omega_1} - \omega_1\mathrm{e}^{\omega_2}}{\omega_2 - \omega_1} + (z-1)\frac{k_{\mathrm{INI}}k_{01}}{k_{01}+k_{10}}\frac{\mathrm{e}^{\omega_1} - \mathrm{e}^{\omega_2}}{\omega_2 - \omega_1} \tag{5.69}$$

而稳态下的分布由下式计算

$$P(m) = \frac{1}{m!}\frac{\partial^m}{\partial z^m}\ F(z,0)|_{z=0} \tag{5.70}$$

为了应用上式给出显式结果, 将 $\omega_{1,2}$ 分为两个部分, 即改写 $\omega_{1,2}$ 为 $\omega_{1,2} = \dfrac{\eta_1 \mp \eta_2}{2}$, 其中, $\eta_1 = -[k_{10} + k_{01} + (1-z)k_{\mathrm{INI}}]$ 是关于 $z$ 的一个线性函数, $\eta_2^2 = [(1-z)k_{\mathrm{INI}} + \kappa_1][(1-z)k_{\mathrm{INI}} + \kappa_2]$ 是关于 $z$ 的两个线性函数的乘积, 这里 $\kappa_{1,2} = k_{10} - k_{01} \pm 2\mathrm{i}\sqrt{k_{10}k_{01}}$. 因此, (5.69) 式可改写为

$$F(z,0) = \left[\frac{2k_{01}k_{\mathrm{INI}}}{k_{01}+k_{10}}(z-1) - \eta_1\right]\frac{\mathrm{e}^{\eta_1/2}}{2}E_1 + \mathrm{e}^{\eta_1/2}E_0$$

其中, $E_S = \sum\limits_{l=0}^{\infty}\dfrac{[k_{\mathrm{INI}}(z-1)+\kappa_1]^l\,[k_{\mathrm{INI}}(z-1)+\kappa_2]^l}{(2l+s)!2^{2l}}$. $E_S$ 在 $z=0$ 的第 $i$ 阶导数是

$$\left.\frac{\partial^i E_S}{\partial z^i}\right|_{z=0} = \sum_{2l\geqslant i}\sum_{w=\max\{0,i-l\}}^{\min\{l,i\}}\begin{pmatrix} l \\ w \end{pmatrix}\begin{pmatrix} l \\ i-w \end{pmatrix}$$
$$\frac{(-1)^i i!}{(2l+s)!}\left(\frac{k_{\mathrm{INI}}+\kappa_1}{2}\right)^{l-w}\left(\frac{k_{\mathrm{INI}}+\kappa_2}{2}\right)^{l-i+w}\left(\frac{k_{\mathrm{INI}}}{2}\right)^i$$

$$=M_{s,i}\left(\frac{k_{\mathrm{INI}}}{2}\right)^{i}$$

其中,

$$M_{s,i}=\sum_{2l\geqslant i}\sum_{w=\max\{0,i-l\}}^{\min\{l,i\}}\binom{l}{w}\binom{l}{i-w}\cdot\frac{(-1)^{i}i!}{(2l+s)!}\left(\frac{k_{\mathrm{INI}}+\kappa_{1}}{2}\right)^{l-w}\left(\frac{k_{\mathrm{INI}}+\kappa_{2}}{2}\right)^{l-i+w}$$

于是, 得到分布 $P(m)$ 的下列表示

$$P(m)=\frac{\mathrm{e}^{\frac{k_{01}+k_{10}+k_{\mathrm{INI}}}{2}}}{m!}\left(\frac{k_{\mathrm{INI}}}{2}\right)^{m}\cdot\left\{\left[\frac{k_{01}+k_{10}+k_{\mathrm{INI}}}{2}-\frac{k_{01}k_{\mathrm{INI}}}{k_{01}+k_{10}}\right]\sum_{i=0}^{m}\binom{m}{i}M_{1,i}+\sum_{i=0}^{m}\binom{m}{i}M_{0,i}+m\frac{k_{01}-k_{10}}{k_{01}+k_{10}}\sum_{i=0}^{m-1}\binom{m-1}{i}M_{1,i}\right\}\tag{5.71}$$

这给出了基因上 RNAP 数量的概率分布的精确解. 因为基因状态的转换跟转录初始的速率和完成一个 RNA 合成的时间相比要慢, 因此, 有限制条件 $\max(k_{01},k_{10})\ll k_{\mathrm{INI}}$ 及 $k_{01}\ll 1$ 或 $k_{10}\ll 1$, 此时 (5.71) 可以写为两个泊松分布权重的和. 方法如下:

注意到: $\omega_{1,2}$ 表达式的平方根项可以由 $\eta_2\approx -k_{01}+k_{10}+k_{\mathrm{INI}}(1-z)$ 来计算, 事实上有

$$\begin{cases}\omega_1=-k_{01}-k_{\mathrm{INI}}(1-z)\\ \omega_2=-k_{01}\end{cases}$$

于是, 式 (5.69) 可化简为

$$\begin{aligned}F(z,0)\approx&\frac{-k_{01}-\dfrac{k_{\mathrm{INI}}k_{01}}{k_{01}+k_{10}}(z-1)}{-k_{01}+k_{10}+k_{\mathrm{INI}}(1-z)}\mathrm{e}^{-k_{10}-k_{\mathrm{INI}}}\mathrm{e}^{k_{\mathrm{INI}}z}\\&+\frac{k_{10}-\dfrac{k_{\mathrm{INI}}k_{10}}{k_{01}+k_{10}}(z-1)}{-k_{01}+k_{10}+k_{\mathrm{INI}}(1-z)}\mathrm{e}^{-k_{10}}\\=&\frac{I_1(z)}{J(z)}\mathrm{e}^{-k_{10}-k_{\mathrm{INI}}}\mathrm{e}^{k_{\mathrm{INI}}z}+\frac{I_2(z)}{J(z)}\mathrm{e}^{-k_{10}}\end{aligned}$$

其中,

$$\begin{cases} I_1(z) = -k_{01} - \dfrac{k_{\text{INI}}k_{01}}{k_{01}+k_{10}}(z-1) \\ I_2(z) = k_{10} - \dfrac{k_{\text{INI}}k_{10}}{k_{01}+k_{10}}(z-1) \\ J(z) = -k_{01} + k_{10} + k_{\text{INI}}(1-z) \end{cases}$$

这是一个关于 $z$ 的线性方程. 利用下面的恒等式:

$$\frac{\partial^n}{\partial z^n}\frac{I(z)}{J(z)} = n!\sum_{k=0}^{n}\frac{\partial^{n-k}}{\partial z^{n-k}}I(z)\sum_{j=0}^{k}\frac{(-1)^j(k+1)J(z)^{-j-1}}{(j+1)!(n-k)!(k-j)!}\frac{\partial^k}{\partial z^k}J(z)^j$$

代入 (5.71), 可推导出稳态下 $m$ 的分布

$$\begin{aligned} P(m) =& \frac{k_{10}\mathrm{e}^{-k_{01}}}{k_{01}+k_{10}}\partial_{m,0} + \frac{k_{01}\mathrm{e}^{-k_{10}-k_{\text{INI}}}}{k_{01}+k_{10}}\frac{k_{\text{INI}}^m}{m!} \\ &+ \left(\frac{k_{\text{INI}}}{k_{\text{INI}}+k_{10}-k_{01}}\right)^{m+1}\frac{2k_{01}k_{10}\mathrm{e}^{-k_{01}}}{(k_{01}+k_{10})k_{\text{INI}}} \\ &\cdot\left[1-\mathrm{e}^{-k_{10}-k_{\text{INI}}+k_{01}}\sum_{i=0}^{m}\frac{(k_{\text{INI}}+k_{10}-k_{01})^i}{i!}\right] \end{aligned} \tag{5.72}$$

因为 $k_{01} \ll 1$ 或 $k_{10} \ll 1$, 所以式 (5.72) 可近似地表示为

$$P(m) = \frac{k_{10}}{k_{01}+k_{10}}\delta_{m,0} + \frac{k_{01}}{k_{01}+k_{10}}\frac{k_{\text{INI}}^m}{m!}\mathrm{e}^{-k_{\text{INI}}} \tag{5.73}$$

它是以速率为 0 和 $k_{\text{INI}}$ 的两个泊松分布权重的和. 在相同的限制 $k_{01} \ll k_{\text{INI}}$ 和 $k_{10} \ll k_{\text{INI}}$, 以及 $k_{01} \ll 1$ 和 $k_{10} \ll 1$ 下, (5.73) 与通常的成熟 RNA 动力学两状态模型的解相同, 只要用 RNA 降解速率 $k_{\text{D}}$ 代替停留时间 $T_{\text{RES}}$ 即可. 但是在限制 $k_{01} \ll k_{\text{INI}}$ 和 $k_{10} \ll k_{\text{INI}}$, 以及 $k_{01} \ll 1$ 和 $k_{10} \ll 1$ 之外, 这两种分布的差异会相当大.

再考虑 $g = -\tau$ 的情形. 这种情形对应于测量当前基因上多个新生 RNA 分子的长度. 实验上, 可用多 smFISH 探针覆盖目标基因段进行测量. 与 $g = 1$ 情形相反, 这里, $m$ 是连续的, 式 (5.63) 可以转化成 $\Psi(1,\omega)$ 的单项式. 转换方法如下:

当 $g = -\tau$ 时, 式 (5.63) 变为

$$\begin{cases} \dfrac{\mathrm{d}}{\mathrm{d}\tau}\Psi(0,\omega) = -k_{01}\Psi(0,\omega) + k_{10}\Psi(1,\omega) \\ \dfrac{\mathrm{d}}{\mathrm{d}\tau}\Psi(1,\omega) = k_{01}\Psi(0,\omega) - k_{10}\Psi(1,\omega) - k_{\text{INI}}\Psi(1,\omega) + k_{\text{INI}}\mathrm{e}^{-\mathrm{i}\omega\tau}\Psi(1,\omega) \end{cases} \tag{5.74}$$

初始条件是

$$\begin{cases} \Psi_{\tau=-1}(0,\omega)=\dfrac{k_{10}}{k_{01}+k_{10}} \\ \Psi_{\tau=-1}(1,\omega)=\dfrac{k_{01}}{k_{01}+k_{10}} \end{cases} \tag{5.74a}$$

现定义边际特征函数：$\Psi(\omega)\equiv\Psi(0,\omega)+\Psi(1,\omega)=\displaystyle\int_0^{\infty}\mathrm{e}^{\mathrm{i}\mathfrak{m}\omega}P(\mathfrak{m})\mathrm{d}\mathfrak{m}$, 则 (5.74) 式变为

$$\begin{cases} \dfrac{\mathrm{d}}{\mathrm{d}\tau}\Psi=(\mathrm{e}^{-\mathrm{i}\omega\tau}-1)k_{\mathrm{INI}}\Psi_1 \\ \dfrac{\mathrm{d}}{\mathrm{d}\tau}\Psi_1=k_{01}\Psi-\left[k_{01}+k_{10}+(1-\mathrm{e}^{-\mathrm{i}\omega\tau})k_{\mathrm{INI}}\right]\Psi_1 \end{cases} \tag{5.75}$$

其中, $\Psi_1=\Psi(1,\omega)$. 结合 (5.75) 的两个等式推导出一个关于 $\Psi_1$ 二阶微分方程

$$\begin{aligned} &\frac{\mathrm{d}^2}{\mathrm{d}\tau^2}\Psi_1+\left[k_{01}+k_{10}+(1-\mathrm{e}^{-\mathrm{i}\omega\tau})k_{\mathrm{INI}}\right]\frac{\mathrm{d}}{\mathrm{d}\tau}\Psi_1 \\ &-\left[k_{\mathrm{INI}}(k_{01}-\mathrm{i}\omega)\mathrm{e}^{-\mathrm{i}\omega\tau}-k_{\mathrm{INI}}k_{01}\right]\Psi_1=0 \end{aligned} \tag{5.76}$$

初始条件为

$$\begin{cases} \Psi_1|_{\tau=-1}=\dfrac{k_{01}}{k_{01}+k_{10}} \\ \dot{\Psi}_1\Big|_{\tau=-1}=(\mathrm{e}^{\mathrm{i}\omega}-1)\dfrac{k_{\mathrm{INI}}k_{01}}{k_{01}+k_{10}} \end{cases} \tag{5.76a}$$

作变量变换 $z=\mathrm{e}^{-\mathrm{i}\omega\tau}$, 则得到

$$\begin{aligned} &\Big\{-\omega^2\hat{\theta}^2-\mathrm{i}\omega\left[k_{01}+k_{10}+(1-z)k_{\mathrm{INI}}\right]\hat{\theta} \\ &-\left[k_{\mathrm{INI}}(k_{01}-\mathrm{i}\omega)z-k_{\mathrm{INI}}k_{01}\right]\Big\}\Psi_1=0 \end{aligned} \tag{5.77}$$

其中, $\hat{\theta}=z\dfrac{\partial}{\partial z}$. (5.76) 式除 $k_{\mathrm{INI}}k_{01}\Psi_1$ 这一项之外, 与汇合型超几何微分方程是相似的. 使用替代 $\Psi_1\to z^sW$ 可消去这一项, 此时 (5.77) 可改写为

$$\left\{\theta^2+\frac{k_{01}+k_{10}+k_{\mathrm{INI}}-2\mathrm{i}s\omega}{-\mathrm{i}\omega}\theta-\frac{k_{\mathrm{INI}}}{-\mathrm{i}\omega}z\left(\theta-\frac{k_{01}-\mathrm{i}(s+1)\omega}{-\mathrm{i}\omega}\right)\right\}W=0 \tag{5.78}$$

其中, $s$ 满足

$$(-\mathrm{i}s\omega)^2+(k_{01}+k_{10}+k_{\mathrm{INI}})(-\mathrm{i}s\omega)+k_{01}k_{\mathrm{INI}}=0 \tag{5.78a}$$

若定义 $\kappa=-\mathrm{i}s\omega$, 则 (5.77) 可改写为

$$W = A_0(\omega)\,{}_1F_1\left(1+\mathrm{i}\frac{k_{01}+\kappa}{\omega}, 1+\mathrm{i}\frac{k_{01}+k_{10}+k_{\mathrm{INI}}+2\kappa}{\omega}, \frac{\mathrm{i}k_{\mathrm{INI}}}{\omega}z\right)$$
$$+ B_0(\omega)U\left(1+\mathrm{i}\frac{k_{01}+\kappa}{\omega}, 1+\mathrm{i}\frac{k_{01}+k_{10}+k_{\mathrm{INI}}+2\kappa}{\omega}, \frac{\mathrm{i}k_{\mathrm{INI}}}{\omega}z\right)$$

同时, 求解 (5.78a) 得到 $\kappa$,

$$\kappa_{1,2} = \frac{-(k_{10}+k_{01}+k_{\mathrm{INI}}) \pm \sqrt{(k_{10}+k_{01}+k_{\mathrm{INI}})^2 - 4k_{01}k_{\mathrm{INI}}}}{2}$$

其中, ${}_1F_1(a,b,x)$, $U(a,b,x)$ 是汇合型超几何函数的第一类和第二类, 而系数 $A_0(\omega)$ 和 $B_0(\omega)$ 仍需确定. 将 $W$ 转换回 $\Psi_1$ 并利用 ${}_1F_1$ 和 $U$ 之间的关系得到一个更对称的表达式

$$\Psi_1 = A(\omega)\mathrm{e}^{\kappa_1\tau}\,{}_1F_1\left(1+\mathrm{i}\frac{k_{01}+\kappa_1}{\omega}, 1+\mathrm{i}\frac{\kappa_1-\kappa_2}{\omega}, \frac{\mathrm{i}k_{\mathrm{INI}}}{\omega}\mathrm{e}^{-\mathrm{i}\omega\tau}\right)$$
$$+ B(\omega)\mathrm{e}^{\kappa_2\tau}\,{}_1F_1\left(1+\mathrm{i}\frac{k_{01}+\kappa_2}{\omega}, 1+\mathrm{i}\frac{\kappa_2-\kappa_1}{\omega}, \frac{\mathrm{i}k_{\mathrm{INI}}}{\omega}\mathrm{e}^{-\mathrm{i}\omega\tau}\right)$$

其中, $A(\omega)$ 和 $B(\omega)$ 是新的系数. 应用初始条件式 (5.76a), 可得 $A(\omega)$ 和 $B(\omega)$ 的表达式为

$$A(\omega) = \frac{k_{01}\mathrm{e}^{\kappa_1}}{(k_{01}+k_{10})M}\left[(-\mathrm{i}\omega+k_{01}+\kappa_2)\,{}_1F_1\left(2+\mathrm{i}\frac{k_{01}+\kappa_2}{\omega}, 1+\mathrm{i}\frac{\kappa_2-\kappa_1}{\omega}, \frac{\mathrm{i}k_{\mathrm{INI}}}{\omega}\mathrm{e}^{\mathrm{i}\omega}\right)\right.$$
$$\left. - \left(\left(\mathrm{e}^{\mathrm{i}\omega}-1\right)k_{\mathrm{INI}} - k_{01}\right)\,{}_1F_1\left(1+\mathrm{i}\frac{k_{01}+\kappa_2}{\omega}, 1+\mathrm{i}\frac{\kappa_2-\kappa_1}{\omega}, \frac{\mathrm{i}k_{\mathrm{INI}}}{\omega}\mathrm{e}^{\mathrm{i}\omega}\right)\right]$$

$$B(\omega) = \frac{k_{01}\mathrm{e}^{\kappa_2}}{(k_{01}+k_{10})M}\left[(-\mathrm{i}\omega+k_{01}+\kappa_1)\,{}_1F_1\left(2+\mathrm{i}\frac{k_{01}+\kappa_1}{\omega}, 1+\mathrm{i}\frac{\kappa_1-\kappa_2}{\omega}, \frac{\mathrm{i}k_{\mathrm{INI}}}{\omega}\mathrm{e}^{\mathrm{i}\omega}\right)\right.$$
$$\left. - \left(\left(\mathrm{e}^{\mathrm{i}\omega}-1\right)k_{\mathrm{INI}} - k_{01}\right)\,{}_1F_1\left(1+\mathrm{i}\frac{k_{01}+\kappa_1}{\omega}, 1+\mathrm{i}\frac{\kappa_1-\kappa_2}{\omega}, \frac{\mathrm{i}k_{\mathrm{INI}}}{\omega}\mathrm{e}^{\mathrm{i}\omega}\right)\right]$$

其中,

$$M = (-\mathrm{i}\omega+k_{01}+\kappa_2)\,{}_1F_1\left(2+\mathrm{i}\frac{k_{01}+\kappa_2}{\omega}, 1+\mathrm{i}\frac{\kappa_2-\kappa_1}{\omega}, \frac{\mathrm{i}k_{\mathrm{INI}}}{\omega}\mathrm{e}^{\mathrm{i}\omega}\right)$$
$${}_1F_1\left(1+\mathrm{i}\frac{k_{01}+\kappa_1}{\omega}, 1+\mathrm{i}\frac{\kappa_1-\kappa_2}{\omega}, \frac{\mathrm{i}k_{\mathrm{INI}}}{\omega}\mathrm{e}^{\mathrm{i}\omega}\right)$$
$$- (-\mathrm{i}\omega+k_{01}+\kappa_1)\,{}_1F_1\left(2+\mathrm{i}\frac{k_{01}+\kappa_1}{\omega}, 1+\mathrm{i}\frac{\kappa_1-\kappa_2}{\omega}, \frac{\mathrm{i}k_{\mathrm{INI}}}{\omega}\mathrm{e}^{\mathrm{i}\omega}\right)$$
$${}_1F_1\left(1+\mathrm{i}\frac{k_{01}+\kappa_2}{\omega}, 1+\mathrm{i}\frac{\kappa_2-\kappa_1}{\omega}, \frac{\mathrm{i}k_{\mathrm{INI}}}{\omega}\mathrm{e}^{\mathrm{i}\omega}\right)$$

因而, 在时间 $\tau=0$ 的特征函数为

$$\begin{aligned}
\Psi|_{\tau=0} =& \frac{1}{k_{01}}\dot{\Psi}\Big|_{\tau=0} + \frac{k_{01}+k_{10}}{k_{01}}\Psi_1|_{\tau=0}\\
=& A(\omega)\frac{(-\mathrm{i}\omega+k_{01}+\kappa_1)}{k_{01}}{}_1F_1\left(2+\mathrm{i}\frac{k_{01}+\kappa_1}{\omega},1+\mathrm{i}\frac{\kappa_1-\kappa_2}{\omega},\frac{\mathrm{i}k_{\mathrm{INI}}}{\omega}\right)\\
&+B(\omega)\frac{(-\mathrm{i}\omega+k_{01}+\kappa_2)}{k_{01}}{}_1F_1\left(2+\mathrm{i}\frac{k_{01}+\kappa_2}{\omega},1+\mathrm{i}\frac{\kappa_2-\kappa_1}{\omega},\frac{\mathrm{i}k_{\mathrm{INI}}}{\omega}\right)\\
&+A(\omega)\frac{2k_{01}+k_{10}}{k_{10}}{}_1F_1\left(1+\mathrm{i}\frac{k_{01}+\kappa_1}{\omega},1+\mathrm{i}\frac{\kappa_1-\kappa_2}{\omega},\frac{\mathrm{i}k_{\mathrm{INI}}}{\omega}\mathrm{e}^{\mathrm{i}\omega}\right)\\
&+B(\omega)\frac{2k_{01}+k_{10}}{k_{01}}{}_1F_1\left(1+\mathrm{i}\frac{k_{01}+\kappa_2}{\omega},1+\mathrm{i}\frac{\kappa_2-\kappa_1}{\omega},\frac{\mathrm{i}k_{\mathrm{INI}}}{\omega}\mathrm{e}^{\mathrm{i}\omega}\right)
\end{aligned}$$

但把 $\Psi(\omega)$ 的这种分析表示转化成 $P(m)$ 的分析表示一般比较困难. 尽管这样, 可用有限状态映射法来数值求解, 结果与情形 $g=1$ 时的结果相似, 但是在参数范围的边界上 $P(m)$ 的形状不同. 因而, 相同参数下, 贡献函数的不同会导致 $P(m)$ 的形状也不同.

### 5.5.5 概率密度函数的不连续性

考虑 $T_{\mathrm{RES}}=1$ 和 $g=-\tau$ 的情形. 根据 (5.68), 我们知道: 给定 $N$ 个初始事件, 在时间间隔 $-T_{\mathrm{RES}}\leqslant\tau\leqslant 0$ 内观察 $m$ 个新生 RNA 的概率是

$$\boldsymbol{P}_N(m)=\begin{cases}\delta(m)\,\mathrm{e}^{(\boldsymbol{K}-\boldsymbol{K}_{\mathrm{INI}})}\Psi_{\tau=-1}, & N=0\\ \displaystyle\int_{-1}^{0}\mathrm{d}\tau_1\cdots\int_{-1}^{\tau_{N-1}}\mathrm{d}\tau_N\delta\left(m+\sum_{i=1}^{N}\tau_i\right)\boldsymbol{f}(\tau_1,\cdots,\tau_N), & N>0\end{cases}\tag{5.79}$$

其中, $\boldsymbol{f}(\tau_1,\cdots,\tau_N)=T\left[\prod\limits_{i=1}^{N}\boldsymbol{V}(\tau_i)\right]\mathrm{e}^{(\boldsymbol{K}-\boldsymbol{K}_{\mathrm{INI}})}\Psi_{\tau=-1}$ 代表在特别的时间序列 $\tau_1,\cdots,\tau_N$ 的初始事件. 以下, 考虑边缘分布 $P_N(m)=\boldsymbol{u}\cdot\boldsymbol{P}_N(m)$. 根据 (5.66), 对于 $N>0$, $P_N(m)$ 和它的直到 $N-1$ 阶导数在 $0<m<N$ 范围内都是连续的, 且对于 $m>N$, 有 $P_N(m)=0$.

在 $m=0$ 处, $P_0(0)$ 是无穷. 因为 $P_1(0)=\boldsymbol{u}\cdot\boldsymbol{K}_{\mathrm{INI}}\mathrm{e}^{(\boldsymbol{K}-\boldsymbol{K}_{\mathrm{INI}})}\Psi_{\tau=-1}$, $P_{N>1}(0)=0$, 因此 $P(0^+)=\sum\limits_{N=1}^{\infty}P_N(0)$ 是无穷. 这样, $P(m)$ 在 $m=0$ 处是不连续的. 在 $m=1$ 处, 因为 $P_1(m=1^-)=\boldsymbol{u}\cdot\boldsymbol{K}_{\mathrm{INI}}\mathrm{e}^{(\boldsymbol{K}-\boldsymbol{K}_{\mathrm{INI}})}\Psi_{\tau=-1}>0$ 和 $P_1(m=1^+)=0$, 因此,

$P(m)$ 有一个跳跃, 跳跃幅度为

$$\begin{aligned}\Delta P_{N=1} &= P(m)|_{m=1^-} - P(m)|_{m=1^+} = P_1\left(m=1^-\right) - P_1\left(m=1^+\right)\\ &= \boldsymbol{u}\cdot\boldsymbol{K}_{\mathrm{INI}}\mathrm{e}^{(\boldsymbol{K}-\boldsymbol{K}_{\mathrm{INI}})}\Psi_{\tau=-1}\end{aligned} \tag{5.80}$$

对于 $N>1$, 为了计算 $P_N(m=N^-)$, 我们定义 $\bar{F}_N(m)=\int_m^N \boldsymbol{u}\cdot\boldsymbol{P}(m)\,\mathrm{d}m$ 为给定 $N$ 个初始事件下补充累积分布. 对于小于但靠近于 $N$ 的 $m$, 我们有

$$\bar{F}_N\left(m\to N^-\right)\approx\frac{(N-m)^N}{(N!)^2}\boldsymbol{u}\cdot\boldsymbol{f}(-1,\cdots,-1)$$

$$P_N\left(m\to N^-\right)=-\frac{\mathrm{d}\bar{F}_N\left(m\to N^-\right)}{\mathrm{d}m}\approx\frac{(N-m)^{N-1}}{N!\,(N-1)!}\boldsymbol{u}\cdot\boldsymbol{f}(-1,\cdots,-1)$$

这显示出：当 $m$ 从左边接近于 $N$ 时, $P_N(m)$ 已一个阶为 $N-1$ 的幂律的形式降为零. 这表明：$P_N(m=N^-)$ 和它的直到 $N-2$ 阶导数都是零, 而

$$\frac{\mathrm{d}^{N-1}P_N(m)}{\mathrm{d}m^{N-1}}=\frac{(-1)^{N-1}}{N!}\boldsymbol{u}\cdot\boldsymbol{f}(-1,\cdots,-1)=\frac{(-1)^{N-1}}{N!}\boldsymbol{u}\cdot\mathrm{e}^{(\boldsymbol{K}-\boldsymbol{K}_{\mathrm{INI}})}\boldsymbol{K}_{\mathrm{INI}}^N\Psi_{\tau=-1}$$

是非零. 因为 $\left.\frac{\mathrm{d}^{N-1}P_N(m)}{\mathrm{d}m^{N-1}}\right|_{m=N^+}=0$, 因此 $P(m)$ 的 $N-1$ 阶导数在 $m=N$ 处有一个不连续的跳跃, 跳跃幅度为

$$\begin{aligned}\Delta P_N &= \left.\frac{\mathrm{d}^{N-1}P_N(m)}{\mathrm{d}m^{N-1}}\right|_{m=N^-}-\left.\frac{\mathrm{d}^{N-1}P_N(m)}{\mathrm{d}m^{N-1}}\right|_{m=N^+}\\ &= \frac{(-1)^{N-1}}{N!}\boldsymbol{u}\cdot\mathrm{e}^{(\boldsymbol{K}-\boldsymbol{K}_{\mathrm{INI}})}\boldsymbol{K}_{\mathrm{INI}}^N\Psi_{\tau=-1}\end{aligned} \tag{5.81}$$

## 参 考 文 献


[1] Vilar J, Saiz L. CplexA: A mathematica package to study macromolecular-assembly control of gene expression. Bioinformatics, 2010, 26: 2060, 2061.

[2] Tu Y H. The nonequilibrium mechanism for ultrasensitivity in a biological switch: Sensing by Maxwell's demons. Proceedings of the National Academy of Sciences USA, 2008, 105(33): 11737-11741.

[3] Zhang J J, Chen L N, Zhou T S. Analytical distribution and tunability of noise in a model of promoter progress. Biophysical Journal, 2012, 102: 1247-1257.

[4] Zhou T S, Zhang J J. Analytical results for a multi-state gene model. SIAM Journal on Applied Mathematics, 2012, 72: 789-818.

[5] Zhang J J, Zhou T S. Promoter architecture-mediated transcriptional dynamics. Biophysical Journal, 2014, 106: 479-488.

[6] Blake W J, Balázsi G, Kohanski M A, et al. Phenotypic consequences of promoter-mediated transcriptional noise. Molecular Cell, 2006, 6: 853-865.

[7] Abramowitz M, Stegun I A. Pocketbook of Mathematical Functions. Frankfurt am Main: Harri Deutsch Publishing, 1984.

# 第 6 章 若干重要生物过程的定量效果分析

基因表达过程是复杂的, 除了中心法则描述的基本信息流过程之外, 还涉及其他许多重要的生物过程, 如选择性剪接、RNA 核驻留、增强子的调控、DNA 成环、DNA 环路之间的相互作用等. 生物学实验证实或提供证据: 这些过程对基因表达有重要影响 (但在前几章中并未考虑), 但如何影响以及定量影响的效果如何等问题还不清楚. 本章通过数学建模与分析, 来揭示出选择性剪接、RNA 核驻留和相互作用 DNA 环路等这些重要生物过程对基因表达的定量影响, 并试图总结出某些规律, 为进一步理解细胞内部过程打下理论基础, 并提供建模与分析的方法论.

## 6.1 选择性剪接对基因表达的影响

选择性剪接 (或剪接) 是基因表达过程中的一个基本事件[1−3], 在真核细胞中普遍存在. 然而, 选择性剪接如何定性、定量地影响基因表达水平的理论研究并不多, 甚至考虑选择性剪接事件的基本模型也没有建立. 选择性剪接方式或机制可以是多种多样的, 本节仅考虑一种简单的剪接机制, 即每个前体 mRNA 以一种概率的方式被剪接成两个成熟的 mRNA (参考图 6.1), 并建立有关数学模型. 介绍时将区分基因表达的两种不同情形: 一种是所谓的构成式表达; 另一种是所谓的爆发式表达. 首先, 建立基于化学主方程的相关数学模型, 其次求解此方程并特征化相应的概率分布, 最后分析由选择性剪接导致的噪声. 这里介绍的方法与步骤适合于更为复杂的选择性剪接机制情形.

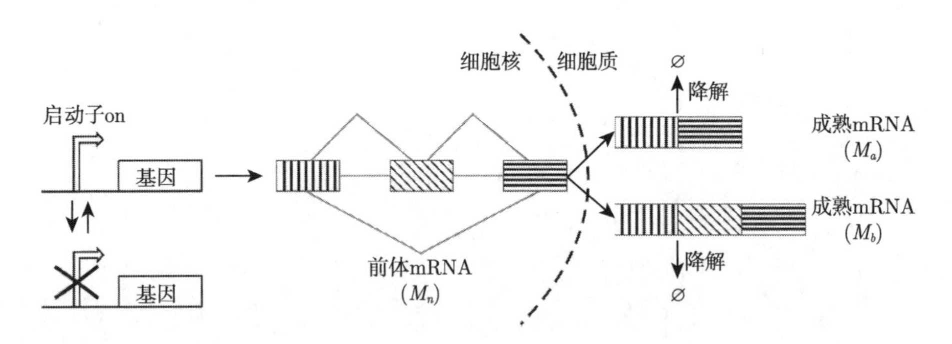


图 6.1 考虑选择性剪接过程的两状态基因表达模型示意图

### 6.1.1 模型描述

用 $M_n$ 代表细胞核中的前体 mRNA, $M_a$ 和 $M_b$ 分别代表细胞质中的成熟 mRNA, 参考图 6.1. 在构成式基因表达情形, 相应的系统包含下列 5 个化学反应式

$$\varnothing \xrightarrow{k_0} M_n \xrightarrow{p_i k_1} M_i \xrightarrow{d_i} \varnothing \quad (i=a,b) \tag{6.1}$$

其中, 第一个反应描述 DNA 转录成前体 mRNA, 且转录率为 $k_0$(它实际为 “爆发” 频率); 第二个反应描述一个前体 mRNA 以概率的方式剪接成两个成熟的 mRNA, 这里, $k_1$ 代表从细胞核到细胞质的出口率, $p_a$ 和 $p_b$ 代表选择性剪接概率且满足保守性条件: $p_a+p_b=1$. 为方便, $p_a$ 叫作*剪接概率*, 而 $p_b=1-p_a$. 注意到: 假如 $p_a=1$, 那么相应的模型变成普通的基因表达模型. (6.1) 中的最后一个反应代表两个成熟 mRNA 的降解, 且降解率为 $d_i$ $(i=a,b)$. 为方便, 记由 (6.1) 描述的基因模型为模型Ⅰ.

在爆发式基因表达情形, 相应的系统包含下列 5 个化学反应式

$$\varnothing \xrightarrow{k_0} D+BM_n, \quad M_n \xrightarrow{p_i k_1} M_i \xrightarrow{d_i} \varnothing \quad (i=a,b) \tag{6.2}$$

其中, $B$ 代表*转录爆发大小*(transcriptional burst size) 变量, 符号 $D$ 代表启动子状态 (或 DNA), 其他符号的含义与构成式表达情形相同. 为方便, 记由 (6.2) 描述的基因模型为模型Ⅱ. 明显地, 假如 $B\equiv 1$, 那么模型Ⅱ变成模型Ⅰ. 因此, 以下主要考虑模型Ⅱ.

由于转录爆发是一个随机过程, 因此 (6.2) 中的 $B$ 是一个随机变量. 假设 $B$ 服从下列分布

$$P(B)=P\{B=i\}=\alpha_i, \quad i\in\{0,1,2,\cdots\} \tag{6.3}$$

注意到: 在 (6.3) 中, 若 $\alpha_1=1$ 但其他所有的 $\alpha_k=0$, 那么相应的情形变成模型Ⅰ, 否则, 对应于模型Ⅱ.

下一步, 基于化学主方程来建模本节要研究的数学模型. 假定所有的反应度都是一阶比率限制的. 让 $P(m_n,m_a,m_b;t)$ 表示在 $t$ 时刻细胞核内前体 mRNA 有 $m_n$ 拷贝数而细胞质内成熟 mRNA 有 $m_a+m_b$ 拷贝数的概率. 那么, 相应于上述基因模型的化学主方程具有下列形式

$$\begin{aligned}\frac{\partial P(m_n,m_a,m_b;t)}{\partial t}=&k_0\left[\sum_{j=0}^{m_n}\alpha_j P(m_n-j,m_a,m_b;t)-P(m_n,m_a,m_b;t)\right]\\&+k_1\left[p_aE_{m_n}E_{m_a}^{-1}+p_bE_{m_n}E_{m_b}^{-1}-I\right][m_nP(m_n,m_a,m_b;t)]\\&+d_a(E_{m_a}-I)[m_aP(m_n,m_a,m_b;t)]\end{aligned}$$

$$+ d_b \left(E_{m_b} - I\right) \left[m_b P \left(m_n, m_a, m_b; t\right)\right] \tag{6.4}$$

其中, 符号 $E_{m_i}$ 代表普通的平移算子 $(i = n, a, b)$; $I$ 代表单位算子; $k_0$ 实际为 $k_0 D$($D$ 代表 DNA 的最初数目). 假定初始的概率为 $P\left(m_n, m_a, m_b; 0\right) = P^{(0)}\left(m_n, m_a, m_b\right)$, 满足下列规范化条件

$$\sum_{m_n=0}^{\infty} \sum_{m_a=0}^{\infty} \sum_{m_b=0}^{\infty} P^{(0)}\left(m_n, m_a, m_b\right) = 1 \tag{6.5}$$

### 6.1.2　基因产物分布及其特征

为了求解具有限制 (6.5) 的方程 (6.4), 对概率密度函数 $P\left(m_n, m_a, m_b; t\right)$, 引进生成函数 $G\left(x_n, x_a, x_b; t\right)$, 即

$$G\left(x_n, x_a, x_b; t\right) = \sum_{m_n=0}^{\infty} \sum_{m_a=0}^{\infty} \sum_{m_b=0}^{\infty} x_n^{m_n} x_a^{m_a} x_b^{m_b} P\left(m_n, m_a, m_b; t\right) \tag{6.6}$$

此外, 对爆发大小的概率, 引进如下函数

$$F\left(x_n\right) = \sum_{i=0}^{\infty} \alpha_i x_n^i \tag{6.7}$$

为方便, 引进新变量 $y_i = x_i - 1$ $(i = n, a, b)$ 和新函数 $\varphi = \ln G$(称为矩生成函数). 那么, 主方程 (6.4) 将变成下列偏微分方程

$$\frac{\partial \varphi}{\partial t} = k_0 \left[M\left(y_n\right) - 1\right] + k_1 \left(p_a y_a + p_b y_b - y_n\right) \frac{\partial \varphi}{\partial y_n} - d_a y_a \frac{\partial \varphi}{\partial y_a} - d_b y_b \frac{\partial \varphi}{\partial y_b} \tag{6.8}$$

其中, $M\left(y_n\right) = F\left(y_n + 1\right)$. 相应地, 初始条件和规范化条件分别变成

$$\varphi\left(y_n, y_a, y_b; 0\right) = \varphi^{(0)}\left(y_n, y_a, y_b\right) = \ln G^{(0)}\left(1 + y_n, 1 + y_a, 1 + y_b\right) \tag{6.8a}$$

和

$$\varphi^{(0)}\left(0, 0, 0\right) = 0 \tag{6.8b}$$

普通的兴趣是找细胞核内前体 mRNA 分子数目及细胞质内成熟 mRNA 数目的边缘分布, 它们可以表示成下列通用形式

$$P_{M_i}\left(m_i; t\right) = \sum_{m_j, j \in \{n,a,b\} \setminus \{i\}} P_{M_i}\left(m_n, m_a, m_b; t\right) \tag{6.9}$$

这里 $i = n, a, b$. 相应地, 这些边缘分布的生成函数为

$$G_{M_i}\left(x_i; t\right) = \sum_{m_i=0}^{\infty} x_i^{m_i} P_{M_i}\left(m_i; t\right), \quad i = n, a, b \tag{6.10}$$

其中, $G_{M_n}(x_n;t)=G(x_n,1,1;t)$, $G_{M_a}(x_a;t)=G(a,x_a,1;t)$ 及 $G_{M_b}(x_b;t)=G(1,1,x_n;t)$. 而对应于边缘分布的矩生成函数为

$$\varphi_{M_i}(y_i;t)=\ln G_{M_i}(1+y_i;t),\quad i=n,a,b \tag{6.10a}$$

其中, $\varphi_{M_n}(x_n;t)=\varphi(y_n,0,0;t)$, $\varphi_{M_a}(x_a;t)=\varphi(0,y_a,0;t)$ 及 $\varphi_{M_b}(x_b;t)=\varphi(0,0,y_n;t)$. 根据特征线法, 从方程 (6.8) 可以导出下列常微分方程

$$\begin{aligned}&\frac{\mathrm{d}\tilde{t}}{\mathrm{d}s}=-1,\quad \tilde{t}(0)=t_0\\&\frac{\mathrm{d}\tilde{y}_a}{\mathrm{d}s}=-d_a\tilde{y}_a,\quad \tilde{y}_a(0)=v_0\\&\frac{\mathrm{d}\tilde{y}_b}{\mathrm{d}s}=-d_b\tilde{y}_b,\quad \tilde{y}_b(0)=w_0\\&\frac{\mathrm{d}\tilde{y}_n}{\mathrm{d}s}=k_1(p_a\tilde{y}_a+p_b\tilde{y}_b-\tilde{y}_n),\quad \tilde{y}_n(0)=u_0\end{aligned} \tag{6.11}$$

求解方程 (6.11) 得

$$\tilde{t}(s)=t_0-s,\quad \tilde{y}_a(s)=v_0\mathrm{e}^{-d_as},\quad \tilde{y}_b(s)=w_0\mathrm{e}^{-d_bs} \tag{6.11a}$$

及

$$\tilde{t}(s)=\begin{cases}\mathrm{e}^{-k_1s}(u_0+k_1p_av_0s+k_1p_bw_0s), & r_a=r_b=1\\ \mathrm{e}^{-k_1s}\left(u_0+k_1p_av_0s-\dfrac{r_bp_bw_0}{r_b-1}\right)\\ \quad+\mathrm{e}^{-d_bs}\dfrac{r_bp_bw_0}{r_b-1}, & r_a=1,r_b\neq1\\ \mathrm{e}^{-k_1s}\left(u_0+k_1p_bw_0s-\dfrac{r_ap_av_0}{r_a-1}\right)\\ \quad+\mathrm{e}^{-d_as}\dfrac{r_ap_av_0}{r_a-1}, & r_b=1,r_a\neq1\\ \mathrm{e}^{-k_1s}\left(u_0-r_a\dfrac{p_av_0+p_bw_0}{r_a-1}\right)\\ \quad+\mathrm{e}^{-d_as}r_a\dfrac{p_av_0+p_bw_0}{r_a-1}, & r_a=r_b\neq1\\ \mathrm{e}^{-k_1s}\left(u_0-\dfrac{r_bp_bw_0}{r_b-1}-\dfrac{r_ap_av_0}{r_a-1}\right)\\ \quad+\mathrm{e}^{-d_as}\dfrac{r_ap_av_0}{r_a-1}+\mathrm{e}^{-d_bs}\dfrac{r_bp_bv_0}{r_b-1}, & r_a\neq1,r_b\neq1\end{cases} \tag{6.11b}$$

为方便, 记 $r_i=k_1/d_i\ (i=a,b)$, 它们代表出生/死亡波动率 (记为 BDR). 沿着特征线, 方程 (6.8) 变成下列普通微分方程

$$-\frac{\mathrm{d}}{\mathrm{d}s}\varphi\left(\tilde{y}_n(s),\tilde{y}_a(s),\tilde{y}_b(s);\tilde{t}(s)\right)=k_0\left[M(\tilde{y}_n(s))-1\right] \tag{6.12}$$

从 0 到 $t_0$ 两边积分方程 (6.11) 给出

$$\varphi\left(u_0, v_0, w_0; t_0\right)=\varphi^{(0)}\left(\tilde{y}_n\left(t_0\right), \tilde{y}_a\left(t_0\right), \tilde{y}_b\left(t_0\right)\right)+k_0 \int_0^{t_0}\left[M\left(\tilde{y}_n(s)\right)-1\right] \mathrm{d} s \quad (6.13)$$

让 $t_0 \rightarrow+\infty$, 则有

$$\lim _{t_0 \rightarrow \infty} \varphi^{(0)}\left(\tilde{y}_n\left(t_0\right), \tilde{y}_a\left(t_0\right), \tilde{y}_b\left(t_0\right)\right)=\varphi^{(0)}(0,0,0)=0 \quad (6.14)$$

这对应于静态情形. 以下仅考虑静态解, 并导出分布的分析表达.

首先, 考虑模型 I, 则有 $M\left(\tilde{y}_n(s)\right)-1=\tilde{y}_n$. 这样, 从方程 (6.13) 可求得静态矩生成函数的分析表达

$$\begin{aligned}
\bar{\varphi}\left(u_0, v_0, w_0\right) &=\lim _{t_0 \rightarrow \infty} \phi\left(u_0, v_0, w_0; t_0\right)=k_0 \int_0^{\infty} \tilde{y}_n(s) \mathrm{d} s \\
&=\begin{cases}
\dfrac{k_0}{k_1}\left(u_0+p_a v_0+p_b w_0\right), & r_a=r_b=1 \\
\dfrac{k_0}{k_1}\left(u_0+p_a v_0+\dfrac{k_0 p_b w_0}{d_b}\right), & r_a=1, r_b \neq 1 \\
\dfrac{k_0}{k_1}\left(u_0+p_b w_0+\dfrac{k_0 p_a v_0}{d_a}\right), & r_a \neq 1, r_b=1 \\
\dfrac{k_0}{k_1} u_0+\dfrac{k_0}{d_a}\left(p_a v_0+p_b w_0\right), & r_a=r_b \neq 1 \\
\dfrac{k_0}{k_1} u_0+\dfrac{k_0}{d_a} p_a v_0+\dfrac{k_0}{d_b} p_b w_0, & r_a \neq 1, r_b \neq 1
\end{cases}
\end{aligned} \quad (6.15)$$

假如在 (6.15) 中设 $u_0=w_0=0$ 并利用 (6.10), 那么可获得对应于 $y_a$ 变量的边缘分布的静态分形生成函数的分析表示

$$\bar{\varphi}_{M_a}\left(y_a\right)=\varphi\left(0, y_a, 0\right)=\ln G_{M_a}\left(1+y_a\right)=r_a p_a \frac{k_0}{k_1} y_a$$

它与物种 $M_a$ 的降解率无关. 类似地, 可导出

$$\bar{\varphi}_{M_b}\left(y_b\right)=r_b p_b \frac{k_0}{k_1} y_b, \quad \bar{\varphi}_{Mn}\left(y_n\right)=\frac{k_0}{k_1} y_n$$

它与物种 $M_b$ 的降解率无关. 在给出生成函数的分析表达式之后, 则根据生成函数与概率密度函数之间的关系容易获得细胞核内前体 mRNA 分子数目的概率分布与细胞质内成熟 mRNA 分子数目的概率分布, 即

$$P_{M_i}\left(m_i\right)=\frac{1}{m_i!} \left.\frac{\partial^{m_i} G_{M_i}}{\partial y_i^{m_i}}\right|_{y_i=0}=\frac{\lambda_i^{m_i}}{m_i!} \mathrm{e}^{-\lambda_i}, \quad i=n, a, b \quad (6.16)$$

这里, $\lambda_n=\dfrac{k_0}{k_1}$, $\lambda_i=\dfrac{k_0}{k_1} \dfrac{k_1 p_i}{d_i}=\dfrac{k_0 p_i}{d_i}$ $(i=a, b)$. 结果 (6.16) 表明：每种静态

mRNA(包括前体和成熟 mRNA) 服从泊松分布. 而且, 对前体 mRNA 的分布, 其特征参数由转录率与传输率之比决定; 对成熟 mRNA 的分布, 其特征参数取决于转录率、剪接概率和降解率, 但与传输率无关. 对构成式表达模型, 这是一个有趣的事实.

其次, 考虑模型Ⅱ. 为简单起见, 考虑转录爆发大小服从下列几何分布

$$P(B) = \text{prob}\{B=i\} = \frac{1}{1+\langle B\rangle}\left(\frac{\langle B\rangle}{1+\langle B\rangle}\right)^i, \quad i=0,1,2,\cdots$$

这里 $\langle B\rangle$ 代表平均爆发的大小. 此时, 由方程 (6.13) 可得

$$\varphi(u_0,v_0,w_0) = k_0\int_0^\infty \frac{\langle B\rangle \tilde{y}_n(s)}{1-\langle B\rangle \tilde{y}_n(s)}\mathrm{d}s \tag{6.17}$$

在方程 (6.17) 中设 $u_0=w_0=0$. 根据 (6.15) 并用 (6.11), 那么对静态变量 $v_0$ 的边缘分布有下列形式表示

$$\bar{\varphi}_{M_a}(v_0) = \varphi(0,v_0,0) = \begin{cases} k_0\displaystyle\int_0^\infty \frac{\dfrac{\langle B\rangle v_0 p_a r_a}{r_a-1}\left(\mathrm{e}^{-d_a s}-\mathrm{e}^{-k_1 s}\right)}{1-\dfrac{\langle B\rangle v_0 p_a r_a}{r_a-1}\left(\mathrm{e}^{-d_a s}-\mathrm{e}^{-k_1 s}\right)}\mathrm{d}s, & r_a\neq 1 \\ k_0\displaystyle\int_0^\infty \frac{\langle B\rangle v_0 k_1 p_a s\mathrm{e}^{-k_1 s}}{1-\langle B\rangle v_0 k_1 p_a \mathrm{e}^{-k_1 s}}\mathrm{d}s, & r_a=1 \end{cases}$$

注意到: 仅当上面积分中的分母是正的 (对所有的 $s>0$), 分形生成函数 $\bar{\varphi}_{M_a}(v_0)$ 才有意义. 因此, 随机变量 $v_0$ 必须满足下列限制

$$v_0 < \begin{cases} \dfrac{1}{\langle B\rangle p_a}(r_a)^{1/k_1}, & r_a\neq 1 \\ \dfrac{\mathrm{e}}{\langle B\rangle p_a}, & r_a=1 \end{cases}$$

类似地, 可导出下列形式表示

$$\bar{\varphi}_{M_b}(w_0) = \varphi(0,0,w_0) = \begin{cases} k_0\displaystyle\int_0^\infty \frac{\dfrac{\langle B\rangle w_0 p_b r_b}{r_b-1}\left(\mathrm{e}^{-d_b s}-\mathrm{e}^{-k_1 s}\right)}{1-\dfrac{\langle B\rangle w_0 p_b r_b}{r_b-1}\left(\mathrm{e}^{-d_b s}-\mathrm{e}^{-k_1 s}\right)}\mathrm{d}s, & r_b\neq 1 \\ k_0\displaystyle\int_0^\infty \frac{\langle B\rangle w_0 k_1 p_b s\mathrm{e}^{-k_1 s}}{1-\langle B\rangle w_0 k_1 p_b \mathrm{e}^{-k_1 s}}\mathrm{d}s, & r_b=1 \end{cases}$$

这里, 变量 $w_0$ 必须满足下列限制

$$w_0 < \begin{cases} \dfrac{1}{\langle B\rangle p_b}(r_b)^{1/k_1}, & r_b\neq 1 \\ \dfrac{\mathrm{e}}{\langle B\rangle p_b}, & r_b=1 \end{cases}$$

以及导出形式表示

$$\bar{\varphi}_{M_n}(u_0)=\varphi(u_0,0,0)=k_0\int_0^{\infty}\frac{\langle B\rangle u_0\mathrm{e}^{-k_1 s}}{1-\langle B\rangle u_0\mathrm{e}^{-k_1 s}}\mathrm{d}s=\frac{k_0}{k_1}\ln\frac{1}{1-\langle B\rangle u_0} \tag{6.18}$$

这里变量 $u_0$ 必须满足下列限制

$$u_0<\frac{1}{\langle B\rangle} \tag{6.18a}$$

下一步, 我们来导出 RNA 静态分布的分析表达. 首先, 从表示 (6.18), 容易导出静态随机变量 $m_n$ 服从下列负二项分布

$$P_{M_n}(m_n)=\frac{\Gamma(m_n+\lambda_n)}{m_n!\Gamma(\lambda_n)}\left(\frac{\langle B\rangle}{1+\langle B\rangle}\right)^{\lambda_n}\left(\frac{1}{1+\langle B\rangle}\right)^{m_n} \tag{6.19}$$

这里 $\lambda_n=k_0/k_1$. 其次, 对静态随机变量 $m_a$ 和 $m_b$, 利用复变函数中的围道积分理论, 可导出相应分布的分析表达, 但形式非常复杂. 这里, 主要来刻画这些分布的尾部特征. 为方便理解, 先刻画分布 (6.19) 的尾部特征. 根据形式表达 (6.10), 概率生成函数 $\bar{G}_{M_n}(x_n)$ 是一个幂级数, 其系数是静态概率 $P_{M_n}(m_n)$. 根据数学分析中的级数理论, 这一幂级数的收敛半径, 记为 $R_n$, 由下列给出

$$\lim_{m_n\to\infty}\frac{P_{M_n}(m_n+1)}{P_{M_n}(m_n)}=\frac{1}{R_n}=\frac{\langle B\rangle}{1+\langle B\rangle}$$

它特征化负二项分布的尾部变量. 类似地, 对随机变量 $m_a$ 和 $m_b$ 的概率分布, 其尾部变化的特征分别由下列两个极限决定

$$\lim_{m_a\to\infty}\frac{P_{M_a}(m_a+1)}{P_{M_a}(m_a)}=\frac{1}{R_a}=\begin{cases}\left[1+\dfrac{1}{\langle B\rangle p_a}(r_a)^{1/k_1}\right]^{-1}, & r_a\neq 1\\ \left(1+\dfrac{\mathrm{e}}{\langle B\rangle p_a}\right)^{-1}, & r_a=1\end{cases}$$

及

$$\lim_{m_b\to\infty}\frac{P_{M_b}(m_b+1)}{P_{M_b}(m_b)}=\frac{1}{R_b}=\begin{cases}\left[1+\dfrac{1}{\langle B\rangle p_b}(r_b)^{1/k_1}\right]^{-1}, & r_b\neq 1\\ \left(1+\dfrac{\mathrm{e}}{\langle B\rangle p_b}\right)^{-1}, & r_b=1\end{cases}$$

上面两个极限表明: 成熟 mRNA 的分布依赖于平均爆发大小与剪接概率的乘积. 假如 $\langle B\rangle p_i$ 充分大, 那么上面两个极限接近于 1, 这里 $i=a,b$. 此外, 对有限的 $\langle B\rangle$, 假如上面两个极限中的一个趋于零, 那么另一个趋于 1, 反之, 亦一样.

### 6.1.3 选择性剪接对表达噪声的影响

首先, 考察细胞质内两个成熟 mRNA 的静态关联.

对于模型 I, 从相应的主方程 (6.4) 容易导出下列常微分方程

$$\begin{aligned}
\frac{\mathrm{d}\left\langle m_i^2\right\rangle}{\mathrm{d}t} &= k_1p_i\left\langle m_n\right\rangle + 2k_1p_i\left\langle m_nm_i\right\rangle + d_i\left\langle m_i\right\rangle - 2d_i\left\langle m_i^2\right\rangle \\
\frac{\mathrm{d}\left\langle m_nm_i\right\rangle}{\mathrm{d}t} &= k_0\left\langle m_i\right\rangle - k_1p_i\left\langle m_i\right\rangle + k_1p_i\left\langle m_n^2\right\rangle - (d_i+k_1)\left\langle m_nm_i\right\rangle \\
\frac{\mathrm{d}\left\langle m_am_b\right\rangle}{\mathrm{d}t} &= k_1p_a\left\langle m_nm_a\right\rangle + k_1p_b\left\langle m_nm_b\right\rangle - (d_a+d_b)\left\langle m_am_b\right\rangle
\end{aligned} \tag{6.20}$$

其中, $i=a,b$. 求解 (6.20), 我们发现

$$\left\langle m_am_b\right\rangle = \left\langle m_a\right\rangle\left\langle m_b\right\rangle$$

这表明: 在构成式表达情形, 由选择性剪接导致的两静态随机变量 $m_a$ 和 $m_b$ 是相互独立的. 这一性质能够方便用于计算总的成熟 mRNA 的方差, 看后面的内容.

类似地, 对于模型Ⅱ, 从主方程 (6.4) 可导出下列普通微分方程

$$\begin{aligned}
\frac{\mathrm{d}\left\langle m_nm_i\right\rangle}{\mathrm{d}t} &= k_0\left\langle B\right\rangle\left\langle m_i\right\rangle - k_1p_i\left\langle m_i\right\rangle + k_1p_i\left\langle m_n^2\right\rangle - (d_i+k_1)\left\langle m_nm_i\right\rangle \\
\frac{\mathrm{d}\left\langle m_am_b\right\rangle}{\mathrm{d}t} &= k_1p_a\left\langle m_nm_a\right\rangle + k_1p_b\left\langle m_nm_b\right\rangle - (d_a+d_b)\left\langle m_am_b\right\rangle
\end{aligned} \tag{6.21}$$

这里, $i=a,b$. 求解静态时的方程 (6.21), 获得

$$\left\langle m_am_b\right\rangle = \left\langle m_a\right\rangle\left\langle m_b\right\rangle + \left(\frac{r_a}{1+r_a}+\frac{r_b}{1+r_b}\right)\frac{k_1p_ap_b}{d_a+d_b}B_e\left\langle m_n\right\rangle$$

这样, $m_a$ 和 $m_b$ 之间的方差为

$$\begin{aligned}
\operatorname{cov}\left\langle m_a,m_b\right\rangle &= \left\langle m_am_b\right\rangle - \left\langle m_a\right\rangle\left\langle m_b\right\rangle \\
&= \frac{r_ar_b}{r_a+r_b}\left(\frac{r_a}{1+r_a}+\frac{r_b}{1+r_b}\right)B_ep_a(1-p_a)\left\langle m_n\right\rangle
\end{aligned} \tag{6.22}$$

这表明: 在爆发式表达情形, 除非平均爆发大小为零 $B_e=0$, 否则的话, 静态成熟的 mRNA $m_a$ 和 $m_b$ 是相互关联的.

其次, 考察选择性剪接对方差的影响.

对于模型 I, 由于每个随机变量 $m_i$ $(i=n,a,b)$ 都服从泊松分布, 因此容易计算出平均和方差

$$\left\langle m_n\right\rangle = \operatorname{Var}(m_n) = \frac{k_0}{k_1},$$

$$\langle m_i \rangle = \mathrm{Var}\,(m_i) = \frac{k_0}{k_1}\frac{k_1 p_a}{d_i} = r_i p_i \mathrm{Var}\,(m_n)\,, \quad i = a, b \tag{6.23}$$

明显地, 剪接概率 $p_i$ 越大, 方差 $\mathrm{Var}(m_i)$ 也越大. 特别是, 两个成熟 mRNA 的最大方差, 记为 $\mathrm{Var}_{\max}(m_i)$, 为

$$\mathrm{Var}_{\max}(m_i) = r_i \mathrm{Var}_{\max}(m_n)\,, \quad i = a, b$$

这是因为 $p_i \in [0,1]$. 又因为两个随机变量 $m_a$ 和 $m_b$ 是相互独立的, 因此有

$$\mathrm{Var}\,(m_a + m_b) = \mathrm{Var}\,(m_a) + \mathrm{Var}\,(m_b) = \frac{k_0}{d_a} + \left(\frac{k_0}{d_a} - \frac{k_0}{d_b}\right) p_a \tag{6.24}$$

这表明: 总的成熟 mRNA 的方差 $\mathrm{Var}(m_a + m_b)$ 单调地依赖于剪接概率 $p_a$. 注意到: 条件 $r_a > 1$ 和 $r_b > 1$ 在大多数情形满足 (例如在转录刚开始时), 因此有

$$\mathrm{Var}\,(m_a + m_b) = (r_a p_a + r_b p_b)\,\mathrm{Var}\,(m_n) > \mathrm{Var}\,(m_n)$$

这表明: 总的成熟 mRNA 的方差总是大于 pre-mRNA 的方差, 蕴含着剪接增大 mRNA 的方差. 而且, 不难显示出总的成熟 mRNA 的方差可达上下界为

$$\begin{aligned}&\min\{\mathrm{Var}_{\max}(m_a), \mathrm{Var}_{\max}(m_b)\} = \min\{r_a, r_b\}\,\mathrm{Var}\,(m_n) \leqslant \mathrm{Var}\,(m_a + m_b)\\ &\leqslant \max\{r_a, r_b\}\,\mathrm{Var}\,(m_n) = \max\{\mathrm{Var}_{\max}(m_a), \mathrm{Var}_{\max}(m_b)\}\end{aligned}$$

这蕴含着总的成熟 mRNA 的方差的范围完全由剪接概率控制, 且假如 $\mathrm{Var}_{\max}(m_a)$ 和 $\mathrm{Var}_{\max}(m_b)$ 之差越大, 这种范围变得越宽.

对于模型 II, 基于主方程 (6.4), 容易计算出平均

$$\langle m_n \rangle = \frac{k_0 \langle B \rangle}{k_1}, \quad \langle m_i \rangle = r_i p_i \langle m_n \rangle\,, \quad i = a, b \tag{6.25}$$

以及随机变量 $m_i$ $(i = n, a, b)$ 的方差

$$\mathrm{Var}\,(m_n) = (1 + B_e)\,\langle m_n \rangle \tag{6.25a}$$

$$\mathrm{Var}\,(m_i) = \left(r_i p_i + \frac{r_i^2 p_i^2}{1 + r_i} B_e\right) \langle m_n \rangle\,, \quad i = a, b \tag{6.25b}$$

$$B_e = \frac{\langle B^2 \rangle - \langle B \rangle}{2\langle B \rangle} \tag{6.26}$$

注意到: $B_e$ 能够表示成 $B_e = \sum\limits_{B \geqslant 2} \begin{pmatrix} B \\ 2 \end{pmatrix} P(B) \Big/ \sum\limits_{B \geqslant 1} \begin{pmatrix} B \\ 1 \end{pmatrix} P(B)$, 这里符号

$\begin{pmatrix} N \\ k \end{pmatrix}$ 代表二项系数. 这表明 $B_e$ 实际是二阶矩与一阶矩的比率. 假如 $B$ 服从几何分布 (看前面的形式), 那么可得 $B_e = \langle B \rangle$, 即 $B_e$ 为平均爆发大小. 为方便, 称 $B_e$ 为爆发因子, 其作用类似于 Fano 因子 (被定义为方差与平均之比). 结果 (6.25) 表明: 成熟 mRNA 的方差随着剪接概率的增加而增加或随着平均爆发大小的增加而增加.

利用 (6.25), 不难计算出成熟 mRNA 的总方差, 其结果为

$$\mathrm{Var}\,(m_a + m_b) = \frac{cp_a^2 + b_a p_a + c_b}{1 + B_e}\mathrm{Var}\,(m_n) = \frac{cp_b^2 + b_b p_b + c_a}{1 + B_e}\mathrm{Var}\,(m_n) \tag{6.27}$$

其中,

$$c = \frac{(r_a - r_b)^2 (r_a + r_b + r_a r_b)}{(r_a + r_b)(1 + r_a)(1 + r_b)} B_e \tag{6.27a}$$

$$b_i = \left[\frac{2r_i}{r_a + r_b} \frac{r_a + r_b + r_a r_b}{(1 + r_a)(1 + r_b)} B_e + 1\right](r_i - r_{\bar{i}}) \tag{6.27b}$$

$$c_i = r_i + \frac{r_i^2}{1 + r_i} B_e \tag{6.27c}$$

这里 $i = a, b$; 假如 $i = a$, 则 $\bar{i} = b$; 假如 $i = b$, 则 $\bar{i} = a$. 由 (6.27) 可显示出 $\mathrm{Var}\,(m_a + m_b)$ 是 $p_i$ 的单调函数. 更确切地, 假如 $\mathrm{Var}\,(m_a + m_b)$ 关于 $p_a$ 是单调增加函数, 那么 $\mathrm{Var}\,(m_a + m_b)$ 关于 $p_b$ 是单调减少函数; 反过来, 假如 $\mathrm{Var}\,(m_a + m_b)$ 关于 $p_a$ 是单调减少函数, 那么 $\mathrm{Var}\,(m_a + m_b)$ 关于 $p_b$ 是单调增加函数. 这种单调性依赖于 $p_a$ 和 $p_b$ 的大小.

此外, 并不困难地显示出: 假如 $r_a > r_b$, 则总的成熟 mRNA 方差在 $p_a = 0$ 处达到最小而在 $p_a = 1$ 处达到最大; 假如 $r_b > r_a$, 则总的成熟 mRNA 方差在 $p_b = 0$ 处达到最小而在 $p_b = 1$ 处达到最大. 这样, 有

$$\frac{\min\{c_a, c_b\}}{1 + B_e}\mathrm{Var}\,(m_n) \leqslant \mathrm{Var}\,(m_a + m_b) \leqslant \frac{\max\{c_a, c_b\}}{1 + B_e}\mathrm{Var}\,(m_n) \tag{6.28}$$

特别地, 对于模型 I, 有

$$\min\,(r_a, r_b)\,\mathrm{Var}\,(m_n) \leqslant \mathrm{Var}\,(m_a + m_b) \leqslant \max\,(r_a, r_b)\,\mathrm{Var}\,(m_n) \tag{6.28a}$$

由于 $r_a > 1$ 和 $r_b > 1$ 一般地成立, 因此 (6.28a) 表明总的成熟 mRNA 的方差总是不小于前体 mRNA 的方差, 蕴含着选择性剪接总是增加 mRNA 的变异. 而且, 两者之间的比率 $\mathrm{Var}\,(m_a + m_b)/\mathrm{Var}\,(m_n)$ 的范围完全由两个分数出口率控制.

相对地, 对于模型 II, 情况会变得稍微复杂一点. 假如 $r_a > r_b$ 或 $d_a < d_b$, 那么总的成熟 mRNA 方差关于选择性概率 $p_a$ 达到最小, 记为 $\mathrm{Var}_{\min}\,(m_a + m_b)$,

它等于 $m_b$ 关于 $p_a$ 的最大方差, 而总的成熟 mRNA 关于 $p_a$ 的最大方差, 记为 $\mathrm{Var}_{\max}(m_a+m_b)$, 等于 $m_a$ 关于 $p_a$ 的最大方差, 即

$$\mathrm{Var}_{\min}(m_a+m_b)=r_b+\frac{r_b^2}{1+r_b}B_e\langle m_n\rangle=\mathrm{Var}_{\max}(m_b)$$

$$\mathrm{Var}_{\max}(m_a+m_b)=r_a+\frac{r_a^2}{1+r_a}B_e\langle m_n\rangle=\mathrm{Var}_{\max}(m_a)$$

类似地, 假如 $r_a<r_b$ 或 $d_a>d_b$, 那么,

$$\mathrm{Var}_{\min}(m_a+m_b)=\mathrm{Var}_{\max}(m_b),\quad \mathrm{Var}_{\max}(m_a+m_b)=\mathrm{Var}_{\max}(m_a)$$

总结上面的讨论, 可知

$$\begin{aligned}\min\{\mathrm{Var}_{\max}(m_a),\mathrm{Var}_{\max}(m_b)\}\leqslant&\mathrm{Var}(m_a+m_b)\\ &\leqslant\max\{\mathrm{Var}_{\max}(m_a),\mathrm{Var}_{\max}(m_b)\}\end{aligned}$$

这蕴含着总的成熟 mRNA 的方差的范围完全由剪接概率所控制, 且假如$\mathrm{Var}_{\max}(m_a)$ 和 $\mathrm{Var}_{\max}(m_b)$ 之差越大, 这种范围变得越宽. 此外, 从 (6.27), 可显示出

$$\mathrm{Var}(m_a+m_b)\geqslant\mathrm{Var}(m_n)\quad 假如\quad 0<\min\left\{\frac{1}{r_a},\frac{1}{r_b}\right\}\leqslant\frac{\sqrt{5}-1}{2}\approx 0.618 \tag{6.29a}$$

$$\mathrm{Var}(m_a+m_b)\leqslant\mathrm{Var}(m_n)\quad 假如\quad 0.618\approx\frac{\sqrt{5}-1}{2}\leqslant\max\left\{\frac{1}{r_a},\frac{1}{r_b}\right\}<1 \tag{6.29b}$$

上述不等式表明：假如每个 BDR 的倒数位于区间 $(0,0.618]$ 内, 那么总的成熟 mRNA 的方差大于前体 mRNA 的方差; 假如两个 BDR 的倒数均位于区间 $[0.618,1)$ 内, 那么总的成熟 mRNA 的方差小于前体 mRNA 的方差. 这样黄金分割比率 0.618 的倒数是 BDR 区分总的成熟 mRNA 的方差是否大于前体 mRNA 的方差的临界点, 这是一个有趣的事实.

注意到: 还有另外一种可能情形发生, 即 $1/r_a$ 和 $1/r_b$ 中的一个大于 0.618 但小于 1 而另一个小于 0.618 但大于 0. 此时, 总的成熟 mRNA 的方差的最大值大于前体的方差的最大值, 但前者的最小值小于后者的最小值. 更精细地, 假如 $B_e$ 变得很大, 那么选择性剪接能够有效地减低总的成熟 mRNA 的方差; 假如前体 mRNA 的方差变得很小, 那么选择性剪接也能够增强总的成熟 mRNA 的方差. 以这种方式, 选择性剪接有效地调幅总的成熟 mRNA 的方差.

最后, 考察选择性剪接对表达噪声的影响.

对于模型 I, 因为三个随机变量 $m_i(i=n,a,b)$ 均服从泊松分布, 因此噪声强度为

$$\eta_{m_i}^2=\frac{\mathrm{Var}(m_i)}{\langle m_i\rangle^2}=\frac{1}{\langle m_i\rangle},\quad i=n,a,b$$

进一步, 利用两个成熟 mRNA 变量是相互独立的事实, 因此有

$$\eta_{m_a+m_b}^2=\frac{\operatorname{Var}\left(m_a+m_b\right)}{\left\langle m_a+m_b\right\rangle^2}=\frac{1}{\left(r_a-r_b\right) p_a+r_b} \frac{1}{\left\langle m_n\right\rangle}=\frac{1}{\left(r_a-r_b\right) p_a+r_b} \eta_{m_n}^2 \tag{6.30}$$

这表明: 总的成熟 mRNA 的噪声强度关于剪接概率是单调变化的. 此外, 注意到: 由 $0 \leqslant p_a \leqslant 1$ 和 $r_i>1\ (i=a, b)$ 可推出 $r_a p_a+r_b\left(1-p_a\right)>1$, 因此 $\eta_{m_a+m_b} / \eta_{m_n}<1$ 总是成立的. 进一步, 可显示出

$$\begin{aligned}
\min \left\{\left(\eta_{m_a}^2\right)_{\max },\left(\eta_{m_b}^2\right)_{\max }\right\} & =\min \left\{\frac{1}{r_a}, \frac{1}{r_b}\right\} \eta_{m_n}^2 \leqslant \eta_{m_a+m_b}^2 \\
& \leqslant \max \left\{\frac{1}{r_a}, \frac{1}{r_b}\right\} \eta_{m_n}^2 \\
& =\max \left\{\left(\eta_{m_a}^2\right)_{\max },\left(\eta_{m_b}^2\right)_{\max }\right\}
\end{aligned} \tag{6.31}$$

上面的分析表明: 总的成熟 mRNA 的噪声水平总是低于前体 mRNA 的噪声水平 (见 (6.30), 且其范围被两个成熟 mRNA 的噪声水平所控制 (见 (6.31). 此外, 从限制 (6.31) 可知: 总的成熟 mRNA 噪声的可达最低或最高水平说明前体 mRNA 选取单一的剪接路径从细胞核内传输到细胞质, 蕴含着总的成熟 mRNA 的噪声是否扩大或减低依赖于单一的剪接路径; 而从结果 (6.30) 可知: 成熟 mRNA 的噪声水平的范围由前体 mRNA 的噪声水平及两个成熟 mRNA 的降解率之差决定. 这些显示出选择性剪接在成熟 mRNA 的噪声方面起着重要作用, 有利于细胞在不同的外部环境条件下做出合适的决策.

对于模型Ⅱ, 不难给出前体 mRNA 和成熟 mRNA 的噪声强度的下列计算公式

$$\begin{aligned}
& \eta_{m_n}^2=\frac{\operatorname{Var}\left(m_n\right)}{\left\langle m_n\right\rangle^2}=\frac{1}{\left\langle m_n\right\rangle}\left(1+B_e\right) \\
& \eta_{m_i}^2=\frac{\operatorname{Var}\left(m_i\right)}{\left\langle m_i\right\rangle^2}=\frac{1}{\left\langle m_n\right\rangle}\left(\frac{1}{r_i p_i}+\frac{B_e}{r_i+1}\right)
\end{aligned} \tag{6.32}$$

这里, $i=a, b$. (6.32) 表明: 每个成熟 mRNA 的噪声水平随着剪接概率的增加而减少, 但随着平均爆发大小的增加而增加. 进一步, 假如 $B_e p_i \gg 1$(这在大多数实际情形成立), 那么 $\eta_{m_i}^2 \approx \dfrac{1}{\left\langle m_n\right\rangle} \dfrac{B_e}{r_i+1}<\eta_{m_n}^2$, 并且每个成熟 mRNA 的噪声强度当 $B_e \approx \dfrac{1}{p_i}$ 时达到其极值.

下面考察总的成熟 mRNA 的噪声水平. 通过简单的计算, 可获得

$$\eta_{m_a+m_b}^2=\frac{c p_a^2+b_a p_a+c_b}{\left[\left(r_a-r_b\right) p_a+r_b\right]^2} \frac{1}{\left\langle m_n\right\rangle}=\frac{c p_b^2+b_b p_b+c_a}{\left[\left(r_b-r_a\right) p_b+r_a\right]^2} \frac{1}{\left\langle m_n\right\rangle} \tag{6.33}$$

这里 $c$, $b_i$, $c_i$ 由 (6.27) 给出. 通过分析, 可发现函数 $f(x)=\dfrac{cx^2+b_ix+c_b}{\left[(r_a-r_b)x+r_b\right]^2}$ 是取值在区间 $[0,1]$ 内的 $x$ 的单调函数, 蕴含着选择性剪接总是单调地调幅总的成熟 mRNA 噪声. 更确切地, 假如 $r_a<r_b$, 则 $\eta^2_{m_a+m_b}$ 是 $p_b$ 的单调减少函数; 若 $r_a>r_b$, 则 $\eta^2_{m_a+m_b}$ 是 $p_a$ 的单调减少函数. 另一方面, 从生物学的观点, 选择性剪接的一个合理策略随机前体 mRNA 选择具有更大 FER 的剪接路径进行剪接. 这样, 无论 $r_a$ 和 $r_b$ 是什么, 选择性剪接总是减低总的成熟 mRNA 的噪声.

由于不等式 $\eta^2_{m_a+m_b}/\eta^2_{m_n}<1$ 总是成立, 因此引进下列指标

$$I_{\text{eff}}=\left(1-\frac{\eta^2_{m_a+m_b}}{\eta^2_{m_n}}\right)\times 100\% \tag{6.34}$$

它描述选择性剪接减低总的 mRNA 噪声水平的效率. 明显地, 假如 $\eta^2_{m_a+m_b}/\eta^2_{m_n}$ 越小, 那么这种效率就越高. 从上面的定义, 可知: 若取 $M_b$ 作为参考, 那么 $I_{\text{eff}}$ 是差 $\alpha=|r_a-r_b|$ 和剪接概率 $p_a$ 的函数. 而且可看出: $I_{\text{eff}}$ 随着剪接概率 $p_a$ 的增加而增加.

在实际情形, 我们更感兴趣于总的 mRNA 噪声水平与前体 mRNA 噪声水平之比. 注意到计算公式 (6.33) 可统一写为

$$\eta^2_{m_a+m_b}=\frac{1}{1+B_e}\frac{cp_i^2+b_ip_i+c_i}{\left[(r_i-r_{\bar{i}})p_i+r_{\bar{i}}\right]^2}\eta^2_{m_n}$$

简单的分析可显示出这种比率的上、下界

$$\frac{\min\left\{\dfrac{1}{r_a}+\dfrac{1}{1+r_a}B_e,\dfrac{1}{r_b}+\dfrac{1}{1+r_b}B_e\right\}}{1+B_e}\leqslant\frac{\eta^2_{m_a+m_b}}{\eta^2_{m_n}}\leqslant\frac{\max\left\{\dfrac{1}{r_a}+\dfrac{1}{1+r_a}B_e,\dfrac{1}{r_b}+\dfrac{1}{1+r_b}B_e\right\}}{1+B_e}$$

表明不等式 $\eta^2_{m_a+m_b}/\eta^2_{m_n}<1$ 总是成立, 蕴含着总的成熟 mRNA 的噪声水平总是低于前体 mRNA 的噪声水平. 特别是, 假如爆发因子 $B_e$ 足够大, 那么比率 $\eta^2_{m_a+m_b}/\eta^2_{m_n}$ 介于完全由传输率与每个成熟 mRNA 的降解率的比率的两个值之间, 即

$$\min\left\{\frac{1}{1+r_a},\frac{1}{1+r_b}\right\}<\frac{\eta^2_{m_a+m_b}}{\eta^2_{m_n}}<\max\left\{\frac{1}{1+r_a},\frac{1}{1+r_b}\right\}<1 \tag{6.35}$$

特别是, 对于模型 I, 有下列精确估计

$$\min\left\{\frac{1}{r_a},\frac{1}{r_b}\right\}\leqslant\frac{\eta^2_{m_a+m_b}}{\eta^2_{m_n}}\leqslant\max\left\{\frac{1}{r_a},\frac{1}{r_b}\right\}\leqslant 1 \tag{6.36}$$

这里 "精确" 是指等号可以达到. 注意到: 不等式 (6.36) 等同于下列不等式

$$\left|\frac{\eta_{m_a+m_b}^2}{\eta_{m_n}^2}-\frac{1}{2}\left(\frac{1}{r_a}+\frac{1}{r_b}\right)\right|\leqslant\frac{1}{2}\left|\frac{1}{r_a}-\frac{1}{r_b}\right|=\frac{|r_a-r_b|}{2r_ar_b}$$

这表明: 对于模型 I , 总的成熟 mRNA 噪声强度与前体 mRNA 噪声强度之比率位于中心在 $\frac{1}{2}\left(\frac{1}{r_a}+\frac{1}{r_b}\right)$ 的某个小的邻域内, 由于 $r_i>1$ $(i=a,b)$. 此外, 根据 $I_{\text{eff}}$ 的定义并利用 (6.35), 可知: 对于模型 II

$$\min\left\{\frac{r_a}{1+r_a},\frac{r_b}{1+r_b}\right\}<I_{\text{eff}}<\max\left\{\frac{r_a}{1+r_a},\frac{r_b}{1+r_b}\right\}\tag{6.37a}$$

对于模型 I

$$\min\left\{1-\frac{1}{r_a},1-\frac{1}{r_b}\right\}<I_{\text{eff}}<\max\left\{1-\frac{1}{r_a},1-\frac{1}{r_b}\right\}\tag{6.37b}$$

这两个不等式表明: 当平均爆发大小足够大时, 出生/死亡波动率 $r_i$ $(i=a,b)$ 能够特征化 $I_{\text{eff}}$ 的范围.

## 6.2 RNA 核驻留对基因表达的影响

越来越多的实验证实: RNA核驻留并不是例外而是广泛存在于基因表达过程中. 具有一定功能但不被翻译成蛋白质的一个 RNA 子集包括看家 RNA 和非编码 ncRNA. 这些 ncRNA 的长度既可以小于 50nt 但也可以大于 100nt 或 200nt[4,5]. 一般地, 长的 ncRNA(记为 lncRNA) 在基因表达过程中起着调控作用[6,7]. 特别是在真核细胞中, 大多数 ncRNA 是核驻留的[8−11]. 已经显示出: 尽管原核细胞中的 ncDNA 占整个基因组的百分比不足 25%, 但是在人类中占比高达 98%, 而且 ncRNA 中的大多数包含活性转录单元[12]. 一个研究表明[8]: 在许多细胞中, 大约 30% 的 poly(A+) RNA 是核驻留的, 在细胞质中是不能被勘察到的, 而另一个研究显示出: 哺乳细胞中的 poly(A+) RNA 在核散斑体附近是富余的[12−15].

CTN-RNA(老鼠组织特异的、长度大约为 8kb 的核驻留 poly(A+) RNA) 能调控其蛋白质编码伙伴的水平, 且是从蛋白质编码的老鼠 mCAT2(mouse cationic amino acid transporter 2) 基因通过选择性使用启动子和 poly(A+) 位点而转录的. 实验证实: CTN-RNA 在细胞核中是以扩散方式分布的, 且位于旁斑附近[16,17]. CTN-RNA 的长 3′UTR 端包含用于 A-to-I 编辑的某些成分, 涉及 CTN-RNA 核驻留. 有趣的是, CTN-RNA 的敲除也能下调 mCAT2 mRNA. 此外, 细胞一旦感受到压力, CTN-RNA 会后转录清除而产生编码蛋白质的 mCAT2 mRNA. 这些实验事实揭示出驻留那些不会产生蛋白质但在有生理压力时需要快速出现 RNA 分子的那部分细胞核的作用, 相应机制也表明: 核驻留的 RNA 转录本在调控基因表达中的重要作用[16,18−20].

这里, 以老鼠 CTN-RNA 核驻留调控 mCAT2 表达为例, 我们首先建立一个简化模型, 并分析 RNA 核驻留对基因表达的影响, 然后建立一个考虑扣押等因素的更为复杂模型, 并分析 RNA 核驻留对基因表达的影响.

### 6.2.1　一个简化但真实的模型及其分析

为了清楚地显示出 CTN-RNA 核驻留是如何调控 mCAT2 表达噪声的, 这里我们考虑转录水平上的一个简化 mCAT2 基因模型, 参考图 6.2, 其中, 假定基因启动子有一个开状态 (这里转录是高效的) 和一个关状态 (这里没有转录). 从前体 mRNA 形成的成熟 mRNA 以概率的方式分成两部分: CTN-RNA 和 mCAT2 RNA. 前者大约 8kb 长, 利用 poly(A+) 位点, 有一个长的 3′UTR, 并驻留在核中, 而后者长度大约为 4.3kb, 利用更近的 poly(A+) 位点, 有一个短的 3′UTR, 首先被输运到细胞质中然后翻译成蛋白质. 首先, 基于 mCAT2 基因表达的平均水平并结合模型分析, 我们对 CTN-RNA 核驻留的概率导出一个生物合理的估计, 它能够方便地用于预测; 然后, 试图揭示出 CTN-RNA 核驻留是如何控制 mCAT2 RNA 噪声的机制. 在下一小节中, 我们将建立一个更为真实的模型, 它不仅考虑了 CTN-RNA 核驻留, 还考虑了旁斑附近相关蛋白的调控作用.

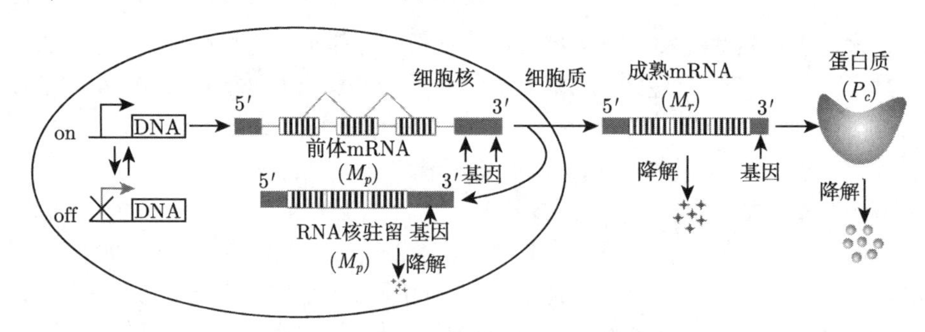


图 6.2　考虑 CTN-RNA 核驻留效果的简化 mCAT2 基因模型示意图

让 $M_p$ 代表从 mCAT2 基因 ($D$) 转录过来的 pre-mCAT2 RNA. 假定这种 mCAT2 RNA 产生两个成熟的 mRNA, 记为 $M_r$ 和 $M_c$, 其中前者保留在细胞核中, 但后者首先传输到细胞质中然后翻译成 mCAT2 蛋白质 $P_c$, 参考图 6.2.

先描述转录过程. 相关的生化反应包括

$$D \xrightarrow{k_0} D + B \times M_p, \quad M_p \xrightarrow{k_i} M_i, \quad M_i \xrightarrow{d_i} \varnothing \tag{6.38}$$

其中, $i = r, c$. 第一个反应描述活性 mCAT2 基因 ($D$) 是如何转录成前体 mRNA

的, 其中, $k_0$ 代表**爆发频率**, 而 $B$ 代表爆发大小, 两者一起特征化基因爆发动力学; 第二个反应描述前体 mRNA 中的一部分仍然保留在细胞核中, 且以比率 $k_r = k_1 p_r$ 最后形成 CTN-RNA($M_r$), 而其他部分形成 mCAT2 RNA($M_c$), 它们以比率 $k_c = k_2(1-p_r)$ 最后从细胞核传输到细胞质中, 其中, $p_r$ 代表前体 mRNA 驻留在细胞核的概率 (叫作驻留概率) 且 $p_r \in [0,1)$, $k_1$ 代表 $M_p$ 形成 $M_r$ 的纯比率, 而 $k_2$ 是总比率, 它由两部分组成: $M_p$ 形成 $M_c$ 的速率; $M_c$ 从细胞核传输到细胞质的速率. 最后一个反应描述反应物种 $M_i$ 的降解, 且降解率为 $d_i$.

假定**转录爆发大小**$B$ 是一个离散随机变量, 服从离散分布 $\text{prob}\{B=i\} = \alpha_i$, 其中, $i \in \{0,1,\cdots\}$, $\alpha_i$ 是在 $[0,1]$ 中取值的常数. 假如 $\alpha_1 = 1$ 和其他的 $\alpha_k \equiv 0$, 蕴含着 $\langle B \rangle \equiv 1$, 那么这种情形对应于所谓的构成式表达. 其他情形对应于所谓的爆发式表达. 这样, 我们能够在统一的框架中对模型进行分析.

让 $P(\boldsymbol{m};t)$ 代表在时刻 $t$, $M_p$ 有 $m_p$ 个细胞核中前体 mRNA 的数目, $M_r$ 有 $m_r$ 个核前体 CTN-RNA 的数目, $M_c$ 有 $m_c$ 个细胞质中 mCAT2-RNA 的数目, 其中, $\boldsymbol{m} = (m_p, m_r, m_c)$. 那么, 相应的化学主方程为

$$\begin{aligned}\frac{\partial P(\boldsymbol{m};t)}{\partial t} =& k_0 \left(\sum_{i=0}^{m_p} \alpha_i E_{m_p}^{-i} - I\right) P(\boldsymbol{m};t) \\ &+ \sum_{j\in\{r,c\}} \left\{k_j \left(E_{m_p} E_{m_j}^{-1} - I\right)[m_p P(\boldsymbol{m};t)] \right. \\ &\left. + d_j \left(E_{m_j} - I\right)[m_j P(\boldsymbol{m};t)]\right\} \end{aligned} \tag{6.39}$$

其中, $E_{m_j}$ 代表普通的平移算子, 其逆记为 $E_{m_j}^{-1}$, $j = p, r, c$; $I$ 是恒同算子.

对于构成式表明情形, 并不困难地显示出: 上面三种 mRNA 在静态时都服从泊松分布, 即

$$P_{M_p}(m_p) = \frac{\lambda_p^{m_p}}{m_p!} \mathrm{e}^{-\lambda_p}, \quad P_{M_r}(m_r) = \frac{\lambda_r^{m_r}}{m_r!} \mathrm{e}^{-\lambda_r}, \quad P_{M_c}(m_c) = \frac{\lambda_c^{m_c}}{m_c!} \mathrm{e}^{-\lambda_c} \tag{6.40}$$

其中, $\lambda_p = k_0/(k_r + k_c)$, $\lambda_r = \lambda_p \cdot k_r/d_r$, $\lambda_c = \lambda_p \cdot k_c/d_c$. 由此, 容易计算出三种 mRNA 的静态平均和方差, 它们都是 $\lambda_p$, $\lambda_r$ 和 $\lambda_C$ 的函数.

对于爆发式表达情形, 尽管一般不能导出三种 mRNA 的分布, 但是并不困难地给出静态平均

$$\langle \bar{m}_p \rangle = \frac{k_0 \langle B \rangle}{(k_c + k_r)} = \frac{k_0 \langle B \rangle}{[k_2 - (k_2 - k_1) p_r]}, \quad \langle \bar{m}_j \rangle = \frac{k_j}{d_j} \langle \bar{m}_p \rangle \tag{6.41}$$

其中, $j = r, c$.

基于实验数据 [16,21], 我们发现: CTN-RNA 的平均表达量与 mCAT2 RNA 的平均表达量存在某种密切关系, 更精确地, 我们有 $\langle \bar{m}_r \rangle \approx 2 \langle \bar{m}_c \rangle$. 此外, 两个假设

$k_2 > k_1$ 和 $d_r > d_c$ 是生物合理的, 蕴含着细胞核中的 CTN-RNA 比 mCAT2 更为稳定. 这样, 假如记 $k_2 = \alpha k_1$, $d_c = \beta d_r$, 其中, $\alpha$ 介于 $2 \sim 4$ 而 $\beta$ 介于 $10 \sim 20$, 并结合实验估计关系 $\langle \bar{m}_r \rangle \approx 2\langle \bar{m}_c \rangle$, 那么我们能够达到下列近似表达

$$p_r \approx \frac{2}{2+(\beta/\alpha)} = \frac{2}{2+(\omega_r/\omega_c)} \tag{6.42}$$

其中, $\omega_r = k_1/d_r$, $\omega_c = k_2/d_c$. 再根据 $\alpha$ 和 $\beta$ 的实验范围, 我们总结出最大驻留概率不会大于 66.7%. 另外, 模型的数值模拟发现: $p_r$ 介于 $16.7\% \sim 44.4\%$ , 这与以前的统计结果基本相符[22−24], 说明: 上面建立的数学模型是生物学合理的.

下一步, 我们来分析 CTN-RNA 核驻留对 mCAT2 RNA 噪声的效果. 从上面的主方程, 容易导出下列确定性方程

$$\frac{\mathrm{d}}{\mathrm{d}t}\left\langle m_p^2\right\rangle = k_0\left\langle B^2\right\rangle + 2k_0\langle B\rangle\langle m_p\rangle + (k_r+k_c)\langle m_p\rangle - 2(k_r+k_c)\left\langle m_p^2\right\rangle \tag{6.43a}$$

$$\frac{\mathrm{d}}{\mathrm{d}t}\left\langle m_j^2\right\rangle = k_j\langle m_p\rangle + 2k_j\langle m_p m_j\rangle + d_j\langle m_j\rangle - 2d_j\left\langle m_j^2\right\rangle \tag{6.43b}$$

$$\frac{\mathrm{d}}{\mathrm{d}t}\langle m_p m_j\rangle = k_0\langle B\rangle\langle m_j\rangle + k_j\left(\left\langle m_p^2\right\rangle - \langle m_p\rangle\right) - (k_r+k_c+d_j)\langle m_p m_j\rangle \tag{6.43c}$$

其中, $j = r, c$. 这样, 在静态处, 噪声强度 (定义为标准差除以平均) 的平方为

$$\eta_{m_p}^2 = \frac{1}{\langle \bar{m}_p\rangle}(1+B_e), \quad \eta_{m_j}^2 = \frac{1}{\langle \bar{m}_j\rangle}\left(1+\frac{k_j B_e}{k_r+k_c+d_j}\right) \tag{6.44}$$

其中, $B_e = \left(\left\langle B^2\right\rangle - \langle B\rangle\right)/(2\langle B\rangle)$, $j = r, c$. 注意到: 细胞核中的总噪声为 $\eta_{m_p}^2 + \eta_{m_r}^2$, 而细胞质中的噪声为 $\eta_{m_c}^2$. 此外, 近似关系 $2\langle \bar{m}_c\rangle \approx \langle \bar{m}_r\rangle$ 蕴含着估计 $\eta_{m_r}^2 < \dfrac{B_e}{1+B_e}\dfrac{1}{1+\alpha}\eta_{m_p}^2 < \dfrac{1}{3}\eta_{m_p}^2$. 由此, 我们总结出: 在细胞核中 CTN-RNA 的集聚能够减低总的噪声水平. 这一结论可解释如下: CTN-RNA 核驻留总是减低前体 mCAT2 RNA 的噪声, 而总的噪声由两部分组成: 前体 mCAT2 RNA 噪声和 CTN-RNA 噪声. 然而, 由 CTN-RNA 核驻留产生的噪声对总噪声有较小的贡献, 这是因为前者的水平不到后者的水平的 30%.

在 CTN-RNA 核驻留不存在的极端情形, 即 $p_r = 0$, 细胞核中前体 mRNA($m_p$) 的噪声强度以及细胞质中成熟 mRNA($M_c$) 的噪声强度分别是

$$\tilde{\eta}_{m_p}^2 = \frac{1}{\overline{\langle \tilde{m}_p\rangle}}(1+B_e), \quad \tilde{\eta}_{m_c}^2 = \frac{1}{\overline{\langle \tilde{m}_c\rangle}}\left(1+\frac{k_2 B_e}{k_2+d_c}\right) \tag{6.45}$$

其中, $\overline{\langle \tilde{m}_p\rangle} = k_0\langle B\rangle/k_2$, $\overline{\langle \tilde{m}_c\rangle} = k_0\langle B\rangle/d_c$. 比较 (6.44) 和 (6.45), 我们发现不等式 $\eta_{m_p}^2/\tilde{\eta}_{m_p}^2 < 1$ 总是成立, 这表明: CTN-RNA 核驻留总是减低细胞核中的 CTN-RNA 噪声. 由于 RNA 核驻留出现在几乎所有的真核细胞中和大多数原核细胞中, 因此

以前用没有考虑 RNA 核驻留的基因模型获得的结果高估了前体 mRNA 噪声. 回忆起转录噪声由两部分构成：一部分是由于启动子状态之间的切换而导致的启动子噪声; 另一部分是由 mRNA 的生灭而导致的内部噪声. 因此, RNA 核驻留减低前体 mRNA 噪声的这一定性结论实际指的是减低启动子噪声, 此外也蕴含着：真实细胞中的转录噪声并没有我们想象得那么大.

然而, 要决定 $\eta_{m_c}^2$ 和 $\tilde{\eta}_{m_c}^2$ 中哪一个更大似乎并不容易. 从表达 (6.44) 并结合表达 (6.45), 我们能够看出：成熟 mRNA($m_c$) 的噪声水平依赖于平均爆发大小 $\langle B\rangle$ 和驻留概率 $p_r$(对于真核细胞, 它一般在 0.1 和 0.6 之间取值). 要估计比率 $\eta_{m_c}^2/\tilde{\eta}_{m_c}^2$ 似乎是困难的, 因为它既依赖于比率 $k_2/k_1$, 又依赖于平均爆发大小 $\langle B\rangle$ 以及驻留概率 $p_r$, 而这两者由于实验数据的缺乏而不能确定其精确的范围. 在理论上, 比率 $\eta_{m_c}^2/\tilde{\eta}_{m_c}^2$ 的值可以大于 1、小于 1 和等于 1. $\eta_{m_c}^2>\tilde{\eta}_{m_c}^2$ 意味着 CTN-RNA 核驻留起着扩大细胞质中的 mCAT2 mRNA 噪声的作用; $\eta_{m_c}^2<\tilde{\eta}_{m_c}^2$ 有着与 $\eta_{m_c}^2>\tilde{\eta}_{m_c}^2$ 相反的含义. 特别是, $\eta_{m_c}^2/\tilde{\eta}_{m_c}^2=1$ 的情形自然是区分是否存在 RNA 驻留的边界.

### 6.2.2 扣押模型的构建与分析

实验证实[16,25]：CTN-RNA 以一种*扣押*(sequestration) 的方式正调控细胞核中 mCAT2 RNA 的表达, 但扣押分子是什么以及扣押的分子机制并不清楚. 这里, 基于一个实验报告[26] 和文献 [16] 的讨论, 我们推测出：扣押分子是由 p54$^{\mathrm{nrb}}$ 和 PSP1 这两个蛋白质形成的异质二聚体, 记为 p54$^{\mathrm{nrb}}$-PSP1, 参考图 6.3, 它显示出核驻留的 CTN-RNA 通过扣押异质二聚体 p54$^{\mathrm{nrb}}$-PSP1 能够积极地调控 mCAT2 基因的表达. 由此, 这里在前一模型的基础上进一步构建了一个扣押模型, 特别是分析了 CTN-RNA 的动力学, 获得了能很好解释实验现象的结果.

首先, 简单地叙述扣押的分子. 众所周知, 基因 mCAT2 产生前体 mCAT2 RNA, 其一部分驻留在核内 (叫作 CTN-RNA), 另一部分形成成熟的 mCAT2 RNA, 它首先被运输到细胞质中然后翻译成具有功能的. 注意到：CTN-RNA 和 mCAT2 RNA 都有一个公共的 3′UTR 区域, 这一区域对 RNA 有重要影响[16,25]. 在细胞无压力情形, 核驻留的 CTN-RNA 和旁斑附近的异质二聚体能够形成稳定的复合物. 这些复合物在旁斑外面逐步积聚, 以便异质二聚体不能够在细胞外部自由扩散, 这导致有更少的机会绑定到细胞核中 mCAT2 RNA 的位点 (参考图 6.3(a)). 在这种情形, mCAT2 RNA 被正常地输运到细胞质中, 并在那里履行它们的翻译功能. 相对地, 在细胞有压力情形, 假如细胞核中大多数 CTN-RNA 通过实验方法被敲除, 那么旁斑附近的异质二聚体能够在细胞内自由地扩散, 并和那些不能运输到细胞质的 mCAT2 RNA 项结合, 导致蛋白质编码的转录本迅速地降解掉, 参考图 6.3(b). 在这种情形, 那些在细胞质中能够履行翻译功能的 mCAT2 RNA 被极大地减少了. 我们将显示出：在每种情形, mCAT2 RNA 表达水平以一种与实验观察相一致的方式减少了, 这主要是由于扣押的结果. 以这种方式, CTN-RNA 积极地调控 mCAT2 RNA 的水平.

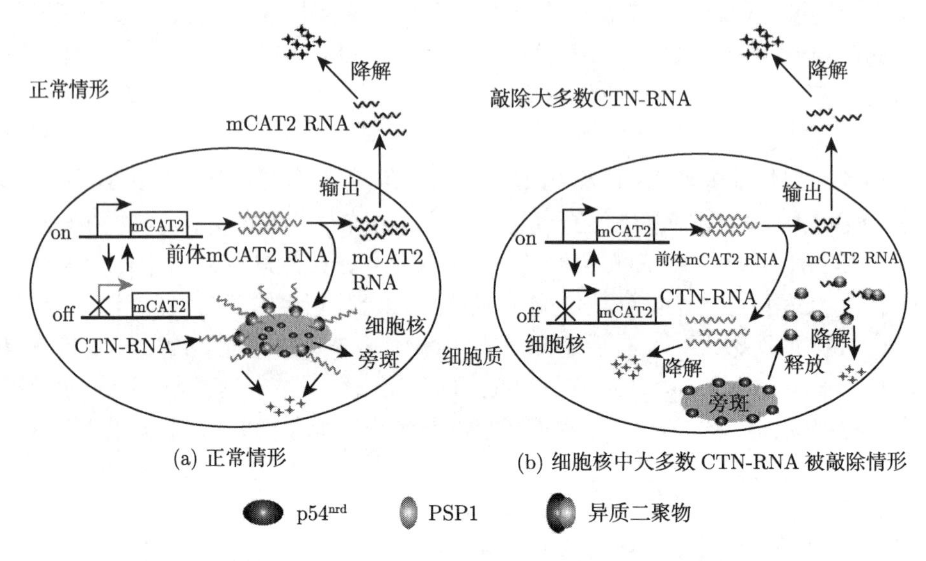


图 6.3　扣押模型示意图

一旦考虑异质二聚体扣押的猜测效果, 那么上面简化的 mCAT2 基因模型应该被修正为下列更一般的模型

$$
\begin{aligned}
&D \xrightarrow{k_0} D + B \times M_p, \quad M_p \xrightarrow{k_r} M_r, \quad M_p \xrightarrow{k_c r_{es}} M_c, \quad M_r \xrightarrow{d_r} \varnothing, \quad M_c \xrightarrow{d_c} \varnothing \\
&M_r + n_1 E \underset{v_{-1}}{\overset{v_1}{\rightleftharpoons}} E_{n_1} M_r \xrightarrow{d_r^*} \varnothing, \quad M_c + n_2 E \xrightarrow{v_2} E_{n_2} M_c \xrightarrow{d_c^*} \varnothing
\end{aligned} \tag{6.46}
$$

其中, 前体 mCAT2 RNA($M_p$) 产生 CTN-RNA($M_r$) 和 mCAT2 RNA ($M_c$). 从文献 [16] 的实验结果, 我们知道: 3′UTR 是 mCAT2 mRNA 和 CTN-RNA 的公共序列, 是一个长度大约为 1.5kb 的区域. 这样, 可合理地假定存在一个复合物 (记为 $E$), 它影响或调控 mCAT2 mRNA 的稳定性, 这是因为 CTN-RNA 会和 mCAT2 RNA 竞争结合位点. 基于这一文献的实验结果, 我们推测出这一复合物最可能是由两个蛋白 $\mathrm{p54^{nrb}}$ 和 PSP1 形成的异质二聚体, 但其量并不大, 因为 $\mathrm{p54^{nrb}}$ 在总的细胞池中仅占一小部分的比例[26]. 更精确地, $\mathrm{p54^{nrb}}$ 仅在比 PSP1 表达水平更高水平上表达[26]. 一般地, CTN-RNA 和异质二聚体由于与异质二聚体绑定的强竞争而形成一个相对稳定的复合物, 记为 $E_{n_1}M_r$, 它位于旁斑的周围[16,25].

在反应式 (6.45) 中, 可逆反应代表一个 CTN-RNA 可以和细胞核中 $n_1$ 异质二聚体形成具有更慢降解率 $d_r^*$(即 $d_r \gg d_r^*$) 的复合物. 相对地, 一个 mCAT2 RNA 可以在细胞质中迅速地和 $n_2$ 异质二聚体结合形成另一个复合物. 假如大多数 CTN-

RNA 被敲除, 那么异质二聚体能够从旁斑附近扩散, 并抓住 mCAT2 RNA 形成第一复合物, 记为 $E_{n_2}M_c$, 然后抓住另一个不是很稳定的但有一个更快降解率 $d_c^*$(即 $d_c^* \gg d_c$) 的复合物. 一般地, $n_1$ 和 $n_2$ 由于缺乏实验数据支持因此是未知的. 基于上面的扣押模型, 我们将显示出：比率 $n_1/n_2$ 存在两种可行但具有代表性的情况, 且这些情况可以发生在真实的生物系统中.

我们主要感兴趣于细胞核中由 CTN-RNA 调控的 mCAT2 RNA. 因此, 显示在图 6.3(a) 中的扣押模型能够由下列反应网络来描述 (实际是由 (6.46) 描述反应网络的简化版本)

$$
\begin{aligned}
&D \xrightarrow{k_0} D + B \times M_p, \quad M_p \xrightarrow{k_r} M_r, \quad M_p \xrightarrow{k_c} M_c, \\
&M_r \xrightarrow{d_1} \varnothing, \quad M_c \xrightarrow{d_c} \varnothing, \quad M_r + n_1 E \underset{v_{-1}}{\overset{v_1}{\rightleftharpoons}} E_{n_1}M_r \xrightarrow{d_r^*} \varnothing
\end{aligned} \tag{6.47}
$$

我们指出：这一模型能够很好地特征化正调控细胞核中 mCAT2 RNA 的 CTN-RNA. 事实上, 因为细胞核中的 CTN-RNA 扣押细胞中的大多数异质二聚体, 因此 mCAT2 RNA 能够有效地传输到细胞核中, 并进一步翻译成具有功能的蛋白质. 一方面, 复合物 $E_{n_1}M_r$ 的动力学可近似为

$$
\frac{\mathrm{d}}{\mathrm{d}t}[E_{n_1}M_r] = v_1[M_r][E]^{n_1} - (v_{-1} + d_r^*)[E_{n_1}M_r] \tag{6.48}
$$

其中, $M_r$ 代表细胞核中自由的 CTN-RNA, 符号 $[\cdot]$ 代表细胞中的物种的数目, $E_{n_1}M_r$ 满足下列保守性条件

$$
[M_r]_{\text{total}} = [M_r] + [E_{n_1}M_r] \tag{6.48a}
$$

假设有关反应迅速地达到平衡, 那么有

$$
[M_r]_{\text{total}} = \langle \bar{m}_r \rangle, \quad (v_{-1} + d_r^*)[E_{n_1}M_r] = v_1[M_r][E]^{n_1} \tag{6.48b}
$$

进一步, 假如 $v_{-1} \gg d_r^*$, 那么 $\dfrac{[M_r]}{[M_r]_{\text{total}}} \approx \dfrac{1}{1+\kappa_r[E]^{n_1}}$, 其中, $\dfrac{v_1}{v_{-1}} = \kappa_r$. 由于 $k_r \gg 1$, $E \gg 1$ 及 $n_1 \geqslant 1$[16,22], 因此可总结出：细胞核中自由的 CTN-RNA 仅占据细胞核中整个 CTN-RNA 的很小一部分, 蕴含着 $[E_{n_1}M_r] \approx [M_r]_{\text{total}} = \langle \bar{m}_r \rangle$. 换句话说, 大多数 CTN-RNA 会绑定到异质二聚体, 并稳定地位于旁斑的周围, 这一结果与实验观察[16] 完全一致. 另一方面, 根据文献 [21], 我们知道 $[E_{n_1}M_r] \approx 2\langle \bar{m}_c \rangle$. 注意到：由于驻留概率 $p_r$ 在整个转录过程中通常小于 1/2[22−24], 因此每单位时间内 mCAT2 RNA 的产物量比 CTN-RNA 的产物量要多很多. 这就是说, CTN-RNA 的量大约是 mCAT2 RNA 的量的两倍, 因为稳定的复合物 $(E_{n_1}M_r)$ 在旁斑附近不

断积聚, 导致它的量相对于 mCAT2 RNA 的量更少地耗尽, 这里 "更少地耗尽" 是指: 平均 CTN-RNA 降解率一般是两个变量 $d_r$ 和 $d_r^*$ 的函数, 即 $\tilde{d}_r = f(d_r, d_r^*)$, 当 $d_r^*$ 接近于零时, 我们知道所期望的 CTN-RNA 降解是一个非常慢的过程, 蕴含着 $\tilde{d}_r \ll d_c$.

基于实验数据[16,18,19], 我们知道假如细胞核中约 80%的 CTN-RNA 被敲除, 那么 mCAT2 的量将减少约 50%. 因为我们的主要兴趣是在旁斑附近复合物的释放过程和抓住 mCAT2 RNA 的情况, 参考图 6.3(b), 因此有

$$\frac{\mathrm{d}}{\mathrm{d}t}[E_{n_2}M_c] = v_2 M_c^{\#}(r_b[E])^{n_2} - d_c^*[E_{n_2}M_c] \tag{6.49}$$

这一方程特征化有关过程的复杂动力学, 其中, $M_c^{\#} = (1 - r_{\text{es}})[M_c]$, $r_{\text{es}}$ 代表 mCAT2 RNA 从细胞核到细胞质的成功逃避的概率. 由于 $E$ 和在异质二聚体从旁斑释放过程中的其他 RNA 相互作用[26], 因此异质二聚体的平均扩散率可能不比 mCAT2 RNA 从细胞核到细胞质的传输率要快[24,26,27], 蕴含着: 并不是从旁斑释放的所有异质二聚体都会绑定到细胞核中的 mCAT2 RNA. 假设这一绑定的比率是 $r_b$, 其中, $0 < r_b < 1$. 在静态, 从 (6.49) 我们能够看出: 细胞核中 $E_{n_2}M_c$ 的数目是如此地小以至于可以省略. 因为方程 (6.48) 对约 20% 存活的 CTN-RNA 成立, 这意味着 $[M_r]^*_{\text{total}} \approx \langle \bar{m}_r \rangle / 5$. 此外, 大多数 mCAT2 RNA 存在于细胞质中, 且由 CTN-RNA 扣押的 $E$ 的约 80%量在理论上等于被耗尽的 mCAT2 RNA 的约 50%的量, 因此有近似关系: $[M_c]^*_{\text{total}} \approx \langle \bar{m}_c \rangle / 2$. 这些结果的结合蕴含着: 在静态处, 有近似比率 $n_1/n_2 \approx 50\% \langle \bar{m}_c \rangle / 80\% \langle \bar{m}_r \rangle$, 因此有 $n_1/n_2 \approx 1/3$(由于 $\langle \bar{m}_r \rangle \approx 2 \langle \bar{m}_c \rangle$).

另一方面, 基于 CTN-RNA 和 mCAT2 RNA 的结构, 并结合参数 $r_b$ 的可行值[16,25], 我们首先显示出存在两种可能的比率: $n_1/n_2 = 1/2$ 和 $n_1/n_2 = 2/2$, 然后给出绑定到 CTN-RNA 或 mCAT2 RNA 的异质二聚体的可能位点. 事实上, 假如 $r_b \approx 60\% \sim 65\%$, 那么有 $n_1/n_2 = 1/2$. 这意味着: 一部分异质二聚体 (实际是 p54$^{\text{nrb}}$-PSP1) 绑定到在细胞未受压力时在 CTN-RNA 的 $3'$UTR 端区域的某个位点, 或绑定到 CTN-RNA 和 mCAT2 RNA 公共的 $3'$UTR 区域. 假如细胞核中大多数 CTN-RNA 被敲除, 那么异质二聚体首先从旁斑释放, 然后变得如此自由以至于可以抓住细胞核中的 mCAT2 RNA 并绑定到 $5'$UTR 区域附近的 mCAT2 RNA 的公共 $3'$UTR, 导致 mCAT2 RNA 的快速降解. 假如 $r_b \approx 30\% \sim 35\%$, 那么有 $n_1/n_2 = 2/2$. 对于这种情形, 一部分异质二聚体可以绑定到更长 $3'$UTR 的某一位点, 而其他的异质二聚体可以绑定到 $5'$UTR 区域或相同长度的 $3'$UTR. 这样, 我们对公共 $3'$UTR 区域如何定性支配 mCAT2 RNA 的稳定性给出了准确解释. 而且, 最优可能发生的情形是上述两种比率同时存在, 其理由是: CTN-TNA 能基于自己的量很好地扣押异质二聚体, 并能很好地调控其蛋白质编码的伙伴.

### 6.2.3 CTN-RNA 核驻留对 mCAT2 基因表达的影响

从上面的分可以看出：核驻留的 CTN-RNA 不仅可以调控细胞核中的 mCAT2 RNA, 而且可以调控细胞质中的 mCAT2 RNA. 这里, 我们将显示出：mCAT2 基因的表达水平是如何被 CTN-RNA 定性和定量控制的. 为此, 由于分子机制的不同, 我们分开考虑两种情形：细胞没有压力和细胞有压力.

首先, 考虑细胞没有压力 (即正常) 情形, 参考示意图 6.4. 此图显示出转录与翻译过程的某些分子细节.

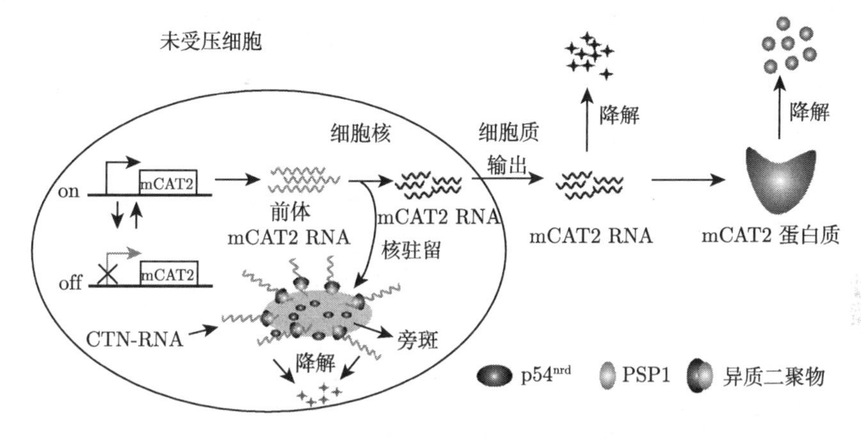


图 6.4 考虑 CTN-RNA 核驻留和旁斑的 mCAT2 基因表达模型示意图：正常情形, 即细胞没有受到病毒入侵, 其中, mCAT2 基因的转录和翻译过程也被显示

基于图 6.4, mCAT2 基因的表达动力学可以描述为

$$
\begin{aligned}
&D \xrightarrow{k_0} D + B \times M_p, \quad M_p \xrightarrow{k_r} M_r, \quad M_p \xrightarrow{k_c} M_c, \quad M_c \xrightarrow{d_c} \varnothing, \\
&M_r \xrightarrow{d_1} \varnothing, \quad M_r + n_1 E \underset{v_{-1}}{\overset{v_1}{\rightleftharpoons}} E_{n_1} M_r \xrightarrow{d_r^*} \varnothing, \quad M_c \xrightarrow{v_c} M_c + P_c, \quad P_c \xrightarrow{\delta_c} \varnothing. \qquad (6.50)
\end{aligned}
$$

其中, $P_c$ 代表 mCAT2 蛋白; 参数 $\nu_c$ 和 $\delta_c$ 分别是翻译和降解率. 和方程 (6.47) 相比, 这一模型仅改变了描述细胞核中 CTN-RNA 动力学的那些反应式的形式, 这里 “形式” 对 CTN-RNA 的数目仅有微小影响. 我们利用反应式 $M_p \xrightarrow{k_r} M_r$ 和 $M_r \xrightarrow{d_r} \varnothing$ 来描述 CTN-RNA 核驻留过程, 其中, $d_r \ll d_c$. 让 $P(\vec{x};t)$ 代表在 $t$ 时刻细胞核中有 $m_p$ 个前体 mCAT2 RNA 和由 $m_r$ 个 TN-RNA, 以及在细胞质中有 $m_c$ 个 mCAT2 RNA 和 $n_c$ 个 mCAT2 蛋白质, 并记 $\boldsymbol{x} = (m_p, m_r, m_c, n_c)$. 那么, 相应的主方程为

$$
\begin{aligned}
\frac{\partial P(\boldsymbol{x};t)}{\partial t} =& k_0 \left( \sum_{i=0}^{m_p} \alpha_i E_{m_p}^{-i} - I \right) P(\boldsymbol{x};t) + \nu_c \left( E_{n_c}^{-1} - I \right) [m_c P(\boldsymbol{x};t)] \\
&+ \delta_c (E_{n_c} - I) [n_c P(\boldsymbol{x};t)]
\end{aligned}
$$

$$+\sum_{j\in\{r,c\}}\left\{k_j\left(E_{m_p}E_{m_j}^{-1}-I\right)\left[m_pP\left(\boldsymbol{x};t\right)\right]+d_j\left(E_{m_j}-I\right)\left[m_jP\left(\boldsymbol{x};t\right)\right]\right\}\tag{6.51}$$

由此, 可导出下列常微分方程

$$\mathrm{d}\left\langle n_c\right\rangle/\mathrm{d}t=v_c\left\langle m_c\right\rangle-\delta_c\left\langle n_c\right\rangle\tag{6.52a}$$

$$\mathrm{d}\left\langle n_c^2\right\rangle/\mathrm{d}t=\nu_c\left\langle m_c\right\rangle+2\nu_c\left\langle m_cn_c\right\rangle+\delta_c\left\langle n_c\right\rangle-2\delta_c\left\langle n_c^2\right\rangle\tag{6.52b}$$

$$\mathrm{d}\left\langle m_cn_c\right\rangle/\mathrm{d}t=k_c\left\langle m_pn_c\right\rangle+\nu_c\left\langle m_c^2\right\rangle-\left(d_c+\delta_c\right)\left\langle m_cn_c\right\rangle\tag{6.52c}$$

$$\mathrm{d}\left\langle m_pn_c\right\rangle/\mathrm{d}t=k_0\left\langle B\right\rangle\left\langle n_c\right\rangle+\nu_c\left\langle m_pm_c\right\rangle-\left(k_r+k_c+\delta_c\right)\left\langle m_pn_c\right\rangle\tag{6.52d}$$

求解方程 (6.52d) 并利用结果 (6.41), 可获得 mCAT2 蛋白质噪声在静态处的计算公式

$$\eta_{n_c}^2=\frac{1}{\langle\bar{n}_c\rangle}+\frac{1}{\langle\bar{m}_c\rangle}\frac{\delta_c}{\delta_c+d_c}\left[1+\frac{B_ek_c}{k_r+k_c+d_c}\left(1+\frac{d_c}{k_r+k_c+\delta_c}\right)\right]\tag{6.53}$$

特别是, 对于基因的构成式表达, 即对于 $B_e=0$, 有

$$\eta_{n_c}^2=\underbrace{1/\langle\bar{n}_c\rangle}_{\text{蛋白质涨落}}+\underbrace{\delta_c/\left[\left(\delta_c+d_c\right)\langle\bar{m}_c\rangle\right]}_{\text{mRNA涨落}}\tag{6.54}$$

它由两部分组成: 一部分是 mCAT2 蛋白质的内部涨落, 由 $1/\langle\bar{n}_c\rangle$ 特征化; 另一部分是来自 mCAT2 RNA 的波动, 它并不等于零, 蕴含着 mCAT2 蛋白质数目并不服从泊松分布.

对于爆发式表达, 即对于 $B_e\neq 0$, 因为条件 $k_r+k_c>d_c\gg\delta_c$ 一般成立 (由于 mCAT2 蛋白质的寿命一般比 mCAT2 RNA 的寿命更长), 因此我们有下列近似公式

$$\eta_{n_c}^2\approx\underbrace{\left(1/\langle\bar{n}_c\rangle\right)}_{\text{蛋白质波动}}+\underbrace{\left(\delta_c/d_c\right)\left(1+\gamma B_e\right)\left(1/\langle\bar{m}_c\rangle\right)}_{\text{mRNA波动}}\tag{6.55}$$

其中, $\gamma=\alpha/[\alpha+p_r/(1-p_r)]$. 假如不考虑 CTN-RNA 核驻留的效果, 即假设 $p_r=0$, 那么 (6.55) 变成 $\eta_{n_c}^2\approx\dfrac{1}{\langle\bar{n}_c\rangle}+\dfrac{\delta_c}{d_c}\dfrac{1+B_e}{\langle\bar{m}_c\rangle}$, 它与以前的理论结果一致[27]. 注意到: $p_r$ 一般不会大于 2/3, 蕴含着 $\alpha/(\alpha+2)<\gamma<1$. 特别是, 由于 $\alpha$ 介于 2 和 4 之间, 因此有 $2/3<\gamma<1$.

现在, 我们来陈述 CTN-RNA 核驻留影响 mCAT2 RNA 噪声并进一步影响 mCAT2 蛋白质噪声的定性结果. 从上面的分析解可看出: CTN-RNA 核驻留总是降低 mCAT2 RNA 噪声和 mCAT2 蛋白质噪声. 这蕴含着: (i) 以前的基因模

型[27−32] 高估了蛋白质噪声; (ii) RNA 核驻留的优势是它能够降低表达噪声. 这些是 RNA 核驻留广泛存在于大多数真核细胞中的原因.

然后, 考虑细胞有压力 (即非正常) 情形, 参考示意图 6.5, 此图显示出转录与翻译过程的某些分子细节. 在某些情形, 细胞需要忍受高压力 (如病毒感染、损伤治愈等), 并适当地响应这些压力. 一般地, 有两种主要的压力源: 一种是细胞首先感知与 IFN-$\gamma$-IGR 和 LPS-TLR4 相对应的信号, 然后通过某种网络通路传送它们到旁斑[16,19,33,34]; 另一种是 $\alpha$-amanitin 蛋白抑制 RNA 聚合酶 II 转录并对细胞产生高压力, 导致 mCAT2 基因可能停止产生转录本. 在后一种情形, 细胞核中 CTN-RNA 的 3′UTR 首先迅速被 CFIm68 清除掉[35], 然后相对富有的 CTN-RNA 被传输到细胞质来产生自立的 mCAT2 蛋白质. 在每种细胞压力情形, 细胞核中的 CTN-RNA 通过一系列复杂但快速的过程能够产生 mCAT2 蛋白质, 以便 mCAT2 基因表达保持相对稳定, 蕴含着核驻留的 CTN-RNA 行为像是消防员. 这里, 我们感兴趣于后一种情形产生的细胞压力, 参考示意图 6.5. 尽管细胞接受压力信号有多种方式, 但是这里仅显示出两种方式: (i) 压力信号通过入侵病毒传输到受体蛋白质 LPS-TLR4 和 IFN-$\gamma$-IGR; (ii) 压力信号抑制 RNA 聚合酶 II 转录和 mCAT2 基因通过 $\alpha$-amanitin 或 DRB 协助的翻译.

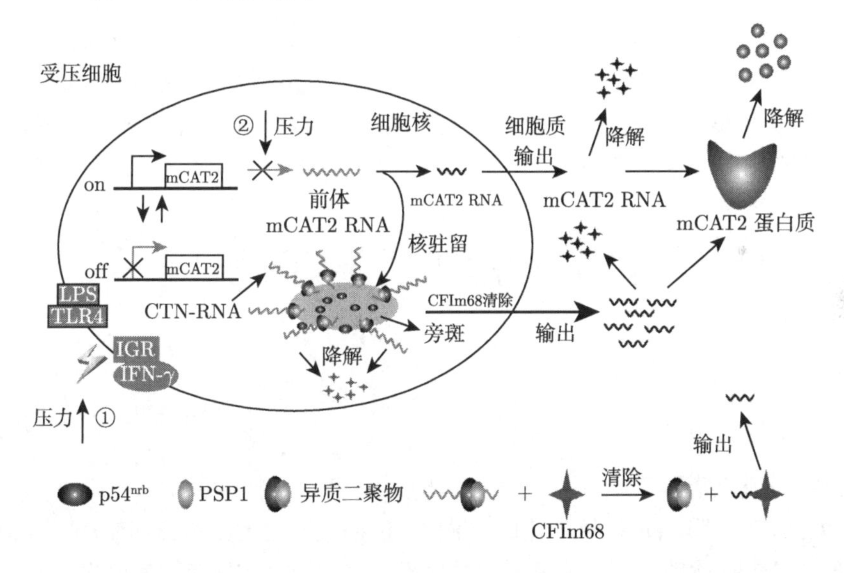


图 6.5 一个除考虑转录和翻译过程外还考虑细胞压力信号的 mCAT2 基因模型示意图

对于我们感兴趣的情形, 完整的生化过程可以划分成三个阶段 (或三个部分的反应)

$$M_p \xrightarrow{k_j} M_j, \quad M_j \xrightarrow{d_j} \varnothing, \quad M_c \xrightarrow{v_c} M_c + P_c, \quad P_c \xrightarrow{\delta_c} \varnothing \quad (j = r, c) \qquad (6.56a)$$

$$E_{n_1}M_r + E^* \underset{v_{-3}}{\overset{v_3}{\rightleftharpoons}} E^*\left(E_{n_1}M_r\right) \xrightarrow{k_3} M_c^* + E^* + E_{n_1} \tag{6.56b}$$

$$M_c^* \xrightarrow{v_c^*} M_c^* + P_c, \quad M_c^* \xrightarrow{d_c^*} \varnothing, \quad P_c \xrightarrow{\delta_c} \varnothing \tag{6.56c}$$

由反应式 (6.56a) 描述的阶段 I 代表细胞核中前体 mCAT2 RNA 的一部分仍然产生 CTN-RNA 和 mCAT2 RNA, 尽管 mCAT2 基因被压制, 而细胞质中的 mCAT2 RNA 仍然产生 mCAT2 蛋白质, 尽管它们的量在被清除的 CTN-RNA 传输之前非常低. 另一方面, 忍受压力的细胞通过未细化的通路可以释放信号到旁斑, 以便 CFIm68 因子迅速地从 CTN-RNA 的更长 3′UTR 端中清除. 在此之后, mCAT2 RNA 从细胞核旁斑释放到细胞质中. 这一过程由反应 (6.56b) 描述, 称为阶段 II. 在阶段III, 即反应 (6.56c), 在细胞质中由清除事件产生的更短 mCAT2 RNA 的增量能够导致 mCAT2 蛋白质的脉冲产生. 而且, 尽管此时压力仍然存在, 但仍需要大量被清除的 CTN-RNA 来保持 mCAT2 基因的正常表达. 下面, 我们分别分析这些阶段所对应模型的动力学.

对于阶段 I, 因为持续时间并不很长, 因此我们能够用常微分方程来模拟 mCAT2 基因的转录动力学, 这有三个理由: (i) mCAT2 基因数目并不是太大; (ii) 尽管一个 mCAT2 基因最多产生 20~50 个转录本, 但是在一个细胞内可能有数百个这种转录本, 因为每个细胞平均来说有 10~20 个旁斑[35]; (iii) 因为 CTN-RNA 扣押大多数异质二聚体, 因此前者的数目与后者的数目基本相同. 基于反应 (6.56a), 我们能够从主方程导出前体 mCAT2 和细胞核中时间依赖的 CTN-RNA 表达, 即

$$\eta_{m_p}^2(t) = \left(\exp(At)/\langle\bar{m}_p\rangle\right) + \left(1 + B_e/\langle\bar{m}_p\rangle\right) \tag{6.57a}$$

$$\eta_{m_c}^2(t) \approx \left(\exp(d_c t)/\langle\bar{m}_c\rangle\right) + C_1 \tag{6.57b}$$

其中, $A = k_r + k_c \gg d_c$, $C_1 \approx \left(1 + \dfrac{4d_c}{A}\right)\dfrac{\gamma B_e}{\langle\bar{m}_c\rangle} + \dfrac{2d_c}{A}$, 假设 $A \gg d_c$ 在大多数情形成立. 数值结果显示在图 6.6 中, 其中, (a) 和 (b) 描述前体 mCAT2 RNA 噪声和 CTN-RNA 噪声是如何变化的, 并且, 图 6.6(b) 显示出蛋白质编码的 mRNA 噪声在第二个阶段的特征, 被清除的 CTN-RNA 的一个特殊产生比例也被显示. 图 6.6(c) 显示出在阶段 II 这一产生率的时间依赖关系, 展示出它是以一种非线性方式增加的. 图 6.6(d) 显示出细胞质噪声的改变率在整个过程的时间演化情况. 参数值设为: $\langle B\rangle = 5$, $\langle\bar{m}_c\rangle = 100$, $d_c = 0.6$, $d_c^* = 0.27$, $\langle\bar{m}_c^*\rangle = 200 \sim 230$, $C_1 = 0.018$, $C_3 = 0.0075$.

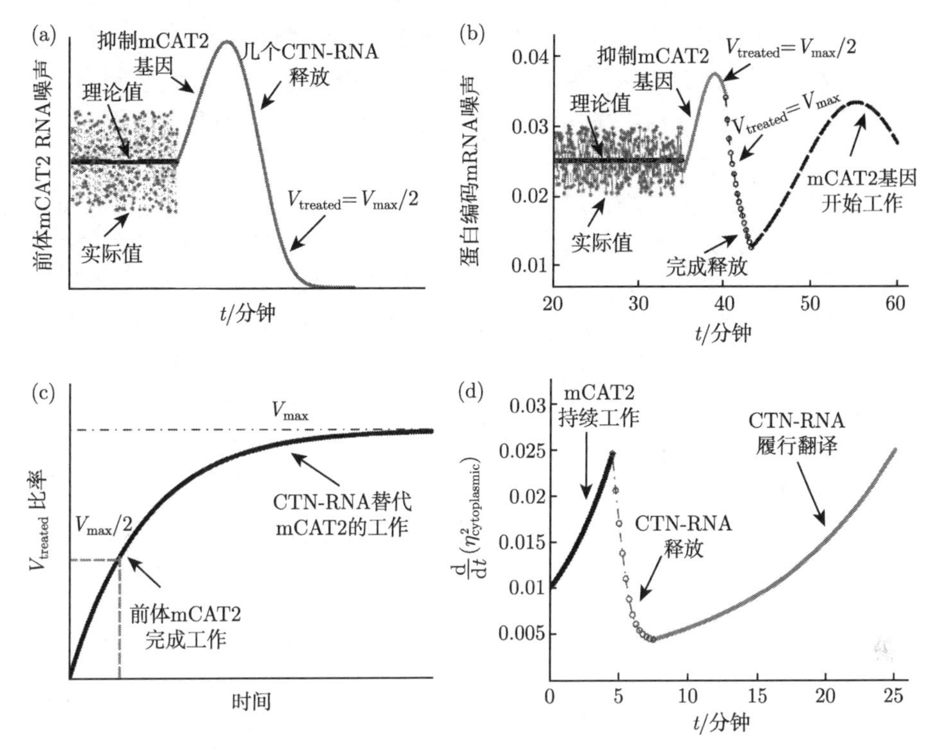


图 6.6 前体 CAT2 RNA 噪声的特征和被清除的 CTN-RNA 在三个不同阶段的特征

注意到细胞核中总的 mRNA 噪声, $\eta^2_{\text{Total}}(t)$, 主要来自于前体 mCAT2 RNA 的波动 (由于 $k_r+k_c\gg d_c$), $\eta^2_{m_p}(t)$. $\eta^2_{\text{Total}}(t)$ 的动态变化显示在图 6.6(a), 由此观察到在压力信号到达之前, 总 mRNA 在它的平均附近波动, 看由 (6.45) 计算获得的黑色实线, 其中星点代表前体 mCAT2 RNA 噪声实际的大小. 当细胞感应到高压力信号时, 由 (6.57a) 特征的噪声水平有一个迅速的增加 (由于指数函数的性质). 因为根据上面分析可知前体 mCAT2 RNA 需要保持 mCAT2 RNA 的一个稳定量, 增加驻留概率将既不会扩大总噪声也不会扩大细胞核中 mCAT2 RNA 噪声. 然而, 类似于显示在图 6.6(b) 的前体 mCAT2 RNA, 当 mCAT2 基因由于高压力而被抑制时, mCAT2 RNA 噪声水平可以扩大. 与前体 mCAT2 RNA 的噪声水平相比, 蛋白质编码的 mRNA 噪声水平在某一时间后并不会明显地扩大. 这是有明显优势的, 因为下游 mCAT2 蛋白质不能无限制地增加. 事实上, 我们能够显示出时间依赖的蛋白质噪声水平为

$$\eta^2_{n_c}(t)\approx[\exp(\delta_c t)/\langle\bar{n}_c\rangle]+C_2 \tag{6.58}$$

其中, $\delta_c\ll d_c\ll k_c+k_r$, $C_2\approx\dfrac{\nu_c}{d_c}\dfrac{(3+\gamma B_e)}{\langle\bar{n}_c\rangle}$. 这表明 mCAT2 蛋白质噪声能够与 mCAT2 RNA 噪声的相同方式增加.

下一步, 对由反应 (6.90b) 描述的阶段 II 构建一个动力学模型. 为此, 我们首先对这一阶段使用著名的 Michaelis-Menten 模型的合理性给出解释. 基于以前的研究[16,25,35], 我们知道: 在清除事件中的长 3′UTR 区域, 存在多重封闭定位 (closely-positioned points) 的点. 清除因子 CFIm68 能够迅速参与由 CTN-RNA 和 $p54^{nrb}$-PSP1 组成复合物的行为. 然而, 逆反应由于几个仍未细化的因素 (例如, CFIm68 从复合物中掉落下来) 也能够频繁地发生; 由于复合物及其空间结构的需要, CFIm68 并不会完全结合. 注意到: (6.57a) 中的最后一个反应式描述整个过程, 包括 CTN-RNA 的长尾部的切除, 这些 RNA 从细胞核到细胞质的出口等. 相对于前一反应, 这一反应是慢的, 受限于几个因素: 例如, CFIm68 蛋白质的切除过程需要时间 (尽管这种切除所花的时间并不长), CTN-RNA 的释放过程也需要时间. 具体来说, CTN-RNA 必须在细胞核孔中找到它的精确位置, 许多转录本需要通过细胞核孔一个一个地传输到细胞质中.

基于上面的分析, 我们知道 mCAT2 的转录动力学能够由下列 Michaelis-Menten 运动学模拟

$$\frac{\mathrm{d}}{\mathrm{d}t}\left[E^*\left(E_{n_1}M_r\right)\right]=v_3\left[E^*\right]\left[E_{n_1}M_r\right]-\left(v_{-3}+k_3\right)\left[E^*\left(E_{n_1}M_r\right)\right] \tag{6.59a}$$

$$\frac{\mathrm{d}}{\mathrm{d}t}\left[M_c^*\right]=k_3\left[E^*\left(E_{n_1}M_r\right)\right] \tag{6.59b}$$

其中, $v_3, v_{-3}>k_3$, CFIm68 的量 $[E^*]$ 需要满足下列保守性条件

$$\left[E^*\right]+\left[E^*\left(E_{n_1}M_r\right)\right]=E_{\text{Total}}^* \tag{6.59c}$$

因为 CFIm68 迅速地绑定到 CTN-RNA 位点, 因为复合物 $E^*\left(E_{n_1}M_r\right)$ 迅速地达到平衡, 这导致下列近似

$$\left[E^*\left(E_{n_1}M_r\right)\right]\approx E_{\text{Total}}^*\langle\bar{m}_r\rangle/(\langle\bar{m}_r\rangle+H_3) \tag{6.59d}$$

其中, $H_3=(v_{-3}+k_3)/v_3$. 这样, 被清除的 CTN-RNA 产生率是

$$v_{\text{treated}}=\mathrm{d}[M_c^*]/\mathrm{d}t=V_{\max}\langle\bar{m}_r\rangle/(\langle\bar{m}_r\rangle+H_3) \tag{6.60}$$

其中, $V_{\max}=k_3E_{\text{Total}}^*$.

Michaelis-Menten 曲线有两个关键点: $V_{\max}/2$ 和 $V_{\max}$. 现在, 我们对这两个特殊值的生物学含义给出解释. 注意到: 当考虑阶段 I 和 II 的整个过程时, 而当细胞质中清除的 CTN-RNA 的量上升 (参考图 6.6(a) 中的实线) 时, 前体 mCAT2 RNA 噪声首先增加然后减少. 主要理由是: 前体 mCAT2 RNA 的转录变得越来越慢. 从动力学的观点, 这意味着在公式 (6.59a) 中的参数 $A$ 并不是恒定的, 而是随着时间的变化可以线性或非线性的方式减少 (尽管精确的依赖关系并不知

道). 另一方面, 处理后的 CTN-RNA 在处理的产生速率达到 $V_{\max}/2$ 之前 (参考图 6.6(c)) 通过提供蛋白质编码的转录本而开始替代前体 mCAT2 RNA 的作用. 此时, 前体 mCAT2 RNA 可能停止工作, 它的噪声水平可能是相当低的, 参考图 6.6(a). 这有一个合理的解释：增长率 (即导数 $\dot{v}_{\text{treated}}$) 在 0 和 $V_{\max}/2$ 之间变化很大, 但在 $V_{\max}/2$ 和 $V_{\max}$ 之间变化缓慢. 相应的动态过程类似于清除的 CTN-RNA 出口过程. 当清除的 CTN-RNA 的量在细胞质中变得越来越大时, 我们并不困难地发现清除的 CTN-RNA 传输到细胞质的速率从慢到快的变化. 当 $v_{\text{treated}}$ 的值介于 0 和 $V_{\max}/2$ 时, 最可能的情况是蛋白质编码的基本转录本足够充分来保持一些重要过程, 以及前体 mCAT2 RNA 开始特征工作, 参考图 6.6(c).

应该指出的是：当速率 $v_{\text{treated}}$ 靠近于 $V_{\max}/2$ 时, 整个转录本的数目上升是可能的. 在此之后, 当速率 $v_{\text{treated}}$ 靠近于 $V_{\max}$ 或达到 $V_{\max}$(参考图 6.6(a) 和 6.6(b)) 时, 在细胞质中所有转录本的量以一种可见的脉冲方式出现. 主要理由是：细胞核中 CTN-RNA 的量通常是 mCAT2 RNA 的量的两倍. 当细胞核中的大多数 CTN-RNA 释放到细胞质中时, 所有细胞质中转录本的量最多是正常情形时转录本的两倍. 在大多数清除的 CTN-RNA 执行翻译工作后, 并假设 $\langle \bar{m}_c^* \rangle / \langle \bar{m}_c \rangle \approx 2 \sim 2.5$, 那么细胞质中的噪声将变成主导. 尽管我们不能够精确地特征化这种噪声在清除 CTN-RNA 的释放过程中动态变化, 但是我们能够猜想出这种变化的可能趋势 (通过分析噪声变化率), 参考图 6.6(d). 有趣的是, 从 (6.92b) 我们能够获得这种变化率的分析表达：$f_1 = \frac{\mathrm{d}}{\mathrm{d}t}\left(\eta_{m_c}^2\right) = d_c \exp\left(d_c t\right) / \langle \overline{m}_c \rangle$. 在图 6.6(d) 中的浅色实线描述这一函数在清除的 CTN-RNA 的释放之前的变化情况.

现在, 我们来分析在整个过程 (即包括上述三个阶段) 中的动态噪声. 注意到：当清除的大多数 CTN-RNA 在释放过程完成之后开始利用翻译过程, 最后一个阶段本质上能够由一套普通的常微分方程来描述. 细胞核中 CTN-RNA 的量近似地等于正在执行的转录本 (尽管它可能经历一系列复杂过程) 的量. 换句话说, 我们能够忽视在这一序列过程中 CTN-RNA 的死亡数目, 这已经被一个实验证实[11]. 因此, 在阶段III, 若干清除的 CTN-RNA 能够替代 mCAT2 RNA 来执行翻译功能. 此外, 我们能够显示出细胞质中转录本噪声和蛋白质噪声的动力学, 结果是

$$\eta_{m_c^*}^2(t) \approx \frac{\exp\left(d_c^* t\right)}{\langle \bar{m}_c^* \rangle} + \frac{(1-\gamma) B_e}{\langle \bar{m}_c^* \rangle} \tag{6.61a}$$

$$\eta_{n_c}^2(t) \approx \frac{\exp(\delta_c t)}{\langle \bar{n}_c^* \rangle} + \frac{1}{\langle \bar{n}_c^* \rangle}\left[\frac{\delta_c}{d_c^*}\left(\gamma B_e - 1\right) + 2\left(\frac{\nu_c^*}{d_c^*} - 1\right)\right] \tag{6.61b}$$

其中, $\langle \bar{m}_c^* \rangle$ 和 $\langle \bar{n}_c^* \rangle$ 分别代表在遭清除的 CTN-RNA 被完全释放之后细胞质中转录本和蛋白质的初始值.

基于在两个阶段 I 和III细胞质中的转录噪声的上述近似公式, 我们能够预测: 在细胞核中清除的 CTN-RNA 被释放过程中, 这种噪声是如何动态变化的趋势. 事实上, 从 (6.61a), 我们能看出: 在细胞质中转录本噪声的初始值, 即 $\eta_{m_c^*}^2(0)$, 比 (6.45) 的第二式给出的噪声值正好高出 $\eta_{m_c}^2/2$, 参考图 6.6(b). 这蕴含着: 细胞质中的转录本噪声随着清除的 CTN-RNA 的量变得越来越明显时可以减少. 我们指出: 释放过程本质上是最优化细胞质中的噪声, 它在保持 mCAT2 蛋白质噪声在小的范围内变化或保持 mCAT2 基因表达水平在相对稳定的区间内的长时间变化. 对于图 6.6(d) 中的结果, 我们能够给出生物上合理的解释. 事实上, 从 (6.61a) 我们能够导出释放过程完全之后细胞质中的噪声的变化率的分析表达, 即 $f_2 = \frac{\mathrm{d}}{\mathrm{d}t}\left(\eta_{m_c^*}^2\right) = d_c^* \exp\left(d_c^* t\right)/\langle \bar{m}_c^* \rangle$. 结合 $\langle \bar{m}_c^* \rangle / \langle \bar{m}_c \rangle \approx 2 \sim 2.5$ 和 $d_c > d_c^*$, 我们知道: 不仅在两个初始值 (即 $f_2(0) < f_1(0)/2$) 之间存在大的差异, 而且在释放过程完成之后显示在图 6.6(d) 中的噪声变化率增加得更慢. 整个时间大约持续 25 分钟[16,25]. 在此之后, mCAT2 基因恢复到正常工作状态. 因此, 在释放过程中, 细胞质中的噪声能够粗略地显示在图 6.6(d) 中 (参考点圆线). 总之, CTN-TNA 释放过程的主要功能是使得 mCAT2 基因表达水平长时间保持在相对稳定的范围之内.

图 6.6 表明: 在细胞感应到压力信号之后, 转录停止, 存在的前体 mRNA 和细胞质的 mCAT2 RNA 仍然正常工作, 尽管它们的量变得越来越少. 这为 CTN-RNA 从细胞核释放到细胞质赢得了时间. 另外, 保留在细胞核中的 CTN-RNA 复合物通过 CFlm68 的快速绑定而达到动态平衡, 并开始产生 CTN-RNA, 然后传输到细胞质中. 这是一个从慢到快的动态过程. 我们指出: 当清除的 CTN-RNA 的产生率达到或接近某个最大值时, 前体 mRNA 停止工作, 以便保证它产生一个基本量. mCAT2 RNA 也发生类似的情形, 大量清除的 CTN-RNA 在释放过程完成之后开始履行它们的翻译功能.

对应地, mCAT2 蛋白质的数目和它们的噪声可以随着核的变化而改变, 参考图 6.7, 显示出两种情况下成分 (包括前体 CAT2 RNA、CTN-RNA、mCAT2 蛋白质和细胞质的转录本) 在时间依赖数目方面的差异性. 在初始的 300 分钟, 所有基因正常地工作. 参数值设为如下: 对于正常情形, $k_0 = 1.2$, $\langle B \rangle = 5$, $k_1 = 1.8, p_r = 0.3, k_2 = 4.1$, $d_c = 0.6$, $d_r = 0.05$, $v = 0.4$, $\delta_c = 0.06$. 此时, 爆发大小服从某个几何分布; 在压力情形, $k_1 = 1.2, k_2 = 3.1, d_c = 0.2,\quad p_r = 0.1 \sim 0.25$, $v_3 = 0.6 \sim 2.1$, $v_{-3} = 0.4 \sim 1.4$, $k_3 = 0.15 \sim 0.9$, $v_c^* = 0.36$, $d_c^* = 0.08$. 对于这种依赖关系似乎没有精确的描述, 但是我们能够想象: 在压力情形, 核驻留的 mRNA 的潜在机制是相关的 mRNA 行为像是消防员, 通过 CTN-RNA 的一系列变化而调控下游蛋白质的相对稳定性. 我们指出: 这里分析的 CTN-RNA 仅是一种在不同条件下能够从细胞核传输到细胞质的核驻留 RNA, 但也可能存在其他若干核驻留的 mRNA, 它们通过某些仍未细化的信号通路或蛋白质相互作用网在不同条件下间接地调控下游成分. 然而, 相对于上面细化的 CTN-RNA 的简单通路, 相应的机制可能更复杂.

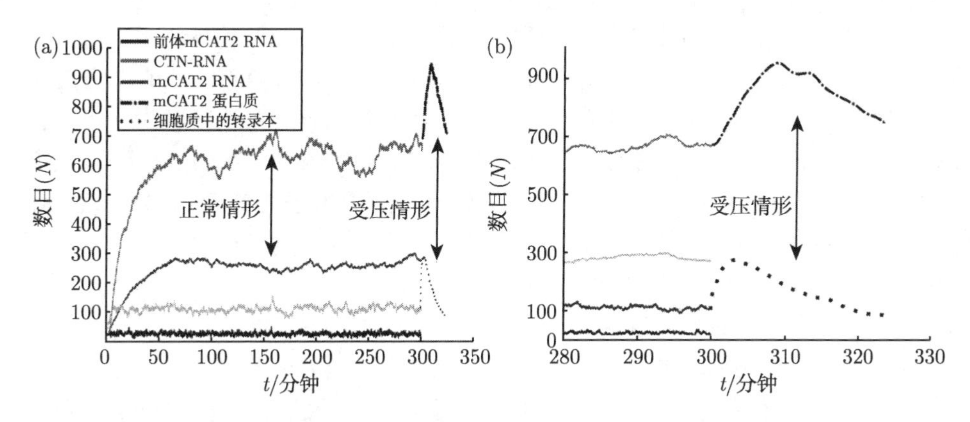


图 6.7 正常和压力细胞中转录本和蛋白质的数值模拟

# 6.3 相互作用 DNA 环对基因表达的影响

## 6.3.1 生物背景简介

调控因子及其之间的互相作用在基因表达的时间、空间和生理等方面都起着重要作用[36,37]. **顺式作用因子**(cis-acting element) 可以被分为两个不同的家族: 一族是由启动子和调控元件组成, 它们和转录起始位点的距离小于 1kb(1000 个碱基对)[38,39], 另一族是距离大于 1kb 的调控元件, 这些调控元件可以是增强子、沉默子、阻碍子以及**本地控制域**(locus control region) 等[38]. 表达激活的复杂性主要表现在调控因子的有序互相作用, 但也包括 DNA**环路**(DNA loop) 的形成及环路之间的互相作用.

由于 DNA 环路之间的互相作用是生化的, 因此这导致转录的随机性, 进而最终导致细胞间的差异化表达. 这种细胞差异性对于很多细胞的功能来说是非常重要的[40,41], 同时这种随机性也是在相似环境当中呈现出细胞多样性的重要源[42].

一般来说, 基因的转录受到近端的 DNA 元件和远端 DNA 元件的共同调控, 由此决定表达模式. 值得注意的是, 在真核生物基因组中, 增强子和目标调控启动子之间的距离有时其长度达数百碱基[43−45], 且介于其中的 DNA 可以包含着别的启动子和增强子[46−49].

启动子激活启动子通过形成直接连接到结合位点的环状结构来进行, 且在这种结合过程中, 转录因子和染色体修饰酶能发挥重要作用.

理论上, 特异性的 DNA 调控元件之间的互相作用既可以拉近增强子和启动子之间的距离从而协助增强子和启动子环路的形成, 同时也可以将它们隔离到不同的区域从而干扰增强子和启动子环路的形成[50].

此外, 特异性的 DNA 调控元件可以按照不同的规则形成染色体环路, 例如, 果蝇中的启动子束缚元件允许远距离的增强子激活启动子, 这暗示了环路的存在[51,52]. 其他例子包括了 λ 噬菌体, 其中, CI 蛋白形成一个长度约为 2.3kb 的 DNA 环路, 可把一个远距离的 RNA 聚合酶位点带到 PRM 转录子的附近[53]; 在老鼠中的 β 球蛋白位点 (β-globin locus), Ldb1 蛋白会结合成桥, 这对增强子–启动子之间的高效通讯是必要的. 为了理解一个染色体环路是如何形成并且如何影响到基因表达的, Li 等[37] 提出环路形成的主要特征是染色体的灵活性, 它可以由核小体的甲基化或是别的修饰来决定.

单个 DNA 环路的功能已被广泛而深入地研究了, 譬如, 有的研究发现: DNA 环路可以维持一个稳定的溶源状态, 以面对复杂挑战; 又譬如, 基因的噪声表达、非特异性 DNA 结合、操纵子位置差异等[54], 通过旁路蛋白阻碍向启动子的滑动来加速搜索过程[55]; 在 λ 噬菌体中, 增强子溶源转录[56] 能增强或抑制转录噪声依赖的 lac 基因开关模型中的双稳性[57]. 此外, Boekicker 等提供了一个定量刻画关于 DNA 环路影响表达输出关键因素的方法[58]; Vilar 等发现: 基于 DNA 环路的调控会增加压制等级, 可以减少表达的波动性, 同时减少对调控蛋白数量的敏感性[59]; Choudary 等发现 DNA 环路的组合速度非常块, 以至于小的表达爆发被平均掉了, 使得通过数据能够准确地找到规模和频率[60]. 总而言之, 过去的研究, 聚焦于单个成环机制及其对基因表达的局部影响, 但是最近实验表明, 成环对基因表达是全局影响的 (比如一个成环过程可以影响其他成环过程).

经典的基因表达模型假设远距离的*增强子*和启动子是直接接触的[28,29,61−64], 然而, 近期的*染色体结构捕捉技术*(chromosome conformation capture)[65,66] 显示出: 增强子和启动子其实深度切入互相作用的调控网络当中[48,67,68], 例如, Wouter 和他的同事[69,70] 研究发现: 真核生物中长距离的 (超过数百个碱基) 基因调控, 涉及转录因子之间的空间互相作用.

更有趣的是, Priest 等[50] 用两个功能非常清楚的 DNA 环路蛋白: Lac 压制子和 λ 噬菌体 CI 对 *E.coil* 中成对DNA *环路之间的互相作用*进行了定量研究, 根据彼此之间相对位置的不同, 把互相作用的 DNA 环路分成三类结构: *交叉环*(alternating loop)、*并列环*(side-by-side loop) 和*嵌套环*(nested loop). 他们发现并列环中的两个环路不会互相影响, 嵌套环中两个环路通过缩短环路距离而互相促进, 交叉环中两个环路通过形成一个阻碍结构而互相干扰, 这种分类提供了一个清晰的环路域模型. 同时, 他们发现: 长距离环路之间的互相促进和相互抑制有很强的特异性. 另一个相关的重要工作是 Savitskaya 等的实验观察[71], 他们发现: 如果一个抑制子和结合位点中间还有一对增强子和启动子, 则基因表达水平不降反升. 对于这种反直觉的现象, Mirny 等猜测：一对压制子缩短了增强子和启动子之间的距离, 导致表达水平的上升[72].

另一个有趣的问题是关于增强子和启动子之间通讯方式或**通讯机制**的猜想. 相关问题包括：调控因子和启动子之间的通讯分子是什么？通讯是何时发生的？是否都像增强子和启动子之间的通讯方式那样？这个猜想最早可以追述到 1988 年发表在《科学》杂志上的一篇论文, 然后这个问题于 1998 年被 Blackwood 等明确地提出来了, 但至今没有得到解决.

在特殊的位点进行研究并结合全基因组方法, 暗示在增强子和启动子之间可能存在许多种通讯方式[36,73]. 有趣的是, 文献 [73] 的作者对此总结出了四种不同类型的通讯机制模型.

关于增强子和启动子之间的通讯, 两种代表性的通讯机制 (即滑动对接机制和直接对接机制, 参考示意图 6.8) 现在已被大多数研究者接受和认可, 并逐渐变成主流观点.

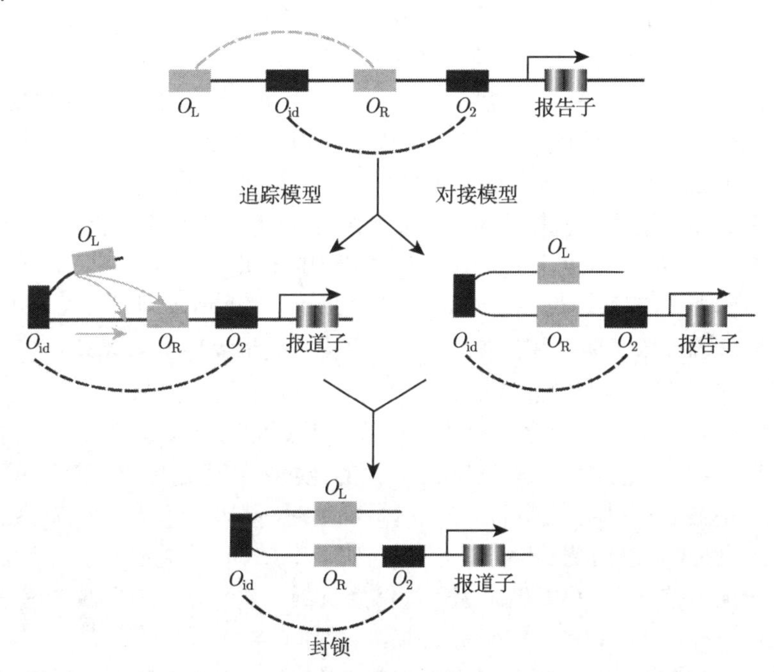


图 6.8 调控成分之间两种代表性的通讯机制 (*滑动对接机制和直接对接机制*) 示意图. 目前尚不太清楚哪一种通讯机制更为可靠

有些研究者假设两个染色体区域通过形成特异性回路建立直接联系. 在研究调控成分与启动子之间的通讯机制时, 发现大量的蛋白质可以成为这个通讯过程的桥梁[74−76], 同时发现增强子 RNA 不仅会参与这一通讯过程, 还会参与增强子和启动子形成各种可能环路结构的完整过程[77].

某些研究者假设增强子与它绑定的蛋白可以沿着一个不定的方向但总体朝着启动子方向滑动, 且这种滑动有时甚至不会离开启动子序列, 这带来的后果是使得增强子在碰到启动子之前, 环路的规模变得很大.

总而言之, 实验已经证实了环路之间的连接模式、环路距离和环路通讯模式都对基因表达有重要影响, 但是对于细胞间的差异表达, 这些因素如何形成一个综合性影响还没有得到完全理解. 本书作者与其学生在此方面做了某些有益的理论探索.

### 6.3.2 生物假设与数学建模

为了清楚地展示相互作用的 DNA 环路如何影响基因表达水平并进一步影响细胞间差异性表达的机制, 这里仅考虑两个相互作用的 DNA 环路情形, 尽管多个相互作用的 DNA 环路可能存在, 尤其是在真核生物细胞中.

在数学建模之前, 这里, 我们基于生物实验证据陈述某些生物合理的假设.

对于黑腹果蝇, 研究发现吉普赛逆转录转座子中的一对绝缘子 Su 和 Hw 是最有效的增强子阻断剂, 且它们不能阻止增强子和启动子之间的通讯, 这主要是因为它们的相互作用导致了彼此之间的中和. 萨维特斯卡娅等[71] 在实验中展示出 Su 和 Hw 之间长距离的相互作用能够调节增强子和启动子之间的相互作用, 且这对绝缘子能够在相当长的距离范围内也存在彼此相互作用. 他们特别指出了这些绝缘子之间的距离在阻碍增强子和启动子之间通讯中的作用.

回忆普利斯特等[50] 使用一对 DNA 环路蛋白 (即乳糖压制子和 $\lambda$ 噬菌体 CI) 来测量大肠杆菌细胞中两个相互作用 DNA 环路的三种可能拓扑结构：交互环路、嵌套环路和并列环路. 相应地, 我们假设 Su-Hw 环路 (记为绿环) 和增强子–启动子环路 (记为蓝环) 也能够以上述三种连接模式 (交互环路、嵌套环路和并列环路) 彼此相互作用, 尽管当考虑空间因素虑时, 其他的连接方式也是可能的. 此外, 我们假定当且仅当增强子和启动子形成一个 DNA 环路时, 基因表达才会提高, 尽管增强子–启动子环路还可以压制基因表达. 还有, 假设 mRNA 的基本生成率为零; 不考虑转录因子的调控作用, 尽管转录因子能够影响染色质环路以及影响增强子–启动子的通讯[36].

除了相互作用 DNA 环路之间的连接方式外, 染色质成环速率也是影响基因表达的重要因素. 一般地, 一对调控元素 (如 Su 和 Hw) 的成环速率不仅依赖于这个元素对之间的距离而且依赖于其他调控元素对之间的距离. 然而, 我们有下列相关的实验结果：在交互环路中, Su 和 Hw 形成一个阻抑结构, 且该结构会干预增强子– 启动子的成环(参考图 6.9 中的 $\times$), 这样会降低成环速率并由此减少基因表达水平, 譬如, 假设 $\lambda$ 代表增强子和启动子的成环速率, 那么在 DNA 环路被其他环路压制之后, 该速率能够减少到 $0.3\lambda$[50]; 在嵌套环路中, Su 和 Hw 环路的形成会减少增强子–启动子环路的长度, 这样会增加增强子–启动子的成环速率, 譬如, 假设 $\lambda$ 是增强子和启动子的成环速率, 那么在 DNA 环路被其他环路增强之后, 这个速率可以增加到 $8\lambda$[50]; 在并列环路中, 因为 Su-Hw 环路与增强子–启动子环路彼此间不会影响, 因此每一个都有它自己的成环速率.

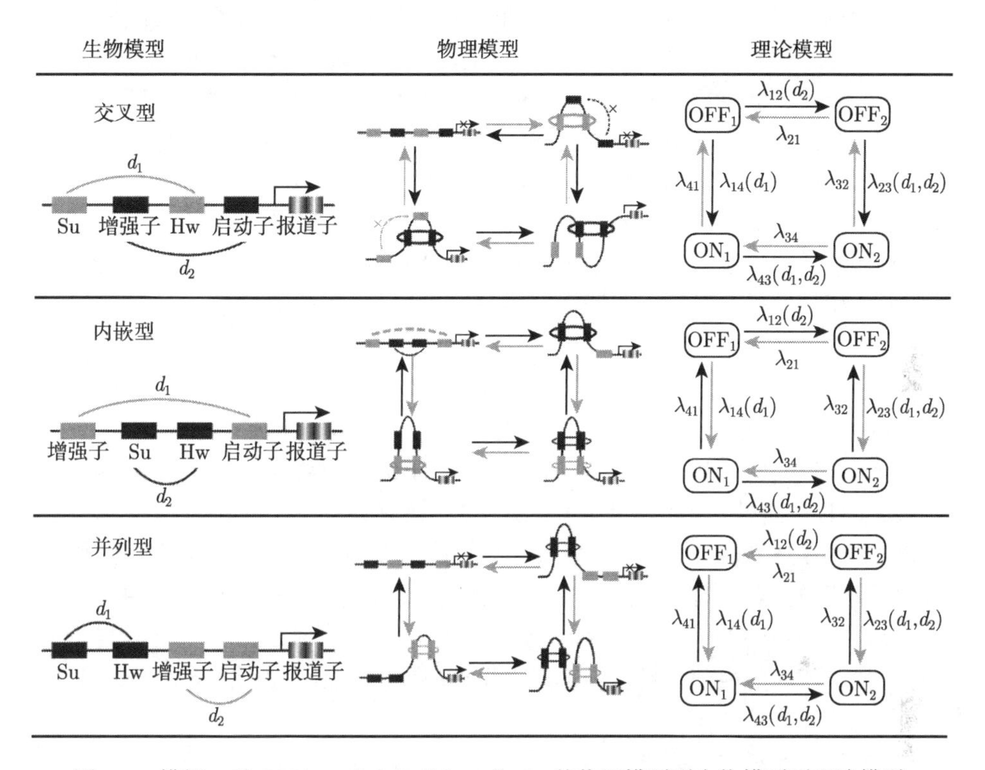


图 6.9 模拟一对 DNA 环路之间的相互作用: 从物理模型到生物模型到理论模型

最后, 尽管调控元素之间的连接方式可能是多种多样的, 但是基于实验证据已经提出三种典型性的机制[36]: 第一种机制是连接模型, 其中一个激活蛋白首先在邻近序列结合到启动子, 然后促使第二个转录因子被招募到位于前面启动子下游的位点; 第二种机制是追踪模型或加速追踪模型, 其中, 组蛋白乙酰化和转录因子复合物在插入序列和优化转录中能在实验中瞬时地观测到; 第三种机制是成环模型, 圈出干预的 DNA 序列暗示两个染色体区域间的一种直接相互作用. 目前, 后面两种观点被广泛接受, 但是不清楚哪一种通讯机制更可能被活性有机体或细胞利用.

下一步, 我们来描述如何模拟两个 DNA 环路之间的相互作用, 参考图 6.9, 其中, 浅环 (即由 Su 和 Hw 组成的环路) 和深环 (即由增强子和启动子组成的环路)

分别以直接和间接地方式影响基因表达. 第一列描述两个 DNA 环路之间的相互作用的三种基本生物结构, 其中 Su 和 Hw(深环) 可以形成一个环; 增强子和启动子 (浅环) 可以形成另一个环. 第二列描述第一列中各自的 DNA 环路相互作用的物理结构, 考虑两个不同环路的路径 (即 Su 和 Hw 对或增强子和启动子对是第一个环路). 第三列通过映射第二列中的物理模型到一个多状态的基因表达模型, 表示各自的理论模型, 其中在活性和非活性状态之间的切换速率实际是成环速率, 且该速率依赖于 DNA 环的长度 (沿着 DNA 线), 用 $d_1$ 代表浅环的长度而用 $d_2$ 代表深环的长度.

首先, 由一对绝缘子 (Su 和 Hw) 形成的深环和由一对表达元素 (增强子和启动子) 形成的浅环以三种可能的连接模式彼此相互作用: 交互型结构 (由于交替环), 内联型结构 (由于嵌套环), 和独立型结构 (由于并列环), 参考示意图 6.9 的第一列. 为方便起见, 我们用 $d_1$ 表示 DNA 线上浅环的长度, $d_2$ 表示沿着 DNA 线上深环的长度. 实验证据支持交互环干预彼此环路的形成, 嵌套环帮助或促进彼此环路的形成, 并列环彼此间没有相互作用[50]. 尽管这样, 一个有趣的问题是: 这些相互作用的 DNA 环路是如何影响基因表达 (包括平均水平和表达噪声) 的.

为了解决这个问题, 首先介绍三种基本模式的物理模型 (交互环、嵌套环和并列环), 参见图 6.9 的第二列. 注意到: 在理论上, 增强子和启动子对可以形成环也可以不形成环, 即有两种可能性. Su 和 Hw 对的情况类似. 这样, 对三种模式的每一种共有四种可能性. 为了帮助理解, 某些细节陈述如下:

(1) 如果浅环和深环都形成, 那么基因表达. 然而, 在交互型和内联型结构, 表达效果是不同的. 特别地, 对于前者, 深环的形成会压制浅环对于表达促进的影响, 而对于后者, 深环的形成刚好具有相反的影响.

(2) 如果浅环形成而深环没有形成, 那么基因也能表达, 而且, 基因表达可能会增强.

(3) 如果深环和浅环都没有形成, 那么基因不表达.

(4) 如果浅环没有形成而深环形成, 那么基因也不表达.

需要指出: 为了导出展示在图 6.9 中的物理模型, 我们进行了简化, 譬如, 没有考虑大的蛋白质复合物与启动子或增强子的结合、转录因子对增强子和启动子的连续招募以及组蛋白乙酰化 (或其他的修饰等). 所有这些因素和其他复杂过程都可能影响 DNA 环路的形成以及它们之间的相互作用.

然后, 我们进一步映射三种物理模型到一个共同的、转录水平上的多状态基因表达模型 (参考图 6.9 的第三列). 这一个映射可以给模型的分析和模拟带来极大的方便. 在映射之后, 成环速率 (它是环的长度的函数) 现在变成了启动子活动状态之间的切换速率. 注意到一旦两个环已经形成, 它们中的任何一个经常能够以一个非线性的方式影响另一个环的长度, 且这一个影响能够导致切换速率的改变以及基因产物的改变. 同时注意到: 图 6.9 的理论模型中的 $ON_1$ 或 $ON_2$ 状态意味着增强子和启动子形成一个环 (即浅环), 而 Su 和 Hw 可以形成一个环 (即深环) 也可以不形成一个环. 相比之下, $OFF_1$ 或 $OFF_2$ 状态意味着增强子和启动子不形成一个环, 而 Su 和 Hw 可以形成一个环 (即深环) 也可以不形成一个环.

值得指出的是: 以上提出的映射方法容易推广到任意多个染色质环路对之间复杂相互作用的情形.

下一步, 我们来描述 DNA 成环率与 DNA 环路长度的依赖关系. 注意到: 根据映射关系, 展示在图 6.9 中第三列的成环速率实际上是在开和关状态之间的切换速率. 既然不同的环路长度能导致不同的表达水平, 为了定量两个相互作用的 DNA 环路如何影响细胞间在基因表达方面的差异性, 有必要知道在映射基因模型中活性和非活性状态之间的切换速率对两个环路长度的依赖性 (沿着 DNA). 在单个 DNA 环路的情形, 以前的工作研究了环路长度对成环速率的影响, 并给出了它们之间的一些经验公式[62]. 在我们的情形, 这些公式为

$$\begin{aligned}\lambda_{14} &= k_{\text{loop}}^{(1)} = k_R^{\text{on}} \exp\left(-\frac{u}{d_1} - v\log\left(d_1\right) + wd_1 + z\right) \\ \lambda_{12} &= k_{\text{loop}}^{(2)} = k_R^{\text{on}} \exp\left(-\frac{u}{d_2} - v\log\left(d_2\right) + wd_2 + z\right)\end{aligned} \tag{6.62}$$

其中, $k_{\text{loop}}$ 代表 DNA 的成环速率, $d$ 是沿着 DNA 线的环路长度 (即内操作子间的距离). 某些参数值设置如下 $k_R^{\text{on}} = 1$, $u = 140.6$, $v = 2.52$, $w = 0.0014$, $z = 19.9$, 这些都是通过拟合实验数据而获得的[62].

一般地, 对两个相互作用的 DNA 环路, 每一个 DNA 环路的速率不仅仅依赖于它自己的环路长度而且依赖于其他环路的长度, 因此是两个变量的函数. 注意到参数 $\lambda_{23}$ 代表在深环形成后浅环的成环速率, 意味着它被前面的环影响比被后面的成环速率影响更大. 也注意到深环的成环速率依赖于它自己的长度 $d_2$. 因此 $\lambda_{23}$ 本质上是 $d_1$ 和 $d_2$ 的函数. 类似地, $\lambda_{43}$ 也是 $d_1$ 和 $d_2$ 的函数. 然而, 现有的实验数据仅仅支持在成环速率和浅环长度之间的定量关系[33]. 基于以上的分析, 不失一般性, 我们可以设

$$\lambda_{23} = k_1\lambda_{14}, \quad \lambda_{43} = k_2\lambda_{12} \tag{6.63}$$

其中, 根据文献 [50] 和 [72], 参数 $k$ 的大小能够决定相互作用的 DNA 环路的连接模式. 特别地, 根据实验数据[72], 通过小的修改, 我们可以设

$$k = \begin{cases} 4\mathrm{e}^{-0.5d} + 1 > 1, & \text{嵌套结构} \\ 1, & \text{并列结构} \\ 0.5 < 1, & \text{交互结构} \end{cases} \tag{6.64}$$

其中, $d$ 代表环的长度. 首先, 既然一个嵌套、并列或交替模型环路的形成分别增大, 或不改变, 或减少其他环路的长度, 那么上述设置是合理的; 其次, 该设置是基于参考文献 [72] 中图 3 的观测, 其中对于嵌套模式, $k$ 以指数的形式依赖于 DNA 环路的距离, 而对于交互模式, 当浅环的距离较小时, 减少的环路长度的影响是明显的, 但当距离较大时, 该影响几乎消失.

接下来, 我们描述在同时考虑两个环路元素时所谓的追踪机制 (更精确的是加速追踪) 中 $\lambda_{14}$ 和 $\lambda_{12}$ 的设置. 为了帮助读者理解这个机制, 我们想象一个 DNA 环路为一根具有固定长度的绳子, 绳的两端代表环的元素 (譬如, Su 和 Hw). 如果一个元素沿着这根绳子滑动 (既然已经假定浅环增强基因表达, 这里我们仅仅考虑一个元素在深环的滑动), 那么这将影响增强子和启动子形成浅环的范围. 这样, 追踪机制导致了成环速率的增加. 特别地, 如果我们分别记 $\tilde{\lambda}_{14}$ 和 $\tilde{\lambda}_{12}$ 为当加速追踪机制存在时浅环和深环的成环速率, 即假如 $\tilde{\lambda}_{14}$ 和 $\tilde{\lambda}_{12}$ 为这两个环的自然成环速率, 那么我们有

$$\tilde{\lambda}_{14} = \lambda_{14} + \Delta_1, \quad \tilde{\lambda}_{12} = \lambda_{12} + \Delta_2 \tag{6.65}$$

相应地, $\lambda_{23}$ 和 $\lambda_{34}$ 也需要修改. 注意到, 对于加速追踪机制, DNA 环路的长度越长, 一个调控元素追踪另一个调控元素的范围越大, 意味着 $\Delta \sim d$. 这样, 令 $\Delta = rd$ 是合理的, 其中 $r$ 是一个非负参数. 也注意到: 没有追踪或直接对接情形对应于 $r = 0$, 而考虑追踪请情形对应于 $r \neq 0$, 这样 $r$ 的值刻画了两个机制的不同. 因此, 我们称这个参数为*追踪速率*, 该速率也能够被理解成增强子和启动子沿着 DNA 线彼此追踪的概率.

最后, 来描述我们的数学模型. 为了研究以上三对相互作用的 DNA 环路对基因表达的定性和定量影响 (包括 mRNA 平均表达水平和 mRNA 噪声强度), 我们建立一个图 6.9 中第三列示意图的数学模型. 假设基因仅仅在 $\mathrm{on}_1$ 和 $\mathrm{on}_2$ 状态有转录, 转录速率分别记为 $\mu_1$ 和 $\mu_2$, mRNA 以线性方式降解, 降解速率记为 $\delta$. 让 $\lambda_{14}$ 和 $\lambda_{41}$ 分别表示从 $\mathrm{off}_1$ 到 $\mathrm{on}_1$ 的切换速率, 反之亦然; $\lambda_{12}$ 和 $\lambda_{21}$ 分别表示从 $\mathrm{off}_1$ 到 $\mathrm{off}_2$ 的切换速率, 反之亦然; $\lambda_{23}$ 和 $\lambda_{32}$ 分别表示从 $\mathrm{off}_2$ 到 $\mathrm{on}_2$ 的切换速率, 反之亦然; $\lambda_{34}$ 和 $\lambda_{43}$ 分别表示从 $\mathrm{on}_1$ 到 $\mathrm{on}_2$ 的切换速率, 反之亦然. 注意到这些速率是所有 DNA 环路长度的函数 (沿着 DNA 线). 记 $P_1(m;t)$, $P_2(m;t)$, $P_3(m;t)$ 和 $P_4(m;t)$ 表示在时刻 $t$ 于 $\mathrm{off}_1$, $\mathrm{off}_2$, $\mathrm{on}_1$ 和 $\mathrm{on}_2$ 状态处 mRNA 有 $m$ 个拷贝的概率. 那么, 整个反应系统的化学主方程可描述为

$$\begin{aligned}
\frac{\partial P_1(m;t)}{\partial t} =& \lambda_{21} P_2(m;t) + \lambda_{41} P_3(m;t) - (\lambda_{14} + \lambda_{12}) P_1(m;t) \\
& + \delta (E - I)[m P_1(m;t)] \\
\frac{\partial P_2(m;t)}{\partial t} =& \lambda_{12} P_1(m;t) + \lambda_{32} P_4(m;t) - (\lambda_{21} + \lambda_{23}) P_2(m;t)
\end{aligned}$$

$$
\begin{aligned}
&+\delta(E-I)[mP_2(m;t)]\\
\frac{\partial P_3(m;t)}{\partial t}=&\lambda_{14}P_1(m;t)+\lambda_{34}P_4(m;t)-(\lambda_{41}+\lambda_{43})P_3(m;t)\\
&+\mu_1\left(E^{-1}-I\right)[P_3(m;t)]+\delta(E-I)[mP_3(m;t)]\\
\frac{\partial P_4(m;t)}{\partial t}=&\lambda_{23}P_2(m;t)+\lambda_{43}P_3(m;t)-(\lambda_{34}+\lambda_{32})P_4(m;t)\\
&+\mu_2\left(E^{-1}-I\right)[P_4(m;t)]+\delta(E-I)[mP_4(m;t)]
\end{aligned}
\tag{6.66}
$$

其中, $E$ 和逆 $E^{-1}$ 是步长算子, $I$ 是单位算子. 在方程 (6.66) 中, 所有的 $\lambda$ 对环长度的定量依赖已在前面给出. 需要指出: 如果考虑更为复杂的相互作用的连接方式, 那么相应的化学主方程能够被归纳为

$$
\frac{\mathrm{d}\boldsymbol{P}(m;t)}{\mathrm{d}t}=\boldsymbol{A}\boldsymbol{P}(m;t)+\boldsymbol{\Lambda}\left(\boldsymbol{E}^{-1}-I\right)[\boldsymbol{P}(m;t)]+\delta(\boldsymbol{E}-\boldsymbol{I})[m\boldsymbol{P}(m;t)]
\tag{6.67}
$$

其中 $\boldsymbol{E}$ 和 $\boldsymbol{E}^{-1}$ 是步长算子向量, $\boldsymbol{I}$ 是单位算子向量. 在方程 (6.67), 矩阵 $\boldsymbol{A}$ 描述染色质环之间的相互作用, 其元素代表成环速率 (是环路长度的函数), 对角矩阵 $\boldsymbol{\Lambda}$ 描述转录出口, 其中对角元素表示转录速率, 对角矩阵 $\delta$ 描述 mRNA 的降解, 其对角元素代表降解速率.

### 6.3.3 分析结果与数值结果

首先, 来看理论结果. 采用第 1 章中的二项矩方法, 可求得方程 (6.66) 在静态处的解, 或求得静态分布. 事实上, 若记

$$
\boldsymbol{b}_k(t)=\begin{pmatrix} b_k^{(1)}(t)\\ b_k^{(2)}(t)\\ b_k^{(3)}(t)\\ b_k^{(4)}(t)\end{pmatrix},
$$

$$
\boldsymbol{A}=\begin{pmatrix}
-(\lambda_{14}+\lambda_{12}) & \lambda_{21} & \lambda_{41} & 0\\
\lambda_{12} & -(\lambda_{21}+\lambda_{23}) & 0 & \lambda_{32}\\
\lambda_{14} & 0 & -(\lambda_{41}+\lambda_{43}) & \lambda_{34}\\
0 & \lambda_{23} & \lambda_{43} & -(\lambda_{32}+\lambda_{34})
\end{pmatrix}
$$

$$
\boldsymbol{\Lambda}=\begin{pmatrix}
0&0&0&0\\
0&0&0&0\\
0&0&\mu_1&0\\
0&0&0&\mu_2
\end{pmatrix}
$$

并考虑在静态处的方程 (6.66) 并设降解率为 $\delta = 1$(否则, 用它来规范化系统参数), 则二项矩满足下列迭代方程

$$(k\boldsymbol{I} - \boldsymbol{A})\,\boldsymbol{b}_k = \Lambda \boldsymbol{b}_{k-1}, \quad k = 1, 2, \cdots \tag{6.68}$$

为简单起见, 假设两个转录速率相同, 即假设 $\mu_1 = \mu_2 = \mu$. 若用行向量 $\boldsymbol{u} = (1,1,1,1)$ 乘以 (6.68) 的两边, 并注意到 $\boldsymbol{A}$ 是一个 M-矩阵和 $b_k = \sum_{i=1}^{4} b_k^{(i)}$ 代表总二项矩, 那么有

$$b_k = \frac{\mu}{k}\left(b_{k-1}^{(3)} + b_{k-1}^{(4)}\right), \quad k = 1, 2, \cdots \tag{6.69}$$

因此, 关键是给出 $b_k^{(3)}$ 和 $b_k^{(4)}$ 的表达. 通过复杂计算, 我们发现总二项矩 $b_k$ 可以表示为下列形式

$$\begin{aligned} b_k =& \tilde{b}_0^{(3)} \frac{\mu^k}{k!} \prod_{i=1}^{k} \frac{\left(i+\gamma_1^{(1)}\right)\left(i+\gamma_2^{(1)}\right)\left(i+\gamma_3^{(1)}\right)}{(i+\alpha_1)(i+\alpha_2)(i+\alpha_3)} \\ &+ \tilde{b}_0^{(4)} \frac{\mu^k}{k!} \prod_{i=1}^{k} \frac{\left(i+\gamma_1^{(2)}\right)\left(i+\gamma_2^{(2)}\right)\left(i+\gamma_3^{(2)}\right)}{(i+\alpha_1)(i+\alpha_2)(i+\alpha_3)} \end{aligned} \tag{6.70}$$

其中, 所有的 $\gamma$ 是依赖于启动子状态之间转移率的常数, $-\alpha_1, -\alpha_2, -\alpha_3$ 是 M-矩阵 $\boldsymbol{A}$ 的非零特征值,

$$\tilde{b}_0^{(i)} = b_0^{(i)} \Big/ \left(b_0^{(3)} + b_0^{(4)}\right), \quad i = 3, 4 \tag{6.70a}$$

而

$$b_0^{(k)} = \prod_{i=1}^{3} \frac{\beta_i^{(k)}}{\alpha_i}, \quad 1 \leqslant k \leqslant 4 \tag{6.70b}$$

其中, $-\beta_1^{(k)}, -\beta_2^{(k)}, \cdots, -\beta_{N-1}^{(k)}$ 是矩阵 $\boldsymbol{M}_k$(从矩阵 $\boldsymbol{A}$ 划去对角元素 $a_{kk}$ 所在的行和列得到的矩阵) 的非零特征值. 最后, 应用第 1 章中的重构公式, 我们能得出下面关于 mRNA 分布的分析表达

$$P(m) = \tilde{b}_0^{(3)} P_1(m) + \tilde{b}_0^{(4)} P_2(m) \tag{6.71}$$

其中

$$P_i(m) = \frac{\mu^m}{m!} \frac{\left(\gamma_1^{(i)}\right)_m \left(\gamma_2^{(i)}\right)_m \left(\gamma_3^{(i)}\right)_m}{(\alpha_1)_m (\alpha_2)_m (\alpha_3)_m}$$

$$\cdot\, {}_3F_3\left(\begin{array}{ccc|c} m+\gamma_1^{(i)} & m+\gamma_2^{(i)} & m+\gamma_3^{(i)} & \\ m+\alpha_1 & m+\alpha_2 & m+\alpha_3 & ;-\mu \end{array}\right),\quad i=1,2 \tag{6.71a}$$

${}_nF_n\left(\begin{array}{ccc|c} a_1 & \cdots & a_n & \\ b_1 & \cdots & b_n & ;z \end{array}\right)$ 是一个合流超几何函数. 方程 (6.71) 显示出 mRNA 分布是两个超几何函数的线性组合. 有了分布之后, 根据前面用二项矩计算 mRNA 噪声的公式, 可给出 mRNA 噪声强度的表达.

根据实验证据[50,72], 对于相互作用的 DNA 环路的并列模式, 可设 $\lambda_{14}=\lambda_{23}$, $\lambda_{12}=\lambda_{34}$, $\lambda_{41}=\lambda_{32}$,$\lambda_{21}=\lambda_{43}$; 对交互模式, 设 $0.5\lambda_{14}=\lambda_{23}$, $0.5\lambda_{12}=\lambda_{43}$, $\lambda_{41}=\lambda_{32}$, $\lambda_{21}=\lambda_{34}$; 对嵌套模式, 设 $\left(4\mathrm{e}^{-0.5d}+1\right)\lambda_{14}=\lambda_{23}$, $\left(4\mathrm{e}^{-0.5d}+1\right)\lambda_{12}=\lambda_{43}$, $\lambda_{41}=\lambda_{32}$, $\lambda_{21}=\lambda_{34}$. 下面, 考虑两种特殊情形. 首先, 设 $\lambda_{23}=\lambda_{43}=k\lambda$ ($k$ 是一个正常数, 可能依赖于 DNA 环的长度) 和 $\lambda_{12}=\lambda_{14}=\lambda_{21}=\lambda_{34}=\lambda_{32}=\lambda_{41}=\lambda$. 有趣的是, 我们发现: 对于并列模式, 稳定态的 mRNA 数目服从下列形式的分布

$$P(m)=\frac{\tilde{\mu}^m}{m!}\frac{(a_1)_m(a_2)_m}{(b_1)_m(b_2)_m}\,{}_2F_2\left(\begin{array}{cc|c} m+a_1 & m+a_2 & \\ m+b_1 & m+b_2 & ;-\tilde{\mu} \end{array}\right) \tag{6.72}$$

其中, $\tilde{\mu}$, $a_i$ 和 $b_i$ 是常数, 依赖于系统参数包括参数 $k$. 特别地, 它们是两个切换速率 $\lambda_{12}$ 和 $\lambda_{14}$ 的函数, 从而是 DNA 环路长度的函数, 由方程 (6.62) 给出但是能取任意的正数值. 既然两个 DNA 环路彼此间不会相互作用, 这个分布符合我们的直觉, 这导致了基因的表达方式相似于转录水平上的三状态基因模型中基因表达的爆发方式, 此时, 相应的噪声强度由下式给出

$$\eta_m=\left[\frac{(1+a_1)(1+a_2)}{(1+b_1)(1+b_2)}+\frac{1}{\tilde{\mu}}\right]\frac{b_1b_2}{\tilde{\mu}a_1a_2}-1 \tag{6.73}$$

然后, 考虑极端值情形, 即假设所有的切换速率相同 (这仅仅对并列模式可能成立). 在这种情形, 我们发现 mRNA 的数目服从下列形式的更简单的分布 (支撑信息)

$$P(m)=\frac{\mu^m}{m!}\frac{(\lambda)_m}{(2\lambda)_m}\,{}_1F_1(m+\lambda,m+2\lambda;-\mu) \tag{6.74}$$

相应的噪声强度由下式给出

$$\eta_m=\frac{1}{4(1+2\lambda)}+\frac{2}{\mu} \tag{6.75}$$

其次, 分析数值结果. 为清楚起见, 分下列两种情况.

(1) 连接模式和环路长度对基因表达的影响.

这里, 我们数值地分析连接模式和环路长度 (但没有考虑追踪概率) 对 mRNA 的分布、平均表达水平和噪声强度的影响. 既然输出水平与浅环的长度直接相关, 我们让这个长度改变但保持深环长度固定.

图 6.10 展示出平均 mRNA 表达水平和 mRNA 噪声强度在三种连接模式 (交互环、嵌套环和并列环) 下是如何依赖于浅环长度的, 其中, 图 6.10(a) 和图 6.10(c) 为平均 mRNA 表达; 图 6.10(b) 和图 6.10(d) 表达噪声强度. 在 (a), (b) 中, 并列型结构作为一个参考或控制. 在所有情形, 参数值被设为:$\mu = 10$, $\delta = 1$, $r = 0$, $d_2 = 1500$, $\lambda_{21} = \lambda_{32} = \lambda_{34} = \lambda_{41} = 0.3$, $k_2 = 0.5$, $k_1 = 4\mathrm{e}^{-0.5d_1} + 1$, 其中 $d_1 \in (0, 1000)$. 我们观测到: 对于前两种环路结构, 平均 mRNA 和 mRNA 噪声强度在环路长度的一个小范围外都有一个局部极值.

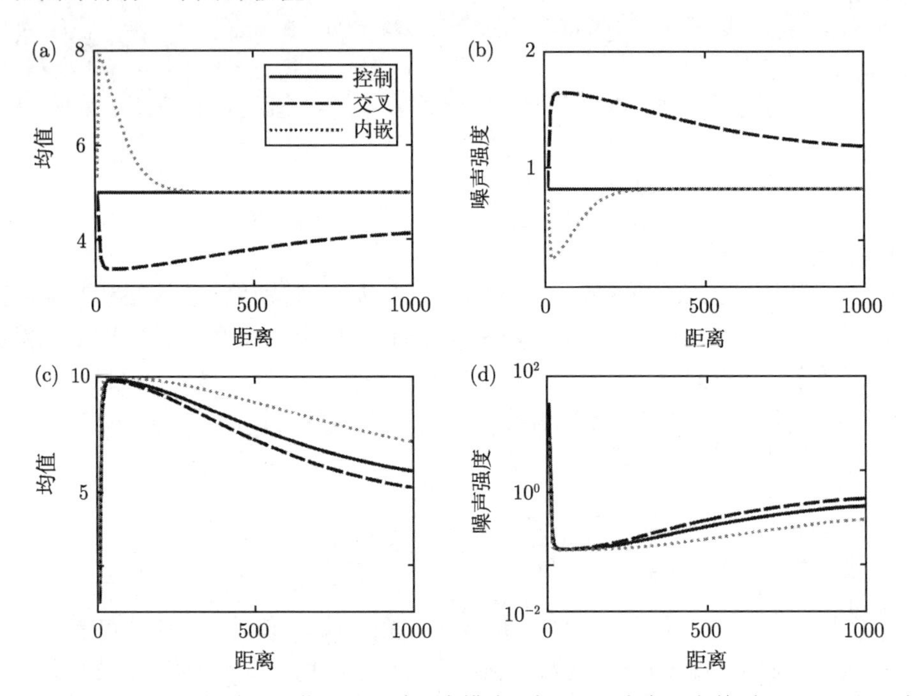


图 6.10　对于 DNA 环路相互作用的三种基本模式 (交互环、嵌套环和并列环), mRNA 平均水平和 mRNA 噪声与浅环长度的依赖性

具体来说, 平均 mRNA 表达水平在某个浅环长度处有局部最大值, 而噪声强度在某个浅环长度处具有局部最小值; 在浅环长度的大多数范围内, 平均水平基本上是浅环长度的单调递减函数, 而噪声强度基本上是这个长度的单调递增函数. 而且, 交互环情形的平均 mRNA 表达水平一般比并列环情形的水平低, 而嵌套环情形的平均表达水平一般比并列环情形的水平高, 意味着交互型结构减少平均表达而内联型结构增大平均水平. 相反地, 交互环情形的噪声强度一般比并列环情形的

噪声强度高, 而嵌套环情形的噪声强度一般比并列环情形的噪声强度低, 意味着交互型结构扩大表达噪声, 而内联型结构减少表达噪声. 然而, 从这些结果, 我们不能直接地看出交互结构和嵌套结构之间浅环长度对基因表达影响的定性差别, 参考图 6.10(c) 和 6.10(d).

既然并列结构的两个环彼此独立, 或者既然深环不影响浅环的长度, 而浅环直接与基因表达的效率有关, 我们将并列结构作为一个参照来分别展示交互环和嵌套环中浅环长度对基因表达的影响, 参考 6.10(a) 和 6.10(b), 它们展示出平均 mRNA 表达水平和 mRNA 噪声强度是如何依赖于浅环长度的. 从这两个图, 我们可以看出: 嵌套结构增加平均表达水平但减少表达噪声. 相反地, 交互结构减少平均表达水平但扩大表达噪声. 我们也能够看出: 当蓝环长度较短的时候, 影响是最明显的. 所有这些观测很好地与实验观测一致[50], 也符合我们的直觉. 这是因为在交互结构中, 由 Su 和 Hw 形成的环路干预了由增强子–启动子形成的环路, 这样减少了后者的成环速率, 进一步减弱了基因表达; 在嵌套结构中, Su 和 Hw 形成的环路缩短了增强子–启动子环的长度, 并增加了增强子和启动子的成环速率.

(2) 通讯方式对基因表达的影响.

在理解了交互结构和嵌套结构的基本功能之后, 现在我们转而考虑增强子–启动子之间的通讯方式对基因表达的影响. 通过比较直接成环机制和加速追踪成环机制分别在交互模式和嵌套模式中诱导影响的差异, 我们设法回答这两个典型机制到底是哪一个更为合理或更可能被活有机体利用的问题.

在前面, 我们已经考虑了浅环长度改变但深环长度固定的情形. 在这一部分, 我们将考虑相反情况, 即深环长度改变但浅环长度固定的情形. 这个考虑主要是为了定性地比较直接成环机制 (即不考虑追踪, 由 $r = 0$ 刻画) 和加速追踪机制 (由 $0 < r \leqslant 1$ 刻画) 对基因表达的不同影响.

首先, 考虑交互结构的情形. 注意到: 在这种结构, 一对 Su 和 Hw 通过负影响增强子和启动子的成环, 间接地压制了基因表达. 参数 $r$ 能表示一个 DNA 元素追踪另一个 DNA 元素的概率, 我们称其为追踪率. 又注意到: 对这种交互型结构, $r$ 的值越大, 增强子–启动子成环的难度越大, 意味着基因表达被削弱. 另外, 注意到: 对交互环模式, 成环元素的追踪被限制了, 这个限制意味着 Su-Hw 环间接弱化基因表达的功能也被限制了.

为了展示出在交互结构情形时通讯机制对基因表达的影响, 我们首先比较当追踪存在 ($r = 0.1$) 和追踪不存在 ($r = 0$) 之间影响的差异性, 参见图 6.11(a) 和图 6.11(b), 其中, 图 6.11(a) 和图 6.11(b): 对于给定的追踪率 ($r = 0.1$), 平均表达和噪声强度对深环长度的依赖性, 其中虚线相应于并列环; 图 6.11(c) 和图 6.11(d): 对于固定的深环长度, 平均表达和噪声强度对追踪率 (由 $r$ 的大小决定) 的依赖性. 图 6.11(e) 和图 6.11(f): 平均表达水平/噪声强度对环的长度和追踪率依赖性的伪三维图, 其中颜色的改变表示平均水平或表达噪声的变化. 参数值被设为 $d_1 = 1500$, $\mu = 10$, $\delta = 1$, $r = 0.1$, $\lambda_{21} = \lambda_{32} = \lambda_{34} = \lambda_{41} = 0.3$, $k_1 = 0.5$, 在图 6.11(a) 和图 6.11(b) 中, $k_2 = 4\mathrm{e}^{-0.5d_2} + 1$, $d_2 \in (0, 10000)$, 但在图 6.11(c) 和图 6.11(d) 中, $k_2 = 0.5$. 我们观测到: 在有追踪的时候, 平均水平一般比没有追踪的时候更低, 但噪声强度一般比没有追踪的时候更高. 然后, 我们展示出在固定的深环长度情形, 平均水平和噪声强度关于追踪率的依赖性, 参见图 6.11(c) 和 6.11(d). 从这两个图, 我们看到平均水平是单调递减的函数, 而噪声强度是单调递增的函数. 这个单调性当追踪率较小的时候变得更明显, 但当追踪率高于某个阈值的时候, 单调性消失. 图 6.11(e) 或 6.11(f) 展示出平均表达水平和表达噪声强度是如何依赖于深环长度和追踪率的全景观点. 我们看到: (i) 仅仅对于适中的环路长度, 平均表达水平和噪声强度在有追踪和无追踪之间有明显的差异; (ii) 平均水平对环路长度和追踪率的依赖性与噪声强度对环路长度和追踪率的依赖性基本相反. 这些结果与展示在图 6.10(a)—(d) 中的结果一致.

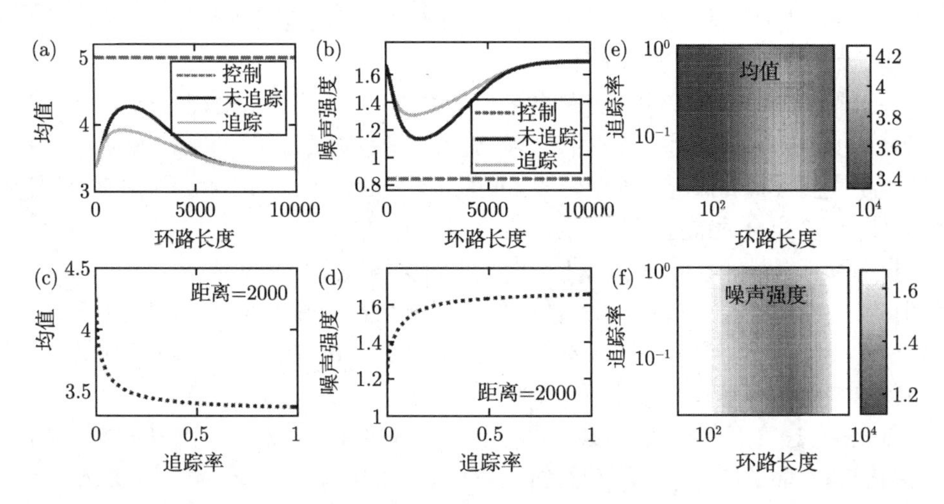


图 6.11　在没有追踪 ($r = 0$) 和有追踪 (正的 $r$) 情形下, 基因表达变化的对比: 交互型结构

然后, 我们考虑内联型结构的情形. 注意到: 对于这种结构, 通过正影响增强子和启动子的成环, Su 和 Hw 对间接地压制基因表达. 也注意到: 对这种结构, $r$ 的值越大, 增强子和启动子越容易形成一个环 (刚好与交互型结构相反). 既然我们已经假定增强子–启动子环提升基因表达, 因此这意味着基因表达是增加的. 另外, 注意到: 对嵌套型模式, 环元素的追踪没有限制, 意味着 Su-Hw 环直接增强基因表达的功能随着 $r$ 的增加而增强. 数值结果显示在图 6.12 中, 其中, 图 6.12(a) 和图 6.12(b): 对于一个固定的追踪率 ($r = 0.1$), 平均表达和噪声强度对深环长度的依赖性, 其中虚线相应于并列环; 图 6.12(c) 和图 6.12(d): 对于固定的深环长度, 平均表

达和噪声强度对追踪率的依赖性. 图 6.12(e) 和图 6.12(f): 平均表达水平/噪声强度对环路长度和追踪率依赖性的伪三维图, 其中颜色的改变表示平均水平或噪声的变化. 参数值被设置为: $d_1 = 1500$, $\lambda_{21} = \lambda_{32} = \lambda_{34} = \lambda_{41} = 0.3$, $\mu = 10$, $\delta = 1$, $r = 0.1$, 在图 6.12(a) 和图 6.12(b) 中, $k_1 = k_2 = 4\mathrm{e}^{-0.5d_2} + 1$, $d_2 \in (0, 10000)$, 但在图 6.12(c) 和图 6.12(d) 中, $k_1 = k_2 = 4\mathrm{e}^{-0.5d_1} + 1$ , $d_1 \in (0, 10000)$.

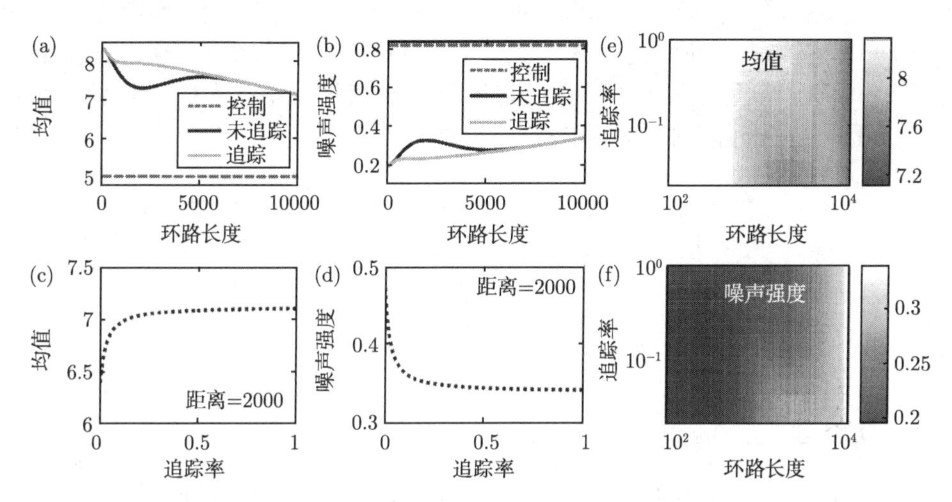


图 6.12 在有追踪 (正的 $r$) 和没有追踪 ($r = 0$) 情形下, 基因表达变化的对比: 内联型结构

另外, 用图 6.12(e) 或 6.12(f) 展示出平均表达水平或噪声强度是如何依赖于深环长度和追踪率的全景观点. 类似于交互型结构情形, 仍然可以看到下列两点: ① 仅仅对于适中的环路长度, 平均表达水平或噪声强度在有追踪和无追踪之间有明显的差异; ② 平均水平对环路长度和追踪率的依赖性与噪声强度对环路长度和追踪率的依赖性基本相反. 这些结果与展示在图 6.11(a)—6.11(d) 中的结果一致.

为了展示出内联型结构中通讯机制对基因表达的影响, 我们首先比较在有追踪 ($r = 0.1$) 和无追踪 ($r = 0$) 情形下影响的差别, 参见图 6.12(a) 和 6.12(b). 可以看到: 在滑动情形的平均水平比没滑动情形的水平要低, 但是噪声强度在有滑动情形比没滑动情形更高. 然后, 对一个固定的深环长度, 我们展示出平均水平和噪声强度关于追踪率的依赖性, 参见图 6.12(c) 和 6.12(d). 从这两个图, 我们看到平均水平是单调递增的函数, 而噪声强度是单调递减的函数. 这个单调性当追踪率较小的时候变得更明显, 但当追踪率高于某个阈值的时候, 单调性消失.

另外, 用图 6.13 展示出相对变化率对绿环长度的定量依赖性, 这里相对变化率定义为在有追踪机制时平均表达水平/噪声强度的差的比率, 及在没有追踪机制时平均表达水平/噪声强度的差的比率. 其中, 图 6.13(a) 平均表达和图 6.13(b) 噪声强度, 其中, 参数值设置为: $d_1 = 1500$, $\lambda_{21} = \lambda_{32} = \lambda_{34} = \lambda_{41} = 0.3$, $\mu = 10$,

$\delta = 1$, $r = 0.15$, 对交互环, $k_1 = k_2 = 0.5$; 但在嵌套环, $k_1 = k_2 = 4\mathrm{e}^{-0.5d_2} + 1$, $d_2 \in (40, 10000)$. 可以看到: 对内联结构, 平均表达的相对变化率是大于零的, 而噪声强度的相对变化率是小于零的, 尤其是在适中的 Su-Hw 环长度. 然而, 对于交互型结构, 平均表达的相对变化率是小于或等于零的, 而噪声强度的相对变化率是等于或大于零的, 尤其是在适中的深环长度. 特别地, 对于交互模型, 在无追踪情形, 均值最大的相对变化率比有追踪机制时低了 2% ; 而对于嵌套模型, 均值最大的相对变化率比有追踪机制时高了 4%. 总之, 展示在图 6.13 中的结果说明: 嵌套环起到增强基因表达和降低噪声的作用, 而交互环起到压制基因表达和扩大表达噪声的作用; 而且, 存在一个深环的限制长度使得这个控制影响几乎消失.

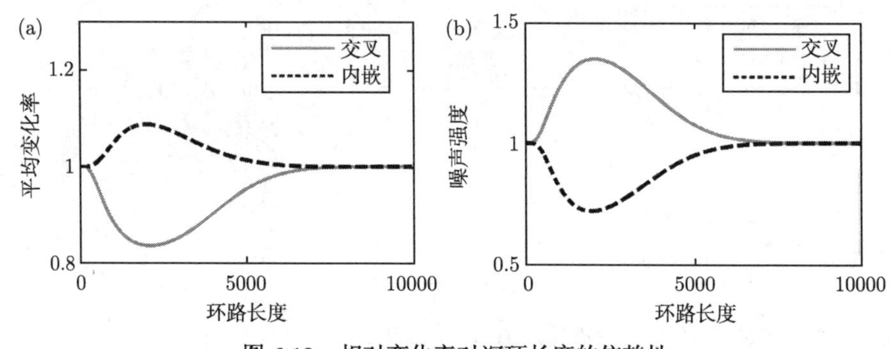


图 6.13　相对变化率对深环长度的依赖性

图 6.11—图 6.13 结合起来意味着: 从控制基因表达的观点, 加速追踪通讯 (即 $r \neq 0$) 比直接成环通讯 (即 $r = 0$) 更有利, 独立于两个相互作用的 DNA 环路的连接模式. 另外, 存在一个最优的环路长度, 使得平均表达水平或表达噪声强度是最大或最小, 这是一个有趣的现象. 从数学的观点, 这个现象的出现是因为成环速率是沿着 DNA 线的环长度的非线性函数; 然而, 从生物学的观点, 这意味着: 如果两个环元素靠得非常近或离得非常远, 那么表达水平较低, 这样存在两个环元素的一个合适位置, 使得表达水平达到最高值.

## 参 考 文 献

[1] Black W J, Douglas L. Mechanisms of alternative pre-messenger RNA splicing. Annual Reviews of Biochemistry, 2003, 72(1): 291-336.

[2] Pan Q, Shai O, Lee L J, et al. Deep surveying of alternative splicing complexity in the human transcriptome by high-throughput sequencing. Nature Genetics, 2008, 40 (12): 1413-1415.

[3] Stamm S, Ben-Ari S, Rafalska I, et al. Function of alternative splicing. Genetics, 2005,

3(344):1-20.

[4] Jeffares D C, Poole A M, Penny D. Relics from the RNA world. Journal of Molecular Evolution, 1998, 46 (1): 18-36.

[5] Ban N, Nissen P, Hansen J, et al. The complete atomic structure of the large ribosomal subunit at 2.4 angstrom resolution. Science, 2000, 289 (5481): 905-910.

[6] Szymanski M, Barciszewski J. Regulation by RNA. International Review Cytol, 2003, 231:197-258

[7] Mattick J S, Makunin I V. Non-coding RNA. Hum Mol Genet, 2006, 15 (1): R17-R29.

[8] Herman R C, Williams J G, Penman S. Message and non-message sequences adjacent to poly (A) in steady state heterogeneous nuclear RNA of HeLa cells. Cell, 1976, 7:429-437.

[9] Carninci P, Kasukawa T, Katayama S, et al. The transcriptional landscape of the mammalian genome. Science, 2005, 309: 1559-1563.

[10] Birney E, Stamatoyannopoulos J A, Dutta A, et al. Identification and analysis of functional elements in 1% of the human genome by the ENCODE pilot project. Nature, 2007, 447: 799-816.

[11] Kapranov P, Cheng J, Dike S, et al. RNA maps reveal new RNA classes and a possible function for pervasive transcription. Science, 2007, 316: 1484-1488.

[12] Mattick J S. RNA regulation: A new genetics? Nature Reviews Genetics, 2004, 5:316-323.

[13] Carter K C, Taneja K L, Lawrence J B. Discrete nuclear domains of poly(A) RNA and their relationship to the functional organization of the nucleus. Journal of Cell Biology, 1991, 115: 1191-1202.

[14] Huang S, Deerinck T J, Ellisman M H, et al. In vivo analysis of the stability and transport of nuclear poly(A)+ RNA. Journal of Cell Biology, 1994, 126: 877-899.

[15] Visa N, Puvion-Dutilleul F, Harper F, et al. Intranuclear distribution of poly (A) RNA determined by electron microscope in situ hybridization. Express Cell Research, 1993, 208: 19-34.

[16] Spector D L, Prasanth K V. Regulating gene expression through RNA nuclear retention. Cell, 2005, 123: 249-263.

[17] Prasanth K V, Sacco-Bubulya P A, Prasanth S G, et al. Sequential entry of components of the gene expression machinery into daughter nuclei. Molecular Biology Cell, 2003, 14: 1043-1057.

[18] Naganuma S, Hirose T. Paraspeckle formation during the biogenesis of long non-coding RNAs. RNA Biology, 2013, 10(3): 456-461.

[19] Singh D K, Prasanth K V. Functional insights into the role of nuclear retained long noncoding RNAs in gene expression control in mammalian cells. Chromosome Research, 2013, 21: 695-711.

[20] Charles S B, Archa H F. Paraspeckles: Nuclear bodies built on long noncoding RNA. Journal of Cell Biology, 2009, 186: 637-644.

[21] Mariani L, Schulz E G, Lexberg M H, et al. Short-term memory in gene induction reveals the regulatory principle behind stochastic IL-4 expression. Molecular Systems Biology, 2010, 6: 359.

[22] Carter K C, Taneja K L, Lawrence J B. Discrete nuclear domains of poly(A) RNA and their relationship to the functional organization of the nucleus. Journal of Cell Biology, 1991, 115: 1191-1202.

[23] Raj A, Peskin C S, Tranchina D, et al. Stochastic mRNA synthesis in mammalian cells. PLoS Biology, 2006, 4: e309.

[24] Xiong L P, Ma Y Q, Tang L H. Attenuation of transcriptional bursting in mRNA transport. Physical Biology, 2010, 7: 016005.

[25] Kallehauge T B, Robert M C, Bertrand E, et al. Nuclear retention prevents premature cytoplasmic appearance of mRNA. Molecular Cell, 2012, 48: 145-152.

[26] Archa H F, Charles S B, Angus I L. P54$^{nrb}$ forms a heterodimer with PSP1 that localizes to paraspeckles in an RNA-dependent. Molecular Biology of the Cell, 2005, 16: 5304-5315.

[27] Singh A, Bokes P. Consequences of mRNA transport on stochastic variability in protein levels. Biophysical Journal, 2012, 103(5): 1087-1096.

[28] Kepler T B, Elston T C. Stochasticity in transcriptional regulation: origins, consequences, and mathematical representations. Biophysical Journal, 2001, 81: 3116-3136.

[29] Paulsson J. Models of stochastic gene expression Physical Life Review, 2005, 2: 157-175.

[30] Shahrezaei V, Swain P S. Analytical distributions for stochastic gene expression. Proc Natl Acad Sci USA, 2008, 105: 17256-17261.

[31] Iyer-Biswas S, Hayot F, Jayaprakash C. Stochasticity of gene products from transcriptional pulsing. Physical Review E, 2009, 79: 031911.

[32] Mugler A, Walczak A M, Wiggins C H. Spectral solutions to stochastic models of gene expression with bursts and regulation. Physical Review E, 2009, 80: 041921.

[33] Dar R D, Razooky B S, Singh A, et al. Transcriptional burst frequency and burst size are equally modulated across the human genome. Proc Natl Acad Sci USA, 2012, 109: 17454-17459.

[34] Miller-Jensen K, Dey S S, Schaffer D V, et al. Varying virulence: epigenetic control of expression noise and disease processes. Trends in Biotechnology, 2011, 29: 517-525.

[35] Sabine D, Chiara A, Stefano C, et al. Distinct sequence motifs within the 68-kDa subunit of cleavage factor Im mediate RNA binding, protein-protein interactions, and subcellular localization. Journal of Biological Chemistry, 2004, 279: 35788-35797.

[36] Vernimmen D, Bickmore W A. The hierarchy of transcriptional activation: From enhancer to promoter. Trends in Genetics, 2015, 31(12): 696-708.

[37] Li Q L, Barkess G, Qian H. Chromatin looping and the probability of transcription. Trends in Genetics, 2006, 22 (4): 197-202.

[38] Ong C T, Corces V G. Enhancer function: new insights into the regulation of tissue-specific gene expression. Nat Rev Genet, 2011, 12: 283-293.

[39] Lenhard B, Sandelin A, Carninci P. Metazoan promoters: emerging characteristics and insights into transcriptional regulation. Nat Rev Genet, 2012, 13: 233-245.

[40] Boettiger A N, Levine M. Synchronous and stochastic patterns of gene activation in the early Drosophila embryo. Science, 2009, 325: 471-473.

[41] Raj A, Rifkin S A, Andersen E, et al. Variability in gene expression underlies incomplete penetrance. Nature, 2010, 463: 913-918.

[42] Eldar A, Elowitz M B. Functional roles for noise in genetic circuits. Nature, 2010, 467: 167-173.

[43] Letticea L A, Horikoshi T, Heaneya S J H, et al. Disruption of a long-range cis-acting regulator for Shh causes preaxial polydactyly. Proc Natl Acad Sci USA, 2002, 99(11):7548-7553.

[44] Nobrega M A, Ovcharenko I, Afzal V, et al. Scanning human gene deserts for long-range enhancers. Science, 2003, 302(5644):413.

[45] Jin F, Li Y, Dixon J R, Selvaraj S, et al. A high-resolution map of the three-dimensional chromatin interactome in human cells. Nature, 2013, 503(7475):290-294.

[46] Maeda R K, Karch F. Ensuring enhancer fidelity. Nat Genet, 2003, 34(4):360-361.

[47] Li G, Ruan XA, Raymond K, et al. Extensive promoter-centered chromatin interactions provide a topological basis for transcription regulation. Cell, 2012, 148(1-2):84-98.

[48] Kieffer-Kwon K R, Tang Z H, Mathe E, et al. Interactome maps of mouse gene regulatory domains reveal basic principles of transcriptional regulation. Cell, 2013, 155(7):1507-1520.

[49] Marinic M, Aktas T, Ruf S, et al. An integrated holo-enhancer unit defines tissue and gene specificity of the Fgf8 regulatory landscape. Dev Cell, 2013, 24(5): 530-542.

[50] Priesta D G, Kumar S, Yan Y, et al. Quantitation of interactions between two DNA loops demonstrates loop domain insulation in E. coli cells. Proc Natl Acad Sci USA, 2014, 111(42): E4449-E4457.

[51] Kwon D, Mucci D, Langlais K K, et al. Enhancer-promoter communication at the Drosophila engrailed locus. Development, 2009, 136(18):3067-3075.

[52] Calhoun V C, Stathopoulos A, Levine M. Promoter-proximal tethering elements regulate enhancer-promoter specificity in the Drosophila Antennapedia complex. Proc Natl Acad Sci USA, 2002, 99(14):9243-9247.

[53] Cui L, Murchland I, Shearwin K E, et al. Enhancer-like long-range transcriptional activation by $\lambda$ CI-mediated DNA looping. Proc Natl Acad Sci USA, 2013, 110(8):2922-2927.

[54] Morelli M J, ten Wolde P R, Allen R J. DNA looping provides stability and robustness to the bacteriophage lambda switch. Proc Natl Acad Sci USA, 2009, 106 (20): 8101-8106.

[55] Li G W, Berg O G, Elf J. Effects of macromolecular crowding and DNA looping on gene regulation kinetics. Nature Physics, 2009, 5: 294-297.

[56] Anderson L M, Yang H. DNA looping can enhance lysogenic CI transcription in phage lambda. Proc Natl Acad Sci USA, 2008, 105 (15): 5827-5832.

[57] Earnest T M, Roberts E, Assaf M, et al. DNA looping increases the range of bistability in a stochastic model of the lac genetic switch. Physical Biology, 2013, 10: 026002.

[58] Vilar J M G , Saiz L. Suppression and enhancement of transcriptional noise by DNA looping. Physical Review E, 2014, 89: 062703.

[59] Vilar J M G, Leibler S. DNA looping and physical constrains on transcriptional regulation. Journal of Molecular Biology, 2003, 331: 981-989.

[60] Choudhary K, Oehler S, Narang A. Protein Distributions from a Stochastic Model of the Operon of E. coli with DNA Looping Analytical solution and comparison with experiments. PLoS One, 2014, 9(7): e102580.

[61] Larson D R. What do expression dynamics tell us about the mechanism of transcription? Curr Opin Genet Dev, 2011, 21:591-599.

[62] Sánchez A, Garcia H G, Jones D, et al. Effect of promoter architecture on the cell-to-cell variability in gene expression. PLoS Computational Biology, 2011, 7:e1001100.

[63] Sánchez A, Choubey S, Kondev J. Stochastic models of transcription: From single molecules to single cells. Methods, 2013, S1046-2023:00095-9.

[64] Zhang J J, Huang L F, Zhou T S. Comment on 'Binomial moment equations for chemical reaction networks'. Physical Review Letters, 2014, 112: 088901.

[65] Dekker J, Rippe K, Dekker M, et al. Capturing chromosome conformation. Science, 2002, 295: 1306-1311.

[66] Lieberman-Aiden E, van Berkum N L, Williams L, et al. Comprehensive mapping of long-range interactions reveals folding principles of the human genome. Science, 2009, 326: 289-293.

[67] Shen Y, Yue F, McCleary D F, et al. A map of the cis-regulatory sequences in the mouse genome. Nature, 2012, 488(7409):116-120.

[68] Nord A S, Blow M J, Attanasio C, et al. Rapid and pervasive changes in genome-wide enhancer usage during mammalian development. Cell, 2013, 155(7):1521-1531.

[69] Tolhuis B, Palstra R J, Splinter E, et al. Looping and interaction between hypersensitive sites in the active beta-globin locus. Molecular Cell, 2002, 10(6):1453-1465.

[70] Palstra R J, Tolhuis B, Splinter E, et al. The β-globin nuclear compartment in development and erythroid differentiation. Nat Genet, 2003, 35:190-194.

[71] Savitskaya E, Melnikova L, Kostuchenko M, et al. Study of long-distance functional

interactions between Su (Hw) insulators that can regulate enhancer-promoter communication in Drosophila melanogaster. Mol Cell Biol, 2006, 26(3): 754-761.

[72] Doyle B, Fudenberg G, Imakaev M, et al. Chromatin loops as allosteric modulators of enhancer-promoter interactions. PLoS Computational Biology, 2014, 10(10): e1003867.

[73] Dean A. On a chromosome far, far away: LCRs and gene expression. Trends in Genetics, 2006, 22(1):38-45.

[74] Liu Z, Scannell D R, Eisen M B, et al. Control of embryonic stem cell lineage commitment by core promoter factor, TAF3. Cell, 2011, 146: 720-731.

[75] Kagey M H, Newman J J, Bilodeau S, et al. Mediator and cohesion connect gene expression and chromatin architecture. Nature, 2010, 467: 430-435.

[76] Hsieh C L, Fei T, Chen Y W, et al. Enhancer RNAs participate in androgen receptor-driven looping that selectively enhances gene activation. Proc Natl Acad Sci USA, 2014, 111: 7319-7324.

[77] Tuan D, Kong S, Hu K. Transcription of the hypersensitive site HS2 enhancer in erythroid cells. Proc Natl Acad Sci USA, 1992, 89: 11219-11223.

# 第 7 章　基因表达过程的能量代价

从热动力学的观点，基因表达是非平衡过程，而非平衡过程必然要消耗能量(指消耗自由能)[1,2]. 例如，通过计算保持细胞内 mRNA 和蛋白质水平的理论能量，Schwanhausser 等对于发生在基因表达过程中基本事件需要消耗多少能量进行了量化[3]，发现蛋白质的合成需要消耗超过 90% 的能量，而转录需要消耗不到 10% 的能量；尤其是 20% 的蛋白质消耗翻译过程中的 80% 能量，即所谓的 Pareto 原理或 80/20 规则.

能量消耗(定义为熵的产生率) 体现在基因表达过程中的各个阶段. 例如，启动子能够看成一种信息处理装置：它通过生物计算来处理细胞内外的各种信号，因此从信息论的观点，启动子会消耗能量；类似地，转录和翻译明显都是非平衡过程，因此也会消耗能量；此外，转录因子调控基因表达的生化反应显然都是非平衡过程，因此也必然会消耗能量. 由于能量消耗能够反映系统行为的全局性质，因此从能量消耗的观点研究基因表达动力学对理解基因表达机制能够提供另一种观点.

本章通过分析几个代表性的基因表达模型中能量消耗的特征，试图总结出基因表达消耗能量的基本原理. 首先，介绍能量消耗的一般性理论；其次，介绍启动子能量消耗的计算公式，并给出一般的计算公式；再次，介绍两状态基因调控系统中的能量消耗原理；最后，从能量消耗的观点阐明基因调控中噪声信号解码的动态机制.

## 7.1　熵、互信息与能量代价

### 7.1.1　概述

在量子统计力学中，熵的概念是由 John von Neumann 首次引入的，通常叫作 von Neumann 熵，其数学公式为

$$S = -(k_{\mathrm{B}}T)\,\mathrm{tr}\,(\boldsymbol{\rho}\log\boldsymbol{\rho}) \tag{7.1}$$

其中，$k_{\mathrm{B}}$ 是玻尔兹曼常量 (Boltzmann cosntant)，$T$ 代表系统的温度，$\boldsymbol{\rho}$ 是系统的密度矩阵，tr 代表求矩阵的秩. 假如 $\boldsymbol{\rho}$ 是一个对角矩阵，则 (7.1) 变成普通的计算公式

$$S = -(k_{\mathrm{B}}T)\sum_i p_i \log p_i \tag{7.2}$$

其中, $p_i$ 代表系统微观状态的概率. 这种计算公式蕴含着: 熵是对应于热动力系统中由宏观变量细化系统状态的所有微观共形数目的一种度量, 即假设每个微观共形是等概率的, 那么系统的熵是微观共形数目的自然对数乘以 Boltzmann 常量 (即 $k_{\rm B}T$). 因此, 熵能够理解为宏观系统中分子紊乱的一种度量. 热力学第二定律告诉我们: 一个孤立系统的熵绝不会增加. 孤立系统会自发地朝着热动力平衡态 (一种具有最大熵的状态) 演化, 而非孤立系统可以失去熵 (主要是信息交换的缘故). 因为熵是状态函数, 因此系统熵的改变由初始和最后状态决定. 这能应用于过程是可逆和不可逆情形, 然而不可逆过程会增加系统和其环境的组合熵.

信息与熵有着密切的关系. 在信息论中, 熵是指收到信息之前信息丢失量的一种度量, 这种熵即为*香农熵*(Shannon entropy). 早在 1948 年, 香农就发现: 信息理论能够很好地定量化输入信号和输出信号之间的信号通路 (或隧道) 中的信息转导. 假如信号通路是噪声的, 一个已知的信号输入将导致输入信号的一个分布. 这代表信息的损失, 因为 "输出信号的分布" 意味着输入信号已不能再从输出信号的观察中通过学习而得知. 假设输入信号 $(X)$ 是通过观察输出信号 $(Y)$ 获得的, 那么输出信号与输入信号之间的*互信息*(mutual information, 记为 $\mathrm{MI}(X,Y)$, 它定量化输入信号 $X$ 的信息量) 在数学上可定义为[4]

$$\mathrm{MI}(X,Y)=\sum_{x\in X}\sum_{y\in Y}P(x,y)\log_2\left(\frac{P(x,y)}{P(x)P(y)}\right) \tag{7.3}$$

其中, $P(X,Y)$ 是随机变量 $X$ 和 $Y$ 的联合分布, $P(X)$ 和 $P(Y)$ 是此联合分布的边缘分布. 因为互信息 MI 通常是以字节 (bit) 为单位测量的, 因此通常利用以 2 为底的对数来定义互信息.

对于上面的互信息, 也有另一种等价的数学定义或计算公式, 即

$$\mathrm{MI}(X;Y)=H(Y)-H(Y|X) \tag{7.4}$$

其中, $H(Y)=-\sum\limits_{y\in Y}p(y)\log_2 p(y)$ 是输入信号 $Y$ 的边缘熵, $H(Y|X)$ 是在信号 $Y$ 条件下输入信号 $X$ 的熵, 叫作条件熵.

假如输入信号能够被精确地控制, 并假设输出信号分布能够被精确地测量, 那么上述信息理论能够应用. 在应用时, 关键是确定三个分布: $P(X)$, $P(Y)$ 和 $P(X,Y)$, 或确定两种熵: $H(Y)$ 和 $H(Y|X)$.

从热动力学的观点, 信息转导是*非平衡过程*, 因为输入信号是脉冲在不可逆或其他情形时会打破*细致平衡*. 参考图 7.1, 其中对于图 7.1(a), $A$ 和 $B$ 节点之间的化学潜能差可表示为 $\Delta E_{AB}=(k_{\rm B}T)\ln\left(\dfrac{k_{-1}[B]}{k_1[A]}\right)$; 类似地, 图中 $B$ 和 $C$ 节点之间的

化学潜能差可表示为：$\Delta E_{BC} = (k_{\mathrm{B}}T)\ln\left(\frac{k_{-2}[C]}{k_2[B]}\right)$, 而 $C$ 和 $A$ 之间的化学潜能差为：$\Delta E_{CA} = (k_{\mathrm{B}}T)\ln\left(\frac{k_{-3}[A]}{k_3[C]}\right)$. 由于细致平衡, 即满足 $\frac{k_1k_2k_3}{k_{-1}k_{-2}k_{-3}} = 1$, 因此系统没有能量消耗, 即 $\Delta E_{AB} + \Delta E_{BC} + \Delta E_{CA} = 0$. 对于图 7.1(b), 假如 $[D]$ 和 $[E]$ 保持非平衡, 那么 $D$ 和 $E$ 之间的化学潜能差 $\Delta E_{DE} = (k_{\mathrm{B}}T)\ln\left(\frac{k_1k_2k_3}{k_{-1}k_{-2}k_{-3}}\right)$ 并不等于零, 且 $\Delta E_{DE} > 0$ 驱动环路流：$A \to B \to C \to D$. 从信息论的观点, 熵的产生率是能量消耗 (EC) 的精确度量. 对于细致平衡系统, 没有能量消耗, 但是对于非平衡静态系统, 必定有能量消耗. 一般地, 能量消耗反映出信号解码的代价, 但是基因表达调控系统中能量是如何消耗的以及信息是如何解码的等问题至今并没有得到很好的解决, 特别是相关机制并不十分清楚.

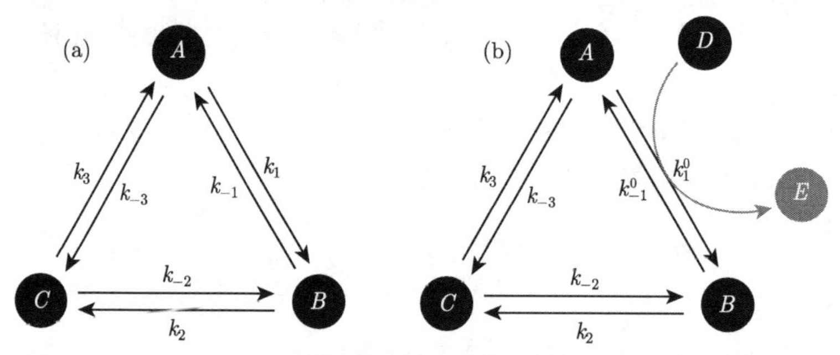


图 7.1　一个简单的封闭系统 (a) 与一个简单的开放系统 (b) 的示意图

注意到：在暂态处, 熵的改变不仅是由于熵流而且是由于系统中熵的自发产生. 因此, 一个系统的熵的时间导数 (叫作熵率) 能够被分成两部分

$$\frac{\mathrm{d}S}{\mathrm{d}t} = \Pi - \Phi \tag{7.5}$$

其中, $\Pi$ 是熵的产生率, 它总是非负的; $\Phi$ 是从系统到环境的熵流速率. 在静态区域, 熵率 $\mathrm{d}S/\mathrm{d}t = 0$, 蕴含着 $\Pi = \Phi$. 因此, 在非平衡静态处, 熵流速率 $\Phi$ 总是非负的.

由于熵的产生率是能量消耗的精确度量, 因此在数学上, 能量消耗 (或能量代价)可根据下列公式计算[5]

$$EC = \sum_{\sigma,\sigma'} P(\sigma)\,k(\sigma,\sigma')\log\frac{k(\sigma,\sigma')}{k(\sigma',\sigma)} \tag{7.6}$$

其中, $k(\sigma,\sigma')$ 代表系统从状态 $\sigma$ 到状态 $\sigma'$ 的转移概率, $P(\sigma)$ 代表系统处于状态 $\sigma$ 的概率.

### 7.1.2 任意生化系统中能量代价的计算

假设一个生化系统在某个离散相空间中根据马氏过程随时间演化. 若相空间中从状态 $\eta$ 到状态 $\eta'$ 的转移率记为 $W(\eta'|\eta)$, 则公式 (7.5) 中的 $\Pi$ 和 $\Phi$ 都应该与 $W(\eta'|\eta)$ 有关. 记系统状态的时间依赖的概率为 $P(\eta,t)$, 并假设它的运动方程由下列主方程描述

$$\frac{\partial}{\partial t}P(\eta;t)=\sum_{\eta'}J(\eta'|\eta,t) \tag{7.7}$$

其中,

$$J(\eta'|\eta,t)=W(\eta'|\eta)P(\eta',t)-W(\eta|\eta')P(\eta,t) \tag{7.7a}$$

是概率流. 利用这种概率流, 可决定任意状态函数 $E(\eta)$ 的流率 (flux rate), 记为 $\Phi_E$,

$$\Phi_E=\sum_{\eta,\eta'}J(\eta'|\eta,t)E(\eta) \tag{7.8}$$

显然, 在静态处 $\Phi_E$ 消失或等于零. 自然地, 定义熵流率为

$$\Phi(t)=-\sum_{\eta,\eta'}J(\eta'|\eta,t)\log W(\eta'|\eta) \tag{7.9}$$

那么, 熵的产生率可表示为

$$\Pi(t)=-\sum_{\eta,\eta'}J(\eta'|\eta,t)\log[W(\eta'|\eta)P(\eta;t)] \tag{7.10}$$

事实上, 由定义 $S(t)=-\sum_{\eta}P(\eta;t)\log P(\eta;t)$(这里及以下, 不失一般性, 设 $k_BT=1$), 可得

$$\frac{\mathrm{d}S}{\mathrm{d}t}=-\sum_{\eta}[\log P(\eta;t)+1]\frac{\partial}{\partial t}P(\eta;t)$$

因为 $\frac{\partial}{\partial t}P(\eta;t)=\sum_{\eta'}J(\eta'|\eta,t)$, 因此

$$\frac{\mathrm{d}S}{\mathrm{d}t}=-\sum_{\eta,\eta'}[\log P(\eta;t)+1]J(\eta'|\eta,t)=-\sum_{\eta,\eta'}J(\eta'|\eta,t)\log P(\eta;t)-\sum_{\eta,\eta'}J(\eta'|\eta,t)$$

由 $\Phi=-\sum_{\eta,\eta'}J(\eta'|\eta,t)\log W(\eta'|\eta)$ 可推出

$$\frac{\mathrm{d}S}{\mathrm{d}t}=-\sum_{\eta,\eta'}J(\eta'|\eta,t)\{\log[P(\eta;t)W(\eta'|\eta)]+1\}-\Phi$$

注意到

$$\sum_{\eta,\eta'} J(\eta'|\eta,t)=\sum_{\eta,\eta'}[P(\eta';t)W(\eta|\eta')-P(\eta;t)W(\eta'|\eta)]=0$$

而 $\dfrac{\mathrm{d}S}{\mathrm{d}t}=\Pi-\Phi$, 因此获得 (7.10).

### 7.1.3　朗之万方程系统中能量代价的计算

首先, 简单陈述生化系统之朗之万方程的由来. 生化反应网络在某些假设之下可由化学主方程来数学建模. 具体来说, 假设一个生化反应网络所对应的化学主方程为

$$\frac{\partial P(\boldsymbol{x};t)}{\partial t}=\sum_{j=1}^{m}\left[a_j\left(x-s^j\right)P\left(\boldsymbol{x}-s^j;t\right)-a_j(\boldsymbol{x})P(\boldsymbol{x};t)\right] \tag{7.11}$$

其中, $\boldsymbol{x}$ 代表反应物种的浓度向量, $\boldsymbol{s}^j$ 代表第 $j$ 个反应式中反应物种浓度向量的改变量, $a_j(\boldsymbol{x})$ 是第 $j$ 个反应的反应倾向函数, $P(\boldsymbol{x};t)$ 代表系统在 $t$ 时刻处于 $\boldsymbol{x}$ 微观状态的概率. 一般地, 模 $\left|\boldsymbol{s}^j\right|$ 相对于模 $|\boldsymbol{x}|$ 很小, 因此对 (7.11) 中右端函数可进行泰勒展开. 若展开到二阶项, 则得下列 Fokker-Planck 方程

$$\frac{\partial P(\boldsymbol{x};t)}{\partial t}\approx\sum_{k=1}^{n}\left[-\sum_{i=1}^{m}s_{ki}\frac{\partial}{\partial x_i}+\sum_{i,j=1}^{m}\frac{s_{ki}s_{kj}}{2}\frac{\partial^2}{\partial x_i\partial x_j}\right]a_k(\boldsymbol{x})P(\boldsymbol{x};t) \tag{7.12}$$

然而, Fokker-Planck 方程与朗之万方程等价. 由 (7.12) 可得朗之万方程

$$\frac{\mathrm{d}x_i}{\mathrm{d}t}=K_i(\boldsymbol{x})+\xi_i(t) \tag{7.13}$$

其中, $i=1,2,\cdots,n$, $\xi_i$ 是高斯白色噪声, 满足

$$\langle\xi_i(t)\rangle=0,\quad \langle\xi_i(\boldsymbol{x}(t))\,\xi_j(\boldsymbol{x}(t'))\rangle=K_{ij}(\boldsymbol{x}(t))\,\delta(t-t') \tag{7.13a}$$

在 (7.13) 中的 $K_i(\boldsymbol{x})$ 和 (7.13a) 中的 $K_{ij}(\boldsymbol{x})$ 分别为

$$K_i(\boldsymbol{x})=\sum_{k=1}^{n}s_{ki}a_k(\boldsymbol{x}),\quad K_{ij}(\boldsymbol{x})=\sum_{k=1}^{n}s_{ki}s_{kj}a_k(\boldsymbol{x}) \tag{7.13b}$$

然后, 陈述两类代表性的随机微分方程. *尹藤* (Ito) *随机微分方程*的一般形式为

$$\mathrm{d}X_t=\mu(X_t,t)\,\mathrm{d}t+\sigma(X_t,t)\,\mathrm{d}W_t \tag{7.14}$$

其中, $W_t$ 代表维纳 (Wiener) 过程, 对应于此方程的 Fokker-Planck 为

$$\frac{\partial P(x;t)}{\partial t}=-\sum_{i=1}^{n}\frac{\partial}{\partial x_i}\left[\mu_i(x,t)P(x;t)\right]+\frac{1}{2}\sum_{i,j=1}^{n}\frac{\partial^2}{\partial x_i\partial x_j}\left[D_{ij}(x,t)P(x;t)\right] \tag{7.15}$$

其中,

$$D_{ij}(x,t)=\sum_{k=1}^{n}\sigma_{ik}(x,t)\sigma_{kj}(x,t) \tag{7.15a}$$

而 Stratonovich随机微分方程的一个形式为

$$\mathrm{d}X_t=\mu(X_t,t)\,\mathrm{d}t+\sigma(X_t,t)\circ\mathrm{d}W_t \tag{7.16}$$

对应于此方程的 Fokker-Planck 方程为

$$\begin{aligned}\frac{\partial P(x;t)}{\partial t}=&-\sum_{i=1}^{n}\frac{\partial}{\partial x_i}\left[\mu_i(x,t)P(x;t)\right]\\&+\frac{1}{2}\sum_{k=1}^{n}\sum_{i=1}^{n}\frac{\partial}{\partial x_i}\left\{\sigma_{ik}(x,t)\left[\sum_{j=1}^{n}\frac{\partial}{\partial x_j}\sigma_{jk}(x,t)P(x;t)\right]\right\}\end{aligned} \tag{7.16a}$$

下一步, 我们考虑下列形式的 Fokker-Planck 方程[6,7]

$$\eta\frac{\partial P(x;t)}{\partial t}=-\frac{\partial\{A(x)\Psi[P(x;t)]\}}{\partial x}+D\frac{\partial}{\partial x}\left\{\Omega[P(x;t)]\frac{\partial P(x;t)}{\partial x}\right\} \tag{7.17}$$

其中, $\eta$ 代表系统的摩擦系数, $D$ 代表与系统能量有关的常数, $A(x)$ 代表外部力, 其潜能假定为 $A(x)=-\mathrm{d}\phi(x)/\mathrm{d}x$(因此 $A(x)$ 也称为保守力), 两个函数 $\Psi[P(x;t)]$ 和 $\Omega[P(x;t)]$ 需要满足某些条件 (将被细化), 概率函数 $P(x;t)$ 满足下列条件

$$P(x;t)|_{x\to\pm\infty}=0,\quad \left.\frac{\partial P(x;t)}{\partial x}\right|_{x\to\pm\infty}=0,\quad A(x)\Psi[P(x;t)]|_{x\to\pm\infty}=0 \tag{7.17a}$$

为方便, 记

$$J=\frac{1}{\eta}\left\{A(x)\Psi[P(x;t)]-D\Omega[P(x;t)]\frac{\partial P(x;t)}{\partial x}\right\}$$

则上面的 Fokker-Planck 方程 (7.16) 可改写为

$$\frac{\partial P(x;t)}{\partial t}=-\frac{\partial J}{\partial x} \tag{7.17b}$$

系统的熵的一般形式可设为[6,7]

$$S[P]=kF[Q[P]] \tag{7.18}$$

其中,

$$Q[P]=\int_{-\infty}^{\infty}g[P(x;t)]\,\mathrm{d}x,\quad g(0)=g(1)=0,\quad \frac{\mathrm{d}^2g}{\mathrm{d}P^2}\leqslant 0$$

$k$ 是一个与熵有关的常数, $F[Q[P]]$ 是一个单调增加且至少一次可微的函数, $g[P]$ 是至少二次可微的函数, 函数 $g$ 和 $F$ 依赖于系统的结构, 满足条件

$$-\frac{\mathrm{d}F[Q]}{\mathrm{d}Q}\frac{\mathrm{d}^2g[P]}{\mathrm{d}P^2}=\frac{\Omega[P]}{\Psi[P]}\tag{7.18a}$$

它将被进一步细化.

现在, 来推导 $S[P]$ 的方程, 从而推导出熵的产生率和熵流的表达. 注意到

$$\begin{aligned}\frac{\mathrm{d}}{\mathrm{d}t}S[P]=&k\frac{\mathrm{d}F[Q[P]]}{\mathrm{d}Q}\frac{\mathrm{d}}{\mathrm{d}t}\int_{-\infty}^{\infty}g[P(x;t)]\,\mathrm{d}x\\=&k\frac{\mathrm{d}F[Q]}{\mathrm{d}Q}\int_{-\infty}^{\infty}\frac{\mathrm{d}g}{\mathrm{d}P}\frac{\partial P}{\partial t}\mathrm{d}x=-k\frac{\mathrm{d}F[Q]}{\mathrm{d}Q}\int_{-\infty}^{\infty}\frac{\mathrm{d}g}{\mathrm{d}P}\frac{\partial J}{\partial x}\mathrm{d}x\end{aligned}$$

又注意到

$$\begin{aligned}\frac{\mathrm{d}}{\mathrm{d}t}S[P]=&-k\frac{\mathrm{d}F[Q]}{\mathrm{d}Q}\int_{-\infty}^{\infty}\frac{\mathrm{d}g}{\mathrm{d}P}\frac{\partial J}{\partial x}\mathrm{d}x\\=&-k\frac{\mathrm{d}F[Q]}{\mathrm{d}Q}\frac{\mathrm{d}g}{\mathrm{d}P}\frac{\partial J}{\partial x}\bigg|_{-\infty}^{\infty}+k\frac{\mathrm{d}F[Q]}{\mathrm{d}Q}\int_{-\infty}^{\infty}J\frac{\mathrm{d}}{\mathrm{d}x}\left(\frac{\mathrm{d}g}{\mathrm{d}P}\right)\mathrm{d}x\end{aligned}$$

利用边界条件 (7.17a) 和方程 (7.17b) 可得

$$\frac{\mathrm{d}}{\mathrm{d}t}S[P]=\int_{-\infty}^{\infty}\frac{\mathrm{d}F[Q]}{\mathrm{d}Q}\frac{\mathrm{d}^2g}{\mathrm{d}P^2}J\left\{\frac{A(x)\Psi[P]-\eta J}{D\Omega[P]}\right\}\mathrm{d}x$$

再利用关系 (7.18a), 进一步可得

$$\frac{\mathrm{d}}{\mathrm{d}t}S[P]=\frac{k\eta}{D}\int_{-\infty}^{\infty}\frac{[J(x;t)]^2}{\Psi[P]}\mathrm{d}x-\frac{k}{D}\int_{-\infty}^{\infty}A(x)\,J(x;t)\,\mathrm{d}x$$

对比方程 (7.5), 我们发现

$$\Pi=\frac{k\eta}{D}\int_{-\infty}^{\infty}\frac{[J(x;t)]^2}{\Psi[P]}\mathrm{d}x\tag{7.18b}$$

它代表熵的产生率,

$$\Phi = \frac{k}{D}\int_{-\infty}^{\infty} A\left(x\right) J\left(x;t\right) \mathrm{d}x \tag{7.18c}$$

它代表熵流 (系统与环境之间熵的改变).

下一步, 将上面的结果应用到两类代表性的 Fokker-Planck 方程系统 (7.15) 和 (7.16). 首先, 注意到

$$S\left(t\right) = -\int P\left(x;t\right)\ln P\left(x;t\right)\mathrm{d}x$$

两边关于时间 $t$ 求导得

$$\frac{\mathrm{d}}{\mathrm{d}t}S\left(t\right) = -\int \left[1+\ln P\left(x;t\right)\right]\frac{\partial}{\partial t}P\left(x;t\right)\mathrm{d}x$$

又由于有 (7.17′), 因此

$$\frac{\mathrm{d}}{\mathrm{d}t}S\left(t\right) = \int \left[1+\ln P\left(x;t\right)\right]\frac{\partial J\left(x,t\right)}{\partial x}\mathrm{d}x = -\int J\left(x,t\right)\frac{\partial \ln P\left(x;t\right)}{\partial x}\mathrm{d}x$$

这样, 对于 Ito 类型的随机微分方程, 即对系统 (7.15), 此时有

$$J\left(x,t\right) = \sum_{i=1}^{n}\left[\mu_i\left(x,t\right)P\left(x,t\right) - \frac{1}{2}\sum_{j=1}^{n}\frac{\partial}{\partial x_j}\left[D_{ij}\left(x,t\right)P\left(x,t\right)\right]\right]$$

这样,

$$\begin{aligned}\frac{\mathrm{d}}{\mathrm{d}t}S\left(t\right) = -\Phi+\Pi \equiv& -\sum_{i=1}^{n}\int \mu_i\left(x,t\right)\frac{\partial P\left(x,t\right)}{\partial x_i}\mathrm{d}x_i \\ &+\frac{1}{2}\sum_{i=1}^{n}\int\sum_{j=1}^{n}\frac{\partial}{\partial x_j}\left[D_{ij}\left(x,t\right)P\left(x,t\right)\right]\frac{\partial \ln P\left(x,t\right)}{\partial x_i}\mathrm{d}x_i\end{aligned} \tag{7.19a}$$

而对于 Stratonovich 类型的随机微分方程, 即对系统 (7.16), 此时有

$$J\left(x,t\right) = \sum_{i=1}^{n}\left[\mu_i\left(x,t\right)P\left(x;t\right)\right] - \frac{1}{2}\sum_{k=1}^{n}\sum_{i=1}^{n}\left\{\sigma_{ik}\left(x,t\right)\left[\sum_{j=1}^{n}\frac{\partial}{\partial x_j}\sigma_{jk}\left(x,t\right)P\left(x;t\right)\right]\right\}$$

这样,

$$\begin{aligned}\frac{\mathrm{d}}{\mathrm{d}t}S\left(t\right) = -\Phi+\Pi \equiv& -\sum_{i=1}^{n}\int \mu_i\left(x,t\right)\frac{\partial P\left(x;t\right)}{\partial x_i}\mathrm{d}x_i \\ &+\frac{1}{2}\sum_{i=1}^{n}\sum_{k=1}^{n}\int\sum_{i=1}^{n}\left\{\sigma_{ik}\left(x,t\right)\left[\sum_{j=1}^{n}\frac{\partial}{\partial x_j}\sigma_{jk}\left(x,t\right)P\left(x;t\right)\right]\right\}\frac{\partial \ln P\left(x;t\right)}{\partial x_i}\mathrm{d}x_i\end{aligned} \tag{7.19b}$$

## 7.2　启动子的能量代价

基因表达常常受到转录因子的调控, 导致基因启动子可有多个活性或非活性状态. 这里, 考虑相互作用的多个转录因子调控基因表达的一般模型[8], 如图 7.2 所示.

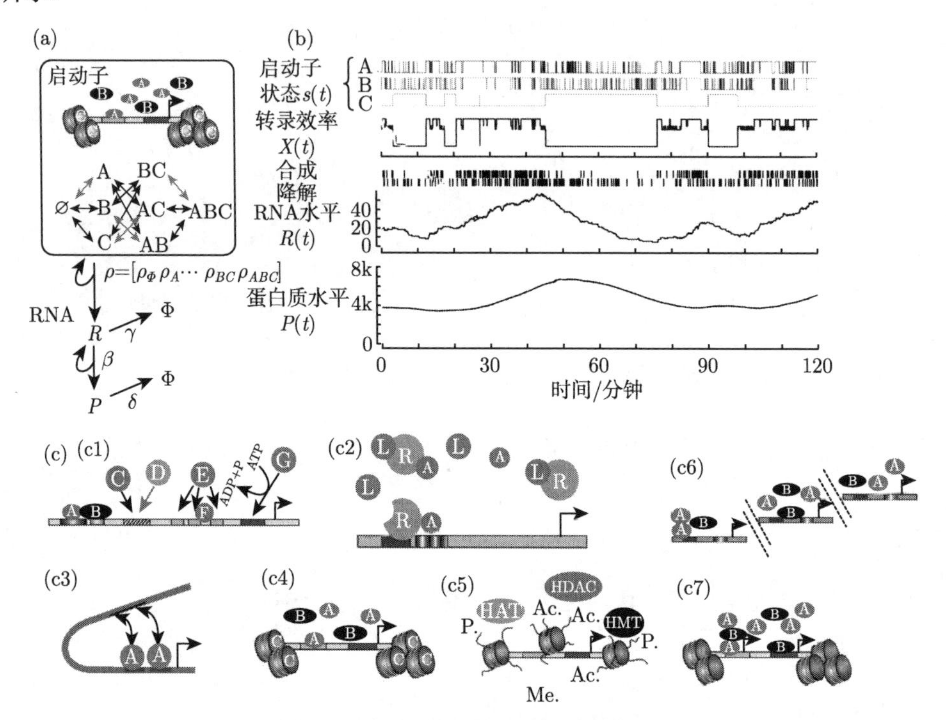


图 7.2　启动子的活性及其调控示意图

**运动学格式**　图 7.2 显示出一般的基因模型, 包括启动子的复杂结构、转录和翻译情况, 以及外部因子如何调控启动子的结构, 其中,

(A) 具有任意多个转录因子 (TF) 调控的一般基因模型, 这里假定基因表达的转录和翻译是一阶反应.

(B) 启动子状态之间切换决定的、时间依赖的转录效率 $X(t)$, 通过合成/降解过程依次传播到 RNA 水平 $R(t)$ 和蛋白质水平 $P(t)$. 在某些情形下, 转录因子 $A$ 和转录因子 $B$ 可相互协作, 也可和染色质 $C$ 的封闭状态竞争结合. 最高和最低转录率分别对应于转录因子 $A$ 和 $B$ 绑定到启动子的开染色质和闭染色质.

(C) 几个例子显示出上述模型能够代表原核和真核系统中调控的许多不同方面 (或各种可能性).

假设任意多个转录因子的一部分可以和启动子结合 (association), 另一部分可

以从启动子解离 (disassociation). 用 $N$ 代表转录因子的数目, 用 $f$ 代表转录因子. 记转录因子的集合为 $\Im=\{A,B,C,\cdots\}$, 记绑定到启动子的转录因子诱导出的启动子状态集合为 $s=\{\varnothing,A,BAB,C,AC,\cdots\}$, 它实际是集合 $\Im$ 的幂集 (共有 $2^N$ 个元素), 例如, 对于某一启动子, 假如考虑有 $N=3$ 转录因子 $\Im=\{A,B,C\}$ 结合/非结合情形, 那么启动子的可能状态的集合为 $2^{\Im}=\{\varnothing,A,B,C,B,AC,BC,ABC\}$. 传统地, 具有浓度 $[A]$ 的转录因子 $A$ 绑定/非绑定到目标基地的比率分别记为 $k_{\text{on}}$ 和 $k_{\text{off}}$, 然而, 由于协作和竞争, 转录因子 $A$ 的结合常数和解离常数实际依赖于出现在启动子的其他转录因子的某种组合. 数学上, 这定义了一个 $N\times 2^N$ 矩阵 $\boldsymbol{k}^0$, 它描述 $N$ 个转录因子集合中的每个转录因子与 $2^N$ 状态中的每个状态的结合/非结合关系, 且矩阵元素 $k_{f,s}^0$ 描述从状态 $s$ 到状态 $s\odot f$, 其中 $\odot$ 表示两个集合的对称部分, 即 $X\odot Y=X\cup Y-X\cap Y$, 例如 $ABC\odot B=AC$, $AC\odot B=ABC$ 等. 对每个结合率, 若乘以绑定的转录因子浓度 $[f]$, 则获得 $N\times 2^N$ 矩阵 $\boldsymbol{k}$, 它描述启动子状态的加权定向图的转录率, 参考图 7.2(A). 为了更好地聚焦于基因的内部随机性, 基因的部外随机性的源可通过假设录转录因子在空间和常数浓度方面是一致分布的. 这样, 转录因子浓度的 $N$ 维向量 $[\boldsymbol{f}]_{f\in\Im}$ 是模型参数. 这种一般性描述能够代表组合的协作/竞争、动力影响的任意复杂关系.

### 7.2.1 能量格式

传统地, 热动力学方法近似地描述调控. 这里, 显示出：上面的模型可用能量术语来描述, 它通过扩充系统的范围 (即包括能量消耗系统, 如在真核启动子情形) 和度量的类型 (即包括动力学和随机性质的测量) 来一般化以前的方法. 转录因子的协作/竞争与结合/非结合等的通常热动力学格式等同于指派 Gibbs 能量到每个启动子状态. 对于上面的系统, 这对应于在标准条件下 (即所有转录因子有单位浓度) 的 $2^N$ 维向量 $\boldsymbol{G}^0$. 对于具有任意浓度的转录因子 $f$, 定义其 Gibbs 能量为：$G_s=G_s^0+k_{\text{B}}T\sum\limits_{f\notin\Im}\log[f]$, 其中, $T$ 代表温度, $k_{\text{B}}$ 是 Boltzmann 常量. 应用 Boltzmann 因子, 这种表示允许我们预测平衡态, 并已经广泛应用于原核调控中的平均方面的调查. 但是, 这种表示也有缺陷, 如它限制能量封闭系统的分析; 没有考虑运动学信息; 阻止表达方面的随机性的直接调查; 等等.

为了使能量格式等同于运动学格式, 必须考虑另一套能量值 (它在实验中可能是难以测量的), 即考虑每个反应的激活子障碍 (activator barrier) 能量. 用一个 $N\times 2^N$ 矩阵 $\boldsymbol{E}^0$ 来描述这一套能量值: 对于反应式 $s\to s\odot f$, 必须克服的障碍能量是差 $E_{f,s}^0-G_s^0$. 这样, 运动学参数 $k_{f,s}^0$(即矩阵 $\boldsymbol{k}^0$ 的元素) 可表示为

$$k_{f,s}^0=\mathrm{e}^{-\left(E_{f,s}^0-G_s^0\right)/(k_BT)} \tag{7.20}$$

这种新的格式允许我们显式地区别开放系统和封闭系统 (即, 是否涉及能量依赖的反应). 对于封闭系统, 仅有转录因子和启动子 DNA 被涉及, 激活障碍能量在每个反应 $s \rightleftharpoons s \odot f$ 中的两个方向是相同的, 因此 $E^0_{f,s} = E^0_{f,s\odot f}$. 然而, 对于开放系统, 能量依赖的反应 (如涉及 ATP 的水解等) 是可能的, 这导致 $E^0_{f,s} \neq E^0_{f,s\odot f}$(两者之间的差别是系统接受的能量). 不难看出：仅在系统是开放情形, 对于转移图 (图 7.2(a)) 包含定向圈的化学系统, 细化平衡性质 (对应于马氏链的可逆性质) 不再维持, 此时必然要消耗能量. 从启动子动力学的含义来看, 这一性质具有生物学蕴含并最可能是真核启动子的本质特征.

假定图 7.2(a) 描述的基因模型对应于下列一套生化反应

$$
\begin{aligned}
&D_s \xrightarrow{M_{s',s}} D_{s',s}, s \neq s'; \quad D_s \xrightarrow{\rho_s} D_s + R, \forall s \\
&R \xrightarrow{\gamma} \varnothing, \quad R \xrightarrow{\tilde{\rho}} R + P, \quad P \xrightarrow{\tilde{\gamma}} \varnothing
\end{aligned}
\tag{7.21}
$$

其中, $R$ 和 $P$ 分别代表 RNA 和蛋白质; $D_s$ 代表感兴趣的基因 (其启动子处在 $s$ 状态), 例如, $D_{AC}$ 代表仅有转录因子 $A$ 和 $C$ 绑定到它们的目标位点的启动子. (7.21) 中的反应式分别代表启动子状态的变化 (由于转录因子的结合或解离)、转录 (转录率 $\rho_s$ 依赖于启动子的当前状态)、RNA 的降解和翻译以及蛋白质的降解.

让 $X(t)$ 表示时间依赖的转录率 (假如 $s(t)$ 是 $t$ 时刻启动子的状态, 那么记 $X(t)$ 为 $\rho_{s(t)}$). 用 $R(t)$ 和 $P(t)$ 分别表示 RNA 和蛋白质的水平 (即分子数目).

启动子状态和状态之间的转移 $M_{s',s}$(假如 $s' \supset S$, 则它代表结合率; 假如 $s' \subset S$, 则它代表解离率) 对应于一个比率常数 (记为 $M^0_{s',s}$) 乘以转录因子的浓度 (仅在结合情形), 例如,

(1)$M_{ABC,AB} = [C]\, M^0_{ABC,AB}$ 代表转录因子 $C$ 的结合率 (只要 $A$ 和 $B$ 在启动子上);

(2)$M_{AB,ABC} = M^0_{AB,ABC}$ 代表转录因子 $C$ 的解离率 (当启动子上的转录因子仅是 $A$ 和 $B$ 时);

(3)$M_{A,ABC} = [BC]\, M^0_{A,ABC}$ 代表复合物 $BC$ 的结合率 (只要转录因子 $A$ 在启动子上);

(4)$M_{A,ABC} = M^0_{A}$ 代表复合物 $BC$ 的结合率 (当 $A$ 仅是在启动子上的转录因子).

由于结合和解离不能同时发生, 因此, 对于 $s' \not\subset s$ 且 $s \subset s'$ 但 $s' \neq s$ 的所有 $M_{s',s}$ 必然是零, 例如 $M_{AB,BC} = 0$. 这定义了一个 $2^N \times 2^N$ 矩阵 $\boldsymbol{M}$, 它包含启动子状态的所有转移率, 并植入了所有的运动学常数 (定义在 $\boldsymbol{M}^0$ 上)、自由转录因子 (即不是复合物) 的所有浓度, 以及复合物的浓度. 为计算方便, 可设 $\boldsymbol{M}$ 和 $\boldsymbol{M}^0$ 的对角线元素为零, 以便每一列之和为零.

为了决定自由转录因子和复合物的浓度, 可定义转录因子 (或是自由的, 或在复合物内) 的总浓度作为系统参数, 记这种总浓度为 $[f^*]$(其中, $f \in \Im$), 一个例子是 $[B^*] = [B] + [AB] + [BC] + [ABC]$; 以及定义一套描述远离启动子的转录因子之间相互作用的化学反应式 (记为 $\Theta$), 例如, $\Theta = \left\{ A + B \overset{K=3}{\rightleftharpoons} AB, A + C \overset{K=1}{\rightleftharpoons} AC \right\}$. 当所有转录因子均考虑为高浓度时, 则自由的转录因子和转录因子复合物的浓度能够通过考虑化学系统 $\aleph$ 的静态来给出.

热动力学方法主要是对每个转录因子与 DNA 结合以及对转录因子之间的相互作用定义 Gibbs 自由能量. 这等同于对启动子所有可能的状态定义自由能量, 相应地, 对上面的系统而言, 定义了一个 $2^N$ 维向量 $\boldsymbol{G}$.

然而, 定义 $\boldsymbol{G}$ 仅能描述所有转移的平衡常数, 它们是所考虑反应的两个运动学常数 (向前、向后) 之间的比率. 对于从状态 $s$ 到 $s'$ 的转移, 描述的等价性由

$$G_{s'} - G_s = -k_{\mathrm{B}} T \log \frac{M_{s',s}}{M_{s,s'}} \tag{7.22}$$

确定, 其中 $k_{\mathrm{B}}$ 是 Boltzmann 常量, $T$ 是温度. 而且, 通过构造, 这一定义限制矩阵 $\boldsymbol{M}$ 是不依赖于定向环路的. 的确, 对于由一序列 $n$ 状态 (记为 $s_0, s_1, \cdots, s_{n-1}, s_n$, 满足 $s_0 = s_n$) 的环路, 若隐式地考虑一个封闭系统, 那么沿环路的能量差之和 $\sum_{p=0}^{n-1} \left( G_{s_{p+1}} - G_{s_p} \right)$ 必定为零. 这样,

$$\sum_{p=0}^{n-1} (-k_{\mathrm{B}} T) \log \left( M_{s_{p+1}, s_p} / M_{s_p, s_{p+1}} \right) = 0$$

它可以改写为

$$\prod_{p=0}^{n-1} M_{s_{p+1}, s_p} = \prod_{p=0}^{n-1} M_{s_p, s_{p+1}} \tag{7.23}$$

因此, 沿环路的运动学常数之积在两个方向总是相同的.

运动学常数本身 (不是指一对运动学常数之间的比率) 的知识需要两个状态之间的激活障碍能量. 让 $\hat{E}_{s',s}$ 代表状态 $s'$ 和状态 $s$ 之间的激活障碍能量, 它们存储在 $2^N \times 2^N$ 矩阵 $\boldsymbol{E}$(其中, 仅有 $s' \supset s$ 或 $s \subset s'$ 的值被存储) 中. 若考虑对称情形: $\hat{E}_{s',s} = \hat{E}_{s,s'}$, 则运动学常数服从下列阿仑尼乌斯 (Arrhenius) 方程

$$\hat{E}_{s',s} - G_s = -k_{\mathrm{B}} T \log M_{s',s} \tag{7.24}$$

的确, 由于能量函数 $\hat{E}$ 关于下标是对称的, 因此方程 (7.24) 蕴含着方程 (7.22).

在反应 $s \to s'$ 期间, 为了穿过激活障碍, 系统接受来自其环境热波动的某一量的能量 (即 $\hat{E}_{s',s} - G_s$). 然后, 由于从激活障碍到状态 $s'$ 的松弛, 因此系统立刻释放另一量的能量 (即 $\hat{E}_{s,s'} - G_{s'}$). 在封闭系统情形 (即在 $\hat{E}_{s',s} = \hat{E}_{s,s'}$ 情形), 结果的能量差是两个状态之间的自由能量差 (即 $\Delta G = G_{s'} - G_s$). 当系统返回到状态 $s$ 时 (或是直接, 或是通过一条不同的通路), 系统将接受和释放精确相同量的能量.

现在, 考虑开放系统, 它在反应 $s \to s'$ 期间接受化学能量 (例如, ATP 分子的水解), 这简单地蕴含着 $\hat{E}_{s',s} < \hat{E}_{s,s'}$(注意: 差 $\hat{E}_{s',s} - \hat{E}_{s,s'}$ 代表接受化学能量的量). 当重返状态 $s$(直接或间接地) 时, 系统将释放比接受能量更多的热能, 但环境将损失化学能量 (例如, 由于 ATP 的降解).

当矩阵 $\boldsymbol{E}$ 并不是对称的时, 对于环路, 我们有

$$\sum_{p=0}^{n-1}\left(\hat{E}_{s_{p+1},s_p} - \hat{E}_{s_p,s_{p+1}}\right) = -k_B T \prod_{p=0}^{n-1} \frac{M_{s_{p+1},s_p}}{M_{s_p,s_{p+1}}} \tag{7.25}$$

因此, 环路是定向的当且仅当它包括消耗化学能量的反应 (假如化学能量的释放并不抵消这种消耗).

独立于能量的系统是不依赖于定向环路这一性质是大家知晓的细致平衡 (已知为马氏链的可逆性, 即微观可逆性或不存在循环), 可比照事实: 每个反应在两个方向等同地发生, 即 $M_{s,s'}\Lambda_{s,0} = M_{s',s}\Lambda_{s',0}$, 其中, 对任意的 $s \in 2^{\Im}$, $\Lambda_{s,0}$ 是系统的静态.

启动子状态 $s$ 的变化遵循某一时间连续的马氏过程, 这可用下列主方程来描述

$$\frac{\mathrm{d}\varphi(t)}{\mathrm{d}t} = \boldsymbol{M}\varphi(t) \tag{7.26}$$

其中, $\varphi(t)$ 是启动子状态的、时间依赖的概率向量. 这一数学格式普遍适应于代表单一的实体的随机动力学或代表一阶反应网络 (如代谢网络) 的确定性动力学. 每种情形都有广泛的数学对待. 特别是, 方程 (7.26) 能够通过矩阵 $\boldsymbol{M}$ 的特征分解法来求解. 记矩阵 $\boldsymbol{M}$ 的特征值为 $\lambda_i$(其中, $i \in \{0,1,\cdots,2^N-1\}$), 它们存储在 $2^N$ 维向量 $\boldsymbol{\lambda}$ 中, 相应的特征向量为 $\boldsymbol{\Lambda}_i$, 它们存储在 $2^N \times 2^N$ 矩阵 $\boldsymbol{\Lambda}$ 中. 由于矩阵 $\boldsymbol{M}$ 的特殊性 (零列矩阵), 因此所有 $2^N$ 个特征值具有负的实部且一个为零, 相应的特征向量 $\boldsymbol{\Lambda}$(为方便, 规范化它为单位向量) 正是系统的静态. 而且, 由于矩阵 $\boldsymbol{M}$ 是实的, 因此, 所有非零实部特征值必然是成双出现, 导致矩阵 $\boldsymbol{M}$ 的谱 (即在复平面上, 必要时重新排列特征值 $\lambda_i$) 是对称的.

### 7.2.2　几种特殊情形分析

一般地, 矩阵 $\boldsymbol{M}$ 的特征分解只能数值地实现, 但是, 下列两种情形能够给出分析结果.

(1) **两状态启动子**：这对应于 $N=1$, 相应的模型即为普通的两状态基因模型, 已被广泛地研究了. 相应地, 若矩阵为 $\boldsymbol{M}=\begin{pmatrix}-\lambda_{\text{off}} & \lambda_{\text{on}}\\ \lambda_{\text{off}} & -\lambda_{\text{on}}\end{pmatrix}$, 则 $\boldsymbol{M}$ 的特征值为：$\lambda_0=0$, $\lambda_1=-(\lambda_{\text{off}}+\lambda_{\text{on}})$; 对应于特征值为 $\lambda_0=0$ 的特征向量为 $\boldsymbol{\Lambda}_0=(\lambda_{\text{off}},\lambda_{\text{on}})$, 对应于特征值 $\lambda_1=-(\lambda_{\text{off}}+\lambda_{\text{on}})$ 的特征向量为 $\boldsymbol{\Lambda}_1=(1,-1)$; 系统的静态为 $\boldsymbol{\phi}(\infty)=\boldsymbol{\Lambda}_0\Big/\sum\limits_s\Lambda_{s,0}=(\lambda_{\text{off}},\lambda_{\text{on}})/(\lambda_{\text{off}}+\lambda_{\text{on}})$.

(2) **同质环路**的启动子：即基因启动子的 $\boldsymbol{n}$ 个状态 (记为 $s_0,s_1,\cdots,s_{n-1},s_n$, 满足 $s_0=s_n$) 形成一个环路, 且所有向前的转移率相同、所有向后的转移率也相同. 此时, 启动子状态之间的转移可示意地表示为

$$s_0\underset{k^b}{\overset{k^f}{\rightleftarrows}}s_1\underset{k^b}{\overset{k^f}{\rightleftarrows}}\cdots\underset{k^b}{\overset{k^f}{\rightleftarrows}}s_{n-1}\underset{k^b}{\overset{k^f}{\rightleftarrows}}s_0$$

相应地, 矩阵为

$$\boldsymbol{M}=\begin{pmatrix}-k^f-k^b & k^b & & & k^f\\ k^f & -k^f-k^b & k^b & & \\ & k^f & -k^f-k^b & \ddots & \\ & & \ddots & \ddots & k^b\\ k^b & & & k^f & -k^f-k^b\end{pmatrix}$$

注意到：$\boldsymbol{M}=-\left(k^f+k^b\right)\boldsymbol{E}+k^b\boldsymbol{B}+k^f\boldsymbol{B}^{n-1}$, 其中 $\boldsymbol{B}=\begin{pmatrix}0 & 1 & \cdots & 0\\ 0 & 0 & \ddots & \vdots\\ \vdots & \vdots & \ddots & 1\\ 1 & 0 & \cdots & 0\end{pmatrix}$ 是单位循环矩阵. 矩阵 $\boldsymbol{B}$ 的特征值为 $1,\varepsilon_1,\cdots,\varepsilon_{n-1}$, 其中 $\varepsilon_k=\varepsilon^k$, $\varepsilon=\mathrm{e}^{2\pi\mathrm{i}/n}$, $\mathrm{i}=\sqrt{-1}$, 相应的特征向量为 $\boldsymbol{\alpha}_1=(1,1,\cdots,1)$, $\boldsymbol{\alpha}_k=\left(1,\varepsilon_k,\cdots,\varepsilon_k^{n-1}\right)$, $k=1,2,\cdots,n-1$. 因此, 矩阵 $\boldsymbol{M}$ 的特征值分别为 $f(1)=0$ 和 $f(\varepsilon_k)$, 其中, $k=1,2,\cdots,n-1$, $f(x)=-\left(k^f+k^b\right)+k^bx+k^fx^{n-1}$ 或 $f(x)=k^b(x-1)+k^f\left(x^{n-1}-1\right)$; 特征向量为 $\alpha_1=(1,1,\cdots,1)$ 和 $\boldsymbol{\alpha}_k=\left(1,\varepsilon_k,\cdots,\varepsilon_k^{n-1}\right)$, 其中, $k=1,2,\cdots,n-1$. 总结上面的分析, $\boldsymbol{M}$ 的特征值和特征向量为

$$\lambda_j=k^f\left(\mathrm{e}^{-2\pi\mathrm{i}j/n}-1\right)+k^b\left(\mathrm{e}^{2\pi\mathrm{i}j/n}-1\right),\quad \Lambda_{s_p,j}=\mathrm{e}^{2\pi\mathrm{i}pj/n}\tag{7.27a}$$

其中 i= $\sqrt{-1}$, $j,p=0,1,2,\cdots,n-1$; 系统的静态为

$$\boldsymbol{\phi}(\infty)=(\phi_0,\phi_1,\cdots,\phi_{n-1})=\frac{\Lambda_0}{\sum_{p=0}^{n-1}\Lambda_{s_p,0}}, \text{其中}, \quad \boldsymbol{\Lambda}_0=\left(\Lambda_{s_0,0},\cdots,\Lambda_{s_{n-1},0}\right) \quad (7.27\text{b})$$

即 $\boldsymbol{\phi}(\infty)=(\phi_0,\phi_1,\cdots,\phi_{n-1})=\frac{1}{n}(1,1,\cdots,1)$, 它实际为代数方程

$$\begin{pmatrix} 1 & 1 & 1 & \cdots & 1 \\ k^f & -k^f-k^b & k^b & & \\ & k^f & -k^f-k^b & \ddots & \\ & & \ddots & \ddots & k^b \\ k^b & & & k^f & -k^f-k^b \end{pmatrix}\begin{pmatrix} \phi_0 \\ \phi_1 \\ \phi_2 \\ \vdots \\ \phi_{n-1} \end{pmatrix}=\begin{pmatrix} 1 \\ 0 \\ 0 \\ \vdots \\ 0 \end{pmatrix}$$

的解.

下面考虑第三种情形, 即异质环路的启动子.

(3) **异质环路**的启动子：即基因启动子的 $n$ 个状态 (记为 $s_0,s_1,\cdots,s_{n-1},s_n$, 满足 $s_0=s_n$) 形成一个环路, 但所有向前的转移率不一定相同、所有向后的转移率也不一定相同. 此时, 启动子状态之间的转移可示意地表示为

$$s_0 \underset{k_0'}{\overset{k_0}{\rightleftharpoons}} s_1 \underset{k_1'}{\overset{k_1}{\rightleftharpoons}} \cdots \underset{k_{n-2}'}{\overset{k_{n-2}}{\rightleftharpoons}} s_{n-1} \underset{k_{n-1}'}{\overset{k_{n-1}}{\rightleftharpoons}} s_0$$

相应的矩阵为

$$\boldsymbol{M}=\begin{pmatrix} -k_0-k_{n-1}' & k_0' & & & k_{n-1} \\ k_0 & -k_1-k_0' & k_1' & & \\ & k_1 & -k_2-k_1' & \ddots & \\ & & \ddots & \ddots & k_{n-2}' \\ k_{n-1}' & & & k_{n-2} & -k_{n-1}-k_{n-2}' \end{pmatrix};$$

此时, $\boldsymbol{M}$ 的特征值 (有一个零特征值) 和特征向量一般没有分析表达, 只能用数值方法给出.

一旦 $\boldsymbol{M}$ 的特征值和特征向量被给出, 那么可写 $\boldsymbol{M}=\boldsymbol{\Lambda}\boldsymbol{D}_\lambda\boldsymbol{\Lambda}^{-1}$, 其中 $\boldsymbol{D}_\lambda$ 为由 $\boldsymbol{M}$ 的特征值组成的对角矩阵, $\boldsymbol{\Lambda}$ 为由特征向量组成的可逆矩阵. 此时, 启动子主方程的解可表示为

$$\boldsymbol{\phi}(t+\tau)=\boldsymbol{\Lambda}\mathrm{e}^{\boldsymbol{D}_\lambda\tau}\boldsymbol{\Lambda}^{-1}\phi(t) \quad (7.28)$$

其中 $\tau \geqslant 0$. 考虑启动子在时刻 $t_0$ 处于 $s_0$ 状态, 那么在延迟 $\tau$ 后的期望转录率能够从上面的启动子状态的时间演化推出, 事实上,

$$X\left(t_0+\tau\right)=\sum_{s}\rho_s\mathbf{\Lambda}_{s,i}\mathrm{e}^{\lambda_i\tau}\mathbf{\Lambda}_{s,0}^{-1} \tag{7.29}$$

其中, $\rho_s$ 为转录率, $\lambda_i$ 为 $\boldsymbol{M}$ 的特征值, $\mathbf{\Lambda}_{s,i}$ 为相应的特征向量, $\mathbf{\Lambda}_{s,0}$ 为对应于 $\boldsymbol{M}$ 的零特征值的特征向量. 进一步, 由表达式 (7.29), 可计算出过程 $\{X(t)\}$ 的自关联性: $\tilde{S}_X(\tau)=\langle X(t)X(t+\tau)\rangle$ 是 $\rho_{s_0}X(t_0)$ 在静态处的期望 (即加权 $\mathbf{\Lambda}_0$ 后的所有状态 $s_0$ 之和), 即

$$\tilde{S}_X(\tau)=\sum_{s_0}\rho_{s_0}\mathbf{\Lambda}_{s_0,0}\left[\sum_{s}\rho_s\mathbf{\Lambda}_{s_0,i}\mathrm{e}^{\lambda_i\tau}\mathbf{\Lambda}_{s,i}^{-1}\right] \tag{7.30}$$

由于自关联函数的对称型, 因此计算得

$$\tilde{S}_X(\tau)=\sum_{i}\beta_i^2\mathrm{e}^{\lambda_i|\tau|},\quad 其中\quad \beta_i=\left[\sum_{s}\rho_s\mathbf{\Lambda}_{s,i}\sum_{s'}\mathbf{\Lambda}_{s',i}^{-1}\rho_{s'}\mathbf{\Lambda}_{s',0}\right]^{1/2} \tag{7.30a}$$

此外, 可计算出功率谱 (即 $\tilde{S}_X(\tau)$ 的傅里叶变换)

$$\tilde{S}_X(\omega)=\sum_{i}\frac{-2\lambda_i\beta_i^2}{\lambda_i^2+\omega^2} \tag{7.30b}$$

下一步, 考虑 Boltzmann 因子. 热动力学方法能够预测独立于能量的系统平衡态. 事实上, 对于独立于能量的系统 (即 $\hat{E}_{s,s'}=\hat{E}_{s',s}$), 启动子状态的主方程的静态解 $\Lambda_0$ 对应于 Boltzmann 因子, 即 $\Lambda_{s,0}=\alpha\mathrm{e}^{-G_s/(k_\mathrm{B}T)}$(其中 $\alpha$ 为规范化常数). 的确, 已经证实: $\boldsymbol{M}\mathrm{e}^{-G/(k_\mathrm{B}T)}=\mathbf{0}$, 这是因为

$$\begin{aligned}\sum_{s}M_{s,s'}\mathrm{e}^{-G_s/(k_\mathrm{B}T)}&=\sum_{s\neq s'}\left[\mathrm{e}^{-\frac{\hat{E}_{s',s}-G_s}{k_\mathrm{B}T}}\mathrm{e}^{-\frac{G_s}{k_\mathrm{B}T}}\right]-\sum_{s''\neq s'}\left[\mathrm{e}^{-\frac{\hat{E}_{s'',s'}-G'_s}{k_\mathrm{B}T}}\mathrm{e}^{-\frac{G_{s'}}{k_\mathrm{B}T}}\right]\\&=\sum_{s\neq s'}\left[\mathrm{e}^{-\frac{\hat{E}_{s',s}}{k_\mathrm{B}T}}-\mathrm{e}^{-\frac{\hat{E}_{s',s}}{k_\mathrm{B}T}}\right]=0\end{aligned}$$

其中, 第一个等式用到了事实 (7.25).

下一步说明: 启动子的周期活性需要消耗能量 (是必要条件但不是充分条件). 伴随一般马氏格式的应用和这种格式在调控时的能量表示, 令人感兴趣的性质是启动子为了展示出周期活性需要消耗能量. 的确, 马氏系统的这一性质能够通过下列步骤来证明: 首先细化平衡 (即 $M_{s,s'}\Lambda_{s',0}=M_{s',s}\Lambda_{s,0}$) 性质的成立. 其次, 因为矩阵 $(\boldsymbol{D}_\lambda)^{-1/2}\boldsymbol{M}(\boldsymbol{D}_\lambda)^{1/2}$ 是对称的, 因此它必然有实的特征值. 最后, 由于矩阵 $(\boldsymbol{D}_\lambda)^{-1/2}$ 和矩阵 $(\boldsymbol{D}_\lambda)^{1/2}$ 都是对角的且是实的, 因此矩阵 $\boldsymbol{M}$ 也仅有实的特征值.

因此, 能量独立性阻止周期活性 (蕴含着所有的 $\lambda_i$ 都是实的). 然而, 反过来的结论并不成立, 即能量消耗并不必要导致振动. 例如, 尽管矩阵 $\boldsymbol{M}=\begin{pmatrix}-2 & 1 & 1 & 0\\ 1 & -2 & 0 & 1\\ 1 & 0 & -2 & 1\\ 0 & 1 & 2 & -3\end{pmatrix}$ 有一定向环路, 它代表这样的系统, 其有效地消耗能量为 $\tilde{E}=3.15\times10^{-2}$, 但它的所有特征值都是实的.

最后, 谈谈能量消耗的定量化. 对于由运动学格式描述的系统, 区别它是否包含能量依赖的转移是可能的, 但是决定转移的哪些因素是能量依赖的并不可能. 相反地, 用能量格式描述的不同系统能够导致相同的运动学系统, 因此精确地有相同的行为. 而且, 一个给定的、能量依赖的转移能够发生在依赖于转移的整个系统的动力学.

然而, 对于任何给定的系统 (甚至对于运动学描述的系统), 给出定量化能量依赖的表达并考虑系统的动力学的表达是可能的, 这即是静态能量消耗率, 也即是通常所指的能量消耗 (记为 $\tilde{E}$)

$$\tilde{E}=k_{\mathrm{B}}T\sum_{s}\Lambda_{s,0}\sum_{s'\neq s}M_{s',s}\log\frac{M_{s',s}}{M_{s,s'}}=k_{\mathrm{B}}T\sum_{s}\Lambda_{s,0}\sum_{f}k_{f,s}\log\frac{k_{f,s}}{k_{f,s\odot f}}\tag{7.31}$$

为了计算出 $\tilde{E}$, 关键是如何给出 $M_{s',s}$, $M_{s,s'}$ 或 $k_{f,s}$, $k_{f,s\odot f}$ 的表达.

计算公式 (7.31) 的第二个等式表明了转录因子与启动子状态之间的显式作用, 但是, 在实际应用中, 转录因子和启动子状态之间的作用可反映在启动子状态之间的转移率上, 这将给计算启动子的能量消耗带来方便. 例如, 假如启动子状态之间的转移矩阵记为 $\boldsymbol{M}=(\lambda_{ij})_{n\times n}$, 并假设矩阵 $\boldsymbol{M}$ 的所有元素 $\lambda_{ij}>0$(下面的计算公式可推广到矩阵 $\boldsymbol{M}$ 的部分元素可为零的情形). 注意到: 矩阵 $\boldsymbol{M}$ 是零列矩阵 (即每列元素之和为零), 因此有一个零特征值, 记相应的特征向量为 $\boldsymbol{\Lambda}_0=(\Lambda_{1,0},\cdots,\Lambda_{n,0})^{\mathrm{T}}$, 则启动子的能量消耗公式为

$$\tilde{E}=k_{\mathrm{B}}T\sum_{i=1}^{n}\Lambda_{i,0}\sum_{j=1,\neq i}\lambda_{ji}\log\frac{\lambda_{ji}}{\lambda_{ij}}=k_{\mathrm{B}}T\boldsymbol{u}\boldsymbol{B}\boldsymbol{\Lambda}_0\tag{7.32}$$

其中, $\boldsymbol{u}=(1,1,\cdots,1)$ 是 $n$ 维行向量, $\boldsymbol{B}$ 是 $n\times n$ 阶矩阵且

$$\boldsymbol{B}=\begin{pmatrix}\lambda_{11}\log\dfrac{\lambda_{11}}{\lambda_{11}} & \lambda_{21}\log\dfrac{\lambda_{21}}{\lambda_{12}} & \cdots & \lambda_{n1}\log\dfrac{\lambda_{n1}}{\lambda_{1n}}\\ \lambda_{12}\log\dfrac{\lambda_{12}}{\lambda_{21}} & \lambda_{22}\log\dfrac{\lambda_{22}}{\lambda_{22}} & \cdots & \lambda_{n2}\log\dfrac{\lambda_{n2}}{\lambda_{2n}}\\ \vdots & \vdots & & \vdots\\ \lambda_{1n}\log\dfrac{\lambda_{1n}}{\lambda_{n1}} & \lambda_{2n}\log\dfrac{\lambda_{2n}}{\lambda_{n2}} & \cdots & \lambda_{nn}\log\dfrac{\lambda_{nn}}{\lambda_{nn}}\end{pmatrix}$$

$$
= \begin{pmatrix} 0 & \lambda_{21}\log\dfrac{\lambda_{21}}{\lambda_{12}} & \cdots & \lambda_{n1}\log\dfrac{\lambda_{n1}}{\lambda_{1n}} \\ -\lambda_{12}\log\dfrac{\lambda_{21}}{\lambda_{12}} & 0 & \cdots & \lambda_{n2}\log\dfrac{\lambda_{n2}}{\lambda_{2n}} \\ \vdots & \vdots & & \vdots \\ -\lambda_{1n}\log\dfrac{\lambda_{n1}}{\lambda_{1n}} & -\lambda_{2n}\log\dfrac{\lambda_{n2}}{\lambda_{2n}} & \cdots & 0 \end{pmatrix}
$$

注意到: 若 $\boldsymbol{M}$ 是一个对称矩阵, 则 $\boldsymbol{B}$ 是一个零矩阵.

### 7.2.3 某些讨论

感兴趣的问题是下列两个最优化问题:

**启动子能量消耗最小**

$$
\min \tilde{E} = \min_{\boldsymbol{M}} (k_{\mathrm{B}}T\boldsymbol{uB\Lambda}_0) = k_{\mathrm{B}}T \min_{\boldsymbol{M}} (\boldsymbol{uB\Lambda}_0) \tag{7.33}
$$

**转录效率最大** 对于固定的时间 $\tau$ 使

$$
\max X(t_0+\tau) = \max_{\boldsymbol{M}} \sum_s \rho_s \mathrm{e}^{\lambda_i\tau} \Lambda_{s,i}\Lambda_{s,0}^{-1} \tag{7.34}
$$

正如上面指出的: 矩阵 $\boldsymbol{M}$ 的特征值和特征向量一般很难给出分析表示, 但是 $\boldsymbol{M}$ 的零特征值所对应的特征向量是可给出 $f$ 分析表示的. 事实上, 对于 M-矩阵 $\boldsymbol{M}$(即 $\boldsymbol{M}$ 的每列元素之和为零), 假如让 $\boldsymbol{M}_k$ 是矩阵 $\boldsymbol{M}$ 的元素 $\lambda_{kk}$ 的余矩阵, 那么, 利用方阵的拉普拉斯公式可知

$$
\boldsymbol{MM}^* = \det(\boldsymbol{M})\boldsymbol{I} = \boldsymbol{0}, \quad \boldsymbol{M}\begin{pmatrix} \det(\boldsymbol{M}_1) \\ \vdots \\ \det(\boldsymbol{M}_n) \end{pmatrix} = \boldsymbol{0} \tag{7.35}
$$

因为 $\boldsymbol{M\Lambda}_0 = \boldsymbol{0}$ 以及 $\mathrm{rank}(\boldsymbol{M}) = n-1$(蕴含着矩阵 $\boldsymbol{M}$ 的零空间是一维的), 因此, 可设 $\boldsymbol{\Lambda}_0 = c\begin{pmatrix} \det(\boldsymbol{M}_1) \\ \vdots \\ \det(\boldsymbol{M}_n) \end{pmatrix}$. 又因为 $\boldsymbol{\Lambda}_0$ 的元素之和为单位 (概率的保守性条件), 因此, 可获得 $c = \left[\sum\limits_{k=1}^{n} \det(\boldsymbol{M}_k)\right]^{-1}$. 这样, 知道

$$
\boldsymbol{\Lambda}_0 = \frac{1}{\sum\limits_{k=1}^{n}\det(\boldsymbol{M}_k)} \begin{pmatrix} \det(\boldsymbol{M}_1) \\ \vdots \\ \det(\boldsymbol{M}_n) \end{pmatrix} \tag{7.36}
$$

由此, 最优化问题 (7.33) 变成

$$\min \tilde{E} = (k_{\mathrm{B}}T) \min_{\boldsymbol{M}} (\boldsymbol{u}\boldsymbol{B}\Lambda_0)$$
$$= (k_{\mathrm{B}}T) \min_{\boldsymbol{M}} \left( \sum_{i=1}^{n} \frac{\det(\boldsymbol{M}_i)}{\sum\limits_{k=1}^{n} \det(\boldsymbol{M}_k)} \sum_{j=1}^{n} \lambda_{ij} \log \frac{\lambda_{ij}}{\lambda_{ji}} \right) \tag{7.37}$$

根据第 3 章, 可知 $\sum\limits_{k=1}^{n} \det(\boldsymbol{M}_k)$ 等于矩阵 $\boldsymbol{M}$ 的非零特征值的乘积, 更确切地, 若矩阵 $\boldsymbol{M}$ 的特征多项式为: $\det(\lambda \boldsymbol{I} - \boldsymbol{M}) = \lambda(\lambda+\alpha_1)\cdots(\lambda+\alpha_{n-1})$, 则 $\sum\limits_{k=1}^{n} \det(\boldsymbol{M}_k) = \prod\limits_{k=1}^{n-1} \alpha_k$.

为清楚起见, 考虑普通的开–关模型: $\boldsymbol{M} = \begin{pmatrix} -\lambda & \gamma \\ \lambda & -\gamma \end{pmatrix}$, 则 $\lambda_{12} = \gamma$, $\lambda_{21} = \lambda$; 特征值为 $\lambda_1 = 0$, $\lambda_2 = -(\lambda+\gamma)$, 特征向量为 $\boldsymbol{\Lambda}_{1,0} = (\gamma, \lambda)^{\mathrm{T}}$, $\boldsymbol{\Lambda}_{2,0} = (1, -1)^{\mathrm{T}}$; $\det(\boldsymbol{M}_1) = -\gamma$, $\det(\boldsymbol{M}_2) = -\lambda$ 的静态为 $\boldsymbol{\phi}(\infty) = (\gamma, \lambda)/(\gamma+\lambda)$. 因此,

$$\tilde{E} = (k_{\mathrm{B}}T) \left( \frac{-\gamma}{-\lambda-\lambda} \gamma \log \frac{\gamma}{\lambda} + \frac{-\lambda}{-\lambda-\lambda} \lambda \log \frac{\lambda}{\gamma} \right) = (k_{\mathrm{B}}T)(\lambda-\gamma) \log \frac{\lambda}{\gamma}$$

这表明可能有能量消耗也可能没有能量消耗, 依赖于转移率. 若启动子的结构为

$$\boldsymbol{M} = \begin{pmatrix} -(\lambda_{12}+\lambda_{13}) & \lambda_{21} & \lambda_{31} \\ \lambda_{12} & -(\lambda_{21}+\lambda_{23}) & \lambda_{32} \\ \lambda_{13} & \lambda_{23} & -(\lambda_{13}+\lambda_{32}) \end{pmatrix}$$

则计算得

$$\det(\boldsymbol{M}_1) = \begin{vmatrix} -(\lambda_{21}+\lambda_{23}) & \lambda_{32} \\ \lambda_{23} & -(\lambda_{31}+\lambda_{32}) \end{vmatrix},$$

$$\det(\boldsymbol{M}_2) = \begin{vmatrix} -(\lambda_{12}+\lambda_{13}) & \lambda_{31} \\ \lambda_{13} & -(\lambda_{31}+\lambda_{32}) \end{vmatrix}$$

$$\det(\boldsymbol{M}_3) = \begin{vmatrix} -(\lambda_{12}+\lambda_{13}) & \lambda_{21} \\ \lambda_{12} & -(\lambda_{21}+\lambda_{23}) \end{vmatrix}$$

$$\tilde{E} = \frac{(k_{\mathrm{B}}T)}{\sum_{k=1}^{3}\det(\boldsymbol{M}_k)}\left[\det(\boldsymbol{M}_1)\left(\lambda_{12}\log\frac{\lambda_{12}}{\lambda_{21}} + \lambda_{13}\log\frac{\lambda_{13}}{\lambda_{31}}\right)\right.$$
$$\left. + \det(\boldsymbol{M}_2)\left(\lambda_{21}\log\frac{\lambda_{21}}{\lambda_{12}} + \lambda_{23}\log\frac{\lambda_{23}}{\lambda_{32}}\right)\right]$$
$$+ \frac{(k_{\mathrm{B}}T)}{\sum_{k=1}^{3}\det(\boldsymbol{M}_k)}\det(\boldsymbol{M}_3)\left(\lambda_{31}\log\frac{\lambda_{31}}{\lambda_{13}} + \lambda_{32}\log\frac{\lambda_{32}}{\lambda_{23}}\right)$$

即

$$\tilde{E} = \frac{(k_{\mathrm{B}}T)}{\sum_{k=1}^{3}\det(\boldsymbol{M}_k)}\left[(\det(\boldsymbol{M}_1)\lambda_{12} - \det(\boldsymbol{M}_2)\lambda_{21})\log\frac{\lambda_{12}}{\lambda_{21}}\right.$$
$$\left. + (\det(\boldsymbol{M}_1)\lambda_{13} - \det(\boldsymbol{M}_3)\lambda_{31})\log\frac{\lambda_{13}}{\lambda_{31}}\right]$$
$$+ \frac{(k_{\mathrm{B}}T)}{\sum_{k=1}^{3}\det(\boldsymbol{M}_k)}(\det(\boldsymbol{M}_2)\lambda_{23} - \det(\boldsymbol{M}_3)\lambda_{32})\log\frac{\lambda_{23}}{\lambda_{31}}$$

或

$$\tilde{E} = \frac{(k_{\mathrm{B}}T)}{\sum_{k=1}^{3}\det(\boldsymbol{M}_k)}\left[(\lambda_{12}\lambda_{23}\lambda_{31} - \lambda_{13}\lambda_{21}\lambda_{32})\log\frac{\lambda_{12}}{\lambda_{21}}\right.$$
$$\left. + (\lambda_{13}\lambda_{21}\lambda_{32} - \lambda_{12}\lambda_{23}\lambda_{31})\log\frac{\lambda_{13}}{\lambda_{31}}\right]$$
$$+ \frac{(k_{\mathrm{B}}T)}{\sum_{k=1}^{3}\det(\boldsymbol{M}_k)}(\lambda_{12}\lambda_{23}\lambda_{31} - \lambda_{13}\lambda_{21}\lambda_{32})\log\frac{\lambda_{23}}{\lambda_{32}}$$
$$= \frac{(k_{\mathrm{B}}T)(\lambda_{12}\lambda_{23}\lambda_{31} - \lambda_{13}\lambda_{21}\lambda_{32})}{\sum_{k=1}^{3}\det(\boldsymbol{M}_k)}\log\frac{\lambda_{12}\lambda_{23}\lambda_{31}}{\lambda_{13}\lambda_{21}\lambda_{32}}$$

其中,

$$\sum_{k=1}^{3}\det(\boldsymbol{M}_k) = \lambda_{12}\lambda_{31} + \lambda_{12}\lambda_{23} + \lambda_{12}\lambda_{32} + \lambda_{13}\lambda_{21} + \lambda_{13}\lambda_{23}$$

$$+\lambda_{13}\lambda_{32}+\lambda_{21}\lambda_{31}+\lambda_{21}\lambda_{32}+\lambda_{23}\lambda_{31}>0$$

因此

$$\tilde{E}=\frac{(k_{\mathrm{B}}T)(\lambda_{12}\lambda_{23}\lambda_{31}-\lambda_{13}\lambda_{21}\lambda_{32})}{\det(\boldsymbol{M}_1)+\det(\boldsymbol{M}_2)+\det(\boldsymbol{M}_3)}\log\frac{\lambda_{12}\lambda_{23}\lambda_{31}}{\lambda_{13}\lambda_{21}\lambda_{32}}$$

启动子三个状态的顺时针转移率分别为 $\lambda_{12},\lambda_{23},\lambda_{31}$, 逆时针转移率分别为 $\lambda_{13},\lambda_{21},\lambda_{32}$. 若 $\lambda_{12}\lambda_{23}\lambda_{31}=\lambda_{13}\lambda_{21}\lambda_{32}$(细致平衡), 则启动子不消耗能量.

假如启动子有一个开状态、两个关状态, 则分别有

$$\langle\tau_{\mathrm{on}}\rangle=\boldsymbol{u}(\boldsymbol{A}_{10})^{-1}\boldsymbol{Q}^{(1)}(0)=\frac{1}{\lambda_{31}+\lambda_{32}}$$

$$\langle\tau_{\mathrm{off}}\rangle=\frac{\lambda_{31}(\lambda_{12}+\lambda_{21}+\lambda_{23})+\lambda_{32}(\lambda_{12}+\lambda_{13}+\lambda_{21})}{(\lambda_{31}+\lambda_{32})(\lambda_{13}\lambda_{21}+\lambda_{13}\lambda_{23}+\lambda_{12}\lambda_{23})}$$

$$\langle\tau_{\mathrm{total}}\rangle=\langle\tau_{\mathrm{on}}\rangle+\langle\tau_{\mathrm{off}}\rangle=\frac{\det(\boldsymbol{M}_1)+\det(\boldsymbol{M}_2)+\det(\boldsymbol{M}_3)}{(\lambda_{31}+\lambda_{32})(\lambda_{13}\lambda_{21}+\lambda_{13}\lambda_{23}+\lambda_{12}\lambda_{23})}$$

$$\begin{aligned}\tilde{E}=&\frac{k_{\mathrm{B}}T}{\langle\tau_{\mathrm{total}}\rangle}\frac{\lambda_{12}\lambda_{23}\lambda_{31}-\lambda_{13}\lambda_{21}\lambda_{32}}{(\lambda_{31}+\lambda_{32})(\lambda_{13}\lambda_{21}+\lambda_{13}\lambda_{23}+\lambda_{12}\lambda_{23})}\log\frac{\lambda_{12}\lambda_{23}\lambda_{31}}{\lambda_{13}\lambda_{21}\lambda_{32}}\\=&\frac{k_{\mathrm{B}}T}{\langle\tau_{\mathrm{total}}\rangle}\frac{\dfrac{\lambda_{12}\lambda_{23}\lambda_{31}}{\lambda_{13}\lambda_{21}\lambda_{32}}-1}{\left(1+\dfrac{\lambda_{31}}{\lambda_{32}}\right)\left(1+\dfrac{\lambda_{23}}{\lambda_{21}}+\dfrac{\lambda_{12}}{\lambda_{13}}\dfrac{\lambda_{23}}{\lambda_{21}}\right)}\log\frac{\lambda_{12}\lambda_{23}\lambda_{31}}{\lambda_{13}\lambda_{21}\lambda_{32}}\\=&\frac{k_{\mathrm{B}}T}{\langle\tau_{\mathrm{total}}\rangle}\frac{(xyz-1)\log(xyz)}{(1+z)(1+y+xy)}\end{aligned}$$

设 $xyz=c$ (常数), 则

$$\tilde{E}\geqslant\frac{k_{\mathrm{B}}T}{\langle\tau_{\mathrm{total}}\rangle}\frac{(c-1)\log(c)}{(1+\sqrt[3]{c})\left(1+\sqrt[3]{c}+\sqrt[3]{c^2}\right)}$$

等号成立当且仅当 $x=y=z=\sqrt[3]{c}$.

## 7.3　简单基因调控系统中的能量代价

这里, 考虑两个例子：一个是两状态基因自调控模型[9]; 另一个是受外部信号调控的两状态基因模型[10]. 对于每个模型, 将分析能量消耗的一些特点, 特别是分析基因表达与能量消耗之间的关系, 并试图由此总结出基因调控系统中能量消耗某些一般性的规律性.

首先, 考虑两状态基因自调控模型, 如图 7.3 所示, 其中, $f$ 代表反馈强度, $k_0$ 和 $k_1$ 分别是转录率. 假如 $k_0 \ll k_1$, 则蕴含着自压制, 此时 $k_0$ 代表启动子的泄露率, $f$ 代表负反馈强度; 假如 $k_1 \ll k_0$, 则蕴含着自促进, 此时 $k_1$ 代表启动子的泄露率, $f$ 代表正反馈强度. 相应的生化反应为

$$\begin{aligned}
&D_0 \xrightarrow{K_{\text{on}}} D_1, \quad D_1 \xrightarrow{K_{\text{off}}} D_0, \quad D_1 + P \xrightarrow{f} D_0 + P \\
&D_1 \xrightarrow{k_1} D_1 + P, \quad D_0 \xrightarrow{k_0} D_0 + P, \quad P \xrightarrow{d} \varnothing
\end{aligned} \tag{7.38}$$

其中, $K_{\text{on}}$ 和 $K_{\text{off}}$ 代表启动子状态之间的切换率; $k_1$ 和 $k_0$ 代表基因产物的合成率; $f$ 代表反馈强度; $d$ 代表基因产物的降解率. 假如 $k_1 \gg k_0 (k_1 \ll k_0)$, 则 $f$ 代表负 (正) 反馈强度, 此时 $D_1$ ($D_0$) 代表活性状态而 $D_0$ ($D_1$) 代表非活性状态. 我们指出: ATP 能量分子可以调控两个转移率 $k_1$ 和 $k_0$ 的大小, 因此在分析中, 可以让它们在某些范围内变化.

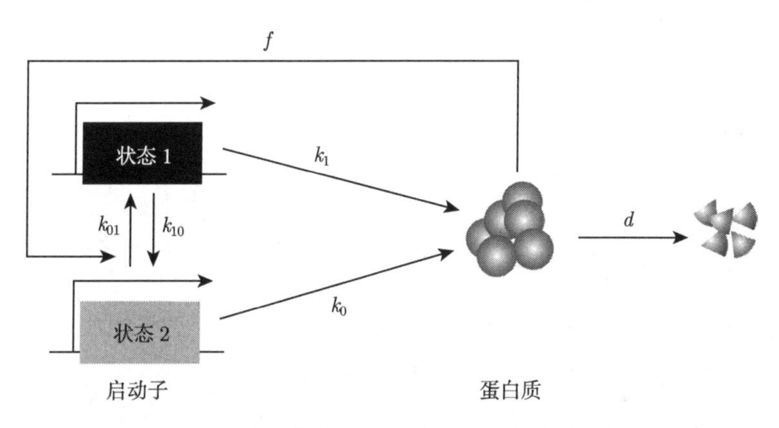


图 7.3 一个简单的两状态基因自调控模型示意图

让 $P_0(n;t)$ 和 $P_1(n;t)$ 分别代表基因于 $t$ 时刻在 $D_0$ 和 $D_1$ 状态有 $n$ 个蛋白质分子的概率. 那么, 基于反应 (7.38), 很容易写出相应的主方程

$$\begin{aligned}
\frac{\partial P_0(n;t)}{\partial t} =& - K_{\text{on}} P_0(n;t) + K_{\text{off}} P_1(n;t) + f n P_1(n;t) + k_0 [P_0(n-1;t) - P_0(n;t)] \\
&+ d[(n+1) P_0(n+1;t) - n P_0(n;t)] \\
\frac{\partial P_1(n;t)}{\partial t} =& K_{\text{on}} P_0(n;t) - K_{\text{off}} P_1(n;t) - f n P_1(n;t) + k_1 [P_1(n-1;t) - P_1(n;t)] \\
&+ d[(n+1) P_1(n+1;t) - n P_1(n;t)]
\end{aligned} \tag{7.39}$$

即 $P(n;t) = P_0(n;t) + P_1(n;t)$, 它代表基因于 $t$ 时刻有 $n$ 个蛋白质分子的概率.

应用第 3 章的方法, 我们能够从 (7.39) 导出蛋白质的静态分布. 结果如下:

$$
\begin{aligned}
P_0(n) = & \frac{A}{n!}\sum_{m=0}^{n}\begin{pmatrix} n \\ m \end{pmatrix} k_0^{n-m}\left[(f+1)Q\right]^m \\
& \times\left[h\frac{(\alpha-1)_m}{(\beta-1)_m}{}_1F_1(\alpha+m-1,\ \beta+m-1;\ -Q)\right. \\
& \left.-\frac{(\alpha)_m}{(\beta)_m}{}_1F_1(\alpha+m,\ \beta+m;\ -Q)\right]
\end{aligned} \tag{7.40a}
$$

$$
\begin{aligned}
P_1(n) = & \frac{A}{n!}\sum_{m=0}^{n}\begin{pmatrix} n \\ m \end{pmatrix} k_0^{n-m}\left[(f+1)Q\right]^m \frac{(\alpha)_m}{(\beta)_m}{}_1 \\
& F_1(\alpha+m,\ \beta+m;\ -Q)
\end{aligned} \tag{7.40b}
$$

其中, $A = \mathrm{e}^{-k_0}\left[h\,{}_1F_1(\alpha-1,\ \beta-1; fQ)\right]^{-1}$, $h = \dfrac{\Delta k + K_{\text{on}} + K_{\text{off}} - (R/(f+1))}{K_{\text{on}}}$, $Q = \dfrac{\Delta k - fk_0}{(f+1)^2}$, $\alpha = 1 + \dfrac{K_{\text{on}}\Delta k}{R}$, $\beta = 1 + \dfrac{\Delta k + K_{\text{off}} + K_{\text{on}}}{f+1} - \dfrac{R}{(f+1)^2}$, $\Delta k = k_1 - k_0$, $R = \Delta k - fk_0$. 这样, 蛋白质的分布为

$$
\begin{aligned}
P(n) = & \frac{hA}{n!}\sum_{m=0}^{n}\begin{pmatrix} n \\ m \end{pmatrix} k_0^{n-m}\left[(f+1)Q\right]^m \frac{(\alpha-1)_m}{(\beta-1)_m}{}_1 \\
& F_1(\alpha+m-1,\ \beta+m-1;\ -Q)
\end{aligned} \tag{7.40c}
$$

根据熵的产生率是刻画系统能量消耗 (有时叫作能量代价或功率消耗) 的事实, 那么, 对于上述系统, 相应的能量消耗的计算公式为

$$
\begin{aligned}
\text{power} = \sum_n & \left\{P_0(n)\left[k_0\log\frac{k_0}{n+1} + n\log\frac{n}{k_0} + K_{\text{on}}\log\frac{K_{\text{on}}}{K_{\text{off}}+fn}\right]\right. \\
& \left.+P_1(n)\left[k_1\log\frac{k_1}{n+1} + n\log\frac{n}{k_1} + (K_{\text{off}}+fn)\log\frac{K_{\text{off}}+fn}{K_{\text{on}}}\right]\right\}
\end{aligned} \tag{7.41}
$$

从能量消耗这一分析的公式, 我们很难看出规律性. 为找出系统参数如何影响能量消耗的规律性, 我们下一步进行数值计算, 数值结果展示在图 7.4 中, 其中, 蛋白质的平均值被固定, 实线代表能量消耗而虚线代表表达噪声. (a): 负反馈 + 慢切换, 部分参数值设为 $k_1 = 13$, $k_0 = 1$, $k_{\text{on}} = 0.1$, $k_{\text{off}} = 0.2$. (b): 负反馈 + 快切换, 某些参数设为 $k_1 = 13$, $k_0 = 1$, $k_{\text{on}} = 10$, $k_{\text{off}} = 20$. (c): 正反馈 + 慢切换, 某些参数设为 $k_0 = 1$, $k = 13$,$k_{\text{on}} = 0.2$, $k_{\text{off}} = 0.1$. (d): 正反馈 + 快切换, 某些参数设为 $k_0 = 1$, $k = 13$,$k_{\text{on}} = 20$, $k_{\text{off}} = 10$. 从此图我们观察到: 在启动子慢切换情形, 能量消耗/噪声强度是负反馈强度的单调增加函数但是负反馈强度的单调减少函数, 分

别参考图 7.4(a) 和图 7.4(c); 在启动子快切换情形, 能量消耗是负反馈强度的单调增加函数但是负反馈强度的单调减少函数, 而表达噪声强度是负反馈强度的单调减少函数但是正反馈强度的凸函数, 分别考图 7.4(b) 和图 7.4(d). 我们强调: 所显示的数值结果并不依赖于参数的选取, 因此是定性的.

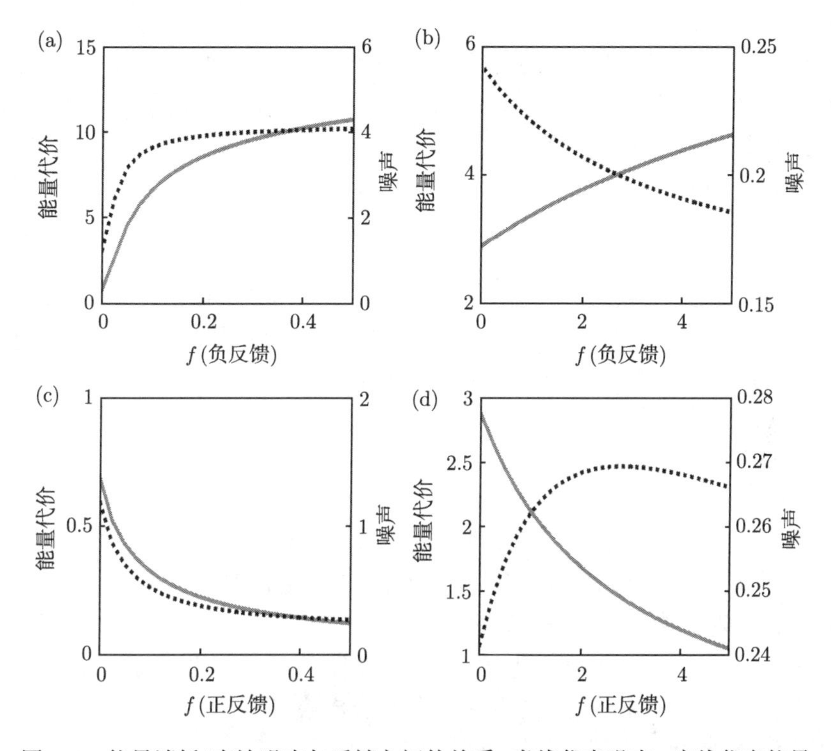


图 7.4 能量消耗/表达噪声与反馈之间的关系, 虚线代表噪声、实线代表能量

对于基因表达系统, 在实际情况, 动态调控比较静态调控更为普遍. 这里, 考虑动态外部信号的简单调控, 即考虑下列生化系统 (或参考图 4.6)

$$\mathrm{DNA} \xrightarrow{k_{\mathrm{b}}(t)} \mathrm{DNA} + \mathrm{mRNA}, \quad \mathrm{mRNA} \xrightarrow{k_{\mathrm{d}}(t)} \varnothing$$

其中, 由于受到外部信号的动态调控, 因此转录率 $k_{\mathrm{b}}(t)$ 和降解率 $k_{\mathrm{d}}(t)$ 都是时间 $t$ 的函数, 且可能是随机的 (由于外部的随机动态信号的调控), 而相应的主方程为

$$\begin{aligned}\frac{\partial P(m;t)}{\partial t} =& k_{\mathrm{b}}(t)\left[P(m-1;t)-P(m;t)\right]\\ &+k_{\mathrm{d}}(t)\left[(m+1)P(m+1;t)-mP(m;t)\right]\end{aligned} \tag{7.42}$$

注意到: 在输入信号是动态和噪声情形, $P(m,t)$ 应该理解为条件概率 (条件于输入信号). 特别是, 假如 $k_{\mathrm{d}}(t)$ 是常数, 那么 (7.42) 对应于转录调控 (即外表信号调

控转录率); 假如 $k_{\mathrm{b}}(t)$ 是常数, 那么 (7.42) 对应于降解调控 (即外表信号调控降解率). 根据第 5 章, 我们知道: 在确定性调控情形, 相应的时间依赖的概率分布为

$$P(m;t)=\frac{1}{m!}\mathrm{e}^{-\mu(t)}\mu^{m}(t) \tag{7.43}$$

其中, $\mu(t)=k_{\mathrm{b}}(t)/k_{\mathrm{d}}(t)$.

假如转录率 $k_{\mathrm{b}}$ 或 mRNA 的降解率 $k_{\mathrm{d}}$ 或两者是随机变量, 蕴含着 $\mu(t)$ 服从某个分布, 记为 $Q(t)$, 那么由分布的合成理论, 可知 mRNA 的最后分布 $R(m,t)$ 应为两个分布 $Q(t)$ 和 $P(m,t)$ 的卷积, 即

$$R(m,t)=\int_{0}^{\infty}Q(s)P(m,t-s)\,\mathrm{d}s \tag{7.44}$$

在实际应用时, 时间依赖的 mRNA 分布并不能被分析地给出, 而需要借助数值计算获得. 而且, 由于 $k_{\mathrm{b}}$ 或者 $k_{\mathrm{d}}$ 随机的, 或两者都是随机, 因此经典的 Gillespie 随机模拟算法不能应用, 需要对它进行修正. 这里, 给出一种修正算法如下:

第一步: 输入初始条件, 包括计算时用的终极时间 $t_{\mathrm{final}}$ 和初始时间 (可设为零), 以及系统的参数值;

第二步: 产生噪声的震荡信号:

**情形 A** 对于频率信号, 开和关时间通过一个对数正态分布 (亦可以考虑其他分布) 采样获得, 这里, 分布的平均和方差的值被预先设定;

**情形 B** 对于幅度信号, 开和关时间设为常数, 但是信号幅度的波动通过一个对数正态分布 (其平均和方差预先设定) 采样获得;

**情形 C** 信号持续时间通过某个点分布采样获得.

第三步: 计算每个反应式的翻译倾向函数:

**情形 A** 对于频率信号, 让 $t_n$ 是函数 $k_{\mathrm{b}}(t)$ 或 $k_{\mathrm{d}}(t)$ 的不连续变化的时间. 假如 $t<t_n$, 那么 $k_{\mathrm{b}}(t)$ 或 $k_{\mathrm{d}}(t)$ 取对应于时间 $t_n$ 的左边值; 假如 $t>t_n$, 则 $k_{\mathrm{b}}(t)$ 或 $k_{\mathrm{d}}(t)$ 取对应于首个时间 $t_n$ 的右边值.

**情形 B** 对于幅度信号, 考虑下列两个指标: 一个是信号从其上一支到下一支的切换时间, 记为 $t_n$; 另一个是信号的连续两个脉冲的时间, 记为 $t_f$ 和 $t_s$. 注意到, 不管 $t<t_n$ 或 $t>t_n$, 总存在两个值 $t_f$ 和 $t_s$, 使得它们满足条件 $t_f<t<t_s$. 这样, 我们能够决定函数 $k_{\mathrm{b}}(t)$ 或 $k_{\mathrm{d}}(t)$ 在时间点 $t_f$ 的值.

基于上述方法决定反应比率, 我们能计算每个反应式的翻译倾向函数.

第四步: 对于每个反应式, 记为 $\mu$, 产生虚拟的下一反应时间, 记为 $\tau_\mu$.

第五步: 让 $t_n$ 信号从其上一支切换到下一支所花的时间. 假如 $t+\tau_\mu<t_n$, 那么对于反应式 $\mu$, 我们适当改变 mRNA 的数目和变 $t$ 为 $t+\tau_\mu$. 假如 $t+\tau_\mu>t_n$, 那么我们有根据地改变 $k_b(t)$ 或 $k_d(t)$, 并设 $t=t_n$.

第六步：假如 $t > t_{\text{final}}$, 那么退出计算. 否则, 转入第三步.

当应用上述修正的 Gillespie 随机模拟算法时, 假如服从对数正态分布的随机变量的方差为零, 那么外部信号对应于确定性情形; 为了模拟一个任意的给定函数或已知的随机过程, 可首先用若干步长函数或分片线性函数来近似这一函数或过程, 然后用上面设置的持续时间间隔.

对于 $k_{\mathrm{b}}(t)$ 或 $k_{\mathrm{d}}(t)$ 的一套给定的时间序列数据, 假如时间依赖的 mRNA 分布由上述修正的 Gillespie 获得, 那么相应的能量消耗计算公式为

$$\mathrm{EC}(t)=\sum_{m}P(m;t)\left[k_{\mathrm{b}}(t)\log\frac{k_{\mathrm{b}}(t)}{k_{\mathrm{d}}(t)(m+1)}+k_{\mathrm{d}}(t)\,m\log\frac{k_{\mathrm{d}}(t)\,m}{k_{\mathrm{b}}(t)}\right] \tag{7.45}$$

图 7.5 给出一个数值例子, 它显示出能量消耗是如何依赖于开时间或关时间的. 其中, 黑色的线对应于确定性信号 (没有噪声), 浅灰色的线对应于信号的方差分别为

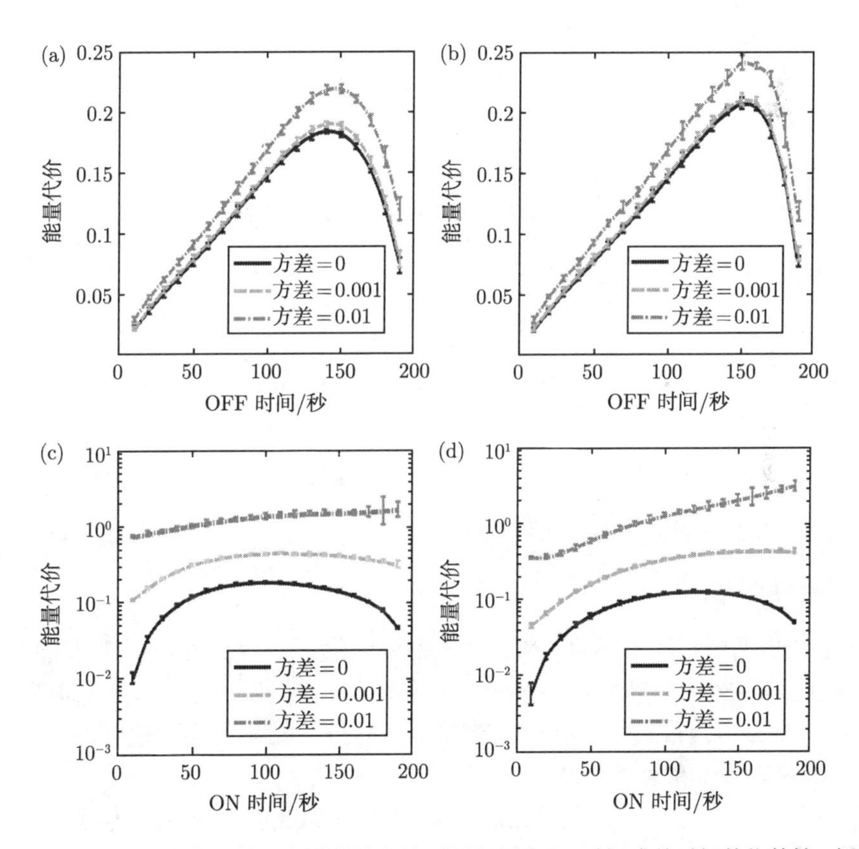


图 7.5 对于输入噪声信号的三个固定的方差, 能量消耗对开时间或关时间的依赖性：幅度调控信号情形, (b),(c),(d) 中的图例同 (a)

0,001, 深灰色的线对应于信号的方差为 0.01. 图 7.5(a) 和图 7.5(b): 震荡噪声信号调控转录率而降解率保持固定, 分别设信号的上一支和下一支的平均值为 0.8 和 0.1; 在图 7.5(b), 设降解率为 0.05, 而设转录率与图 7.5(a) 相同的情形. 图 7.5(c) 和图 7.5(d): 震荡噪声信号调控降解率而保持转录率固定. 在图 7.5(a) 和图 7.5(c) 中, 固定输出的 mRNA 的平均值在 15, 而在图 7.5(b) 和图 7.5(d) 中, 平均值并没有固定; 在图 7.5(c) 中, 分别设信号的上一支和下一支的平均值为 0.1 和 0.025, 而图 7.5(d) 中的降解率相同于图 7.5(c) 中的降解率, 设转录率为 0.5. 在所有情形, 信号的持续时间被固定在 3 秒, 整个时间长度设为 200 秒; 每条曲线通过平均 1000 次数值结果获得.

## 7.4　DNA 环路相互作用的能量代价

第 6 章已经讨论了两个 DNA 环路 (或染色质环路) 之间的相互作用如何影响基因表达的问题, 包括数学建模、理论分析与数值模拟等. 这里, 从能量消耗的观点研究两个 DNA 环路之间相互作用的能量代价问题. 所有的假设和大部分的设置都分别与第 6 章中的假设和设置相同, 但这里 $\lambda_{23} = k_1\lambda_{14}, \lambda_{43} = k_2\lambda_{12}$, 其中, 设 $k_1$ 和 $k_2$ 分别为

$$k_1 = \begin{cases} 0.73 + \dfrac{1}{d_1} < 1, & \text{交互结构} \\ 40\mathrm{e}^{-0.05d_1} + 1 > 1, & \text{嵌套结构} \\ 1, & \text{并列结构} \end{cases} \tag{7.46a}$$

$$k_2 = \begin{cases} 0.73 + \dfrac{1}{d_2} < 1, & \text{交互结构} \\ 4, & \text{嵌套结构} \\ 1, & \text{并列结构} \end{cases} \tag{7.46b}$$

其中, $d_1$ 和 $d_2$ 代表两个 DNA 环路沿 DNA 线的长度.

### 7.4.1　问题的转化

为了研究两个相互作用的 DNA 环路系统中的能量消耗, 根据能量消耗的计算公式, 关键是导出 mRNA 的概率分布. 不像前几章中采用二项矩方法来求解有关主方程, 并根据重构公式来导出基因产物的概率分布. 这里提供一种更为简单的方法给出 mRNA 分布的显式表达.

让 $x_1, x_2, x_3$ 和 $x_4$ 分别代表在启动子状态 $\mathrm{off}_1, \mathrm{off}_2, \mathrm{on}_1$ 和 $\mathrm{on}_2$ 的 DNA 比例或分数 (假设 DNA 的总数目是有限且固定的常数); $y$ 代表 mRNA 的浓度; $\mu_1$ 和 $\mu_2$ 分别是基因在 on1 和 on2 状态处的转录率; $\delta$ 代表 mRNA 的降解率. 那么, 整个

系统的确定性方程为

$$
\begin{aligned}
\frac{\mathrm{d}}{\mathrm{d}t}x_1 &= -\left(\lambda_{12}+\lambda_{14}\right)x_1+\lambda_{21}x_2+\lambda_{41}x_4\\
\frac{\mathrm{d}}{\mathrm{d}t}x_2 &= -\left(\lambda_{21}+\lambda_{23}\right)x_2+\lambda_{12}x_1+\lambda_{32}x_3\\
\frac{\mathrm{d}}{\mathrm{d}t}x_3 &= -\left(\lambda_{32}+\lambda_{34}\right)x_3+\lambda_{23}x_2+\lambda_{43}x_4\\
\frac{\mathrm{d}}{\mathrm{d}t}x_4 &= -\left(\lambda_{43}+\lambda_{41}\right)x_4+\lambda_{34}x_3+\lambda_{14}x_1\\
\frac{\mathrm{d}}{\mathrm{d}t}y &= \mu_1x_4+\mu_2x_3-\delta y
\end{aligned}
\tag{7.47}
$$

其中, $x_1+x_2+x_3+x_4=1$. 求解在静态处的方程 (7.47) 得

$$
x_1^s=\frac{A}{E},\quad x_2^s=\frac{B}{E},\quad x_3^s=\frac{C}{E},\quad x_4^s=\frac{D}{E},\quad y^s=\frac{\mu_1D+\mu_2C}{\delta E}
\tag{7.48}
$$

其中,

$$
A=\lambda_{21}\lambda_{32}\left(\lambda_{41}+\lambda_{43}\right)+\lambda_{34}\lambda_{41}\left(\lambda_{21}+\lambda_{23}\right)
\tag{7.48a}
$$

$$
B=\lambda_{12}\lambda_{32}\left(\lambda_{41}+\lambda_{43}\right)+\lambda_{12}\lambda_{34}\lambda_{41}+\lambda_{14}\lambda_{32}\lambda_{43}
\tag{7.48b}
$$

$$
C=\lambda_{12}\lambda_{23}\left(\lambda_{41}+\lambda_{43}\right)+\lambda_{14}\lambda_{43}\left(\lambda_{21}+\lambda_{23}\right)
\tag{7.48c}
$$

$$
D=\lambda_{14}\lambda_{21}\lambda_{32}+\lambda_{12}\lambda_{23}\lambda_{34}+\lambda_{14}\lambda_{34}\left(\lambda_{21}+\lambda_{23}\right)
\tag{7.48d}
$$

$$
E=A+B+C+D
\tag{7.48e}
$$

注意到: 这些符号都是 DNA 环路长度的隐式函数.

为了以一种直观的方式导出静态 mRNA 分布, 考虑 mRNA 在启动子四个状态的分数分布. 由于 DNA 成环的时间尺度与转录率的时间尺度相比是慢的, 因此假如基因仅处在 $\text{off}_1$ 状态, 那么 mRNA 仅有降解而没有产生, 蕴含着 mRNA 浓度服从一个指数分布. 具体来说, 假如我们记此时的分数 mRNA 分布为 $P_1(y)$, 那么 $P_1(y)=(A/E)\,\delta\mathrm{e}^{-\delta y}$, 其中, $A/E$ 是一个权重因子. 类似地, 在 $\text{off}_2$ 状态的分数 mRNA 分布 $P_2(y)$ 为 $P_2(y)=(B/E)\,\delta\mathrm{e}^{-\delta y}$. 假如基因仅处在 $\text{on}_2$ 状态, 那么 mRNA 既有产生也有降解, 蕴含着 mRNA 浓度服从某个带有权重的正态分布, 即 $P_3(y)=\dfrac{C}{E}\dfrac{1}{\sqrt{2\pi}\sigma_1}\exp\left[-\dfrac{(y-\Lambda_1)^2}{2\sigma_1^2}\right]$, 其中 $\Lambda_1=\dfrac{\mu_1}{\delta}$ 代表平均而 $\sigma_1^2=\dfrac{\mu_1}{\delta}$ 代表方差. 类似地, 仅在 $\text{on}_1$ 状态的 mRNA 浓度服从分布 $P_4(y)=\dfrac{C}{E}\dfrac{1}{\sqrt{2\pi}\sigma_2}\exp\left[-\dfrac{(y-\Lambda_2)^2}{2\sigma_2^2}\right]$, 其中 $\Lambda_2=\dfrac{\mu_2}{\delta}$ 代表平均, $\sigma_2^2=\dfrac{\mu_2}{\delta}$ 代表方差. 因为基因必须处在四个状态的某一

个, 在静态处 mRNA 分布, 记为 $P(y)$, 在原理上应该是上述四个分数分布之和, 即 $P(y)=P_1(y)+P_2(y)+P_3(y)+P_4(y)$. 这样, 我们获得在静态处 mRNA 分布的下列分析表达

$$P(y)=\frac{A}{E}\delta\mathrm{e}^{-\delta y}+\frac{B}{E}\delta\mathrm{e}^{-\delta y}+\frac{C}{E}\frac{1}{\sqrt{2\pi}\sigma_1}\exp\left[-\frac{(y-\Lambda_1)^2}{2\sigma_1^2}\right]$$
$$+\frac{D}{E}\frac{1}{\sqrt{2\pi}\sigma_2}\exp\left[-\frac{(y-\Lambda_2)^2}{2\sigma_2^2}\right] \tag{7.49}$$

从数值模拟的角度来看, 这一显式分布与用著名的 Gillespie 随机模拟算法获得的结果完全一致, 参考图 7.6(a), 其中, 设参数值为: $\lambda_{12}=0.4, \lambda_{21}=0.2, \lambda_{23}=0.2, \lambda_{32}=0.3, \lambda_{34}=0.1, \lambda_{43}=0.1, \lambda_{41}=0.1$, $\lambda_{14}=0.5$, $\mu_1=20$, $\mu_2=40$, $\delta=1$. 此图显示的是离散概率分布, 这里, 我们利用了下列事实: 在 $x=i$ 处的概率分布 $P(x)$ 等于区间 $[i-1/2,\ i+1/2]$ 中概率密度的面积.

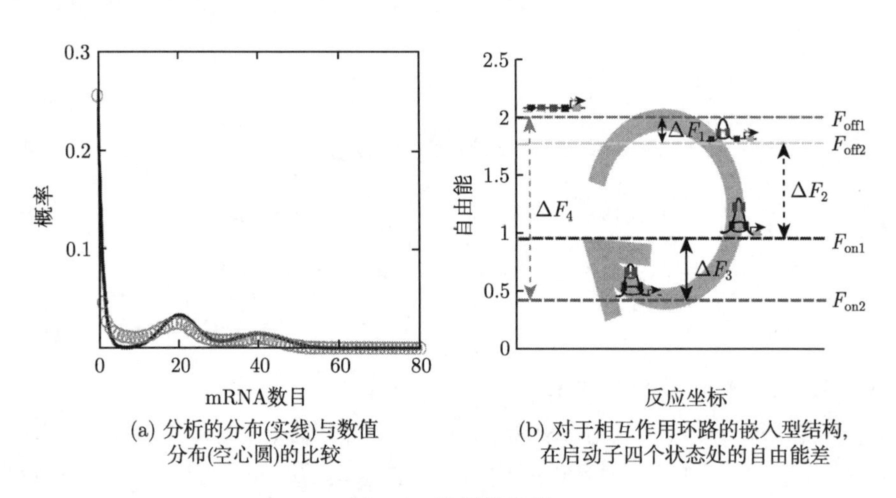


(a) 分析的分布(实线)与数值分布(空心圆)的比较

(b) 对于相互作用环路的嵌入型结构, 在启动子四个状态处的自由能差

图 7.6　能量的计算

下一步, 考虑在基因的各个状态处的自由能差. 为清楚起见, 考虑由启动子的 $\text{off}_1$ 和 $\text{off}_2$ 状态组成的子模块. 用 $F_1$ 和 $F_2$ 分别代表基因在和两个状态的自由能 (实际是化学能). 根据文献 [11], 我们知道两个转移率之间的比率 $\lambda_{12}/\lambda_{21}$ 正比于 $\mathrm{e}^{-\beta\Delta F_1}$, 即 $\lambda_{21}/\lambda_{12}\propto\mathrm{e}^{-\beta\Delta F_1}$, 其中, $\Delta F_1=F_2-F_1$ 代表两个自由能 $F_1$ 和 $F_2$ 之间的差 (即自由能的改变, 参考图 7.6(b)), 因子 $\beta=1/(k_{\mathrm{B}}T)$ 是 Boltzmann 常数与温度的一个复合参数 (不失一般性, 可设 $\beta=1$). 我们能够显示出 $\text{off}_1$-$\text{off}_2$ 子模块的能量消耗为 $\dot{\omega}_1=\frac{\mathrm{d}}{\mathrm{d}t}\omega_1=J\ln\frac{\lambda_{12}}{\lambda_{21}}$, 其中, $J$ 是一个常数, 将被细化. 利用 $\lambda_{12}/\lambda_{21}\propto\mathrm{e}^{-\beta\Delta F_1}$, 我们知道 $\dot{\omega}_1=-(h_1J)\Delta F_1$, 其中 $h_1J$ 也是一个常

数. 换句话说, 自由能消耗率与自由能差之间仅相差一个常数因子 $(h_1 J)$, 前者是本书感兴趣的, 而后者通常依赖于 ATP(能量分子) 的水解[12-14]. 类似地, 假如用 $F_3$ 和 $F_4$ 分别代表系统在 $\mathrm{on}_1$ 和 $\mathrm{on}_2$ 状态处的自由能, 并用 $\Delta F_2 = F_3 - F_2$, $\Delta F_3 = F_4 - F_3$ 和 $\Delta F_4 = F_1 - F_4$ 分别代表系统在这些状态的自由能差, 那么我们分别有 $\dfrac{\lambda_{23}}{\lambda_{32}} \propto \mathrm{e}^{-\beta\Delta F_2}$, $\dfrac{\lambda_{34}}{\lambda_{43}} \propto \mathrm{e}^{-\beta\Delta F_3}$ 和 $\dfrac{\lambda_{41}}{\lambda_{14}} \propto \mathrm{e}^{-\beta\Delta F_4}$. 以两个 DNA 环路相互作用的嵌入型结构为例, 图 7.5(b) 显示出在每个状态处自由能的变化, 其中, 设参数值为 $d_1 = 500, d_2 = 300$, $\lambda_{21} = \lambda_{32} = \lambda_{34} = \lambda_{41} = 0.3$. 我们观察到: 增加 DNA 环路的长度导致自由能的减低, 蕴含着 DNA 环路的形成需要消耗自由能.

进一步, 每个状态处的能量消耗率 $\dot{\omega}_i$ 也能够用自由能之间的差来表示, 即 $\dot{\omega}_i = -(h_i J)\,\Delta F_i$, 其中 $i = 1, 2, 3, 4$.

最后, 设 $\Delta F = \Delta F_1 + \Delta F_2 + \Delta F_3 + \Delta F_4$, 它代表具有环路结构的启动子的自由能的变化. 注意到: $\dfrac{\lambda_{12}\lambda_{23}\lambda_{34}\lambda_{41}}{\lambda_{43}\lambda_{32}\lambda_{21}\lambda_{14}} \propto \mathrm{e}^{-\beta\Delta F}$ 或 $\ln\left(\dfrac{\lambda_{12}\lambda_{23}\lambda_{34}\lambda_{41}}{\lambda_{43}\lambda_{32}\lambda_{21}\lambda_{14}}\right) = -h\Delta F$, 其中, $h$ 是一个依赖于 Boltzmann 常量和温度的复合参数. 这样, 我们获得基因启动子自由能消耗率和相应的化学自由能差之间关系的下列表示

$$\dot{\Omega} = -(hJ)\,\Delta F \tag{7.50}$$

这建立起自由能差与自由能消耗率之间的关系. 若回忆起自由能之间差的大小依赖于能量分子 (如 ATP) 的水解[12-14] 的事实, 那么研究随机基因表达系统中自由能的消耗能帮助我们理解某些调控因素或过程 (如 DNA 环路之间的相互作用等) 在控制基因表达水平中的作用. 这里, 我们更感兴趣于平均自由能消耗率 (它定义为能量消耗率除以平均 mRNA 得到的比率). 根据 (7.50), 我们知道: 平均自由能消耗率正比于自由能.

### 7.4.2 能量代价的计算

首先, 由于基因在任何时刻仅能处于其四个状态中的某一个, 因此引入四个逻辑变量: $\tilde{x}_1, \tilde{x}_2, \tilde{x}_3$ 和 $\tilde{x}_4$ 来代表启动子的四个状态, 其中每个 $\tilde{x}_i$ 仅能取 0 或 1, 即 $\tilde{x}_i \in \{0, 1\}$, 而且, 我们有保守性条件: $\tilde{x}_1 + \tilde{x}_2 + \tilde{x}_3 + \tilde{x}_4 = 1$. 对于固定的一组 $\tilde{x}_1, \tilde{x}_2$, $\tilde{x}_3$ 和 $\tilde{x}_4$, 相应于变量 $y$ 的 Fokker-Planck 方程 (注意到: $\mathrm{d}y/\mathrm{d}t = \mu_1 x_4 + \mu_2 x_3 - \delta y \equiv F$) 能够近似为

$$\frac{\partial P(y;t)}{\partial t} \approx -\frac{\partial}{\partial y}\left(FP - \frac{1}{2}\frac{\partial}{\partial y}(\Phi P)\right) \tag{7.51}$$

其中, $\Phi = \mu_1 x_4^s + \mu_2 x_3^s + \delta y^s = \dfrac{\mu_2 C + \mu_1 D}{E} + \delta y^s = 2\dfrac{\mu_2 C + \mu_1 D}{E}$.

根据文献 [14] 和 [15], 我们知道自由能的消耗率能一般地表示为

$$\dot{W} \equiv \frac{\mathrm{d}W}{\mathrm{d}t} = \sum_{A,B} (J_{A\to B} - J_{B\to A}) \ln \frac{J_{A\to B}}{J_{B\to A}} \tag{7.52}$$

其中, $A$ 和 $B$ 代表系统的微观状态, $J_{\sigma\to\sigma'}$ 代表从状态 $\sigma$ 到状态 $\sigma'$ 的转移概率. 对于上述两个相互作用的 DNA 环路, 此时的 $A$ 和 $B$ 可分别细化为 $A = (\tilde{x}_1, \tilde{x}_2, \tilde{x}_3, \tilde{x}_4, y)$ 和 $B = (\tilde{x}_1, \tilde{x}_2, \tilde{x}_3, \tilde{x}_4, y + \Delta y)$, 其中, 绝对值 $|\Delta y|$ 是一个无穷小量, $y$ 是一个连续变量. 注意到下列分解

$$\begin{aligned} &\sum_{A,B} (J_{A\to B} - J_{B\to A}) \ln \frac{J_{A\to B}}{J_{B\to A}} \\ =& \sum_{\tilde{x}_1,\tilde{x}_2,\tilde{x}_3,\tilde{x}_4} \int (J_{A\to B} - J_{B\to A}) \ln \frac{J_{A\to B}}{J_{B\to A}} \mathrm{d}y + \sum_{\tilde{x}_1,\tilde{x}_2,\tilde{x}_3,\tilde{x}_4} \dot{\omega}_y \end{aligned} \tag{7.53}$$

其中, 右边的第一项代表沿着状态空间中的超平面 $\tilde{x}_1 + \tilde{x}_2 + \tilde{x}_3 + \tilde{x}_4 = 1$ 的自由能消耗, 而第二项代表沿着 $y$- 方向的自由能消耗. 因此,

$$\dot{W} = \dot{W}_p + \dot{W}_y \tag{7.54}$$

其中,

$$\dot{W}_p = \sum_{\tilde{x}_1,\tilde{x}_2,\tilde{x}_3,\tilde{x}_4} \int (J_{A\to B} - J_{B\to A}) \ln \frac{J_{A\to B}}{J_{B\to A}} \mathrm{d}y \tag{7.54a}$$

$$\dot{W}_y = \sum_{\tilde{x}_1,\tilde{x}_2,\tilde{x}_3,\tilde{x}_4} \dot{\omega}_y \tag{7.54b}$$

下一步, 我们分别计算 $\dot{W}_p$ 和 $\dot{W}_y$. 首先, 计算 $\dot{W}_p$. 根据热动力学理论[2], 我们知道 $\dot{W}_p$ 能够表示为

$$\begin{aligned} \dot{W}_p =& \left( \tilde{P}(1,0,0,0)\lambda_{12} \ln \frac{\lambda_{12}}{\lambda_{21}} + \tilde{P}(0,1,0,0)\lambda_{12} \ln \frac{\lambda_{12}}{\lambda_{21}} \right) \\ &+ \left( \tilde{P}(0,1,0,0)\lambda_{23} \ln \frac{\lambda_{23}}{\lambda_{32}} + \tilde{P}(0,0,1,0)\lambda_{32} \ln \frac{\lambda_{32}}{\lambda_{23}} \right) \\ &+ \left( \tilde{P}(0,0,1,0)\lambda_{34} \ln \frac{\lambda_{34}}{\lambda_{43}} + \tilde{P}(0,0,0,1)\lambda_{43} \ln \frac{\lambda_{43}}{\lambda_{34}} \right) \\ &+ \left( \tilde{P}(0,0,0,1)\lambda_{41} \ln \frac{\lambda_{41}}{\lambda_{14}} + \tilde{P}(1,0,0,0)\lambda_{14} \ln \frac{\lambda_{14}}{\lambda_{41}} \right) \end{aligned} \tag{7.55}$$

其中, $\tilde{P}(1,0,0,0) = \dfrac{A}{E}$, $\tilde{P}(0,1,0,0) = \dfrac{B}{E}$, $\tilde{P}(0,0,1,0) = \dfrac{C}{E}$, $\tilde{P}(0,0,0,1) = \dfrac{D}{E}$, 它们分别代表基因在 $\mathrm{off}_1$, $\mathrm{off}_2$, $\mathrm{on}_1$ 和 $\mathrm{on}_2$ 状态处的概率. 这样, 我们获得

$$\dot{W}_p = \frac{\lambda_{12}\lambda_{23}\lambda_{34}\lambda_{41} - \lambda_{43}\lambda_{32}\lambda_{21}\lambda_{14}}{E} \ln \frac{\lambda_{12}\lambda_{23}\lambda_{34}\lambda_{41}}{\lambda_{43}\lambda_{32}\lambda_{21}\lambda_{14}} \equiv J \ln q \tag{7.56}$$

这正是单位时间内环路的能量消耗率[2], 其中,

$$J = \frac{\lambda_{12}\lambda_{23}\lambda_{34}\lambda_{41} - \lambda_{43}\lambda_{32}\lambda_{21}\lambda_{14}}{E}, \quad q = \frac{\lambda_{12}\lambda_{23}\lambda_{34}\lambda_{41}}{\lambda_{43}\lambda_{32}\lambda_{21}\lambda_{14}}$$

然后, 计算 $\dot{W}_y$. 假如 $|\Delta y|$ 非常小, 那么我们有近似

$$\frac{\partial}{\partial y}(\Phi P) \approx \frac{(\Phi P)(y+\Delta y) - (\Phi P)(y)}{\Delta y} \tag{7.57}$$

利用这种近似, 上面的 Fokker-Planck 方程变成

$$\frac{\partial P(y;t)}{\partial t} = -\frac{\partial}{\partial y}\left[FP + \frac{1}{2}\frac{(\Phi P)(y)}{\Delta y} - \frac{1}{2}\frac{(\Phi P)(y+\Delta y)}{\Delta y}\right] \tag{7.58}$$

假如记 $A' = (\tilde{x}_1^c, \tilde{x}_2^c, \tilde{x}_3^c, \tilde{x}_4^c, y)$ 和 $B' = (\tilde{x}_1^c, \tilde{x}_2^c, \tilde{x}_3^c, \tilde{x}_4^c, y+\Delta y)$, 其中, 每个 $\tilde{x}_i^c$ 代表相应的 $x_i$ 被固定, 那么沿着相空间中的 $y$-方向, 在无穷小的范围内上面的转移概率能够表示为

$$J_{A'\to B'} = \left[\frac{FP}{\Delta y} + \frac{1}{2}\frac{(\Phi P)(y)}{\Delta y^2}\right]\Delta y, \quad J_{B'\to A'} = \left[\frac{1}{2}\frac{(\Phi P)(y+\Delta y)}{\Delta y^2}\right]\Delta y \tag{7.59}$$

因此, 当 $|\Delta y|$ 是无穷小时, 在相空间中沿着 $y$-方向的能量消耗为

$$\dot{\omega}_y = \sum_{A',B'} (J_{A'\to B'} - J_{B'\to A'}) \ln \frac{J_{A'\to B'}}{J_{B'\to A'}} \tag{7.60}$$

另一方面, 对于无穷小的 $|\Delta y|$, 我们有近似

$$\begin{aligned}
&\sum_{A',B'} (J_{A'\to B'} - J_{B'\to A'}) \ln \frac{J_{A'\to B'}}{J_{B'\to A'}} \\
&= \sum_{A',B'} \left[\left(\frac{FP}{\Delta y} + \frac{1}{2}\frac{(\Phi P)(y)}{\Delta y^2} - \frac{1}{2}\frac{(\Phi P)(y+\Delta y)}{\Delta y^2}\right) \ln \frac{\dfrac{FP}{\Delta y} + \dfrac{1}{2}\dfrac{(\Phi P)(y)}{\Delta y^2}}{\dfrac{1}{2}\dfrac{(\Phi P)(y+\Delta y)}{\Delta y^2}}\right]\Delta y \\
&\approx \sum_{A',B'} \left(FP - \frac{1}{2}\frac{\partial}{\partial y}(\Phi P)\right) \frac{2FP - \partial(\Phi P)/\partial y}{(\Phi P)(y+\Delta y)}\Delta y
\end{aligned}$$

这样, $\Delta y \to 0$ 支持着相空间中沿着 $y$-方向的能量消耗的下列公式

$$\dot{\omega}_y = \int \frac{2J^2}{\Phi P} \mathrm{d}y \tag{7.61}$$

其中, $J = FP - (1/2)\,\partial(\Phi P)/\partial y$. 利用 (7.49) 中 $P(y)$ 的表示, 我们获得

$$\begin{aligned}\dot{W}_y =& \frac{2}{\Phi}\left[\frac{2A+2B}{E} + \frac{\delta^2\left(C\sigma_2^2 + D\sigma_1^2\right)}{E}\right] + \frac{2\delta(A+B-C-D)}{E} \\ &+ \frac{\Phi}{2E}\left[(A+B)\,\delta^2 + \frac{C}{\sigma_2^2} + \frac{D}{\sigma_1^2}\right]\end{aligned} \tag{7.62}$$

把 (7.56) 和 (7.62) 代入到 (7.54), 则获得整个系统中能量消耗的计算公式

$$\begin{aligned}\dot{W} =& \left(\frac{\lambda_{12}\lambda_{23}\lambda_{34}\lambda_{41} - \lambda_{43}\lambda_{32}\lambda_{21}\lambda_{14}}{E}\right)\ln\frac{\lambda_{12}\lambda_{23}\lambda_{34}\lambda_{41}}{\lambda_{43}\lambda_{32}\lambda_{21}\lambda_{14}} \\ &+ \frac{2}{\Phi}\left[\frac{2A+2B}{E} + \frac{\delta^2\left(C\sigma_2^2 + D\sigma_1^2\right)}{E}\right] + \frac{2\delta(A+B-C-D)}{E} \\ &+ \frac{\Phi}{2E}\left[(A+B)\,\delta^2 + \frac{C}{\sigma_2^2} + \frac{D}{\sigma_1^2}\right]\end{aligned} \tag{7.63}$$

为了给出直观的结果, 下一步我们展示一个数值例子, 参考图 7.7, 其中, 设参数值为 $\mu_1 = 40$, $\mu_2 = 80$, $\delta = 1$, $r = 0$(表示不考虑调控成分的滑动), $d_2 = 300$, $\lambda_{21} = \lambda_{32} = \lambda_{34} = \lambda_{41} = 0.3$, $d_1 \in (50, 1000)$. 我们观察到: 沿着 DNA 线的 DNA 环路长度 (特征化 DNA 成环的重要参数) 对自由能量消耗率、平均 mRNA 水平以及平均能量消耗率有重要影响. 具体来说, 尽管自由能消耗率是环路长度的凸函数, 但由于平均 mRNA 是此长度的单调减少函数, 因此平均自由能消耗率是环路长度的达到增加函数.

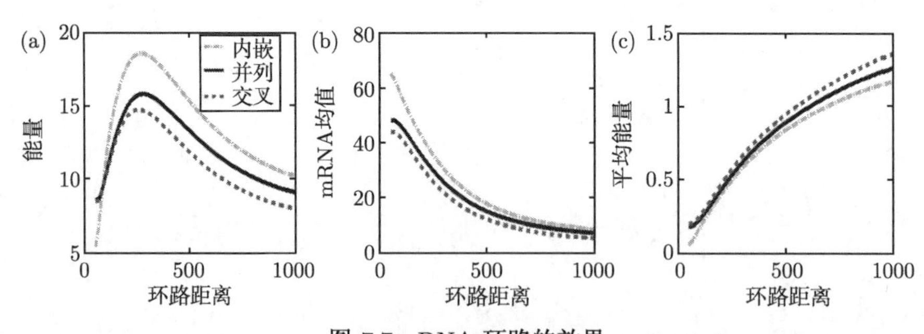


图 7.7　DNA 环路的效果

DNA 环路距离 (沿着 DNA 线) 对自由能消耗率 (简称能量)、mRNA 表达水平 (即 mRNA 均值) 和平均自由能消耗率 (简称平均能量) 的影响

# 参考文献

[1] Qian H. Phosphorylation energy hypothesis: Open chemical systems and their biological functions. Annual Review in Physical Chemistry, 2007, 58: 113-142.

[2] Zhang X J, Qian H, Qian M. Stochastic theory of nonequilibrium steady states and its applications part Ⅰ. Physical Reports, 2012, 510: 1–86.

[3] Schwanhäusser B, Busse D, Li N, et al. Global quantification of mammalian gene expression control. Nature, 2011, 473: 337-342.

[4] Hansen A S, O'Shea E K. Limits on information transduction through amplitude and frequency regulation of transcription factor activity. Elife, 2015, 4: e06559.

[5] Mehta P, Schwab D J. Energetic costs of cellular computation. Proc Natl Acad Sci USA, 2012, 109: 17978-17982.

[6] Tomé T, de Oliveira M J. Entropy production in irreversible systems described by a Fokker-Planck equation. Physical Review E, 2010, 82: 021120.

[7] Casas G A, Nobre F D, Curado E M F. Entropy production and nonlinear Fokker-Planck equations. Physical Review E, 2012, 86: 061136.

[8] Coulon A, Gandrillon O, Beslon G. On the spontaneous stochastic dynamics of a single gene: complexity of the molecular interplay at the promoter. BMC Systems Biology, 2010, 4:2.

[9] Huang L F, Yuan Z J, Liu P J, et al. Fundamental principles of energy consumption for gene expression. Chaos, 2015, 25:123101.

[10] Liu P J, Wang H H, Huang L F, et al. The dynamic mechanism of noisy signal decoding in gene regulation. Scientific Reports, 2017, 7: 42128; doi: 10.1038/srep42128.

[11] Chen Y J, Johnson S, Mulligan P, et al. Modulation of DNA loop lifetimes by the free energy of loop formation. Proc Natl Acad Sci USA, 2014, 111 (49): 17396-17401.

[12] Hardie D G. AMP-activated protein kinase——an energy sensor that regulates all aspects of cell function. Gen Dev, 2011, 25(18): 1895-908.

[13] Cao Y, Wang H, Ouyang Q, et al. The free-energy cost of accurate biochemical oscillations. Nature Physics, 2015, 11(9): 772-778.

[14] Schulze J O, Saladino G, Busschots K, Neimanis S, et al. Bidirectional allosteric communication between the ATP-binding site and the regulatory PIF pocket in PDK1 protein kinase. Cell Chemical Biology, 2016, 23(10): 1193-1205.

[15] Lebowitz J, Spohn H. A Gallavotti–Cohen-type symmetry in the large deviation functional for stochastic dynamics. Journal of Statistical Physics, 1999, 95(1): 333-365.

# 索 引

# 后　记

基因表达过程是复杂的, 特别是在真核细胞中. 本书所分析的基因模型只考虑了基因表达过程中的主要事件 (或基本事件), 例如转录、翻译、降解、启动子状态之间的切换、反馈调控、选择性剪接、RNA 核驻留等, 并从不同的角度 (如统计指标、概率分布、能量消耗等) 分析了基因表达的某些定量特性, 采用的方法是化学主方程、二项矩方法等. 尽管本书所介绍的数学建模方法、理论分析方法等对于深入研究基因表达调控过程奠定了一定的基础, 但是基因表达调控系统的定量分析研究仍在继续, 目前仍是分子系统生物学的研究热点.

随着生物实验手段或技术的发展与提高, 特别是单分子/单细胞测量技术的出现, 越来越多新的、与基因表达有关的分子机制被发现, 这促使现有的基因表达调控模型需要修正, 并可能需要发展新的数学理论与分析方法.

根据目前已有的实验证据, 更合理的基因表达调控模型除了本书考虑的基本表达事件外, 至少还应该考虑*表观遗传修饰*, 包括核小体定位、组蛋白修饰、甲基化、染色质重塑等. 表观遗传修饰一般位于基因表达的上游, 能够导致染色质状态 (包括活性状态和静默状态) 之间的切换. 只有在染色质处于活性状态时, 基因表达才可以进行 (参考下图). 而且, 上游表观遗传修饰的时间尺度一般为天, 而下游基因表达的时间尺度一般为分子, 这样, 上游染色质状态之间切换一次, 下游的基因表达可能已经经历了细胞分裂过程. 这种时间尺度之间的差别将会极大地影响基因

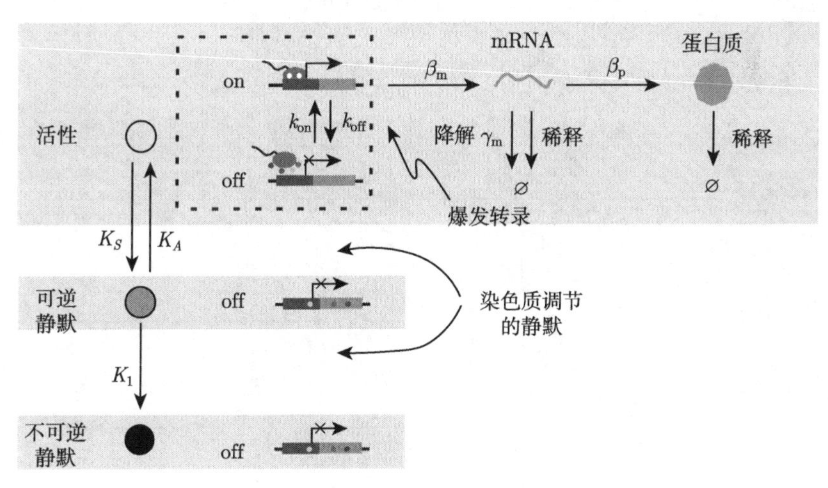


考虑表观遗传修饰的基因表达模型

表达, 但如何影响并没有进行定量研究. 这是一个十分值得研究的问题, 因为表观遗传修饰常常与人类疾病的发生、发展等密切相关.

在基因表达调控过程中, 许多小分子 (如 mcroRNA(微观 RNA)、ncRNA(非编码 RNA)、lncRNA(长非编码 RNA)、circRNA(环路 RNA)、eRNA(增强子 RNA) 等) 的调控事件也不应该被忽视, 这些调控事件可以各种方式调控 (少数调控机制已有实验证据, 但大多数调控机制还未细化) 目标基因的表达. 当考虑这些因素的调控时, 建立合理的基因表达模型并对其进行定量分析既有理论意义也有实用价值.

虽然本书研究的基因表达调控系统考虑了发生在基因表达过程中的主要生化事件, 但基因表达一般是一个多步过程, 涉及若干中间反应步, 这些中间反应步的某些已经被实验证实, 其它一些中间反应步并未被实验细化. 另一方面, 从等待时间分布的观点, 反应比率为常数蕴含着等待时间服从指数分布, 即反应事件是马氏过程 (注：马氏过程意味着系统状态的时间演化只与当前状态有关, 而与历史状态无关). 因此, 本书在建立基因表达调控系统的数学模型时, 假设基因表达是马氏过程可能不合理. 更合理的方式是应该假设基因表达是非马氏过程 (注：非马氏过程意味着记忆), 即假设反应式发生的等待时间服从非指数分布. 如何建立非马氏的基因表达调控系统的数学模型并对其进行理论分析是一项挑战性任务, 这是因为现有的马氏理论不能够直接翻译成非马氏基因表达过程的建模与分析.

最后, 建立全基因组上的基因模型, 并对它进行定量分析, 是另一个值得研究的问题. 事实上, 单细胞转录组数据为这种研究提供了史无前例的机会. 单细胞转录组数据既包含了细胞过程信息也包含了基因表达信息, 如何建立基因表达的数学模型, 使得它既考虑细胞过程的主要事件 (如分裂、分化、发育、生长等) 又考虑基因表达的某些事件 (如本书所考虑的事件). 基于单细胞转录组数据建立这样的综合模型并对其进行机制性分析又是一项挑战性任务.

# 《生物数学丛书》已出版书目

1. 单种群生物动力系统. 唐三一, 肖艳妮著. 2008. 7
2. 生物数学前沿. 陆征一, 王稳地主编. 2008. 7
3. 竞争数学模型的理论基础. 陆志奇著. 2008.8
4. 计算生物学导论. [美]M.S.Waterman 著. 黄国泰, 王天明译. 2009.7
5. 非线性生物动力系统. 陈兰荪著. 2009.7
6. 阶段结构种群生物学模型与研究. 刘胜强, 陈兰荪著. 2010.7
7. 随机生物数学模型. 王克著. 2010.7
8. 脉冲微分方程理论及其应用. 宋新宇, 郭红建, 师向云编著. 2012.5
9. 数学生态学导引. 林支桂编著. 2013.5
10. 时滞微分方程——泛函微分方程引论. [日]内藤敏机, 原惟行, 日野义之, 宫崎伦子著.马万彪, 陆征一译. 2013.7
11. 生物控制系统的分析与综合. 张庆灵, 赵立纯, 张翼著. 2013.9
12. 生命科学中的动力学模型. 张春蕊, 郑宝东著. 2013.9
13. Stochastic Age-Structured Population Systems(随机年龄结构种群系统). Zhang Qimin, Li Xining, Yue Hongge. 2013.10
14. 病虫害防治的数学理论与计算. 桂占吉, 王凯华, 陈兰荪著. 2014.3
15. 网络传染病动力学建模与分析. 靳祯, 孙桂全, 刘茂省著. 2014.6
16. 合作种群模型动力学研究. 陈凤德, 谢向东著. 2014.6
17. 时滞神经网络的稳定性与同步控制. 甘勤涛, 徐瑞著. 2016.2
18. Continuous-time and Discrete-time Structured Malaria Models and their Dynamics(连续时间和离散时间结构疟疾模型及其动力学分析). Junliang Lu(吕军亮). 2016.5
19. 数学生态学模型与研究方法(第二版). 陈兰荪著. 2017. 9
20. 恒化器动力学模型的数学研究方法. 孙树林著. 2017. 9
21. 几类生物数学模型的理论和数值方法. 张启敏, 杨洪福, 李西宁著. 2018. 2
22. **基因表达调控系统的定量分析. 周天寿著. 2019.3**